"十二五"
国家重点图书出版规划项目

Ubuntu Linux 从入门到精通

陶松 刘雍 韩海玲 周洪林 编著

人民邮电出版社

北京

图书在版编目（CIP）数据

Ubuntu Linux从入门到精通 / 陶松等编著. -- 北京：人民邮电出版社，2014.3
ISBN 978-7-115-33998-0

Ⅰ. ①U… Ⅱ. ①陶… Ⅲ. ①Linux操作系统 Ⅳ. ①TP316.89

中国版本图书馆CIP数据核字(2013)第292944号

内 容 提 要

本书适合 Linux 初级用户使用，讲述了 Ubuntu Linux 操作系统的系统管理、桌面办公应用、服务器配置等知识，用以辅助更多的用户得心应手地使用 Linux 操作系统作为桌面办公环境及服务器环境。主要包含 Ubuntu Linux 12.04 的安装、配置、桌面应用、系统管理，以及以 Ubuntu Linux 12.04 为平台的各种服务器的搭建及配置等内容，从入门到高级应用，从个人应用到服务器应用等各个阶段及领域均有涉及。

本书分为 4 部分共 20 章，第一部分（第 1 章～第 3 章）介绍 Ubuntu Linux 的安装以及初次使用该操作系统时的基本设置，展示了 Ubuntu Linux 的两种操作及控制界面基础——图形界面和文字界面。重点介绍 Ubuntu Linux 桌面应用基础，包括桌面环境设置、网络环境配置、系统更新及软件包管理等基础应用；第二部分（第 4 章～第 6 章）介绍 Ubuntu Linux 系统的基本管理原理及方法，囊括了文件系统管理、用户管理、权限管理、磁盘管理，每一种管理都是从图形界面和文字界面两方面介绍，以满足不同读者的需要；第三部分（第 7 章～第 9 章）以最流行、最常用的桌面应用为例，介绍 Ubuntu Linux 的各种桌面工具的应用，并在此基础上，介绍 Ubuntu Linux 的高级系统管理；第四部分（第 10 章～第 20 章）介绍了 Ubuntu 中的网络基本原理、网络配置及管理，然后重点介绍 Ubuntu 下企业级服务器配置，包括远程登录服务（Telnet、SSH、VNC）、FTP 服务器、NFS 服务器、SAMBA 服务器、DHCP 服务器、DNS 服务器、Web 服务器、Mail 服务器、路由器等的原理、配置及应用。

本书适合初学者、Linux 使用者、网络管理人员，也适合大中专院校相关专业的师生用书，以及培训学校的教材。

◆ 编　著　陶　松　刘　雍　韩海玲　周洪林
　　责任编辑　张　涛
　　责任印制　程彦红　杨林杰

◆ 人民邮电出版社出版发行　北京市丰台区成寿寺路11号
邮编　100164　电子邮件　315@ptpress.com.cn
网址　http://www.ptpress.com.cn
固安县铭成印刷有限公司印刷

◆ 开本：787×1092　1/16
印张：25
字数：624 千字
2014 年 3 月第 1 版
2024 年 7 月河北第 36 次印刷

定价：69.90 元

读者服务热线：(010)81055410　印装质量热线：(010)81055316
反盗版热线：(010)81055315
广告经营许可证：京东市监广登字20170147号

前　　言

回顾计算机操作系统的历史，UNIX/Linux 操作系统始终占据着非常重要的地位。而在当今计算机操作系统领域，Linux 的地位日益重要，也逐渐被应用到更多的领域。随着嵌入式行业的发展、网络应用技术的发展以及软件开源化，Linux 以其系统安全性方面的独特优势而受到人们的青睐，各大中型企业的服务器也越来越多地采用 Linux/UNIX 操作系统。另外，有越来越多的个人用户使用 Linux 操作系统作为日常办公管理环境以及软件开发环境。

在日常办公管理领域，Ubuntu Linux 操作系统在桌面应用方面的优势大大地强于其他同类的 Linux 操作系统。而由于 Ubuntu Linux 十分注重系统的安全性，加之良好的网络特性，越来越多地应用于企业服务器市场中。

本书是《Linux Ubuntu 系统管理、桌面办公应用及服务器配置从入门到精通》的升级版，讲述了 Ubuntu Linux 操作系统的系统管理、桌面办公应用、服务器配置等知识。Ubuntu Linux 基于 Debian 发行版，与 Debian 的不同之处在于它每 6 个月会发布一个新版本，普通的桌面应用系统可以获得 18 个月的支持，而标注为 LTS 的系统则可获得 3 年的支持，因此，本书选用 Ubuntu Linux 12.04 LTS 作为教学平台。

本书主要内容

本书主要包含 Ubuntu Linux 12.04 的背景、安装、配置、桌面应用、系统管理，以及以 Ubuntu Linux 12.04 为平台的各种服务器的搭建及配置等内容，从入门到高级应用，从个人应用到服务器应用等各个阶段及领域均有涉及。

本书第一部分（第 1 章～第 3 章）介绍 Ubuntu Linux 的安装以及初次使用该操作系统时的基本设置，展示了 Ubuntu Linux 的两种操作及控制界面基础——图形界面和文字界面。由于 Ubuntu Linux 是目前最为流行的桌面应用系统，因此，这部分重点介绍 Ubuntu Linux 桌面应用基础，包括桌面环境设置、网络环境配置、系统更新及软件包管理等基础应用，为之后的系统管理和高阶应用奠定基础。

本书第二部分（第 4 章～第 6 章）介绍 Ubuntu Linux 的系统基本管理原理及方法，囊括了文件系统管理、用户管理、权限管理和磁盘管理，每一种管理都是从图形界面和文字界面两方面介绍，以满足不同读者的需要。在内容编排上，以"原理→操作方式→效果"为模式，让读者从内而外地掌握系统管理和维护的基础知识。

本书第三部分（第 7 章～第 9 章）以最流行、最常用的桌面应用为出发点，介绍 Ubuntu Linux 的各种桌面工具的应用，并在此基础上，介绍 Ubuntu Linux 的高级系统管理。桌面应用部分分为办公软件应用和网络工具软件应用两个模块，内容涵盖了文档处理、图片处理、表格处理、幻灯片处理、浏览器、下载工具、聊天工具等。在内容编排上，以"软件介绍→主要功能操作→主要参数设置"为模式，教会读者掌握各种桌面工具的使用方法，并提升到管理及个性化设置的高度。

高级管理部分主要介绍进程管理、工作任务管理、日志管理等知识和方法，以使读者使用起来更加得心应手。

本书第四部分（第 10 章～第 20 章）以 Ubuntu Linux 12.04 为平台，首先介绍 Ubuntu 中的网络基本原理、网络配置及管理，然后重点介绍 Ubuntu 下的企业级服务器配置，包括远程登录服务器（Telnet、SSH、VNC）、FTP 服务器、NFS 服务器、SAMBA 服务器、DHCP 服务器、DNS 服务器、Web 服务器、Mail 服务器、路由器等的原理、配置及应用。针对每个服务，采用"原理→配置方法→配置实例"的方式编排内容，使读者能由浅入深地了解并掌握各种主流服务的架设。

本书特点

（1）内容涵盖面广，大多数案例来源于笔者的工作实践，具有很强的实用性。

（2）采用案例式教学方法，从原理出发，详细讲解每一种基础操作的步骤，展示每个操作步骤的结果，一目了然。

（3）在第四部分，充分讲解了 Ubuntu Linux 在企业服务器方面的独到之处，以及其不同于其他 Linux 发行版的配置方式。不仅介绍网络服务基础理论，还讲解每一种服务的详细配置方法及步骤。同时结合实际的应用案例讲解，企业管理人员及工程管理人员依照实例做简单的调整及修改，就可以应用到实际的服务器中。

（4）以 Ubuntu Linux 为平台，涉及 Linux 操作系统的系统管理知识、桌面应用及管理知识、企业服务器配置及应用等各个领域，适用不同层面的读者。学完本书，读者完全可以胜任 Ubuntu Linux 或者其他各种 Linux 发行版的高级系统管理或高级网络管理工作。

本书读者对象

本书可以作为高等院校计算机专业学生学习 Ubuntu Linux 操作系统的专业教材及培训资料，也可以作为企业 Ubuntu Linux 网络管理工程师及从事 Ubuntu Linux 服务器配置与管理的工程师的参考用书，同时还可以作为 Linux 平台嵌入式开发者或利用 Linux 平台作为开发平台的其他开发者的参考用书。配套资源网站地址 www.watchmen.cn。

编 者

目　　录

第一部分　Ubuntu Linux 基础

第1章　Ubuntu Linux 之初体验 ………… 2
- 1.1　Ubuntu Linux 概述 ………………… 3
  - 1.1.1　Linux 概述 ………………… 3
  - 1.1.2　Ubuntu 概述 ……………… 5
- 1.2　安装 Ubuntu Linux 操作系统 …… 8
  - 1.2.1　安装前的准备工作 ………… 9
  - 1.2.2　多种方法安装 Ubuntu Linux …………………………… 9
- 1.3　删除 Ubuntu Linux 操作系统 …… 18
  - 1.3.1　从虚拟机中删除 Ubuntu Linux …………………… 18
  - 1.3.2　删除利用 Wubi 安装的 Ubuntu Linux …………………… 18
  - 1.3.3　删除双操作系统中的 Ubuntu Linux …………………… 18
- 1.4　Ubuntu Linux 初体验 ……………… 19
  - 1.4.1　初次启动 Ubuntu Linux …… 19
  - 1.4.2　Unity 桌面环境初体验 …… 20
  - 1.4.3　终端体验 …………………… 22
  - 1.4.4　关机和注销 ………………… 25
- 1.5　课后练习 …………………………… 27

第2章　Ubuntu Linux 基本设置 ………… 28
- 2.1　桌面环境的进阶应用 ……………… 29
  - 2.1.1　X-WINDOW 桌面环境简介 ………………………… 29
  - 2.1.2　Unity 简介 ………………… 29
  - 2.1.3　GNOME 简介 ……………… 30
  - 2.1.4　Ubuntu 12.04 中的 GNOME 安装 …………………… 31
- 2.2　基础桌面环境设置 ………………… 33
- 2.3　网络环境配置 ……………………… 35
  - 2.3.1　利用虚拟机安装的 Ubuntu 配置网络环境 ………… 35
  - 2.3.2　直接在硬盘上安装的 Ubuntu 配置网络环境 ………… 39
- 2.4　更新及软件包管理 ………………… 40
  - 2.4.1　更新管理器的使用和配置 … 40
  - 2.4.2　软件包管理器的使用和配置 …………………………… 45
- 2.5　高级桌面特效的开启与设置 ……… 50
- 2.6　课后练习 …………………………… 53

第3章　初识 Shell 及文档编辑 …………… 54
- 3.1　Shell 基本概念 ……………………… 55
  - 3.1.1　Shell 的功能 ………………… 55
  - 3.1.2　常用 Shell 简介 …………… 56
- 3.2　Shell 基本操作 ……………………… 57
  - 3.2.1　Shell 命令基本格式 ………… 57
  - 3.2.2　Shell 常用特殊符号 ………… 57
  - 3.2.3　Shell 的进阶体验 …………… 58
- 3.3　常用 Shell 命令简介 ……………… 61
  - 3.3.1　ls 查看目录信息 …………… 61
  - 3.3.2　pwd 查看当前工作路径 …… 62
  - 3.3.3　uname 查看当前系统信息 …………………………… 62
  - 3.3.4　cd 切换目录 ………………… 62
  - 3.3.5　cat 显示文件内容 ………… 63
  - 3.3.6　clear 清屏 …………………… 63
  - 3.3.7　sudo 切换用户身份执行 …… 63
  - 3.3.8　su 切换用户 ………………… 64

3.3.9　ifconfig 显示和配置
　　　　　　网络属性 ────── 64
　　　3.3.10　man 系统帮助 ────── 65
　3.4　使用 Gedit 编辑文档 ────── 65
　3.5　VIM 的使用和配置 ────── 69
　　　3.5.1　VIM 的使用 ────── 69
　　　3.5.2　VIM 的配置 ────── 72
　3.6　课后练习 ────── 73

第二部分　Ubuntu Linux 的系统基本管理原理及方法

第 4 章　文件系统管理 ────── 76

　4.1　文件系统基本概念 ────── 77
　　　4.1.1　文件系统概述 ────── 77
　　　4.1.2　文件系统的类型 ────── 78
　　　4.1.3　Ubuntu 文件系统的结构 ────── 79
　4.2　交换分区 ────── 81
　　　4.2.1　交换分区概述 ────── 81
　　　4.2.2　交换分区的管理 ────── 82
　4.3　文档压缩及解压缩 ────── 84
　　　4.3.1　文档压缩概述 ────── 85
　　　4.3.2　图形化归档工具 ────── 85
　　　4.3.3　命令行工具 ────── 88
　4.4　文件系统管理命令 ────── 92
　　　4.4.1　文件的基本操作 ────── 92
　　　4.4.2　目录的基本操作 ────── 95
　　　4.4.3　查看文件内容 ────── 95
　　　4.4.4　文件类型 ────── 98
　　　4.4.5　查询文件 ────── 99
　　　4.4.6　其他管理命令 ────── 100
　4.5　课后练习 ────── 103

第 5 章　用户及权限管理 ────── 104

　5.1　利用图形化工具管理用户和组 ────── 105

　　　5.1.1　Ubuntu 用户系统概述 ────── 105
　　　5.1.2　创建和管理用户 ────── 106
　　　5.1.3　创建和管理用户组 ────── 110
　5.2　用户和组管理命令 ────── 111
　　　5.2.1　配置文件 ────── 111
　　　5.2.2　用户管理命令 ────── 113
　　　5.2.3　组管理命令 ────── 117
　5.3　权限管理 ────── 118
　　　5.3.1　权限概述 ────── 118
　　　5.3.2　常用权限管理命令 ────── 120
　5.4　课后练习 ────── 124

第 6 章　磁盘管理 ────── 125

　6.1　磁盘管理基础 ────── 126
　　　6.1.1　硬盘分区基本知识 ────── 126
　　　6.1.2　磁盘分区规划方案 ────── 127
　　　6.1.3　磁盘管理方法 ────── 128
　6.2　挂载与卸载分区 ────── 132
　　　6.2.1　挂载与卸载分区的方法 ────── 132
　　　6.2.2　开机自动挂载配置文件 ────── 137
　6.3　课后练习 ────── 138

第三部分　Ubuntu Linux 的最常用的桌面应用

第 7 章　办公软件应用 ────── 140

　7.1　Ubuntu 中的 Office 概述 ────── 141
　　　7.1.1　OpenOffice.org 的
　　　　　　组成和特点 ────── 141
　　　7.1.2　OpenOffice.org 的优缺点 ────── 141
　　　7.1.3　LibreOffice 概述及特性 ────── 142
　7.2　文本处理 Writer ────── 143
　　　7.2.1　Writer 的启动和退出 ────── 143
　　　7.2.2　Writer 的基本操作 ────── 144
　7.3　LibreOffice 中的电子表格 Calc ────── 149
　　　7.3.1　Calc 的启动和退出 ────── 149
　　　7.3.2　Calc 的基本操作 ────── 150
　7.4　LibreOffice 中的演示
　　　文稿 Impress ────── 156
　　　7.4.1　Impress 的启动和退出 ────── 156
　　　7.4.2　Impress 的基本操作 ────── 158
　7.5　LibreOffice 中的绘图 Draw ────── 161

7.5.1　Draw 概述……………………162
　　7.5.2　绘制流程图………………………162
7.6　PDF 文档的阅读………………………166
　　7.6.1　PDF 概述…………………………166
　　7.6.2　PDF 文件阅读……………………167
7.7　课后练习…………………………………169

第 8 章　网络工具应用……………………170

8.1　浏览器……………………………………171
　　8.1.1　FireFox 简介………………………171
　　8.1.2　FireFox 的使用……………………171
8.2　下载工具…………………………………176
　　8.2.1　APT 下载工具……………………176
　　8.2.2　命令行下载工具…………………178
　　8.2.3　多线程下载工具…………………180
8.3　聊天工具…………………………………182
　　8.3.1　Ubuntu 中的 QQ…………………183
　　8.3.2　强大的 Empathy…………………185
8.4　邮件的应用………………………………186
　　8.4.1　Evolution 简介……………………187

　　8.4.2　Evolution 的启动及设置……187
　　8.4.3　Evolution 的使用…………………190
8.5　课后练习…………………………………191

第 9 章　Ubuntu Linux 系统进阶管理………192

9.1　进程管理…………………………………193
　　9.1.1　Linux 进程的基本概念…………193
　　9.1.2　进程的运行状态…………………194
　　9.1.3　进程管理操作……………………195
9.2　守护进程及服务管理……………………198
　　9.2.1　守护进程的基本概念……………198
　　9.2.2　系统服务的管理…………………199
9.3　工作任务管理……………………………200
　　9.3.1　临时工作安排 at…………………200
　　9.3.2　周期性工作安排 cron……………201
9.4　日志管理…………………………………203
　　9.4.1　系统日志配置文件………………203
　　9.4.2　常见的日志文件…………………205
9.5　课后练习…………………………………208

第四部分　Ubuntu Linux 网络基本原理、网络配置及管理

第 10 章　网络基础知识……………………210

10.1　TCP/IP 基础……………………………211
10.2　IPv4 地址基础…………………………212
　　10.2.1　IP 地址表示
　　　　　　形式及分类……………………212
　　10.2.2　子网掩码…………………………214
　　10.2.3　IP 数据包头………………………214
10.3　TCP、UDP 协议基础…………………216
　　10.3.1　TCP 数据包头……………………216
　　10.3.2　UDP 数据包头……………………218
10.4　网络数据包的封装和拆解……………218
　　10.4.1　数据包封装过程…………………219
　　10.4.2　数据包拆解过程…………………219
10.5　ARP/RARP 基础………………………220
　　10.5.1　ARP/RARP 概述…………………220
　　10.5.2　Ubuntu Linux 中的
　　　　　　ARP 管理………………………221

10.6　ICMP 协议基础…………………………221
10.7　课后练习………………………………223

第 11 章　基本网络配置及管理……………224

11.1　网络配置文件…………………………225
　　11.1.1　/etc/network/interfaces 网络
　　　　　　基本信息配置文件……………225
　　11.1.2　其他网络相关配置文件…………226
11.2　常用网络管理工具……………………228
　　11.2.1　配置网络地址
　　　　　　信息 ifconfig……………………228
　　11.2.2　域名解析测试 nslookup…………229
　　11.2.3　测试网络状态 ping………………229
　　11.2.4　网络配置工具 ip…………………229
　　11.2.5　netstat 工具………………………230
　　11.2.6　tcpdump 工具……………………232
　　11.2.7　ftp 访问命令………………………235
　　11.2.8　route 路由设置……………………235

11.3 系统网络服务器简介 ………… 236
　11.3.1 inetd 和 xinetd 服务介绍 …… 236
　11.3.2 普通服务介绍 ………………… 238
　11.3.3 网络服务启动方法 …………… 241
11.4 基本防火墙配置 ……………………… 243
　11.4.1 配置 iptables 服务 …………… 244
　11.4.2 iptables 配置实例 …………… 245
11.5 课后练习 ……………………………… 246

第 12 章 Ubuntu Linux 远程登录及服务器配置 ………… 247

12.1 Telnet 远程登录服务及应用 ……… 248
　12.1.1 Ubuntu Linux 远程登录原理介绍 ………………… 248
　12.1.2 Telnet 服务配置及应用 …… 249
12.2 SSH 安全访问 Ubuntu ……………… 250
　12.2.1 启动 SSH 服务 ……………… 250
　12.2.2 利用 SSH 远程访问 Ubuntu ……………………… 250
12.3 VNC 远程桌面访问 ………………… 252
　12.3.1 VNC 远程桌面原理 ………… 252
　12.3.2 VNC 远程桌面配置及应用 ………………………… 253
12.4 配置 OpenSSH 服务器 ……………… 255
　12.4.1 信息安全基础 ………………… 255
　12.4.2 OpenSSH 基本配置 ………… 258
　12.4.3 OpenSSH 服务器配置实例 ………………………… 262
12.5 课后练习 ……………………………… 264

第 13 章 FTP 服务器配置及应用 ……… 265

13.1 FTP 服务原理 ……………………… 266
　13.1.1 FTP 主要功能 ………………… 266
　13.1.2 FTP 通信过程 ………………… 266
　13.1.3 FTP 用户分类 ………………… 267
13.2 配置 Ubuntu Linux 下的 VSFTPD 服务器 ……………………………… 267
　13.2.1 安装 VSFTPD 软件包 ……… 267
　13.2.2 配置 Ubuntu Linux 下的 FTP 服务器 ………………… 268

13.3 VSFTPD 服务配置实例 …………… 271
　13.3.1 最简单的 vsftpd.conf 设置 ………………………… 271
　13.3.2 仅开放实体用户登录的设置 …………………… 273
　13.3.3 仅开放匿名用户登录的设置 …………………… 275
13.4 配置 Ubuntu Linux 下的 proftpd 服务器 ……………………………… 276
　13.4.1 软件包的安装 ………………… 276
　13.4.2 proftpd.conf 基本配置 …… 277
13.5 proftpd 服务器配置实例 …………… 282
　13.5.1 最简单的 proftpd 服务器配置 ……………………… 282
　13.5.2 修改实体用户设定的示例 ………………… 283
　13.5.3 针对匿名用户的配置 ……… 284
13.6 课后练习 ……………………………… 286

第 14 章 NFS 服务器配置及应用 ……… 287

14.1 NFS 服务原理 ……………………… 288
　14.1.1 NFS（网络文件系统）原理 ……………………… 288
　14.1.2 RPC 远程进程调用 ………… 288
　14.1.3 NFS 启动的后台进程 ……… 289
14.2 配置 Ubuntu Linux 下的 NFS 服务器 ……………………………… 289
　14.2.1 Ubuntu Linux 下的 NFS 软件组件介绍 ……………… 289
　14.2.2 NFS 服务器的相关配置应用 ………………………… 290
　14.2.3 Ubuntu Linux 中配置 NFS 服务器 …………………… 291
　14.2.4 客户端挂载远程主机 ……… 295
　14.2.5 常见故障分析及处理 ……… 296
14.3 NFS 服务器配置实例 ……………… 296
　14.3.1 网络模型及系统要求 ……… 296
　14.3.2 配置过程及参数实现 ……… 297
14.4 其他方式挂载 NFS 文件系统 …… 297
　14.4.1 用 /etc/fstab 挂载 NFS …… 297

14.4.2　用 autofs 挂载 NFS ············298
　14.5　课后练习 ························300
第 15 章　SAMBA 服务器配置及应用 ·······301
　15.1　SAMBA 服务原理 ················302
　　15.1.1　SAMBA 功能及原理 ·········302
　　15.1.2　SAMBA 启动的
　　　　　　后台进程 ····················302
　　15.1.3　SAMBA 连接方式 ···········303
　15.2　配置 Ubuntu Linux 12.04
　　　　下的 SAMBA 服务器 ···········304
　　15.2.1　Ubuntu Linux 12.04 下的
　　　　　　SAMBA 软件包组件 ·······304
　　15.2.2　文本界面下配置 SAMBA
　　　　　　服务器 ·······················306
　　15.2.3　图形界面下配置 Samba
　　　　　　服务器 ·······················314
　　15.2.4　客户端挂载远程主机 ······316
　15.3　SAMBA 服务配置实例 ·········317
　　15.3.1　网络模型及系统要求 ······317
　　15.3.2　配置过程及参数实现 ······318
　15.4　课后练习 ························320
第 16 章　DHCP 服务器配置及应用 ········321
　16.1　DHCP 服务原理 ················322
　　16.1.1　DHCP 功能简介 ···········322
　　16.1.2　DHCP 的运作方式 ········322
　16.2　配置 Ubuntu Linux 下的 DHCP
　　　　服务器 ·····························323
　　16.2.1　Ubuntu Linux 下的 DHCP
　　　　　　软件包组成 ················323
　　16.2.2　文本界面下配置 DHCP
　　　　　　服务器 ·······················324
　　16.2.3　客户端申请 IP 地址 ······326
　16.3　DHCP 服务配置实例 ···········327
　　16.3.1　网络模型及系统要求 ······327
　　16.3.2　配置参数及实现过程 ······327
　16.4　课后练习 ························329
第 17 章　DNS 服务器配置及应用 ·········330
　17.1　DNS 服务基本原理 ············331

　　17.1.1　DNS 功能介绍 ·············331
　　17.1.2　Linux 中的域名解析过程 ···331
　17.2　配置 Ubuntu Linux 下的 DNS
　　　　服务器 ·····························332
　　17.2.1　Ubuntu Linux 中的 DNS
　　　　　　软件包组件介绍 ···········332
　　17.2.2　DNS 客户端配置 ··········333
　　17.2.3　前向 DNS 服务器配置 ····335
　　17.2.4　Ubuntu Linux 中 DNS
　　　　　　服务器详细配置 ···········337
　17.3　DNS 服务配置实例 ············340
　　17.3.1　网络模型及系统要求 ······340
　　17.3.2　配置过程及参数实现 ······341
　17.4　课后练习 ························343
第 18 章　Web 服务器配置及应用 ········344
　18.1　Web 服务工作原理 ············345
　　18.1.1　基本概念 ····················345
　　18.1.2　Apache 简介 ···············346
　　18.1.3　Apache 2.0 的新特性 ·····347
　18.2　配置 Ubuntu Linux 下的
　　　　Apache 服务器 ··················349
　　18.2.1　Ubuntu Linux 下 Apache
　　　　　　软件包介绍 ················349
　　18.2.2　Ubuntu Linux 中 Apache2
　　　　　　的配置 ·······················350
　18.3　Apache 服务器配置实例 ······355
　　18.3.1　系统要求 ····················355
　　18.3.2　配置流程 ····················355
　　18.3.3　测试 ··························357
　18.4　课后练习 ························358
第 19 章　Mail 服务器配置及应用 ········359
　19.1　E-Mail 服务原理 ················360
　　19.1.1　Mail 系统介绍 ·············360
　　19.1.2　Mail 传输流程 ·············361
　19.2　配置 Ubuntu Linux 下的 Mail
　　　　服务器 ·····························362
　　19.2.1　Ubuntu Linux 下的 Mail
　　　　　　软件包介绍 ················362

	19.2.2	邮件服务器与 DNS的联系	365
	19.2.3	文本界面下配置 Mail 服务器	365
	19.2.4	测试邮件服务	367
19.3		结合 DNS 配置 Mail 服务器实例	368
	19.3.1	网络模型及系统要求	368
	19.3.2	配置过程及参数实现	369
19.4		课后练习	373

第 20 章 路由配置及应用 374

20.1		路由配置基本概念	375
	20.1.1	基本概念	375
	20.1.2	路由策略	378
20.2		Ubuntu Linux 路由基本操作	381
	20.2.1	查看当前路由信息	381
	20.2.2	添加路由操作	382
	20.2.3	删除路由操作	382
	20.2.4	添加默认网关操作	383
	20.2.5	删除默认网关操作	383
	20.2.6	启动路由数据转发操作	383
	20.2.7	添加永久路由信息	384
	20.2.8	添加永久默认网关	385
20.3		静态路由配置实例	385
	20.3.1	网络模型	385
	20.3.2	配置及测试过程	388
20.4		课后练习	389

LINUX

第一部分　Ubuntu Linux 基础

Ubuntu Linux 之初体验
Ubuntu Linux 基本设置
初识 Shell 及文档编辑

第 1 章　Ubuntu Linux 之初体验

随着计算机技术的日益发展，Linux 已成为全球第二大操作系统，其网络特性、安全特性得到了越来越多用户的支持。

Ubuntu 作为众多 Linux 发行版中的一员，历史不长，却在短时间内迅速占领了桌面应用领域的市场，成为当今该领域最热门的宠儿，这和它性能的优越、使用的便捷是密不可分的。本章将带领读者初步认识 Ubuntu。

本章第 1 节介绍 Linux 和 Ubuntu 的概况，让读者先对 Linux 操作系统有一个初步的认识。

第 2 节介绍安装 Ubuntu Linux 的方法，以利用虚拟机安装、利用 Wubi 工具安装、直接从硬盘安装等 3 种不同的方式讲述其详细过程。

第 3 节针对第 2 节中的 3 种安装方式，一一对应地介绍如何删除 Ubuntu Linux。

第 4 节介绍第一次进入 Ubuntu 图形化界面的体验，带领读者初步认识 Ubuntu Linux 的桌面环境及构成，并介绍相关的使用方法。

1.1 Ubuntu Linux 概述

本节介绍 Linux 以及 Ubuntu 的概况，让读者全面了解它们的历史、特点和发展趋势。在当今计算机操作系统界，Linux 占有越来越重要的地位，而 Ubuntu Linux 作为桌面应用类操作系统的代表，其独特之处更是受到了广大用户的欢迎。在了解了 Ubuntu 的历史背景及发展趋势后，才能更有针对性地学习和使用它。

1.1.1 Linux 概述

本小节主要讲述 Linux 的发展道路和特点，所有的 Linux 类操作系统都具备这样的背景，因此，在了解 Ubuntu 之前，有必要先了解它所在的家族。

Linux 是一个功能强大的操作系统，同时也是一个自由软件，是免费的、开放源代码的。编制它的目的是建立不受任何商品化软件版权制约的、全世界都能自由使用的 UNIX 兼容产品。

各种使用 Linux 作为内核的 GNU 操作系统正在被广泛地使用着。虽然这些系统通常被称为"Linux"，但是它们应该更精确地被称为 GNU/Linux 系统。

1. Linux 的历史

要了解 Linux 的历史，先要了解什么是操作系统。所谓操作系统，就是在计算机用户与计算机硬件之间传递信息的介质。计算机的工作都由硬件完成，而用户想要让计算机工作，就需要告诉计算机工作任务是什么，就需要有一个横跨于硬件与人之间的通信"桥梁"，而操作系统就是这座"桥梁"。

Linux 的历史可以追溯到 20 世纪 60 年代，美国贝尔实验室发明了 UNIX，这是一个多用户多任务的操作系统。在那个年代，计算机程序的源代码都是公开的，到了 20 世纪 70 年代，随着操作系统的商业化，源代码开始向用户封闭，这给许多传统的程序员带来了不便，他们能发现程序中的漏洞，并有修复的能力，但是商业公司却拒绝让用户直接修改。这对程序员、对计算机软件的发展造成了严重的限制。

1984 年，Richard Stallman 成立了自由软件基金会 FSF 和开源组织 GNU，并提出了著名的开源协议标准 GPL，他的计划是开发出一套完整的免费、公开源代码的 UNIX 操作系统及其应用软件。GNU 的意思就是 GNU's Not UNIX，以一个递归式的定义描述了自己和 UNIX 有关又不同于 UNIX 的特点。

到了 20 世纪 80 年代末，GNU 计划的很多工作已经完工，包括 C 语言的编译器 GCC、文本编辑软件 emacs 等，但是操作系统计划却迟迟没有推出。

1991 年 10 月，芬兰赫尔辛基大学计算机系学生，著名黑客 Linus Torvalds 在学校的 ftp 上发布了自己编写的类 UNIX 操作系统——Linux 0.02 版的源代码，并宣布它遵守 GPL 协议，而且符合 UNIX 的操作系统 POSIX 标准，源代码可以在 UNIX 主机上用 gcc 编译生成可执行的二进制代码，可以在个人计算机平台（Intel 80386）上运行。这时正值互联网和个人电脑兴起并开始高速发展的时代，它吸引了世界各地的黑客对这个操作系统进行修改和完善，到 1994 年发布正式的 1.0 版本时，已经成为一个功能完善、稳定可靠的操作系统，并且有了相当大的名气。GNU 组织也暂且搁下自己的计划，全力支持 Linux 的发展。从此以后，一个奇迹就诞生了。

可见，Linux 操作系统的诞生和发展，完全是互联网、UNIX、GNU 自由软件组织以及黑客文化相互融合发展的结晶。

2．Linux 的发展及特点

Linux 操作系统可以说是 UNIX 操作系统的一个克隆体，自 Linus Torvalds 创立 Linux 开始，Linux 就允许其他人免费地自由运用该系统源代码，并且鼓励其他人进一步对其进行开发。Linux 操作系统继承了 UNIX 操作系统超过 25 年的经验、源代码以及技术支持，它在短短的几年内就得到了非常迅猛的发展，很快成为最受人们喜爱的操作系统之一，而这一点，与它本身具有的良好特性分不开的。

随着计算机技术的发展，操作系统界面的图形化成为可能。20 世纪 80 年代美国麻省理工学院的 MIT 提出了 X Window，这是 UNIX 体系的一个重要发明，它和 Windows NT 不同的是，X Window 没有直接嵌入到系统内核，而只是作为一个系统服务运行，就是说可以完全不要图形界面，只需要一个 shell 就可以与内核直接对话，对 Linux 来说，再加上源代码公开，这为节省系统开销提供了保证。

在 Linux 上可以安装 X 及其窗口管理器作为个人桌面操作系统；也可以只要一个最基本的命令行的 shell 作为服务器，并提供远程登录和维护；更可以进行裁减和更改，到只有几百 K 的核心，作为智能电器如手机等的嵌入式系统核心。

事实上，我们普通用户现在所用的个人电脑 Linux 系统，是基于各 Linux 开发组织的发行版本，它除了包含 Linux 系统内核外，还包括了基本的 shell、X Window 系统、窗口管理器以及各种应用软件。在这些基础上按照自己的理念进行开发和整合，就形成了各种各样的 Linux 发行版，这才是我们常说的 Linux 电脑操作系统。

Linux 操作系统具有以下几个显著的特点。

开放性：系统遵循世界标准规范，特别是遵循开放系统互连（OSI）国际标准。凡遵循国际标准所开发的硬件和软件，都能彼此兼容，可以方便地实现互连。另外，源代码开放的 Linux 是免费的，使得获取 Linux 非常方便，可以节省费用。Linux 开放源代码，使用者能控制源代码，按照需要对部件混合搭配，建立自定义扩展。

多用户：系统资源可以被不同的用户各自拥有使用。每个用户对自己的资源有特定的权限，互不影响。Linux 和 UNIX 都具有多用户的特性。

多任务：多任务是现代计算机的最主要的一个特点，是指计算机同时执行多个程序，而且各个程序的运行互相独立。Linux 系统调度每一个进程平等地访问微处理器。

快速性：Linux 可以连续运行数月、数年而无需重新启动，与 Windows 相比，这一点尤其突出。即使作为一种台式机操作系统，与 UNIX 相比，它的性能也显得更为优秀。Linux 不大在意 CPU 的速度，它可以把处理器的性能发挥到极限。

安全性：Linux 采取了许多安全技术措施，包括对读、写进行权限控制，带保护的子系统、审计跟踪、核心授权等，这为网络多用户环境中的用户提供了必要的安全保障。

网络性：Linux 是在 Internet 的基础上产生并发展起来的，因此，完善的内置网络是 Linux 的一大特点。Linux 在通信和网络功能方面明显优于其他的操作系统。

移植性：可移植性是指将操作系统从一个平台转移到另一个平台时，它仍然能按其自身方式运行的能力。Linux 能够在从微型计算机到大型计算机的任何环境中和任何平台上运行。可移植性为运行 Linux 的不同计算机平台与其他任何机器进行准确而有效的通信提供了手段，不需要另外增加特殊和昂贵的通信接口。

兼容性：Linux 是一款与 POSI（Portable Operating System Interface）相兼容的操作系统，它所构成的子系统支持所有相关的 ANSI、ISO、IETF 和 W3C 业界标准。为了使 UNIX system V 和 BSD 上的程序能直接在 Linux 上运行，Linux 还增加了部分 system V 和 BSD 的系统接口，使 Linux 成为一个完善的 UNIX 程序开发系统。Linux 符合 X/Open 标准，具有完全自由的 X Window 实现。另外，Linux 在对工业标准的支持上做得非常好，由于各 Linux 发布厂商都能自由获取和接触 Linux 的源代码，因此各厂家发布的 Linux 仍然缺乏标准，不过这些差异非常小。它们的差异主要存在于所捆绑的应用软件的版本、安装工具的版本和各种系统文件所处的目录结构等。

基于上述特点，Linux 在桌面应用、服务器应用、嵌入式应用 3 个领域得到了良好的发展，已经在这 3 个领域形成了自己特有的产业环境。包括芯片制造商、硬件厂商、Linux 软件提供商、ISV、SI 等，都在这个生态环境中发挥着重要的作用。

随着市场竞争愈演愈烈，Linux 会在将来的道路上占据越来越有利的地位，在上述 3 个产业环境及其他环境中的增长趋势将会延续。

1.1.2　Ubuntu 概述

Ubuntu 是一个基于 Linux 上的操作系统，是一个新兴的 Linux 发行版，也是目前 Linux 发行版中最热门的版本之一，并且迅速发展成开源软件领域的一颗明珠。

1．Ubuntu 的诞生及意义

Ubuntu 的创始人是 Mark Shuttleworth，他创建了 Canonical 公司，并于 2002 年自费完成了一趟太空旅行。当他从太空旅行回来后，感觉到了人类的相互依存，所以决定做一些免费的全球性的东西，而免费软件就是他理想中的真正意义上的全球性东西，因此，便创造了 Ubuntu。

"Ubuntu"一词起源于祖鲁和科萨的非洲语，被形容为"因为太美而难以翻译成英文"，它在非洲语中的意思是"being-with-others"，即"对他人人道"。Mark Shuttleworth 认为这个平台是为人而做的，长久以来，Linux 是一个为专家们而存在的操作系统，Ubuntu 的名称就表达了该系统的意义在于为普通人开发的 Linux 易用平台。

谈到 Ubuntu 的理念时，Mark Shuttleworth 回忆说，两年中在思考从事什么事业时，自己比较倾向于选择一项具有挑战性的工作，由于喜欢技术工作，同时也是开源的受益者，以前也是 Debian 的维护者，所以 Mark 就开始选择致力于 Ubuntu 开源项目的开发，之后就有了 Ubuntu 项目和 Ubuntu 社区。之所以致力于 Ubuntu 项目的开发，是因为开源软件的核心理念就是让受众能免费地享受到大家的劳动成果，每个人在收获的同时也在付出，这样才能促使人们之间更好地进行沟通和协作。由于开源软件不仅让它的开发者、使用者收益，更为年轻的一代提供了一个良好的创业平台，所以 Ubuntu 理念的核心就是共享。Ubuntu 理念中还包括"我和他人紧紧相连，密不可分，我们都在同一种生活之中。"Ubuntu 项目和社区也不遗余力地践行着这一理念，他们的口号就是"Linux for Human Beings"。

2．Ubuntu 的发展及版本控制

Ubuntu 集成了卓越的桌面应用系统，使以往复杂的 Linux 操作变得更加容易，使得越来越多

的普通计算机用户开始尝试使用它。并且，Ubuntu 为适应不同的用户群，还推出了 Kubuntu、Edubuntu、Dubuntu 等衍生版本，因而吸引了众多的 Linux 用户。

(1) Ubuntu 的发展及特点

　　Ubuntu 继承了 Debian 系统优秀的 Deb 软件包格式和强大的 APT 包管理机制，有效地解决了 Linux 中软件包的依赖关系，更加方便了软件包的获取和管理，这一点明显优于基于 RPM 软件包的 Linux 系统。

　　据最具权威的 Linux 版本测评网站（www.distrowatch.com）的统计数据表明，在 400 多个独立的 Linux 发行版本中，Ubuntu 的下载数量持续两年名列榜首，就连大名鼎鼎的 Fedora Core、Debian、Mandriva、Slackware 和 SuSE 等老牌发行版都位列其后。OSDL 的最新调查也显示，Ubuntu 桌面 Linux 的用户使用率在所有的 Linux 中位列第 1 名。

　　Ubuntu 之所以能如此迅速地风靡全球，除了与它的理念有关，还与它异于其他 Linux 发行版的诸多特点有关，它有着以下一些与众不同的特色。

- Ubuntu 的开发者十分依赖于 Debian 和 GNOME 社区，而其发行也基于 GNOME 并与 GNOME 项目同步发布。
- Ubuntu 十分关注系统的可用性，包括为管理任务而广泛使用 sudo 工具等，并试图在标准安装时提供全套可用的解决方案。
- Ubuntu 实现了本地化和国际化融合，便于世界各地尽可能多的人使用。
- Ubuntu 不仅使用与 Debian 相同的 DEB 软件包格式，还和 Debian 社区有密切联系，直接和实时地向 Debian 贡献任何更新变化，许多 Ubuntu 的开发者也为 Debian 的关键包负责。
- Ubuntu 与 Debian 一样，强调只使用自由软件，并且完全遵循 GNU/GPL 协议。
- Ubuntu 的所有发行版本都免费提供。除了 CD 安装盘可提供下载外，还可以提供免费邮寄。此外，Ubuntu 对企业版升级不收取升级订购费。
- Ubuntu 为所有用户提供从某一个版本到下一个版本的方便的途径。

(2) Ubuntu 的发行版本及控制

　　Ubuntu 的发行版本编号来源于发行年度和月份，非常容易区分。而且，每一个版本都有一个非常特殊的别名，都是以容易记忆的小动物来命名的，这些别名的意义在于辅助人们的记忆。Ubuntu 每 6 个月会发布一次新版本。总体来讲，Ubuntu 的版本分为正式版和衍生版两类。

　　Ubuntu 的第 1 个正式版本于 2004 年 10 月发布，以后每年发布两个版本，目前最新的版本为 Ubuntu8.10。具体情况如下。

- Ubuntu 4.10　Warty Warthog　多疣的疣猪。

　　这是有史以来发布的第 1 个 Ubuntu，是第 1 个给予自由 ShipIt 服务的允许用户命令的版本。它发送时带有 GAIM、GIMP、GNOME、OpenOffice 和 Firefox 的早期版本。

- Ubuntu 5.04　Hoary Hedgehog　灰白的刺猬。

　　这是 2005 年 4 月浮出水面的 Ubuntu。

- Ubuntu 5.10　Breezy Badger　活泼的獾。

　　该版本于 2005 年 10 月发布，许多新的和有用的特征在这一版本的 bootloader 发行中提出，如添加/去除 app、语言挑选人、惠普打印机支持和 Launchpad 的结合等。

- Ubuntu 6.06　Dapper drake　整洁的鸭子。

于 2006 年 6 月发布，是有史以来第 1 个在 6 月份发行的 Ubuntu，也是第 1 个长期支持（LTS）版本。

- Ubuntu 6.10　Edgy Eft　躁动的蜥蜴。

于 2006 年 10 月发布，包含一个 Human 主题，并且包含 EasyUbuntu。

- Ubuntu 7.04　Feisty Fawn　好动的小鹿。

是 2007 年 4 月发布的第 6 版 Ubuntu Linux。它包含一个新迁移助手，可以方便地从视窗变换到 Ubuntu。其他引人注意的特征是 Compiz 三维影响，支持 WiFi。

- Ubuntu 7.10　Gutsy Gibbon　勇敢的长臂猿。

于 2007 年 10 月发布，由于它的高稳定性和用户友好功能，使得 Ubuntu 开始倾向于桌面型 Linux。

- Ubuntu 8.04　Hardy Heron　大胆的苍鹭。

这个版本发布于 2008 年 4 月，是一个具有历史意义的长期支持（LTS）版本，首次为 Linux 操作系统增加 Wubi 安装功能，整合了 KVM 技术，通过管理员身份，用户可以更容易地创建和管理虚拟机。

- Ubuntu 8.10　Intrepid Ibex　无畏的山羊。

发行于 2008 年 10 月的山羊，它的网络特性更加强大，能很好地融合 3G 网络，号称是为处处联网的数字生活方式而设计的。

- Ubuntu 9.04　Jaunty Jackalope　活跃的兔子。

广泛功能进一步增强，以改善用户体验。该软件启动速度更快（大约只需 25 秒），以确保更快速地接入大多数台式机、笔记本电脑和上网本的全功能计算环境。

- Ubuntu 9.10　Karmic Koala　幸运的无尾熊。

使用了当时最新的 linux 内核 2.6.31-14。并将 GNOME 升级至 2.30。

- Ubuntu 10.04　Lucid Lynx　清醒的猞猁。

在 2010 年 4 月 29 日发布的第二个 LTS 长期支持版本。该版本在外观特性上进行了较大的变革，使用 Ambiance 主题替换了传统的棕色主题。使用新的开源 Nvidia 驱动程序。整合了新的社会网络，支持 MeMenu，整合了包含 Facebook、Google Talk 在内的众多工具。整合了 Ubuntu 云服务，即 Ubuntu One，提供高达 2G 的免费在线存储。

- Ubuntu 10.10　Maverick Meerkat　标新立异的狐獴。

在上一版本基础上，改进了一些细节。

- Ubuntu 11.04　Natty Narwhal　敏捷的独角鲸。

使用 2.6.38 内核，升级 GCC 至 4.5。使用 Unity 取代 GNOME 成为默认操作界面。用 LibreOffice 取代了 OpenOffice。

- Ubuntu 11.10　Oneiric Ocelot　有梦的虎猫。

扩展了 Unity3D 和 2D 两种登录方法。压缩了更小的 DVD 镜像，更加易于管理。该版本中包含了 Ubuntu Core，其中包括软件的基本组成部分，适用于定制的 Ubuntu 桌面和产品。

- Ubuntu 12.04　Precise Pangolin　精准的穿山甲。

2012 年 4 月 26 日发布正式版。使用 Unity 欢迎界面，扩展了部分关于 Untiy 桌面的特性，仍然保持 GNOME 版本，主要应用使用 3.2 版本。该版本为长期支持版本，大幅提高了 Ubuntu 软件中心。

除了上述的各个 Ubuntu 正式版本以外，还有一些衍生版本，它们的特性不太一致，有着各自的特点和适用的范围。

Kubuntu：使用和 Ubuntu 一样的软件库，但不采用 GNOME，而是使用更为美观的 KDE 为其预定桌面环境。

Edubuntu：是 Ubuntu 的教育发行版。这是为了使教育工作者可以在短于一小时的时间内设计电脑教室，或建立网上学习环境，并且可以即时控制该环境而不用在家学习而创建的。

Xubuntu：轻量级的发行版。使用 Xfce4 作为桌面环境，与 Ubuntu 采用一样的软件库。

Ubuntu Server Edition：于 Ubuntu 5.10 版（Breezy Badger）起与桌面版同步发行。其提供了服务器的应用程序，如一个电邮服务器、一个 LAMP 网页服务器平台、DNS 设定工具、档案服务器与数据库管理。与原来的桌面版本比较，服务器版的光盘镜像体积较小，并且其对硬件规格的要求更低。若要运行服务器版，只需要有 500MB 的硬盘空间与 64MB 的内存便可。然而它并没有任何桌面环境提供，使用者在默认环境中只能使用纯文字模式。

（3）如何利用本书学习 Ubuntu

在了解了 Ubuntu 相关版本的情况后，读者会有疑问，面对如此众多的发行版，该怎样选择？本书选用 Ubuntu 12.04 LTS-desktop 作为所有内容的演示平台，因为该版本是目前最新、最稳定的长期支持版本，以它作为标准来学习和研究，具有最强的可靠性、最大的广泛性和最长的时效性。读者学习了它的使用方法之后，可以推而广之地应用于今后更新的、更优秀的发行版中。

本书将全面、系统、多角度地讲解 Ubuntu 的各种应用及管理方法，采用文字和图片相结合的方式，将 Ubuntu 的神秘面纱层层剥去，让读者在轻松的氛围中，有针对性、有步骤地去了解和学习 Ubuntu。

为此，读者最好的学习方式就是按照本书的流程，一边学，一边实际动手操作。本书的一大特点就是强调实践的重要性，读者必须通过自己的实践才能发现 Ubuntu 的魅力，也才能在学习的过程中发现自己的问题和不足，及时弥补。此外，有兴趣及学有余力的读者还可以通过互联网到相应的论坛上查找相关的资料，这里推荐几个国内著名的 Linux 论坛，其中都有涉及 Ubuntu 的相关内容。

- http://www.ubuntu.org.cn/　　ubuntu 中文官方网站。
- http://forum.ubuntu.org.cn/　　ubuntu 中文论坛。
- http://ubuntuos.5d6d.com/　　ubuntu 操作系统论坛。
- http://bbs.linuxpk.com/　　Linux 论坛。
- http://www.linuxeden.com/　　Linux 伊甸园。

1.2 安装 Ubuntu Linux 操作系统

本节介绍 Ubuntu Linux 的安装方法。针对不同用户的需要，列举 3 种常见的安装方法：虚拟机安装、Wubi 安装、直接从硬盘安装。

正所谓万丈高楼平地起，掌握了如何安装一个操作系统，才能谈及在此之上的各种应用及管理。为此，读者应该掌握其中的一种方法，在自己的计算机上安装一个用于学习本书所有内容的 Ubuntu Linux 操作系统。

1.2.1 安装前的准备工作

在安装 Ubuntu Linux 以前，需要做一些准备工作，主要是两方面的准备，一个是操作系统源文件的准备，一个是计算机硬件环境的准备。

1．操作系统的准备

操作系统版本选用 Ubuntu12.04-desktop，读者可以到 Ubuntu 中文官方社区进行该版本操作系统的 ISO 镜像文件下载，链接为 http://www.ubuntu.org.cn/。另外，读者可以通过官方社区订购相应的光盘产品。

2．硬件环境的准备

当读者准备好 Ubuntu 12.04-desktop 的镜像文件或者光盘后，就需要准备相应的硬件环境。以下提供两种配置方案。

（1）最低配置。该配置方案是指能让 Ubuntu 12.04 在计算机上运行的最低硬件要求，但不能确保最佳运行效果。

- 300MHz x86 处理器。
- 64MB 内存空间（RAM）。
- 至少 4GB 磁盘空间（为了完全安装以及预留足够的 SWAP 交换空间）。
- 支持 640×800 分辨率的图形加速卡。
- 光驱或网络支持。

（2）推荐配置。Ubuntu 12.04 基本能在以下配置的计算机环境中良好运行，不过很多特效仍不能确保最佳效果。

- 700MHz x86 处理器。
- 384MB 内存空间（RAM）。
- 至少 8GB 磁盘空间。
- 支持 1024×768 分辨率的图形加速卡。
- 声卡支持。
- 局域网或互联网支持。

注意：所有的 64 位计算机可以支持 64 位 Ubuntu 12.04-desktop，但必须使用 64 位的安装光盘或镜像文件。

1.2.2 多种方法安装 Ubuntu Linux

本小节讲述在虚拟机下安装、通过 Wubi 工具安装、直接在硬盘上安装 3 种安装 Ubuntu Linux 的方法。这 3 种方法难易程度不一，各有优缺点。通过本小节的学习，读者可以选择适合于自己的方法。

Ubuntu Linux 从入门到精通

1. 利用虚拟机在 Windows 中安装 Ubuntu

在 Windows 平台下利用虚拟机安装 Ubuntu Linux 是一个非常不错的选择。这里推荐使用 VMware Workstation7 作为虚拟机软件平台的首选,读者可以到 VMware 官方中文社区下载该版本软件,链接为 http://www.VMware.cn。

在准备好 Ubuntu12.04-desktop 镜像文件以及 VMware Workstation6 以后,便可以按照下面的方法在 Windows XP 中虚拟安装 Ubuntu Linux。

首先安装 VMware Workstation6。安装的过程很简单,在此略过不表。安装完成需要重新启动计算机,重启后,运行 VMware Workstation 7,打开如图 1-1 所示的启动界面。然后安装 Ubuntu Linux 前的一些设置。

(1) 在图 1-1 中选择菜单命令"File-New Virtual Machine",打开如图 1-2 所示的安装虚拟机向导对话框。如果已经熟悉 VMware 的使用,需要自定义其功能,可以选择"Custom(advanced)"单选框。

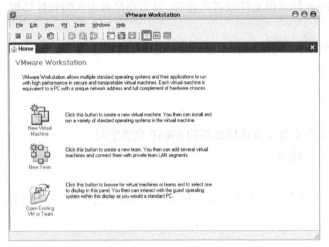

图 1-1　VMware 启动界面　　　　　　　　图 1-2　安装虚拟机向导

(2) 选择"Typical(recommended)"单选框,然后单击"Next"按钮,打开如图 1-3 所示的对话框。注意,在该版本的虚拟机中,如果在该对话框中选择第二个单选项,即"Install disc image file(ISO)",直接单击"Next"按钮,虚拟机将自动识别到 ISO 文件,并直接以简单安装模式进行安装。此例中,将不按此模式进行安装。

选择第三项"I will install the operating system later."并单击"Next"按钮,进入如图 1-4 所示的界面。

(3) 在图 1-4 中的"Guest operating system"中选择"Linux"单选框,表示现在要虚拟安装的操作系统种类为 Linux。在"Version"中可以选择系统版本,如果需要安装 32 位 Ubuntu Linux,则选择"Ubuntu";如果需要安装 64 位 Ubuntu Linux,则选择"Ubuntu 64-bit"。选择好系统种类和版本后,单击"下一步"按钮,打开如图 1-5 所示的对话框。

(4) 在图 1-5 所示的对话框中主要完成两个功能:一是设定安装后的虚拟系统的名字,在上面的文本框中可以输入自己想要的名字,为了区别于其他系统,这里将其命名为"Ubuntu12.04";

二是选择虚拟系统文件放置的路径，读者可以单击"Browse"按钮选择存放路径。完成后单击"下一步"按钮打开如图 1-6 所示的对话框。

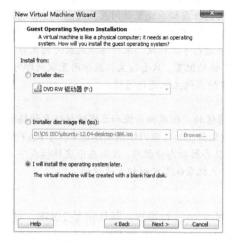

图 1-3 选择安装类型

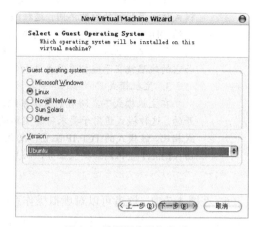

图 1-4 选择操作系统类型

（5）在图 1-6 中可以选择虚拟机网络类型，通常选用"Use bridged networking"，即桥接方式，读者也可以根据自己的需要选择其他类型。选择完毕单击"下一步"按钮，打开如图 1-7 所示的对话框。

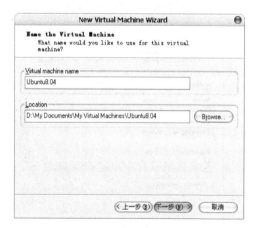

图 1-5 虚拟机名及路径

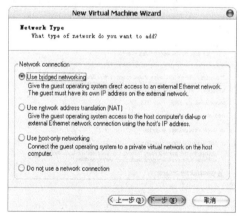

图 1-6 选择网络类型

注意：VMware6 虚拟机提供有 3 种网络模式，分别是 Bridged（桥接模式）、NAT（网络地址转换模式）和 host-only（主机模式）。这 3 种模式的工作原理不同，如果读者想在网络管理和维护中合理应用，就需要了解它们的原理。

1. 桥接模式

使用该模式的虚拟操作系统是局域网中的一个独立主机，具有独立访问网络中其他主机的功能。它的配置信息由 VMnet0 虚拟网络提供，不支持 DHCP 服务。用户需要按照一定的规则配置相应的信息，IP 地址必须和宿主机在同一网段，这样才能实现虚拟操作系统与宿主机之间的通信。而如果需要让虚拟操作系统具备访问互联网的功能，则还需要手动配置 TCP/IP 信息，利用局域网或宿主机的网关和 DNS 实现此功能。如果用户想让虚拟机中的操作系统为它所在的局域网提供网络服务，就可以选用该模式。

2. 网络地址转换模式

该模式的工作原理就是让虚拟系统借助网络地址转换功能，通过宿主机所在的局域网来访问互联网。也就是说，使用该模式可以实现在虚拟系统里访问互联网，不过和桥接模式访问互联网的原理不同。这种模式下的虚拟系统的TCP/IP配置信息是由VMnet8虚拟网络的DHCP服务器提供的，由系统自动配置，无法进行手工修改。采用该模式最大的优势是虚拟系统接入互联网非常简单，不需要进行任何其他的配置，只要宿主机能访问互联网即可。而它的缺陷就在于虚拟系统无法和它所在局域网中的其他主机进行通信。

3. 主机模式

在主机模式下，所有的虚拟系统是可以相互通信的，但虚拟系统和真实的网络是被隔离开的。这种模式适用于要求将真实环境和虚拟环境隔离开的特殊网络调试环境中。与 NAT 模式相比，该模式的 TCP/IP 配置信息也是由 DHCP 服务器动态分配的，区别在于这种模式下是由 VMnet1 虚拟网络提供服务，而且虚拟系统和宿主机系统是可以相互通信的。

（6）在图 1-7 中，读者可以对虚拟操作系统硬盘空间的大小进行设置，默认值是 20GB，设置的值不能超过虚拟系统安装路径所在分区的空余磁盘空间的大小。设置完成单击"Next"按钮，进入如图 1-8 所示的虚拟机创建提示界面。

（7）在图 1-8 中，读者可以直接单击"Finish"按钮确认之前的操作，开始创建虚拟机。这里单击"Customize Hardware"的话，有机会对前面不满意的虚拟机硬件设置（处理器个数、内存大小等）重新设置，所以前面不满意的读者，不用点 cancel 重来，实际上在以后的使用过程中，也是可以随时改变虚拟机的配置的，这点不用担心。创建成功后，虚拟机会回到如图 1-9 所示的界面。

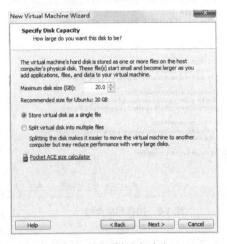 

图 1-7 设置硬盘空间大小　　　　　　　　图 1-8 虚拟机创建成功提示界面

2. 安装 Ubuntu Linux 操作系统

（1）图 1-9 所示的界面表示此前的 Ubuntu Linux 虚拟操作系统已经创建成功。在标签"Ubuntu12.04"所在页面中，读者可以看到当前系统的状态，各个虚拟硬件设备的配置情况。也可以在左侧的"Commands"中选择相应的命令，对操作系统做出相应的动作，分别为启动、配置和关闭。现在，读者可以利用此前已经准备好的 Ubuntu12.04-desktop 镜像文件来安装了。首先双击"Devices"中的"CD-ROM"，打开如图 1-10 所示的对话框。

Ubuntu Linux 之初体验

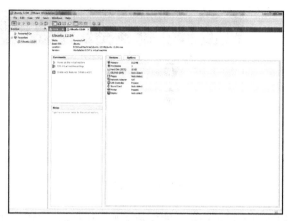

图 1-9　虚拟 Ubuntu 系统信息　　　　　　　图 1-10　选择光盘镜像文件

（2）勾选"Connect at power on"复选框，表示每次虚拟机开机时，该虚拟光驱都会自动连接。在"Connection"中选择"Use ISO image"单选框，并通过"Browse"按钮选择镜像文件所存放的路径。读者需根据自己的实际情况，将下载好的 Ubuntu 镜像文件所存放的路径填入文本框中，以确保虚拟机能找到所需的镜像文件。将镜像文件放入虚拟光驱后，单击"OK"按钮确定，该对话框关闭，打开如图 1-11 所示的界面。

（3）请注意图 1-11 与图 1-9 的区别。在图 1-11 中，"CD-ROM"后面不再是"Auto detect"，而是显示当前使用的镜像文件及其路径。选择菜单命令"VM-Power-Resume"，或单击界面中"Commands"中的"Start this virtual machine"启动虚拟机，开始启动 Ubuntu 12.04。直到打开如图 1-12 所示的界面。

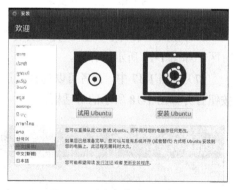

图 1-11　带光盘镜像的系统信息　　　　　　　图 1-12　选择操作系统语言类型

（4）在图 1-12 中，读者可以根据自己的情况选择操作系统的语言种类。以下示例选择简体中文。完成后单击"安装 Ubuntu"按钮，打开如图 1-13 所示的界面。此处提醒用户确认足够的磁盘空间及网络连接。如果选择"安装中下载更新"，将在安装过程中直接安装最近的更新，如果选择"安装这个第三方软件"将安装第三方软件。确认选择后，单击"继续"按钮，打开如图 1-14 所示的界面。

13

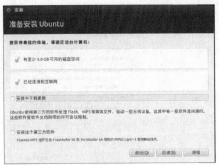

图 1-13 准备安装

图 1-14 选择安装类型

（5）在图 1-14 中，读者可以根据自己的情况选择操作系统的安装类型，选择第一个类型将会清除原有磁盘结构及数据，如图 1-15 所示。选择第二种模式进行手动分区设置，如图 1-16 所示。由于当前是在虚拟机中进行安装，使用第一种方式将不会影响 Windows 分区，故可使用默认方式进行。注意：通过光盘安装或硬盘安装时，应尽量选择第二种方式。

图 1-15 默认分区安装

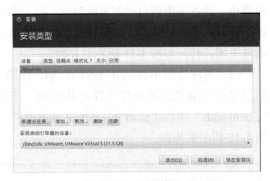

图 1-16 自定义分区设置

（6）在图 1-15 中，单击"现在安装"按钮，开始进行安装，安装途中，将询问用户所在地及时区，如图 1-17 所示的界面。

（7）在图 1-17 中，读者可以选择自己所在的时区，一般情况下，选择默认就行，单击"继续"按钮打开如图 1-18 所示的对话框。

图 1-17 选择所在的时区

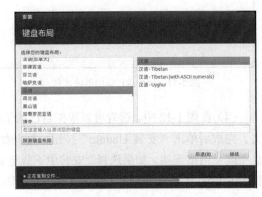

图 1-18 选择键盘布局方案

（8）在图 1-18 中，读者可以选择键盘布局，默认为"汉语"，即符合中国人使用习惯的布局。完成后单击"继续"按钮，打开如图 1-19 所示的对话框。

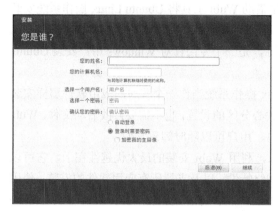

图 1-19 建立用户信息　　　　　　　　　图 1-20 安装 Ubuntu 进度

（9）在图 1-19 中，读者可以创建一个普通级用户，即非管理员用户，可以根据自己的需要进行用户名、登录名、密码、计算机名等设置。这里需要注意，不能用 root 作为登录名，因为受 Ubuntu Linux 对用户权限的控制，不支持名为 root 的系统管理员直接登录，所以此处应避免使用这个名字。设置完成单击"继续"按钮，打开如图 1-20 所示的界面。

（10）图 1-20 表示了系统安装的进度，当进度条到达 100%时，系统安装工作即完成。完成后，按提示重新启动 Ubuntu，重启后的登录界面如图 1-21 所示。

图 1-21 Ubuntu Linux 登录界面

（11）图 1-21 所示的界面即为 Ubuntu 操作系统的登录界面。到此为止，利用 VMware 安装 Ubuntu 操作系统的工作即全部完成，读者输入自己设定的用户名和密码，即可登录 Ubuntu Linux 操作系统。

3. 在 Windows 下使用 Wubi 工具安装 Ubuntu Linux

在众多的 Linux 发行版中，Ubuntu 有着自己独特的一面。用 Wubi 工具安装 Ubuntu 就是其中之一，它不同于之前的虚拟安装。Wubi 安装法，是借助 Wubi 工具将 Ubuntu Linux 操作系统安装在硬盘上。

Wubi 是 Windows Based Ubuntu Installer 的简称，是一个专门针对 Windows 用户安装 Ubuntu 的工具软件。

使用 Wubi，Windows 用户可以将 Ubuntu Linux 操作系统当作一个普通的应用软件那样安装和卸载，并且整个安装过程非常简单，用户不需要关心分区的设置，也不需要修改启动文件。Wubi 会把大部分文件储藏在 Windows 下的一个文件夹内，用户可以随时卸载它们。

不同于上面讲到的用虚拟机安装 Ubuntu Linux，利用 Wubi 安装的最大优越性在于，它可以提供完整的硬件接入和支持，用到 Ubuntu 的所有网络特性，以及支持所有应用软件的安装、使用和卸载。而且，相比按传统方法直接用光盘或镜像文件安装双操作系统，利用 Wubi 安装 Ubuntu 大大降低了难度，并且提高了安全性和可操作性。

由此可见，学习并利用 Wubi 安装 Ubuntu Linux，对于初级用户以及侧重于桌面应用的用户而言，就变得非常必要和方便了。

利用 Wubi 工具安装的具体步骤如下。

（1）首先读者需要准备两项工作：Ubuntu12.04-desktop 的镜像文件和 Wubi。通常情况下，Ubuntu8.04-desktop 的镜像文件中包含有 wubi.exe 文件，读者可以把它直接解压出来。如果镜像文件中没有此文件，读者可以到官方社区免费下载：http://wubi-installer.org/。准备好后，将这个镜像文件和 wubi 文件放在 Windows 的同一个分区的根目录下。

（2）准备安装操作系统所需要的硬盘空间。在这一步中，读者可以利用诸如 Norton PartitionMagic 8.0 之类的分区软件来划分一个新的磁盘分区，为 Ubuntu 打造一个专属分区，分区的大小可以根据实际情况决定，通常 10GB 左右就足够了，推荐使用 FAT32 分区格式。当然，读者也大可不必划分一个新的分区，可以利用 Windows 原有的分区安装，只要所选择的分区有超过 10GB 的空余空间即可。另外，应保持网络的畅通，因为在以后的安装过程中，可能需要到互联网上下载少量的文件。

（3）找到刚才放置好的 wubi.exe 并双击运行，可选择安装的大小、语言种类，并且设置用户名和密码。注意，此处的用户名所表示的用户是一个普通级用户，无管理员权限，所以不能用 root 作为用户名，以免出现安装后无法登录的情况。选择并设定好后单击"安装"按钮进行安装。

（4）安装过程中，会自动找到用户放置在硬盘上的 Ubuntu Linux 镜像文件，并自动安装。在此，读者需要保持网络的畅通，以确保能在互联网上下载少量的必需文件。

（5）完成后，根据提示重新启动计算机。重启后，在启动选项里可以选择操作系统的种类，一个是 Windows，一个是 Ubuntu。选择 Ubuntu 后会出现一个新的界面，选择其中名为"Install Ubuntu"的选项，便开始正式进入安装程序。这个过程基本上是自动的，不需要用户进行其他操作，安装过程所需要的时间根据用户的硬件环境而定，通常在半小时左右。

（6）安装完成，需要再次重新启动计算机。重启后，在启动菜单中选择"Ubuntu"，便可以看见登录界面了，输入之前设定好的用户名和密码，即可进入 Ubuntu。

4．直接在硬盘上安装 Windows/Ubuntu 双操作系统

这种安装方法是直接将 Ubuntu 安装在硬盘上，而不借助诸如 Wubi 的辅助工具。所有的 Linux 操作系统都可以用这种方法完全安装，因此该方法具有普遍性，但具体细节略有差异。该方法如果操作不当，可能出现无法登录任何一个系统的问题。如果读者已经具有安装过其他类似操作系统的经验，或者对磁盘分区技术掌握良好，就可以使用此方法安装 Ubuntu。它的优越性在于，可以完全脱离 Windows 而单独使用 Ubuntu Linux。

在安装之前，读者需要准备好以下两个软件。

（1）Ubuntu 12.04 -desktop 安装镜像。

（2）grub for dos，这是一个磁盘引导程序，用于 DOS 环境。

准备好后，可以按照以下步骤安装。

① 准备新的磁盘分区。用户可以利用分区软件划分一个新的磁盘分区，以供安装 Ubuntu 使用。对分区格式不做要求，因为在安装时，是需要重新格式化的，分区大小会根据用户的实际需要确定，通常应大于 10G。

② 把 Ubuntu 12.04-desktop 镜像文件放到 Windows xp 系统的某一分区的根目录下（NTFS 或 FAT32 格式都可以）。

③ 用 winrar 打开 Ubuntu 12.04-desktop，提取 casper 目录内的 initrd.gz 和 vmlinuz 两个文件到 C 盘根目录下。

④ 解压缩 Ubuntu 12.04-desktop 的 casper 目录，将整个文件夹放到 C 盘根目录下。

⑤ 打开 grub for dos，不用全部解压缩，只取两个文件即可：grldr 和 menu.lst，将它们同样也放入 C 盘根目录下。

⑥ 在 C 盘根目录下创建 menu.lst 文件，在最后加上如下内容：

```
title Install Ubuntu
root  (hd0, 0)
kernel /vmlinuz boot=casper iso-scan/filename=/Ubuntu-12.04-desktop-i386.iso（最后这
个文件名与用户所下载的 Ubuntu 镜像文件同名）
initrd /initrd.gz
```

⑦ 编辑 c:\boot.ini，去掉该文件的隐含系统只读属性。在 Windows 中选择开始→运行→cmd，然后输入 attrib -r -h -s c:\boot.ini。或者直接右键单击 boot.ini 文件，把"只读"去掉。用记事本打开 boot.ini，把 timeout=0 改成 timeout=10，在最后一行添加 C:\grldr="Install Ubuntu 8.04 desktop"，然后保存退出即可。

（3）重启计算机，在启动菜单位置选择 Install Ubuntu 128.04 desktop，然后选择最下面一个选项 Install Ubuntu，就可以进入安装过程了。

剩下的安装步骤很简单，直接运行 Ubuntu 桌面上的 install 即可，其步骤与之前所讲的虚拟机安装 Ubuntu 的图 1-14 及之后的步骤基本相同。只是对磁盘分区时有所区别。硬盘安装时，需要选择第（1）步中准备好的新分区，挂载点至少需要两个：/和 SWAP。

注意：Ubuntu 不支持安装时建立 root 用户，所以建立用户时不能用 root 作为用户名，否则无法登录。

1.3 删除 Ubuntu Linux 操作系统

本节针对上一节中的 3 种安装方法，一一对应地介绍删除 Ubuntu Linux 的方法。

1.3.1 从虚拟机中删除 Ubuntu Linux

当用户不再需要使用 Ubuntu Linux 时，可以将它从虚拟机中删除，方法非常简单。

运行 VMware，在图 1-22 所示的界面中，选择菜单命令"VM- Delete from Disk"，便可以从虚拟机中删除 Ubuntu Linux，并且硬盘上相应的文件也将被删除。此外，读者可以在该界面中名为 Ubuntu12.04 的标签上单击鼠标右键，会弹出一个下拉式菜单，其中也有一个名为"Delete from Disk"的菜单项，单击此菜单项，也可以达到相同的效果。

图 1-22　虚拟机系统挂起状态

1.3.2 删除利用 Wubi 安装的 Ubuntu Linux

对于使用 Wubi 安装 Ubuntu Linux 的用户来说，删除它也非常容易。完成安装后，在用户选择安装的硬盘分区的根目录下有一个名为 Ubuntu 的文件夹，找到该文件夹并进入，会看见一个名为 Uninstall-Ubuntu.exe 的可执行文件，直接用鼠标双击，便可很方便地完全删除 Ubuntu Linux，就像在 Windows 中卸载一个应用软件般容易。

1.3.3 删除双操作系统中的 Ubuntu Linux

对于安装双操作系统的用户而言，该问题的关键在于要让安装的 GRUB 磁盘引导程序"失效"，同时又要避免 Windows 不能引导的事件发生。操作步骤如下。

（1）重写 mbr。

删除前首先备份在 Linux 工作中的重要文件，然后用 DOS 启动光盘（不是 xp 安装光盘）从光驱引导系统或者用 Window98 启动软盘从软驱引导系统，反正不是从硬盘引导就行，然后在 dos 提示符下输入命令：fdisk /mbr。

这个命令是重写硬盘上的主引导扇区以便清除装入主引导扇区的 grub 程序，把引导系统的主动权还给微软，取出光驱中的光盘或软驱中的软盘，修改 bios 设置成硬盘为第一引导后保存 bios，然后重启电脑，就可以看到 Windows XP 启动画面了。

（2）删除 Linux 分区并创建 Windows 分区。

进入 Windows XP 后，用户可以在桌面上的"我的电脑"图标上单击鼠标右键，在弹出的快捷菜单中选定"管理"并单击左键，打开"计算机管理"程序，单击"存储"项下的"磁盘管理"，会出现硬盘的分区情况。用户在这里会看到 3 个未知分区的图标，就是 Linux 中的 boot 分区、swap 交换分区和根分区。在其中的一个图标上单击鼠标右键，在出现的菜单中选择"删除逻辑驱动器"，系统提示"所选的分区不是 Windows 创建的，可能含有其他操作系统可以识别的数据。要删除这个分区吗？"，单击"是"按钮，这个 Linux 分区即被删除。按这个步骤把全部 Linux 分区删除后会发现 3 个图标变成了一个"可用空间"图标，再在这个图标上单击鼠标右键，创建 Windows 分区并格式化后，Linux 就彻底从硬盘上被删除了，而在 Windows 中则增加了一个盘符。

 注意：以上方法适用于 Windows XP 与 Linux 双操作系统。

1.4　Ubuntu Linux 初体验

本节介绍登录 Ubuntu Linux 操作系统后一些最基本的体验，主要包括如何登录、注销、关机，图形化界面的构成和体验，终端的使用等基础知识。通过本节的学习，读者可以熟悉 Ubuntu Linux 的基本界面和使用方法，并为以后的系统管理和桌面应用打下坚实的基础。

1.4.1　初次启动 Ubuntu Linux

按照 1.2 节中介绍的任一种安装方法，成功安装 Ubuntu Linux，然后运行该系统，首先进入的就是如图 1-23 所示的本地登录界面。

在图 1-23 中，文本框是用来输入欲登录系统的用户名的，下面的"客人会话"可以让用户以访客身份且无需密码登录。

单击用户名旁边的 按钮，可以打开如图 1-24 所示的窗口，在此处可以切换登录的模式，默认为 Untiy3D，可切换为 Unity2D 方式。确认登录方式后，在如图 1-23 所示界面输入对应的密码便可登录。

图 1-23 Ubuntu Linux 登录界面

图 1-24 选项功能菜单

1.4.2 Unity 桌面环境初体验

图形界面是 Ubuntu Linux 的基础环境，本书以后章节所涉及的操作和应用也大多依托于图形界面。因此，理解图形界面的构成，掌握图形界面的使用，是进行系统管理以及桌面应用的基础。本小节讲解图形界面的构成。

按照 1.4.1 小节中的方法登录 Ubuntu Linux 后，进入如图 1-25 所示的桌面环境。

从 Ubuntu 11.04 开始，系统使用 Unity 代替原有的桌面环境。关于 Untiy 桌面的感受，广大用户众说纷纭，有部分传统用户认为比原有的 GNOME 或 KDE 桌面难用，但从左侧应用快捷栏仿照触屏手机的拖曳操作中，也能看出 Ubuntu 进军移动市场的打算。以下讲解的默认界面为 Unity 桌面。

界面顶端为 Ubuntu Linux 的面板，左侧为文件操作菜单栏，当鼠标光标移动到相应位置时，将自动展开菜单，反之自动关闭。右侧为快捷操作栏。

桌面左侧是应用程序启动器，从上至下包括系统默认的常用应用。包括以下主要内容。

- Dash 主页。
- 主文件夹。
- FireFox 浏览器。
- LibreOffice 套件。
- Ubuntu 软件中心。
- Ubuntu One。
- 系统设置。
- 工作区。

1. Dash 主页

单击 Dash 主页按钮，打开如图 1-26 所示的界面。这个功能键的作用相当于 Windows 的 "开始键"。

该界面的主要功能为全局搜索和各种常用类型文件的集中归类以及快捷使用。界面由顶部的搜索栏、中间的内容栏和底部的标签栏（称为 Lens 标签）构成。底部分类默认为：主页、工具、文件、音频文件、视频文件。

Ubuntu Linux 之初体验

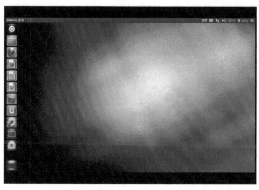
图 1-25 Ubuntu Linux 桌面环境

图 1-26 Dash 主页

Dash 在标签栏的"首页"上显示最近使用的应用、访问的文档或下载的内容，而其后的各个标签则分别满足各种特定的需求。每个 Lens 都可以对相关的内容进行搜索、展示和分类过滤。

2. 主文件夹

单击启动器中的"主文件夹"，打开如图 1-27 所示的界面，提供了访问本地的文件和文件夹以及网络的功能。功能相当于 Windows 的"我的电脑"与"网上邻居"的综合体。窗口样式的风格与 Windows 的不同之处在于操作按钮，如最小化、关闭等，在界面顶端左侧，而非右侧。

单击其中任意一个类别名称，即可打开对应的文件夹。该菜单总共分为 3 个版块：当前设备、计算机、网络。

3. FireFoxe 浏览器与 Office 套件

启动器中的 FireFox 图标和 3 个 LibreOffice 套件的图标对应了各自的应用程序。FireFox 一直都作为 Linux 类系统的默认浏览器，相信大多读者都已经比较了解。LibreOffice 是自 Ubuntu11.04 开始作为 OpenOffice 的替代产品，作为 Ubuntu Linux 操作系统的默认 Office 套件。LibreOffice Writer 的操作界面如图 1-28 所示。

图 1-27 主文件夹

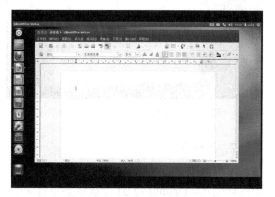
图 1-28 LibreOffice Writer 的操作界面

4. Ubuntu 软件中心

单击启动器中的 Ubuntu 软件中心，打开如图 1-29 所示的界面。Ubuntu 12.04 对软件中心进行了优化，打开速度提升到了 10 秒以内。

图 1-29　Ubuntu 软件中心

图 1-30　Ubuntu One 安装界面

在这个风格类似于苹果的 APP STROE 的功能中，用户可以根据自己的需求进行各种软件的搜索、查询、安装以及卸载。

5．Ubuntu One

单击启动器的 Ubuntu One 按钮，打开 Ubuntu One 应用，该应用程序是 Ubuntu Linux 的云端接口 UI，通过使用云服务，用户可以方便地在云端存储自己所需的文档和资料。当用户第一次打开应用时，进入安装界面，如图 1-30 所示。根据提示安装完成后，便可使用该应用的所有功能。

6．设置

单击启动器的"设置"按钮，打开如图 1-31 所示的设置界面。为用户提供了很多关于系统配置、设置、管理及控制的功能，主要分为 3 个类型：个人、硬件和系统。

图 1-31　设置界面

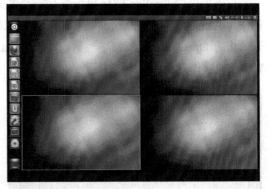
图 1-32　工作区

7．工作区

通过启动器的工作区按钮，可以快速切换不同的工作区域，不同的工作区域占有不同的桌面和图标配置。Ubuntu 12.04 默认状态下有 4 个工作区，打开如图 1-32 所示的界面后，可选择四个工作区中的任意一个。

1.4.3　终端体验

图形界面的终端是 Linux 类操作系统的一个重要应用程序，它提供命令行工作模式，其实质是一个终端仿真应用程序。读者利用终端可以进行以下操作。

Ubuntu Linux 之初体验

- 在图形界面下访问 UNIX Shell。

Shell 是一种解释和执行用户在命令行提示符下键入的命令的程序。在启动终端的时候,该程序会自动启动在当前用户的系统账号里指定的默认 Shell,并且可以随时切换到不同类别的 Shell。

- 运行任何专门在 VT102、VT220 和 xterm 终端上运行的应用程序。

终端可以模仿由 X 联盟开发的 xterm 程序。而 xterm 程序可以模仿 DEC VT102 终端,而且支持 DEC VT220 转义序列。转义序列是一串以 Esc 字符开头的字符串,终端可接受 VT102 和 VT220 终端用于定位光标和清除屏幕的函数的所有转义序列。

1. 运行终端

在 Ubuntu Linux 中,使用 Ctrl+Alt+t 组合键可以打开终端。在低版本的 Ubuntu 11.04 之前,由于使用的是默认的 GNOME 桌面,因此在鼠标右键菜单中有"终端"的快捷打开方式。

Ubuntu 12.04 使用了默认的 Unity 桌面,故需要用其他方式打开终端。打开 Dash 主页,搜索"gonme-terminal",即可打开如图 1-33 的终端搜索结果界面。利用鼠标按住"终端"图标,可拖曳至启动器中,成为默认的应用程序之一。

2. 终端窗口体验

从启动器中启动终端,打开如图 1-34 所示的终端窗口,窗口从上到下主要由两部分构成,分别是窗口栏和标签栏。各部分的主要功能如下。

(1) 窗口栏:显示当前用户及路径,并对窗口显示方式进行基本控制。

读者可在窗口栏单击鼠标右键,打开如图 1-35 所示的窗口控制菜单,其中包括如下选项。

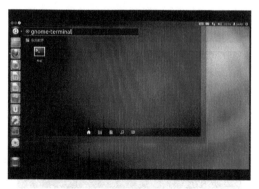

图 1-33 终端搜索结果

图 1-34 终端窗口

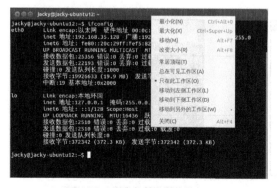

图 1-35 终端窗口控制菜单

图 1-36 终端文件操作快捷菜单

- 最小化：将当前窗口最小化。
- 最大化：将当前窗口最大化。
- 移动：移动当前窗口位置。
- 改变大小：改变当前窗口大小。
- 常居顶端：使当前窗口始终位于其他窗口之上。
- 总在可见工作区（或"只在此工作区"）：可选择当前窗口的显示位置。
- 移动到另外的工作区：将当前窗口移动到其他工作区。
- 关闭：关闭当前窗口。

在终端窗口中单击鼠标右键，打开如图1-36所示的文件操作快捷菜单，在该菜单中可以对终端进行各种操作及配置。分别为：打开终端、打开标签、新建配置文件、关闭窗口、复制、粘贴、配置文件、显示菜单栏、输入法。

- 打开终端：打开一个新的终端窗口，它与原有终端属于同一个用户的两个不同进程。单击"打开终端"，如图1-37所示。
- 打开标签：在同一个终端窗口下，打开一个新的标签栏。单击"打开标签"，如图1-38所示。
- 关闭窗口：关闭当前窗口。
- 复制、粘贴：对于标签栏中的内容进行复制或粘贴操作。
- 配置文件：管理配置文件。单击"配置文件首选项"，打开如图1-39所示的"编辑配置文件"对话框，在此可编辑配置文件。

图1-37　两个终端窗口

图1-38　一个带有两个标签的终端窗口

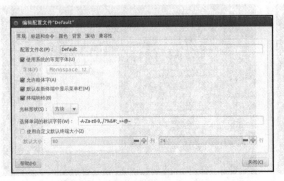

图1-39　"编辑配置文件"对话框

图1-40　"输入法"选择框

该界面其中包括 6 个标签，分别是：常规、标题和命令、颜色、效果、滚动、兼容性，读者可以根据自己的需要进行合理配置，设置完毕后单击"关闭"按钮关闭该窗口。通常情况下，使用默认配置即可。

- 显示菜单栏：勾选该选项后可在窗口栏下方显示菜单栏。
- 输入法：设置终端的输入法，"输入法"选择框如图 1-40 所示。Ubuntu 12.04 的默认输入法是 IBus。

（2）标签栏。

在终端窗口中，最下面的一个大面积的空白部分就是标签栏，也是整个窗口的主体部分，该处是输入各种 shell 命令并显示运行结果的场所。

To run a command as administrator(user "root"), use "sudo <command>".See "man sudo_root" for details.

这句提示的意思是：如果要作为管理员身份（root 用户）运行一条命令，请使用"sudo <命令>"的格式。详细情况可运行"man sudo_root"命令查看。

出于系统安全性的考虑，Ubuntu Linux 默认情况下是不允许 root 用户登录的，而在终端中涉及的很多系统管理操作，是需要使用 root 用户身份才能进行的，因此 Ubuntu Linux 提供了上述的特殊命令格式，使得在普通用户环境下也可以运行 root 级别的命令。

提示语下面的部分为提示符，如图 1-41 所示。以"$"符号结束的提示符表示当前用户为普通用户，在提示符后面，读者可以输入各种 shell 命令。

```
jacky@jacky-ubuntu12:~$
```

图 1-41　普通用户提示符

1.4.4　关机和注销

当读者要关闭和注销 Ubuntu Linux 时，有两种方法可以使用，一种是在任务栏中选择命令，一种是在终端中输入相应的命令。

1．从图形界面中关机

单击面板右上角的"齿轮"图标，选择命令"关机..."，打开如图 1-42 所示的退出选项界面。该界面提供有两个功能选项：重新启动、关机，读者可根据自己的需要选择。

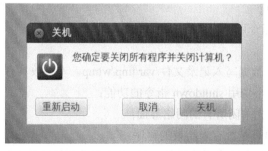

图 1-42　退出 Ubuntu Linux 界面

2. 从命令行关机

如果读者在终端的命令行工作模式下,需要进行关机、注销、重新启动等操作,可以按以下介绍的命令进行操作。

① 关机命令:shutdown

使用权限:管理员用户

语法:shutdown [-efFhknr] [-t 秒数] [时间] [警告信息]

功能:shutdown 指令可以关闭所有程序,并依用户的需要,进行重新开机或关机的操作。

参数:

-e   当执行"shutdown -h 11:50"指令时,只要按+键就可以中断关机的指令;

-f   重新启动时不执行 fsck;

-F   重新启动时执行 fsck;

-h   将系统关机;

-k   只是送出信息给所有用户,不会实际关机;

-n   不调用 init 程序进行关机,而由 shutdown 自己进行;

-r   shutdown 之后重新启动;

[-t 秒数]   送出警告信息和删除信息之间要延迟多少秒;

[时间]   设置多久时间后执行 shutdown 指令;

[警告信息]   要传送给所有登录用户的信息。

例如:

```
root@jacky-desktop:~#shutdown 9:00              //在 9:00 关机
root@jacky-desktop:~#shutdown +5                //在 5 分钟后关机
```

② 注销命令:exit

使用权限:所有用户

语法:exit [状态值]

功能:执行 exit 可使 shell 以指定的状态值退出。若不设置状态值参数,shell 则以预设值退出。状态值 0 代表执行成功,其他值代表执行失败。exit 也可用在 script,离开正在执行的 script,回到 shell。

③ 重启命令:reboot

使用权限:管理员用户

语法:reboot [-dfinw]

功能:执行 reboot 指令可以让系统停止运作,并重新开机。

参数:

-d   重新开机时不把数据写入记录文件/var/tmp/wtmp。本参数具有"-n"参数的效果;

-f   强制重新开机,不调用 shutdown 指令的功能;

-i   在重开机之前,先关闭所有的网络界面;

-n   重开机之前不检查是否有未结束的程序;

-w   仅做测试,并不是真的将系统重新开机,只会把重开机的数据写入/var/log 目录下的 wtmp 记录文件。

例如：
```
root@jacky-desktop:~#reboot -n        //立即重新启动，不检查是否有未结束的程序
```

1.5 课后练习

1. 简述 Linux 及 Ubuntu 的特点，并谈谈自己对 Ubuntu 的看法。
2. 利用 VMware 虚拟安装 Ubuntu。
3. 利用 Wubi 安装 Ubuntu。
4. 对比各种安装方法的难易程度，并比较其各自的优缺点。
5. 在 VMware 虚拟机中删除 Ubuntu。
6. 熟悉 Ubuntu 的任务栏及启动器。
7. 掌握终端的使用方法。
8. 任选一种方法重新启动 Ubuntu，并在重新启动后关机。

第 2 章　Ubuntu Linux 基本设置

通过第 1 章的学习，读者已经对 Ubuntu Linux 有了一个初步的印象。不过，要想在 Ubuntu Linux 环境下顺利工作，还需要进行大量的基础设置。通过本章的学习，读者将对 Ubuntu Linux 的桌面环境和图形化界面有更进一步的了解。利用本章学习到的知识和技能，读者可以按照自己的实际需要和喜好，打造一个充满个性的系统环境，并为今后的系统管理和桌面应用打下坚实的基础。

本章第 1 节介绍 X-WINDOW 桌面环境的背景知识和进阶应用，帮助读者更清楚地认识控制面板和工作区。GNOME 环境是本书以后章节的基础环境。

第 2 节介绍桌面环境的基础设置，主要涉及面板中的系统设置菜单的使用，有针对性地选择其中的一些常用的配置，帮助读者熟悉如何自定义桌面环境。

第 3 节介绍如何配置网络环境，让读者的 Ubuntu 连入互联网，通畅的网络环境是以后桌面应用的基础，Ubuntu 的很多应用都需要依托互联网。

第 4 节介绍更新管理器和新立得软件包管理器的使用。通过本节的学习，读者可以从互联网下载各种软件包，并掌握升级 Ubuntu 的方法。

第 5 节依托于前面几节的内容，以一个例子综合运用所学的知识和技能，完成系统的高级桌面特效的开启和设置。

Ubuntu Linux 基本设置

2.1 桌面环境的进阶应用

在上一章中，读者已经对 Ubuntu 12.04 默认的 Unity 桌面环境有了初步的认识。本节进一步学习关于 Unity 的一些进阶应用。

对于 Linux 操作系统的桌面环境而言，Unity 是一个新环境，传统的桌面环境是 GNOME。因而本章在介绍 Untiy 的同时，还会向读者介绍包括 GNOME 在内的其他常见桌面环境。通过本节的学习，读者将对 Ubuntu Linux 的认识更加丰富具体。

2.1.1 X-WINDOW 桌面环境简介

X 窗口系统（X Window System，也常称为 X11 或 X）是一种以位图方式显示的软件窗口系统。最初是 1984 年麻省理工学院的研究成果，之后变成 UNIX、类 UNIX 以及 OpenVMS 等操作系统一致适用的标准化软件工具包及显示架构的运作协议。X 窗口系统通过软件工具及架构协议来创建操作系统所用的图形用户界面，此后则逐渐扩展适用到各形各色的其他操作系统上。现在几乎所有的操作系统都能支持与使用 X。更重要的是，今日知名的桌面环境——GNOME 和 KDE 也都是以 X 窗口系统为基础建构成的。

事实上，早在 X 出现前有几个位图式的软件显示系统已经存在，例如帕洛阿尔托研究中心（施乐公司）提出的 Alto（1973 年）和 Star（1981 年）、苹果电脑提出的 Lisa（1983 年）和麦金塔（1984 年）、在 UNIX 世界也有雅典娜工程（1982 年）和 Rob Pike 的 Blit 终端机（1984 年）。

X 从 1983 年之前称为 W Window 系统的窗口系统中，衍生出它的名字当作是其继任者（在拉丁字母里面 X 直接排在 W 后面）。W Window 系统是运行于 V 操作系统。W 使用一个支持终端机和图形窗口的网络协议，而服务器维护显示的列表。

X 起初是 MIT 于 1984 年的构想，由雅典娜工程的吉姆·给提和 MIT 计算机科学实验室的鲍伯·斯凯夫勒的共同研究创立。Scheifler 需要一个可以使用的显示环境来对 Argus 系统纠错。雅典娜工程是 DEC、MIT、和 IBM 之间的联合计划，用来提供给需要一个平台的独立显示系统，可以把不同种类的多个制造商的系统链接在一起，使所有学生能轻松访问电脑资源；该窗口系统曾经在卡耐基美隆大学（Carnegie Mellon University，CMU）的雅典娜工程中发展过。

该计划借由创立一个可以运行本地应用程序且能够拜访远程资源的协议来解决这个问题。起初在 1983 年中期，W 窗口系统的 UNIX 移植在 V 操作系统下以 1/4 速度运行；在 1984 年 5 月，Scheilfer 将 W 的同步协议换成异步协议，以及将显示列表换成直接模式绘图，而创造出 X 的版本 1。X 是第一个真正的硬件和制造商无关的窗口系统环境。

2.1.2 Unity 简介

Unity 是基于 GNOME 桌面环境的用户界面，由 Canonical 公司开发，用于 Ubuntu 操作系统。Unity 最初出现在 Ubuntu 10.10 Netbook Remix 中，自 Ubntu 11.04 起，作为发行版正式的桌面环境。和 GNOME、KDE 不同，Unity 并非一个桌面包，它源自 GNOME 并被 Canonical 做了大量的用户界面修改。

Unity 目前仍在高速发展中，Ubuntu 仍然寄希望于进军移动设备市场，成为平板计算机操作系统的主流选择之一。

2.1.3 GNOME 简介

GNOME 即 GNU 网络对象模型环境（The GNU Network Object Model Environment），它是 GNU 计划的一部分，开放源代码运动的一个重要组成部分，是一种让使用者容易操作和设定电脑环境的工具。

GNOME 计划是 1997 年 8 月由 Miguel de Icaza 和 Federico Mena 发起，作为 KDE 的替代品。GNOMEKDE 是一个基于 Qt 部件工具箱自由的桌面环境，而 Qt 是由 Trolltech 开发的，当时并未使用自由软件许可。GNU 项目的成员关注于使用一种工具箱构造自由的软件桌面和应用软件，从而发起两个项目：一项是纯粹作为 Qt 库替代品的"Harmony"，另一项的目的在于使用完全与 Qt 无关的自由软件构造桌面系统的 GNOME 项目。

在 GNOME 变得实用和普及之后，于 2000 年 9 月，Trolltech 在 GNU GPL 和 QPL 双重许可证下发布了 GNU/Linux 版的 Qt 库。但是 Qt 的许可证还是在许多人中间有争议，因为 GPL 用于库时，对与之链接的代码，例如 KDE 框架和任何为其编写的程序，都施加了许可证限制。

GIMP Toolkit（GTK+）被选中作为 Qt toolkit 的替代，担当 GNOME 桌面的基础。GTK+使用 GNU 宽通用公共许可证（LGPL，一个自由软件许可证），允许链接到它的软件，例如 GNOME 的应用程序，使用任意的许可证。GNOME 桌面的库使用 LGPL 许可证，而 GNOME 计划内的应用程序则使用 GPL 许可证。

GNOME 桌面系统使用 C 语言编程，但也存在一些其他语言的绑定，使得其能够使用其他语言编写 GNOME 应用程序，例如 C++、Java、Ruby、C#、Python、Perl 等。

GNOME 桌面主张简单、好用及恰到好处，因此 GNOME 开发中有以下两个显著的特点。

- 易用性：设计和建立为所有人所用的桌面和应用程序，不论其技术技巧和身体残疾状况如何。
- 国际化：保证桌面和应用程序可用于多种语言。

和大多数自由软件类似，GNOME 组织比较松散，其关于开发的讨论散布于众多向任何人开发的邮件列表。为了便于管理、施加影响以及与对开发 GNOME 软件有兴趣的公司联系，2000 年 8 月成立了 GNOME 基金会。基金会并不直接参与技术决策，而是协调发布和决定哪些对象应该成为 GNOME 的组成部分。基金会网站将其成员资格定义为：

"按照 GNOME 基金会章程，任何对 GNOME 有贡献的人都可能是合格的成员。尽管很难精确定义，贡献者一般必须对 GNOME 计划有不小的帮助。其贡献形式包括代码、文档、翻译、计划范围内的资源维护或者其他对 GNOME 计划有意义的重要活动。"

基金会成员每年 11 月选举董事会，其候选人必须也是贡献者。

GNOME 已经运行在大多数类 UNIX 系统中（如*BSD 变体、AIX、IRIX、HP-UX），并被 Sun Microsystems 公司采纳为 Solaris 平台的标准桌面，取代了过时的 CDE。Sun Microsystems 公司也以 Java Desktop System 名义发布了一个商业版的桌面，一个被 SUSELinux 系统使用的基于 GNOME 的桌面。GNOME 也移植到了 Cygwin，使其能运行于 Microsoft Windows。GNOME 还

被众多的 LiveCDLinux 发行版使用，如 Gnoppix、Morphix 和 Ubuntu。LiveCD 能使计算机直接从 CD 引导，无需删除或者改变现有操作系统，如 Microsoft Windows。

GNOME 桌面由许多不同的项目构成，部分最重要的项目如下所示：
- ATK：可达性工具包。
- Bonobo：复合文档技术。
- GObject：用于 C 语言的面向对象框架。
- GConf：保存应用软件设置。
- GNOME VFS：虚拟文件系统。
- GNOME Keyring：安全系统。
- GNOME Print：GNOME 软件打印文档。
- GStreamer：GNOME 软件的多媒体框架。
- GTK+：构件工具包。
- Cairo：复杂的 2D 图形库。
- Human Interface Guidelines：Sun 微系统公司提供的使得 GNOME 应用软件易于使用的指导文档。
- LibXML：为 GNOME 设计的 XML 库。
- ORBit：使软件组件化的 CORBAORB。
- Pango：i18n 文本排列和变换库。
- Metacity：窗口管理器。

使用 GNOME 的应用软件也非常多，在 Ubuntu 中主要有以下类别。
- Abiword：文字处理器。
- Epiphany：网页浏览器。从 GNOME 2.14 起，Epiphany 取代了 Galeon，成为默认浏览器。
- Evolution：联系/安排和 E-mail 管理。
- Gaim：即时通信软件。
- Gedit：文本编辑器。
- The Gimp：高级图像编辑器。
- Gnumeric：电子表格软件。
- GnomeMeeting：IP 电话或者电话软件。
- Inkscape：矢量绘图软件。
- Nautilus：文件管理器。
- Rhythmbox：类似于 Apple iTunes 的音乐管理软件。
- Totem：媒体播放器。

2.1.4　Ubuntu 12.04 中的 GNOME 安装

打开终端，输入以下命令：

```
jacky@jacky-desktop:~#sudo apt-get install gnome-session-fallback
```

进入 gnome 环境的安装，等待安装完成以后，注销当前账户，重新进入登录界面。查看登录环境选项，如图 2-1 所示。

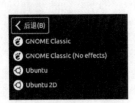

图 2-1 GNOME 登录选项

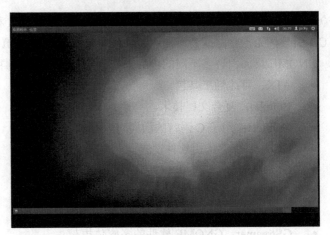

图 2-2 GNOME 桌面

该图中除了默认的 Untiy 和 Unity 2D 以外，多了以下两个选项。

- GNOME Classic：经典 GNOME 桌面环境。
- GNOME Classic（No effects）：不带特效的经典 GNOME 桌面环境。

选择 GNOME Classic，进入 Ubuntu，如图 2-2 所示。

使用过其他 Linux 操作系统或者 Ubuntu 较低版本的读者，应该对如图 2-2 所示的界面非常熟悉，这便是经典的 GNOME 桌面。

对应于 Unity 桌面的应用程序启动器，GNOME 桌面的启动器位于控制面板的左上角"应用程序"，单击打开菜单，如图 2-3 所示。单击"位置"，打开设备管理面板，如图 2-4 所示。

图 2-3 GNOME 桌面的应用程序菜单

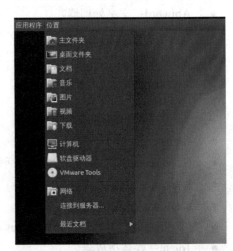

图 2-4 GNOME 桌面的"位置"菜单

GNOME 桌面控制面板的右上角区域与 Unity 桌面一致，并无区别。

鉴于 GNOME 桌面目前比 Unity 具有更广泛的应用面，故本书从此开始，将以 GNOME 作为工作和讲解的桌面环境。

2.2 基础桌面环境设置

本节讲解 GNOME 桌面的基本环境设置，读者在之前已经学会了怎样使用面板和配置面板属性。本节所述内容主要会利用到面板中的"系统设置..."菜单及其中的相应命令，这一系列操作都是利用 Ubuntu 操作系统自带的设置或配置工具进行一些简单的选择。

通过本节的学习，读者将了解到如何设置个性化的桌面环境和相关的 Ubuntu 操作系统基础环境，并以此作为以后桌面应用和系统管理的基础。

桌面相关的基础设置

本小节讲解与桌面相关的一些基础配置，主要包括外观的设置、窗口的设置、屏幕分辨率的设置和屏幕保护程序的设置等。读者可以按照本小节所讲述的内容，自定义属于自己的桌面环境主题，以彰显个性。

1. 外观设置

点击控制面板右上角的 ✱ 按钮，选择"系统设置...",在打开的设置面板中，选择"外观"，打开如图 2-3 所示的"外观"对话框，该面板中可以设置背景、主题和壁纸。

（1）更换壁纸。

在"壁纸"区域，可以选择系统自带的图片作为壁纸，也可以从互联网下载自己喜爱的图片后，通过"壁纸"区域下面的加号按钮打开资源管理器，选择其他路径的图片。选择合适的壁纸后，关闭如图 2-5 所示的外观设置面板，新壁纸即可生效。如图 2-6 所示。

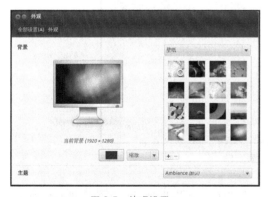

图 2-5　外观设置

图 2-6　更换壁纸后的桌面

（2）更换主题。

在如图 2-5 所示面板中，底部为主题定义区域。在右下角的下拉菜单中，读者可以选择自己喜爱的主题。更多的主题也可以通过网络下载并使用。如图 2-7 所示的是 Ubuntu 12.04 的默认主题 Ambiance。如图 2-8 所示的是 Radiance 主题。不同主题的区别主要在于标题、窗口的颜色和样式不同。

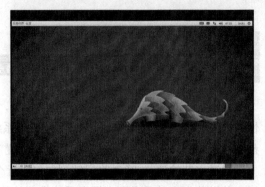

图 2-7　Ambiance 主题　　　　　　　　　图 2-8　Radiance 主题

2．显示设置

除了基本的外观设置外，Ubuntu 还提供了一些其他关于桌面的参数设置，包括屏幕分辨率的设置等。进入"系统设置"，选择"显示"，打开如图 2-9 所示的窗口。

基于对多种显示器的支持，并且为了满足不同用户的需要，Ubuntu 提供多种分辨率供选择。读者可在"分辨率"中选择自己显示器支持并且适合自己使用的分辨率，默认为 800（像素）× 600（像素）。

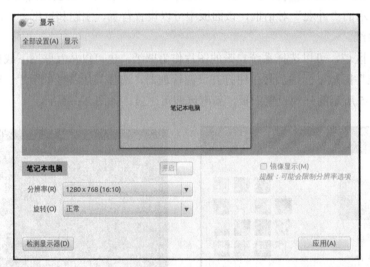

图 2-9　显示设置窗口

在该窗口中，读者还可以设置屏幕的刷新率，在显示器支持的前提下，刷新率越高，人眼看显示器越不容易产生闪烁感和疲劳感。在显示器和显示卡支持的前提下，读者还可以设置屏幕的旋转方式，不过此功能一般很少用到。

3．语言支持及输入法设置

打开"系统设置"窗口，选择"语言支持"，打开语言支持设置窗口，如图 2-10 所示。该窗口包括"语言"、"地区格式"两个标签页，在"语言"页中可对菜单和窗口的语言进行设置。单击"应用到整个系统"将在全局使用选定的语言支持方案。单击"添加或删除语言…"，打开如图 2-11 所示的窗口，在其中进行语言的添加和删除操作。

Ubuntu Linux 基本设置

图 2-10　语言支持设置窗口

图 2-11　已安装的语言选择

在如图 2-10 所示的窗口中，"键盘输入方式系统"处的下拉菜单可选不同的键盘输入方式，Ubuntu 12.04 默认的非英文输入法为 ibus 输入方案。

IBus（英文全称为 Intelligent Input Bus）是 GNU/Linux 和类 UNIX 操作系统下的以 GPL 协议分发源代码的开源免费多语言输入法框架。

因为它采用了总线（Bus）式的架构，所以命名为 Bus。IBus 支持多种输入法，如拼音输入法（包括全/简/双拼），并支持基于码表的输入法，如五笔、郑码、二笔和仓颉等输入法，是多个流行的 GNU/Linux 发行版（如 Ubuntu，RedHat 等）的默认非英文输入法平台。现在最新的版本是 1.5.1。

2.3　网络环境配置

Ubuntu Linux 的工作有很多是需要在网络环境下完成的。对读者而言，日常工作中也会大量地涉及网络，可以说，无论是工作、学习还是娱乐，都离不开网络环境，缺少网络环境的操作系统总是不完美的。

本节介绍如何在 Ubuntu 操作系统中搭建网络环境，让读者的计算机能够访问互联网。由于第 1 章介绍安装 Ubuntu 时，涉及两大类安装，一是利用虚拟机安装，二是直接在硬盘上安装。对于这两种安装模式，配置网络环境的方法不尽相同。本节分别在这两种安装模式下，讲解配置 Ubuntu 网络环境的方法。

2.3.1　利用虚拟机安装的 Ubuntu 配置网络环境

利用虚拟机安装 Ubuntu 的方法已被很多用户采用，尤其是需要频繁地在 Linux 和 Windows 两个操作系统间来回切换工作的用户。所以，虚拟机技术已成为当前计算机操作系统业界的一项典型技术。

基于这种技术平台，由虚拟机安装的操作系统称为虚拟系统，而承载虚拟机的系统则称为宿主机。在此处，虚拟系统就是指 Ubuntu，而宿主机就是指 Windows。如果需要实现虚拟系统与宿主机之间的通信,以及从虚拟系统访问互联网,那么配置网络环境就是实现通信的基础。

回顾之前所讲解的内容,利用虚拟机安装 Ubuntu 时,共有 3 种网络连接模式供读者选择,分别是 Bridged(桥接模式)、NAT(网络地址转换模式)和 host-only(主机模式)。这 3 种模式各有其特点及适用范围,本书第 1 章已经简单叙述了这 3 种模式的原理。本小节将分别针对这 3 种模式讲解如何配置其网络环境,以达到实现虚拟系统与宿主机之间的通信以及从虚拟系统访问互联网的目的。

由于国内互联网的登录方式有很多种,因此本书以最常用的两种连接方式为例,一种是 LAN,一种是 ADSL。

对于使用 LAN 的读者,推荐在 VMware workstation 虚拟机中使用桥接模式;对于使用 ADSL 的读者,推荐在 VMware workstation 虚拟机中使用网络地址转换模式。

1. 桥接模式的网络配置

此模式适用于虚拟机系统与宿主机之间的网络通信。在宿主机具备访问互联网的能力的前提下,通过一些简单的设置,可以令虚拟机系统访问互联网。如果读者使用的是 LAN,那么利用桥接模式在虚拟机中访问互联网的设置则比较简单。

(1)在 Vmware Workstation 虚拟机中,选择菜单命令"VM-Settings",打开如图 2-12 所示的设置对话框。选中"Ethernet"所在的行,在窗口右侧勾选"Bridged",即设置网络连接模式为桥接,单击"OK"按钮保存设置并关闭该对话框。

(2)在 Windows 操作系统中,选择"网上邻居-属性",打开如图 2-13 所示的窗口。

在图 2-13 中有 3 个网络连接,一是"本地连接",这是 Windows 操作系统,即宿主机的网络连接,另两个是"VMnet1"和"VMnet8",它们都是虚拟机建立的网络连接,前者是为桥接模式提供服务的,后者是为 NAT 模式提供服务的。

(3)确保 Windows 宿主机网络畅通,在图 2-13 中选中"本地连接",单击右键,选择"状态",打开如图 2-14 所示的窗口,其中有两个标签,分别是"常规"和"支持"。单击"支持"标签,并单击"详细信息"按钮,打开如图 2-15 所示的窗口,其中记录了该窗口中的"IP 地址"、"子网掩码"、"默认网关"和"DNS 服务器"。例如,此处 IP 地址是"192.168.1.20"、子网掩码是"255.255.255.0"、默认网关是"192.168.1.1"、DNS 服务器是"119.6.6.6"和"221.10.251.196"。

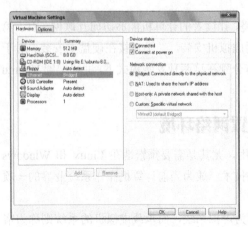

图 2-12 虚拟机网络模式选择

图 2-13 Windows 网上邻居属性

Ubuntu Linux 基本设置

图 2-14 Windows 本地连接状态

图 2-15 Windows 本地连接详细信息

（4）切换回 VMware Workstation 中的 Ubuntu Linux 中，打开"系统设置"窗口，选择"网络"，打开如图 2-16 所示的窗口，选择"有线"，单击"选项…"按钮，打开如图 2-17 所示窗口。

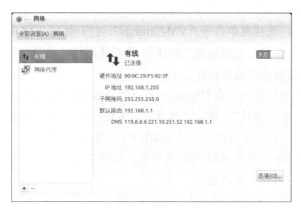

图 2-16 Ubuntu 网络设置

图 2-17 网络设置选项窗口

在图 2-16 中选择"有线"，单击"属性"按钮，打开如图 2-17 所示的对话框，该对话框中有四个标签页：有线、802.1X 安全性、IPV4 设置和 IPV6 设置。在"有线"标签中，可以查询设备 MAC 地址以及设置 MTU 属性。

进入"IPv4 设置"标签页，如图 2-18 所示。在"方法"下拉菜单中选择"手动"，在"地址"对应区域单击"添加"按钮，输入"192.168.1.xxx"，注意此处的 xxx 是指 2~254 中的任何一个数，但不能等于第（3）步中记录的 IP 地址的末尾一个数字，即所设置的虚拟机系统的 IP 地址必须和宿主机在同一网段，但不能与宿主机冲突。在"子网掩码"文本框中输入"255.255.255.0"，与第（3）步中记录的宿主机子网掩码相同。在"网关"文本框中输入"192.168.1.1"，也与第（3）步中记录的宿主机网关地址相同。设置完成，单击"保存…"按钮保存设置。

在 Ubuntu 12.04 中，另一种设置的方式是在如图 2-17 所示的窗口中勾选"自动连接"，并在 2-18 所示的窗口中选择"方法"为"自动 DHCP"。

现在，读者可以打开 FireFox，体验网页浏览功能了，如图 2-19 所示。

Ubuntu Linux 从入门到精通

图 2-18 "IPv4" 设置框

图 2-19 浏览器示意网络连通

2. 网络地址转换模式的网络配置

如果读者的宿主机，即 Windows 操作系统使用的是 ADSL 网络连接模式，即需要通过拨号才能上网的模式，则推荐使用 NAT 模式访问互联网，其设置比较简单。

（1）在 Vmware Workstation 虚拟机中，选择菜单命令"VM-Settings"，打开如图 2-18 所示的设置对话框。选中"Ethernet"所在的行，在窗口右侧勾选"NAT"，即设置网络连接模式为网络地址转换模式，单击"OK"按钮保存设置并关闭该对话框。

（2）保证宿主机网络的畅通，能够访问互联网。在 Ubuntu 中打开"系统设置"，并选择"网络"，打开如图 2-16 所示的窗口中单击选中"有线"，单击"选项…"按钮，打开如图 2-20 所示的窗口，进入"IPv4"标签页，在"方法"菜单中选择"自动（DHCP）"，单击"保存…"按钮。现在，Ubuntu 的虚拟网卡会自动获取 IP 地址，基于 NAT 模式的原理，如图 2-21 所示，已经可以访问互联网了，读者可以打开 Firefox 尝试网页浏览功能。

注意：利用 NAT 模式访问互联网非常容易，但是此时虚拟机利用了 DHCP 自动获取 IP 地址，其 IP 地址与宿主机的 IP 不在同一个网段，因此虚拟系统与宿主机系统之间不能相互通信。

图 2-20 设置 DHCP

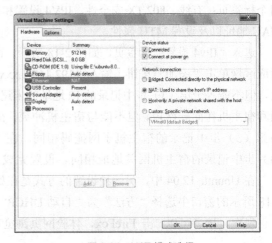

图 2-21 NAT 模式选择

3. 主机模式的网络配置

该模式的特点是虚拟系统与宿主机系统所在的真实网络相互隔离，其 DHCP 服务与桥接模式一样，是由 VMnet1 提供的。但与 NAT 不同，采用该模式可以实现虚拟系统的 IP 与宿主机的 IP 在同一个网段，从而实现虚拟系统与宿主机系统之间的通信。具体的设置方法与桥接模式下的设置方法相同，此处不再赘述，读者可以按照桥接模式的网络设置自行尝试。

2.3.2　直接在硬盘上安装的 Ubuntu 配置网络环境

对于直接在硬盘上安装 Ubuntu 的读者来说，网络环境的配置比用虚拟机安装时的配置简单得多，因为 Ubuntu 对硬件的支持很好，能自动找到网卡，并对其进行初始化。

（1）LAN 的设置。

对于使用 LAN 的读者，通常在安装完 Ubuntu 操作系统后，就能立即访问互联网，而不需要再进行任何设置了。但是如果发现不能访问互联网，就需要按照以下方法进行设置。

选择面板命令"系统-系统管理-网络"，打开网络设置对话框，解锁后，设置"有线连接"的属性，将 eth0 的配置方式设置为"自动（DHCP）"，让网卡自动获取 IP 地址，保存设置后，一般即可实现访问互联网的功能。

（2）ADSL 的设置。

对于使用 ADSL 的读者，其网络的设置与在 Windows 操作系统中的配置方法非常类似。

在 Ubuntu 中打开"系统设置"，并选择"网络"，打开网络设置对话框。选择"点对点连接"，单击"属性"按钮，打开如图 2-22 所示的对话框，选中"启用此连接"复选框，便可激活窗口，进行设置。在"链接类型"选择框中选择"PPPoE"，即可打开如图 2-23 所示的对话框。

在图 2-23 中有两个文本框，一个是"用户名"，在此处输入读者申请的 ADSL 用户名；另一个是"密码"，在此处输入读者 ADSL 账号的密码，输入后完成后单击"确定"按钮，即可保存设置并关闭该对话框。至此，一个 PPPoE 账户就建立完成了，系统会自动激活网卡，如果账户合法，就可以实现访问互联网的功能。

图 2-22　PPP0 设置

图 2-23　PPPoE 设置

2.4 更新及软件包管理

当读者安装好 Ubuntu Linux，并配置好网络环境，能顺利访问互联网后，这个 Ubuntu 就可谓是"一劳永逸"了，因为 Ubuntu 提供了更新管理器，这不仅可以更新应用软件，还可以更新系统组件，甚至可以将低版本的 Ubuntu 更新至高版本，而且操作非常简单。

Ubuntu 的应用软件和系统组件都是以"软件包"的形式存在，由于 Linux 自身的特点，一个应用软件的存在可能要依托于其他很多软件包，因此，Linux 类操作系统的应用软件和系统组件都具有很强的依赖性。为了方便用户，Ubuntu 提供了一个名为"新立得软件包管理器"的系统工具，读者可以利用它对任何一个软件包进行安装、删除和升级操作，使用起来非常简单。

本节讲述更新管理器和软件包管理器的使用和相关的简单配置，这两个工具的使用都是建立在 Ubuntu 带有网络环境并能访问互联网的基础之上的。

2.4.1 更新管理器的使用和配置

在带有 Internet 环境的 Ubuntu 操作系统下，读者第一件要做的事往往就是升级系统最新的软件包和安装补丁。

更新管理器可以升级 Ubuntu 主机，使之保持最新状态，它能帮助读者获取更新软件包的信息，并提供让读者选择更新的平台。在更新过程中，它还能自动解决 Linux 操作系统软件之间的强依赖性问题，查找并弥补系统安全漏洞，修复软件包错误等，而所有的操作都可以用鼠标完成，非常方便。

1. 更新管理器的使用

（1）打开更新管理器。

选择面板命令"应用程序-系统工具-更新管理器"，打开"更新管理器"窗口。一打开窗口，该管理器会自动连接到 Internet，检测目前可用的更新软件包，并将所有的可用软件包显示出来，如图 2-24 所示。在该窗口中，可以看到可用更新的数目和下载文件的大小。

在图 2-24 中的列表框中，单击选择一个软件包选项，然后单击窗口左下角的"升级描述"，打开该软件包的相关详细信息，如图 2-25 所示。

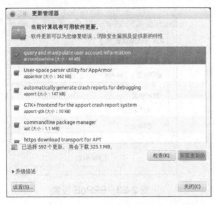

图 2-24 "更新管理器"窗口

图 2-25 升级描述信息

在图 2-25 中，下方的文本框即是对应软件包的升级描述信息，标签"变更"所对应的内容表示了该软件包的版本信息，单击标签"描述"，可以查询该软件包的功能说明信息。

如图 2-24 所示的软件包列表框下方有两个按钮，一个是"检查"，单击该按钮可以重新连接到互联网，检查可用更新的数目；另一个是"安装更新"，单击该按钮即可对选中的软件包进行更新。

（2）安装更新软件包。

在图 2-24 中，系统默认选中所有的可用软件包，读者也可以根据自己的需要选择单个或多个软件包。根据自己的需要所打造的系统是独一无二的，那些不需要使用的软件包，可以不作更新处理。方法是在列表框中单击选中某个软件包，去掉它前面方框中的小勾，即表示目前暂时不安装该软件包。

此处任意选择一个软件包作为例子讲解，因为初次更新时，需要下载的软件包数量很多，文件较大，消耗的时间由读者的网络状况决定。

调整可用软件包，只选中第 1 个，如图 2-26 所示，列表框下方显示该文件大小为 44KB。单击"安装更新"按钮，输入用户密码后，打开如图 2-27 所示的窗口。

图 2-26　选中需要更新的软件包

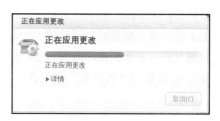
图 2-27　下载软件包文件

在图 2-27 中，显示了下载的文件数目、单个文件下载的状态等信息。选择的软件包文件下载完成，系统会自动打开如图 2-28 所示的窗口。

在图 2-28 中，显示了安装所下载的软件包的进度条，单击"详细信息"，可查看安装该文件的详细过程。

安装完所下载的软件包文件后，更新管理器将再次连接到互联网，检查当前可用的更新数目，列出软件包列表，如图 2-29 所示。

读者可以看到，在图 2-29 中，可用更新的数目变为了 590 个，比图 2-26 中的可用更新数目少了，这正表明刚才已经成功安装了一个更新。

根据自己的实际需要，读者可按上述方法安装自己需要的软件包更新文件。将所有的更新全部安装完成，需要重新启动 Ubuntu 才能使其生效。

Ubuntu Linux 从入门到精通

图 2-28　安装软件包文件

图 2-29　更新管理器界面

2. 更新管理器的相关设置

Ubuntu 的更新功能显得非常人性化，它能够自动检查系统组件更新、软件包更新、系统版本更新情况，并通知读者。为了更方便地使用更新功能，读者可以从"应用程序－系统管理－更新管理器"菜单中，拖动图标到顶部的面板上，或者是桌面上，创建一个快捷启动器，如图 2-30 所示。

图 2-30　部分面板

在图 2-30 中，最左边的一个图标即表示了更新管理器，每次开机后，如果更新管理器检测到有更新存在，就会在此处通知读者，读者可以单击该图标直接打开更新管理器，进行相关的操作。

由于随时都让更新管理器检测，会耗费掉大量的网络资源，为此，读者可以自定义更新管理器的检测方式。在更新管理器窗口中，如图 2-24 所示窗口中，单击左下方的"设置…"按钮，打开如图 2-31 所示的"软件源"对话框，其中有 5 个不同的标签，分别表示 5 个不同领域的设置。

图 2-31　"软件源"对话框

图 2-32　更新管理器设置

（1）设置更新频率。

单击"更新"标签，打开如图 2-30 所示的更新管理器设置对话框。

图 2-32 中包含两个大方面的设置：更新方式选择、更新显示周期及显示规则。

Ubuntu Linux 基本设置

"从下列地点安装更新"主要涉及在检测更新的过程中，所扫描和显示的种类，总共分为 4 个类型，默认扫描"重要安全更新"和"建议更新"，读者可以根据自己的需要进行设置。

- 重要安全更新（precise-security）：稳定的、安全的软件包，是必须要安装的。
- 推荐更新（precise-updates）：最新完成的更新软件包，是建议安装的。
- 提前释放出的更新（precise-proposed）：提前释放出的更新，处于 alpha 测试阶段的软件包。默认不勾选该类型。
- 不支持的更新（precise-backports）：在 Ubuntu 旧版本中部分地添加新功能，该类软件包无任何技术支持。

"自动更新"提供有检查更新的频率设置和检查到有更新可用后的默认操作设置，读者可以将检查频率设置为"每天"、"每两天"、"每周"、"每两周"中的任何一种，检查到有可用更新后的操作使用默认选项，即"仅提示可用更新"，这样设置的好处是可以让读者有更多的自由空间来决定是否立即进行更新。

"版本升级"设置了更新管理器在检查可用更新时，是否检查有无更高版本的 Ubuntu 以及限定检查版本的类型。选择项有 3 个："永不"、"适用任何新版本"、"适用长期支持版本"，默认为第 3 个，即表示在检查的过程中，仅当有更高的长期支持版本存在时，才提示读者进行操作。

（2）设置升级软件源。

Ubuntu 在进行更新时，都是从"软件源"下载相关软件包文件的，软件源是指散落在茫茫互联网中的各个服务器，免费向 Ubuntu 用户提供。由于各个地区服务器所提供的软件包质量不一，所以出于对系统安全的考虑，有必要进行软件源的相应设置和管理。

在图 2-28 中，"Ubuntu 软件"标签所对应的一系列设置就是一种安全性策略，系统默认可以从互联网下载所有类别的文件，这些类别包括以下几个。

- Canoncial 支持的免费和开源软件（Main）：官方维护的开源软件，是由 Ubuntu 官方完全支持的软件，包括大多数流行的、稳定的开源软件，是 Ubuntu 默认安装的基本软件包。
- 社区维护的免费和开源软件（Universe）：社区维护的开源软件，是由 Ubuntu 社区的计算机爱好者维护的软件，是 Linux 世界中完全自由和开源的部分，包括了绝大多数的开源软件。这些软件都是以"Main"中的软件包为基础编写而成，因此不会与"Main"软件包发生冲突。但是这些软件包没有安全升级的保障。用户在使用 Universe 软件包时，需要考虑这些软件包存在的不稳定性。
- 设备的专有驱动（Restricted）：官方维护的非开源软件，是专供特殊用途，而且没有自由软件版权，不能直接修改，但依然被 Ubuntu 团队支持的软件。
- 有版权和合法性问题的软件（Multiverse）：非 Ubuntu 官方维护的非开源软件，是指那些非自由软件，通常不能被修改和更新，用户使用这些软件包时，需要特别注意版权问题。

Ubuntu 的标准安装 CD 中包含了来自 Main 和 Restricted 类别的软件包。只有在系统更新和升级阶段，才能下载并安装 Universe 和 Multiverse 软件源中的软件包。

"源代码"选项用于设置是否下载软件包的源代码。由于包括 Linux 在内的所有开源软件的约定，所有软件包必须和源代码一起发布，或可以出售源代码。因此，用户若对软件包的源代码感兴趣的话，可以下载。当然，在下载更新软件包时，除了要下载编译好的软件包外，还要下载源代码，耗时会更长。

读者可以按照软件包的安全性和重要性，并结合自己的实际需要，选择需要下载软件包的来源和种类。

 注意：在 Ubuntu 系统中，只有核心类（main）和公共类（universe）软件包才有源代码，而受限（restricted）和多元化（multiverse）的软件包可能不提供源代码，因为它们没有正式加入 Ubuntu 系统。

（3）添加第三方软件源。

本书介绍的 Ubuntu 发行版是来自于官方社区，有的读者可能会利用 Live CD 来进行安装，在安装过程中，选择了国家/地区后，Ubuntu 将自动推荐一批离读者所在地区最近的软件源服务器列表。但在有些特殊环境下的安装可能不尽如人意，或者读者知道一些离自己更近的服务器，可以提高获取软件包的速度，这种时候就需要添加第三方软件源服务器地址。

在图 2-30 中，单击"其它软件"标签，打开如图 2-33 所示的对话框，单击"添加"按钮，打开如图 2-34 所示的对话框。

在图 2-34 中，读者可以在文本框中按 APT 格式输入所要添加的第三方服务器地址，如 deb http://archive.ubuntu.com/ubuntu/hardy main。输入后，单击"添加源"按钮，即可将对应的服务器地址添加至软件源中，如图 2-35 所示。选中一个服务器地址，单击"编辑"按钮，可以对其进行编辑，如图 2-34 所示。

图 2-33 "第三方软件"设置对话框

图 2-34 添加软件源 APT 行

图 2-35 成功添加第三方软件源服务器

图 2-36 编辑第三方服务器地址

Ubuntu Linux 基本设置

在图 2-36 中，读者可以设置下载文件的类型（二进制或源代码）、网址、发行版、组件、注释，设置完成单击"确定"按钮，可保存设置并关闭窗口。

2.4.2 软件包管理器的使用和配置

Ubuntu Linux 采用了 Debian 的软件包管理机制，软件包简称为 Deb 包。该类型的软件包使用容易、灵活、扩展性高，再加上 Internet 的支持，使用户随时都能拥有最新的 Ubuntu 系统，这也是 Ubuntu 备受推崇的一个重要原因。Deb 软件包管理是 Ubuntu 中最有活力的部分之一。本小节介绍 Ubuntu 的软件包管理理念和新立得软件包管理器的使用方法。关于软件包的其他管理方法，也即通过命令行工具进行管理的方法，将在后续章节中讲解。

1．Deb 软件包概述

Deb 包的管理机制，来源于老牌 Linux 发行版 Debian，而 Ubuntu 则继承了该机制。Deb 包的实质就是一个文件包，类似于一个归档文件。它最大的价值在于扩展了应用软件的传播方式和途径，并提高了传播的简易性。

在 Linux 应用软件开发的最初阶段，开发者完成开发后，将原始的二进制文件发给用户，用户使用之前需要逐个安装相关程序，这样用户在使用基于 Linux 的应用程序时，就会遇到一些困难，同时也会阻碍 Linux 的发展，使其适用人群受限，无法得到广泛的普及。

Debian Linux 为了解决这种矛盾，首先推出了"软件包"管理机制，即 Deb 软件包。它将应用程序的二进制文件、配置文档、帮助页面等文件合并打包在一个文件中，用户使用软件包管理器可以直接操作软件包，以完成获取、安装、卸载和查询等操作。

后来，Redhat Linux 基于这个理念推出了自己的软件包管理机制，即 RPM 软件包，Deb 和 RPM 软件包是目前最流行的软件包管理机制。RPM 包有自己特有的打包格式，也有相应的软件包管理器来负责安装、维护、查询，甚至进行软件包版本管理。

为了解决软件依赖性越来越强的问题，Debian Linux 开发出了 APT 软件包管理器，它能够自动检查和修复软件包之间的依赖关系。并且，利用 Internet 网络带来的快捷的连通手段，APT 工具可以帮助用户主动获取软件包。APT 工具再次促进了 Deb 软件包更为广泛的使用，成为 Debian Linux 的一个无法替代的亮点。

Deb 文件包含有二进制文件、库文件、配置文件和帮助页面等文档。其后缀通常为.deb，因此被称为"Deb 软件包"。Ubuntu 有两种类型的软件包：二进制软件包（deb）和源码包（deb-src）。

- 二进制软件包（Binary Packages）：包含可执行文件、库文件、配置文件、帮助页面、版权声明和其他文档。
- 源码包（Source Packages）：包含软件源代码、版本修改说明、构建指令以及编译工具等。先由 tar 工具归档为.tar.gz 文件，然后再打包成.dsc 文件。

在 Ubuntu Linux 中，软件包的概念还有一个特殊种类——虚拟软件包。将系统中具有相同或相近功能的多个软件包作为一个软件包集合，称为虚拟软件包，并指定其中的一个软件包作为虚拟软件包的默认首选项。提出虚拟软件的意图就是为了防止在软件安装过程中发生冲突。

2．软件包管理器的使用

Ubuntu 总共包含 3 类软件包管理器，按照其承载界面和展示方式，分为命令行、文本界面和图形界面。之前介绍的 APT 包管理工具是基于命令行模式的，此外这种模式下还有 dpkg 管理器。

在文本界面下，提供文本窗口和菜单来完成相应的功能，主要有 aptitude、dselect、tasksel 等。图形界面就是"新立得包管理器"，它实质上是 dpkg 命令的图形化前端，功能与 APT 完全相同，支持软件包的搜索、安装和删除，带有 Internet 支持，可以自动解决依赖性问题。对于本书的读者以及不习惯使用命令行工具的用户，这种基于 X-Window 的图形化管理工具使用会更加方便一些，且可读性更强。但在使用"新立得包管理器"的同时，不能使用命令行模式的同类工具。

Ubuntu 12.04 没有默认安装新立得软件包管理器，在使用 Unity 桌面前的较低版本中，是默认安装的。首先进行安装，打开"应用程序－系统管理－Ubuntu 软件中心"，搜索"新立得"，如图 2-37 所示。单击"安装"按钮，进行安装。

安装完成后，选择面板命令"应用程序-系统工具－系统管理-新立得包管理器"，在输入用户密码解锁后，即可打开如图 2-38 所示的窗口。

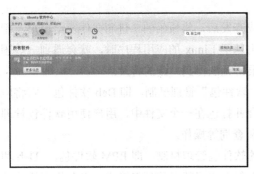
图 2-37 搜索"新立得包管理器"

图 2-38 "新立得软件包管理器"窗口

（1）浏览软件包数据。

在图 2-38 中，读者可以通过左侧的过滤器模块对软件包进行筛选，可以分别按照组别、状态、来源进行过滤，也可对过滤器进行自定义。右侧分别有上下两个窗口，上面的窗口是软件包列表窗口，列出了当前过滤条件下符合要求的所有软件包，单击其中的任意一个，例如选择"2vcard"，可以在下面的软件包属性窗口中查看被选中的软件包的详细说明信息。或者，也可在选择了一个软件包后，单击工具栏中的"属性"按钮，打开如图 2-39 所示的新窗口，从中查看它的相应状态和详细信息，包括常规信息、依赖关系、安装位置、版本、描述信息等。

单击工具栏中的"刷新"按钮，可以重新获取当前最新的软件包信息。单击"搜索"按钮，打开如图 2-40 所示的窗口，在文本框下方的选择按钮处，可以定义搜索类别，包括按软件包名称、描述及名称、维护者、版本、依赖关系、提供的软件包等类别，定义好类别之后，在文本框中输入需要搜索的信息，单击"搜索"按钮，即可开始搜索，结果会显示在图 2-40 中窗口的软件包列表中。

在图 2-38 的底部，显示了当前列出软件包的数量、大小、状态等信息。

（2）安装和删除软件包。

在图 2-38 中，在软件包列表中选中任何一个需要安装的软件包，单击鼠标右键，打开快捷菜单，选择"标记以安装"。这里可能会出现 3 种情况：第 1 种情况是正常标记，该软件包与其他已安装的软件包没有冲突，系统验证为安全的，而且不需要安装其他额外的软件包，即不存在依赖关系，如图 2-41 所示，软件包名称前的方框会改变为标记状态。

图 2-39　软件包属性窗口

图 2-40　搜索软件包

第 2 种情况是选择的软件包与系统中已经安装的其他软件包有冲突，管理器会弹出一个警告窗口，提示读者若需要安装此软件包，则必须删除其他相关的软件包。读者可以先查看这些软件包的功能，再确定是否需要删除。

第 3 种情况是选择的软件包存在与其他额外软件包的依赖关系，必须安装额外的软件包，或者该软件包是没有通过系统安全验证的。管理器会弹出一个如图 2-42 所示的警告窗口，读者如果确定需要安装这些软件包，单击"标记"按钮即可。

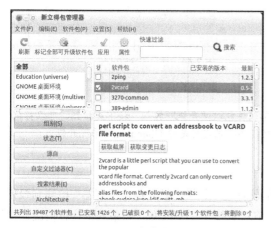

图 2-41　标记安装软件包

图 2-42　标记额外的软件包

标记完需要安装的软件包后，单击工具栏中的"应用"按钮，打开一个如图 2-43 所示的提示窗口，显示了所需要完成的变更情况。单击"应用"按钮可以确定这些操作，管理器会自动下载相应的软件包，并自动安装至 Ubuntu Linux 操作系统中。

Linux 不同于 Windows，它没有注册表的概念。如果不再需要使用曾经安装的软件包，直接将其删除即可。在图2-38中，在左侧的过滤器中选择按"状态"过滤，并在左上方的窗口中选择"已安装"，就可以在右侧的软件包列表中列出已经安装在系统中的所有软件包。此外，也可以利用搜索功能查找具体的软件包。选中需要删除的软件包，单击鼠标右键，打开快捷菜单，选择"标记以便彻底删除"，如图2-44所示，然后单击工具栏中的"应用"按钮，确定相关变更，系统就会自动删除选择的软件包。

（3）升级软件包。

在图2-38中，在左侧的过滤器中选择按"状态"过滤，并在左上方的窗口中选择"已安装（可升级）"，就可以在右侧的软件包列表中列出已经安装在系统中的所有可以升级的软件包。此外，也可以利用搜索功能查找具体的软件包。

从列表中选择需要升级的软件包，单击鼠标右键，打开快捷菜单，选择"标记以升级"，与安装软件包时类似，这里也可能出现3种情况，其应对的方法也是类似的。标记完成，单击工具栏中的"应用"按钮，以确定所要完成的变更，系统会自动下载数据，升级相应的软件包。

图 2-43　应用变更提示窗口

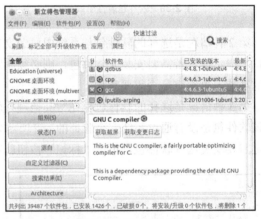

图 2-44　标记删除软件包

注意：工具栏中有一个名为"标记全部软件包以便升级"按钮，按下此按钮，可以标记所有的可升级软件包，进行批量处理。此功能的效果实质是对Ubuntu进行系统升级。

（4）修复软件包。

"毁损的软件包"是指那些没有满足依赖关系的软件包。如果"新立得包管理器"检测到毁损的软件包，它将不允许在这些毁损的软件包被修复前对系统作任何改变。如果遇到这种情况，读者可以进行对这类软件包的修复操作。

在列表中选择需要修复的软件包，单击菜单命令"编辑-修正损毁的软件包"，根据系统的提示完成标记工作，然后单击工具栏中的"应用"按钮，确认变更，系统即会自动下载新的数据包来修复受损的软件包。

Ubuntu Linux 基本设置

3．软件包管理器的配置

"新立得包管理器"是 dpkg 的前端，与 APT 命令工具的功能相同，它的配置文件位于 /etc/apt/sources.list，读者可以直接编辑配置文件。

对于习惯于使用图形化界面的用户，可以单击"新立得包管理器"的菜单命令"设置-首选项"，打开如图 2-45 所示的窗口，从中可以进行基本设置、栏目与字体设置、颜色设置、文件设置、网络设置和发行版本设置。

在图 2-45 中，读者可以设置外观、标记变更的方式、系统升级的类型、重新载入过时的软件包信息时的动作、可撤消操作的次数、实施变更的方式等。按照自己的使用需要，进行个性化的设置即可。需要说明的是，系统升级的类型有两种：默认升级和智能升级，推荐使用后者。智能升级会试图解决软件包之间冲突的问题，包括在需要时安装额外的依赖关系（需要的软件包）或者选择具有较高优先级的软件包。而默认升级仅仅标记所有已安装软件包的升级。如果新版本的软件包依赖于尚未安装的软件包，或者与已安装的软件包冲突，升级则不会继续。

单击"栏目和字体"标签，打开如图 2-46 所示的窗口，从中可以选择需要显示的项目，还可以设置应用程序字体和终端字体。

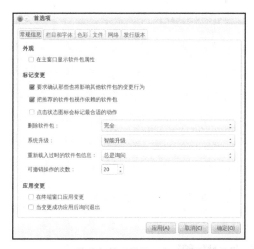
图 2-45 软件包管理器设置窗口-常规信息

图 2-46 软件包管理器设置窗口-栏目和字体

单击"色彩"标签，打开如图 2-47 所示的窗口，从中可以根据软件包不同的状态来设置不同的颜色，以示区别。单击每个类别名称后面的色块，就可以更换颜色。

单击"文件"标签，打开如图 2-48 所示的窗口，从中可以设置对下载时产生的临时文件的操作，还可以设置保留历史文件的时间限度。

单击"网络"标签，打开如图 2-49 所示的窗口，从中可以设置网络状态，一种类型是直接连接到 Internet，一种类型是靠读者手动配置，一般采用默认配置，即直接连接到 Internet。

单击"发行版本"标签，打开如图 2-50 所示的窗口。该窗口提供的设置，主要是针对系统版本升级的，默认为优先考虑最高的版本。在此要注意各种发行版之间的区别，如测试版、不稳定版本、长期支持版本等，高级用户可根据自己的需要更改设置，推荐使用默认配置。

图 2-47 软件包管理器设置窗口-色彩

图 2-48 软件包管理器设置窗口-文件

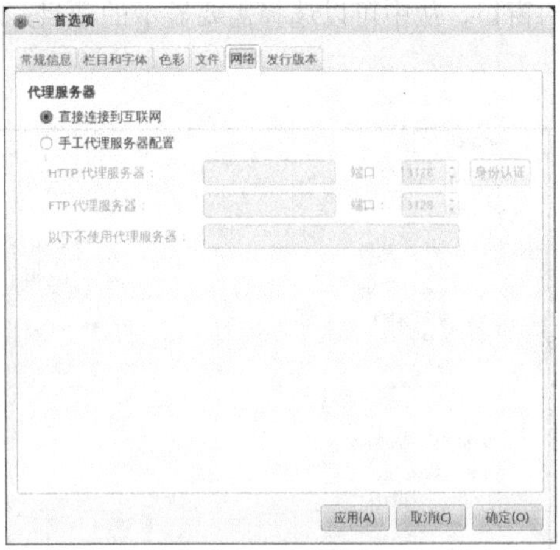

图 2-49 软件包管理器设置窗口-网络

图 2-50 软件包管理器设置窗口-发行版本

2.5 高级桌面特效的开启与设置

经过本章前面的学习，读者已经对 Ubuntu 的操作和使用具备了一定的基础。本节介绍高级桌面特效的开启与设置，这些设置并不是必须的，不进行这些设置，也可正常使用 Ubuntu 操作系统的功能。然而，这些设置丰富了 Ubuntu 的图形化界面，彰显了其特色，而且涉及之前学习的内容，对读者来说，也可作为本章前面所学知识和操作技巧的一次汇总和实战体验。

Ubuntu 12.04 集成了强大的桌面特效交互界面，例如支持 3D 桌面等，给用户带来了一种全新的视觉感受。而开启桌面特效与硬件配置有一定的关系，显示卡必须要有足够的显存和反应速度，否则，开启特效会降低计算机的运行性能。在开启之前，需要安装好显卡驱动程序，对于本书使用的 Ubuntu LTS 版本，对硬件驱动的支持非常好，一般不需要再额外安装。本节着重介绍开启桌面特效的方法。

要开启 Ubuntu 引以为荣的桌面特效，需要添加两个软件包。

- compizconfig-settings-manager。
- emerald。

单击面板命令"系统-系统管理-新立得包管理器",打开软件包管理器,搜索上述两个软件包,并标记为安装。这两个软件包都存在依赖关系,需要安装额外的软件包,分别如图2-51和图2-52所示。

分别在图2-51和图2-52中单击"标记"按钮,将所有需要安装的软件包标记为安装状态。

单击软件包管理器工具栏中的"应用"按钮,打开如图2-53所示的提示窗口,从中单击"应用"按钮,接受所有的变更。

系统会自动下载相应的软件包文件,下载状态如图2-54所示。

图2-51 compizconfig依赖性解决

图2-52 emerald依赖性解决

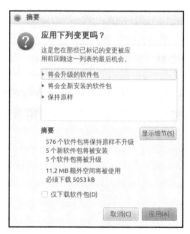

图2-53 变更提示窗口

图2-54 下载软件包

下载完成后,Ubuntu将自动安装这些软件包,如图2-55所示。

安装完成后,软件包管理器会自动弹出一个如图2-56所示的提示框,表示所有需要变更的操作已经完成,单击"关闭"按钮,即可关闭"新立得包管理器"。

打开Ubuntu面板菜单"应用程序－系统工具-首选项",读者可以看到该菜单中多了一个选项,名为CompizConfig设置管理器,如图2-57所示。

图 2-55　安装软件包

图 2-56　变更已实施提示框

选择面板命令"系统-首选项-Advanced Desktop Effects Settings",打开如图 2-58 所示的对话框。

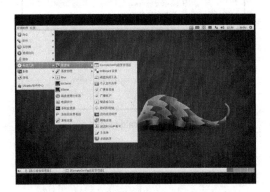

图 2-57　安装高级桌面特效设置后的菜单

图 2-58　高级桌面特效设置对话框

在图 2-58 中,读者可以尽情发挥自己的创造力,根据自己的喜好进行各种桌面特效的设计。
设置好桌面高级特效后,往往需要按下一些组合键才能激活效果,以下是一些常用效果的组合键。

　　SUPER+SHIFT+DRAG LEFT MOUSE = 火焰的特效

　　SUPER+SHIFT+C = 关闭火焰的特效

　　CTRL+ALT+DRAG LEFT MOUSE = 旋转立方体

　　CTRL+ALT+LEFT ARROW = 旋转立方体

　　CTRL+ALT+DOWN ARROW = flat desktop

　　SHIFT+ALT+UP = initiate window picker

　　CTRL+ALT+DOWN = 展开立方体

　　ALT+TAB = 窗口切换

　　SUPER+TAB = flip switcher or ring switcher, depending on which is enabled.

　　ALT+F7 = initiate 'move Windows'

　　SHIFT+F9 = 水波特效

SHIFT+F10 = slow animations

CTRL+ALT+D = 显示桌面

For Grouping and Tabbing:

SUPER+S = select single window

SUPER+T = tab group

SUPER+Left = change left tab

SUPER+Right = change right tab

SUPER+G = group Windows

SUPER+U = ungroup Windows

SUPER+R = remove group window

SUPER+C = close group

SUPER+X = ignore group

读者可以尝试自己开启和设置一些桌面高级特效。对于 Ubuntu 的其他一些设置和应用，在以后的章节中会讲解到。

2.6 课后练习

1. 简述 GNOME 的特点以及 Linux 工作区的意义。
2. 自定义 Ubuntu 的桌面环境。
3. 针对自己安装操作系统的方式，将网络环境配置成功，实现 Ubuntu 上网。
4. 对于使用虚拟机安装 Ubuntu 的读者，配置网络环境，实现虚拟系统与宿主机之间的通信，并使用 ping 工具检测。
5. 更新第 1 次安装 Ubuntu 的所有可用更新。
6. 简述 Deb 软件包的特点，掌握"新立得软件包管理器"的使用方法。
7. 开启桌面特效，实现 3D 桌面、火焰特效和波纹特效。

第3章 初识 Shell 及文档编辑

尽管 Ubuntu 的图形界面使用起来非常方便，但要想熟练掌握 Linux，并进行更高层次的使用和管理，就必须学习 Linux 的命令。Ubuntu 提供的命令非常多，本章只介绍一部分比较简单的基础命令。

要学习 Ubuntu 命令，首先应该明确什么是 Shell。Shell 是 Linux 操作系统的一个重要组成部分，它是 UNIX/Linux 操作系统下传统的用户与计算机交互的界面。用户直接输入各种命令，Shell 便搭建起用户与计算机之间沟通的桥梁，它将命令传递给系统内核，系统内核根据命令完成相应的工作，并通过 Shell 反馈给用户。

本章主要介绍 Shell 的基本概念、功能、命令格式及一系列常用的基础命令，并且介绍文档编辑的方法。读者在学习的时候，需要进行大量的实际动手操作，利用 Shell 命令来提高自己的工作效率。本章的内容是以后进行系统管理和应用的基础。

本章第 1 节介绍 Shell 的基本情况，让读者了解 Shell 的概念、功能、常用的版本。

第 2 节介绍 Shell 的基本操作，让读者认识 Shell 命令的基本命令格式、涉及的特殊符号的意义，以及一系列 Shell 进阶体验。

第 3 节介绍一些简单的基础 Shell 命令，结合大量的实例，让读者动手实际操作，并作为以后学习的基础。

第 4 节介绍图形化文档编辑工具 gedit 的使用。

第 5 节介绍 VIM 的使用和配置，这个工具是以后需要大量使用的，尤其是需要涉及编程的读者，VIM 是一个十分有利的工具。

3.1 Shell 基本概念

本节介绍 Shell 的基本概念、它在操作系统中的功能和常用的 Shell 版本及特点。通过本节的学习，读者可以对 Shell 有一个初步的认识，并学习怎样选择适合于不同环境应用的 Shell 版本。

普通意义上的 Shell 就是可以接受用户输入命令的程序。它之所以被称做 Shell，是因为它隐藏了操作系统低层的细节。同样，在 Linux 图形用户界面中，利用终端可以虚拟 Shell，有时也被叫做图形 Shell。本书以后的章节讲解 Shell 命令时，都是以图形界面中的虚拟 Shell，即图形终端为基础。

Shell 的种类很多，按照其不同的诞生地点，主要分为两个大类。

第 1 类诞生于贝尔实验室，以 Bourne shell（sh）为代表，常见的兼容种类有：

- Almquist shell（ash）;
- Bourne-Again shell（bash）;
- Korn shell（ksh）;
- Z shell（zsh）;

第 2 类诞生于加洲大学伯克利分校，以 C shell（csh）为代表，常见的兼容种类还有：

- TENEX C shell（tcsh）;

3.1.1 Shell 的功能

读者登录到 Ubuntu Linux 操作系统的文本界面，或者在图形用户界面中打开一个终端时，系统都会出现一个提示符。在上一章的学习中，读者初次体验终端的时候，应该就对这类提示符不陌生了，它的形式主要有#、$、～等。一般来说，#提示符表示当前用户为系统超级管理员用户，即 root 用户，拥有最高管理权限。$提示符表示当前用户为普通用户，只有一定的管理权限。而对于 Ubuntu，默认登录的用户为普通用户，所以$为默认提示符。

在提示符后面，读者可以向系统输入各种正确的命令，操作系统会根据命令的要求进行相应的工作，直到用户注销为止。在这个期间，完成对用户输入的命令的解释工作的机制就是 Shell。整个 Linux 类操作系统由外到内、从上到下分为 5 层，即用户层、应用层、Shell 层、内核层(Kernal)、硬件层。

Shell 负责将它之上的应用层或用户层输入的命令传递给它之下的系统内核层，由操作系统内核来完成相应的工作，并将结果通过 Shell 层反馈给应用层或用户。所有的 Shell 都具有以下几个特点。

（1）对已有命令进行适当组合，构成新的命令。

（2）提供文件名扩展字符，使得用单一的字符串可以匹配多个文件名，可省去键入一长串文件名的麻烦。

（3）可以直接使用 Shell 的内置命令，而不需要创建新的进程。为防止因某些 Shell 不支持这类命令而出现麻烦，许多命令都提供了对应的二进制代码，从而也可以在新进程中运行。

（4）Shell 允许灵活地使用数据流，提供通配符、输入/输出重定向、管道线等机制，方便了模式匹配、I/O 处理和数据传输。

（5）结构化的程序模块，提供了顺序流程控制、条件控制、循环控制等。

（6）提供了在后台执行命令的能力。

（7）提供了可配置的环境，允许创建和修改命令、命令提示符和其他的系统行为。

（8）提供了一个高级的命令语言，能够创建从简单到复杂的程序。这些 Shell 程序称为 Shell 脚本，利用 Shell 脚本，可以把用户编写的可执行程序与 UNIX 命令结合在一起，当作新的命令使用，从而便于用户开发新的命令。

用户不仅可以通过一条条的 Shell 命令来让操作系统完成工作，以达到进行复杂操作及配置操作系统的目的，还可以将大量的 Shell 命令编写成一个 Shell 脚本文件，通过脚本文件，批量完成一系列复杂的操作。关于 Shell 脚本的知识，将在本书以后的章节中介绍。

3.1.2 常用 Shell 简介

虽然 Shell 的种类非常多，但最常用的主要是 3 种，即 Bourne shell（sh）、Korn shell（ksh）和 C shell。它们有着各自的特点，因而各自的适用范围也不太一致。

Bourne Shell（sh）是 AT&T Bell 实验室的 Steven Bourne 为 AT&T 的 UNIX 开发的，它是最初的 Shell 版本，也是 UNIX 的默认 Shell，而且是其他各种 Shell 的开发基础。Bourne Shell 在编程方面相当优秀，但在处理与用户的交互方面则不如其他几种 Shell。

C shell 是加州伯克利大学的 Bill Joy 为 BSD UNIX 开发的，与 sh 不同，它的语法与 C 语言很相似。它提供了 Bourne Shell 所不能处理的用户交互特征，如命令补全、命令别名、历史命令替换等。但是，C Shell 与 Bourne Shell 并不兼容。

Korn shell（ksh）也诞生于贝尔实验室，与 Bourne shell（sh）不同的是，它是由 David Korn 开发的，它集合了 C Shell 和 Bourne Shell 的优点，并且与 Bourne Shell 向下完全兼容。Korn Shell 的效率很高，其命令交互界面和编程交互界面都很好。

由于 Linux 支持多种 Shell，因此读者可以根据自己的实际需要或使用习惯来选择不同的种类。要查看目前的 Shell 种类或是默认的 Shell 种类，可以在 Ubuntu 桌面打开一个终端，用 echo 命令来查询 Shell 环境变量。代码如下：

```
jacky@jacky-desktop:~$echo  $SHELL
/bin/bash                 //目前使用的 shell 种类是 bash
```

如果想改变 shell 的种类，读者只需要在终端或文本模式中输入想要运行的 shell 名称即可。代码如下：

```
jacky@jacky-desktop:~$sh        //进入 shell 切换状态
$bash                           //切换到 bash
jacky@jacky-desktop:~$ash
$csh                            //切换到 csh
jacky@jacky-desktop:~$ksh
$bsh                            //切换到 bsh
```

此外，还有一些 Shell 种类用得较少，或适用范围有限，或仅存在于历史中，在此不再一一列举，有兴趣的读者可以通过互联网了解相关的信息。

初识 Shell 及文档编辑

注意：在切换 Shell 种类的过程中，可能会操作失败，这是因为 Ubuntu 没有自带安装读者想要切换的 Shell 种类，但是可以手动安装。关于安装软件包的知识将在后续章节中讲解。

3.2 Shell 基本操作

本节讲解 Shell 命令的基本格式、基本符号以及其他的一些相关操作。读者通过对本节的学习，可以清楚地认识到怎样正确地使用 Shell 命令。

3.2.1 Shell 命令基本格式

Shell 命令的格式如下：
```
command        -options        [argument]
```
其中，command 表示 Shell 命令的名称。

-options 表示选项，同一个命令可能有很多不同的选项，用以完成不同的具体功能。

[argument]为参数，作为 Shell 命令的输入，有的 Shell 命令没有参数，或是可以不带参数运行。

以上是 shell 命令的 3 个基本组成部分，在使用过程中，每个部分之间需要输入一个空格以示区分。以下是一些例子，读者可以打开一个终端，看看它们的运行效果。

```
jacky@jacky-desktop:~$ls                        //查看当前目录下的文件及文件夹
jacky@jacky-desktop:~$ls -l                     //查看当前目录下的文件及文件夹的详细信息
jacky@jacky-desktop:~$ls -l /home               //查看/home 目录下的文件及文件夹的详细信息
```

这 3 个例子以 ls 命令为例，向读者展示了不带选项和参数、只带选项、同时带选项和参数等 3 种不同的情况，虽然都是使用 ls 这一条命令，但 3 种情况的工作任务不尽相同，显示的结果也不同。

3.2.2 Shell 常用特殊符号

在 Shell 中经常会用到一些特殊符号，即文件名扩展符，或称为通配符。常用的符号包括 "*"、"?"、"[ ]"、"!"、";"、"`"、"#" 等。

1. "*" 符号

通用符号。可以表示任意一个字符（包括空字符）或多个字符组成的字符串。如命令"ls -l /bin/e*"表示的含义为：查看/bin/目录下所有以 e 开头的文件及文件夹的详细信息。

```
jacky@jacky-desktop:~$ls -l /bin/e*     //查看/bin/目录下所有以 e 开头的文件及文件夹的详细信息
-rwxr-xr-x   1    root root 24684 2008-04-04  14:42/bin/echo
-rwxr-xr-x   1    root root 40560 2008-02-29  15:19/bin/ed
-rwxr-xr-x   1    root root 96440 2007-10-24  04:58/bin/egrep
```

2. "?" 符号

功能类似于 "*" 符号，但只能表示单个字符，不能表示由多个字符组成的字符串。仍然以上个命令为例，将命令中的 "*" 号改为 "?" 号，表示的含义就变了，它表示查看/bin/目录下以 e 开头的，且文件名长度为 2 个字符的文件及文件夹的详细信息。

```
jacky@jacky-desktop:~$ls -l /bin/e?     //查看/bin/目录下以 e 开头的文件名长度为 2 的文件
```

```
                                         //及文件夹的详细信息
-rwxr-xr-x   1    root root 40560 2008-02-29 15:19 /bin/ed
```

3. "[ ]"符号

指定范围，用来指定被显示内容的范围。例如在某个文件夹中有5个文件，分别是a、b、c、d、e，该路径下的命令"ls [a-c]"表示显示文件a、b、c，而不显示d、e。

```
jacky@jacky-desktop:~/test$ls              //查看~/test目录下的文件及文件夹
a b c d e
jacky@jacky-desktop:~/test$ls [a-c]        //查看当前目录下的文件名为a~c的文件及文件夹
a b c
```

4. "!"符号

排除符号。用来指定被屏蔽显示内容的部分，需要与"[ ]"符号联合使用。以上个例子来说明，假如命令改为"ls [!a-c]"，则表示不显示文件名为a、b、c的文件。

```
jacky@jacky-desktop:~/test$ls              //查看~/test目录下的文件及文件夹
a b c d e
jacky@jacky-desktop:~/test$ls [!a-c]       //查看当前目录下的文件名不为a~c的文件及文件夹
d e
```

5. ";"符号

分隔符号。用于在一行中输入多个命令时，分隔各个命令。例如：

```
jacky@jacky-desktop:~/test$ls;ls -l //查看当前目录下的文件及文件夹，然后查看它们的详细信息
a b c d e
total 0
-rw-r--r--   1    jacky       jacky      0    2008-09-08  22:03  a
-rw-r--r--   1    jacky       jacky      0    2008-09-08  22:03  b
-rw-r--r--   1    jacky       jacky      0    2008-09-08  22:03  c
-rw-r--r--   1    jacky       jacky      0    2008-09-08  22:03  d
-rw-r--r--   1    jacky       jacky      0    2008-09-08  22:03  e
```

6. "`"符号

命令替代符。这个符号总是成对出现，它们包含的内容在shell中表示一条命令，并且会被执行。注意，该符号不是单引号，使用时和单引号有区别。例如：

```
jacky@jacky-desktop:~/test$echo `ls -l`    //将命令"ls -l"的结果显示出来
total 0
-rw-r--r--   1    jacky       jacky      0    2008-09-08  22:03  a
-rw-r--r--   1    jacky       jacky      0    2008-09-08  22:03  b
-rw-r--r--   1    jacky       jacky      0    2008-09-08  22:03  c
-rw-r--r--   1    jacky       jacky      0    2008-09-08  22:03  d
-rw-r--r--   1    jacky       jacky      0    2008-09-08  22:03  e
jacky@jacky-desktop:~/test$echo 'ls -l'    //这里用单引号，表示显示'ls -l'这个字符串
ls -l
```

7. "#"符号

注释符号。以"#"开头的一行被当作注释处理，不会被执行。例如：

```
jacky@jacky-desktop:~/test$ls -l    //查看当前目录下的文件和文件夹的详细信息
-rw-r--r--   1    jacky       jacky      0    2008-09-08  22:03  a
-rw-r--r--   1    jacky       jacky      0    2008-09-08  22:03  b
-rw-r--r--   1    jacky       jacky      0    2008-09-08  22:03  c
-rw-r--r--   1    jacky       jacky      0    2008-09-08  22:03  d
-rw-r--r--   1    jacky       jacky      0    2008-09-08  22:03  e
jacky@jacky-desktop:~/test$#ls -l    //添加上"#"号，该命令被当作注释，不会执行
jacky@jacky-desktop:~/test$
```

"#"符号常常用于shell脚本中。在以后的章节中讲解shell脚本时，会大量地出现该符号。

3.2.3 Shell的进阶体验

通过之前的学习，读者已经掌握了shell的基本操作，并认识了关于shell命令的格式以及其

初识 Shell 及文档编辑

中的常用符号。但是，shell 的魅力远远不止这些，本小节讲解关于 shell 的一些进阶应用及操作方法。合理地使用这些方法，可以进一步在使用 shell 的过程中提高效率。

1. 自动命令补全功能

由于 UNIX/Linux 类操作系统最初是没有图形用户界面的，仅仅靠文字界面工作，全部操作都依托于 shell，因此 shell 命令非常多。如此繁杂的命令难于完全被用户记忆，为了方便用户操作，shell 提供了自动补全功能。

用户在使用命令或者输入文件名时不需要输入完整信息，系统会自动补全最符合的名称，如果有多个符合，则会显示所有与之匹配的命令或者文件名。

读者可以按照以下的方法，首先输入命令的前几个字母，然后按"TAB"键，如果与输入字母匹配的仅有一个命令或文件名，系统将自动补全；如果有多个与之匹配，系统将发出报警声音；如果再按一次"TAB"键，系统将列出与之前输入的几个字符匹配的所有命令或者文件名。

例如输入"who"，然后按"TAB"键，系统将列出所有以 who 开头的命令。

```
jacky@jacky-desktop:~$who        //按"TAB"键，系统将列出所有以 who 开头的命令
who      whoami      whois
```

再如，如果用户只输入"wh"，然后按"TAB"键，系统将发出报警声，此时可继续输入，也可再次按下"TAB"键，系统将列出所有以 wh 开头的命令。

```
jacky@jacky-desktop:~$wh         //按"TAB"键，系统将发出报警声，再次按"TAB"键，系统将列出所有以 wh 开头的命令
whatis    which      whiptail  whoami
whereis   while      who       whois
```

可见，如果想高效地补全命令或文件名，可以多输入几个字符作为匹配条件，输入的内容与实际的正确命令名称或文件名越接近，匹配就越迅速，可选结果也越少、越精确。

2. 自动输入历史命令

为了提高工作效率，Linux 将当前用户输入的历史命令都自动地暂时保存在某一个文件中，保存的命令数目是由环境变量 HISTSIZE 决定的。在输入命令时，读者可以利用方向键中的上、下两个键来选择曾经输入过的历史命令，也可以输入 history 命令查看所有保存在临时文件中的历史命令。例如：

```
jacky@jacky-desktop:~$history    //查看当前的所有历史命令
1 reboot
2 ls /etc
3 ls -l /bin/e*
4 ls -l /bin/e?
5 clear
6 cd ..
7 mkdir test
8 touch a
9 touch b
10 touch c
11 touch d
......
```

3. Shell 命令别名机制

由于目前计算机操作系统主要是由 Windows 和 Linux 占据统治地位，很多读者可能在学习 Linux 以前，对 Windows 的 DOS 命令比较熟悉，而对于计算机操作系统来说，很多工作原理是相通或相近的，因而 Linux 提供 shell 命令的别名，目的之一就是为了让那些熟悉 Windows 命令的读者在 Linux 环境下，通过这个功能，将原有的 Linux 命令取一个与 Windows 命令相同的别名，

Ubuntu Linux 从入门到精通

以便于使用。

另一个目的就在于，对于图形化界面的日益发展，很多读者及用户觉得记忆 shell 命令很头疼。而利用这一别名机制，就可以将繁杂而常用的 shell 命令取一个读者容易记忆而简单的别名，以提高工作的效率。

别名机制需要用到"alias"命令。读者可根据以下例子自己练习该命令的使用。

```
jacky@jacky-desktop:~$mynet            //输入 mynet，Linux 中并无此命令
bash:mynet:command not found           //系统提示 mynet 命令没有找到
jacky@jacky-desktop:~$ifconfig         //ifconfig 命令可以查看网络情况
eth0      Link encap:Ethernet    HWaddr:00:0c:29:ac:d153
          inet addr:192.168.0.125  Bcast:192.168.0.255   Mask:255.255.255.0
……
jacky@jacky-desktop:~$alias mynet=ifconfig   //将 ifconfig 取个别名为 mynet
jacky@jacky-desktop:~$                       //无错误提示，表示命令别名成功
jacky@jacky-desktop:~$mynet                  //再次输入 mynet
eth0      Link encap:Ethernet    HWaddr:00:0c:29:ac:d153
          inet addr:192.168.0.125  Bcast:192.168.0.255   Mask:255.255.255.0
……
                                       //mynet 生效，与 ifconfig 效果相同
```

4．重定向

输入输出重定向（I/O Redirection）可以让用户从文件输入命令，或将输出结果存储在文件及设备中，从而摆脱只有标准输入（键盘）和输出（显示器）设备的模式。这一机制的产生和应用，广泛地应用于嵌入式开发行业中，已成为 Linux 操作系统管理者、开发人员以及日常普通用户的一项基本技术。

其中输出重定向符号有">"和">>"，而输入重定向符为"<"。

">"将输入的信息直接写入目标文件或设备中，并覆盖掉之前的内容。

">>"将输入的信息以追加的方式写入，即写在目标文件或设备的现有内容之后，不会对原有的内容产生影响。

使用重定向输出时，如果目标文件不存在，系统会自动创建。

```
jacky@jacky-desktop:~/test$ls -l        //查看当前目录下文件和文件夹的详细信息，将结果输出在
显示器上
total 0
-rw-r--r--   1    jacky     jacky     0    2008-09-08   22:03   a
-rw-r--r--   1    jacky     jacky     0    2008-09-08   22:03   b
-rw-r--r--   1    jacky     jacky     0    2008-09-08   22:03   c
-rw-r--r--   1    jacky     jacky     0    2008-09-08   22:03   d
-rw-r--r--   1    jacky     jacky     0    2008-09-08   22:03   e
jacky@jacky-desktop:~/test$ls -l > test //将"ls -l"命令的结果输出到当前目录下的文件 test
中，如果 test 文件不存在，将创建
jacky@jacky-desktop:~/test$             //运行上一条命令后，显示器上并无结果，表示重定
向输出操作成功
jacky@jacky-desktop:~/test$ls           //查看当前目录下的文件和文件夹
a b c d e test                          //已经创建了 tset 文件
jacky@jacky-desktop:~/test$cat test     //查看当前目录下 test 文件的内容
total 4
-rw-r--r--   1    jacky     jacky     0    2008-09-08   22:03   a
-rw-r--r--   1    jacky     jacky     0    2008-09-08   22:03   b
-rw-r--r--   1    jacky     jacky     0    2008-09-08   22:03   c
-rw-r--r--   1    jacky     jacky     0    2008-09-08   22:03   d
-rw-r--r--   1    jacky     jacky     0    2008-09-08   22:03   e
-rw-r--r--   1    jacky     jacky     287  2008-09-08   22:33   test
```

这个例子说明了关于重定向输出符号">"的使用方法，读者可以参照这个例子，自己练习

使用 ">>" 符号。重定向输入是指输入的内容不通过键盘，而是来自于某一个文件或设备。

5. 管道

在 Linux 中，管道是一种使用非常频繁的通信机制。管道是一种特殊的文件，可以进行读和写操作，因此它可以搭建起两个文件之间通信的桥梁。

在 Shell 的使用中，管道用符号"|"表示，其应用非常广泛，可以将多个简单的命令集合在一起，用以运行较复杂的功能。除了第 1 个命令和最后一个命令外，每个命令的输出都将作为后一个的输入，而每一个命令的输入都来自于前一个命令的输出。例如：

```
jacky@jacky-desktop:~/test$ls -l           //查看当前目录下文件和文件夹的详细信息
total 4
-rw-r--r--    1    jacky       jacky       0    2008-09-08    22:03    a
-rw-r--r--    1    jacky       jacky       0    2008-09-08    22:03    b
-rw-r--r--    1    jacky       jacky       0    2008-09-08    22:03    c
-rw-r--r--    1    jacky       jacky       0    2008-09-08    22:03    d
-rw-r--r--    1    jacky       jacky       0    2008-09-08    22:03    e
-rw-r--r--    1    jacky       jacky       287  2008-09-08    22:33    test
jacky@jacky-desktop:~/test$ls -l | grep test        //管道连接两个命令，将 ls -l 的输出作为
grep 命令的输入，该操作的目的是查看当前目录下文件名为 test 的文件的详细信息
-rw-r--r--    1    jacky       jacky       287  2008-09-08    22:33    test
```

关于管道的应用，这里只列举了一个简单的例子。对于 Linux 环境下的程序员或是系统管理员来说，管道技术的应用显得尤为重要。在以后的章节中讲解 shell 脚本时，还会涉及大量关于管道应用的例子。

3.3 常用 Shell 命令简介

虽然 Ubuntu 有非常简洁适用的图形化界面，但由于 UNIX 最初是基于命令模式的，因此绝大多数 Linux 操作系统的管理及设置仍然需要依托于命令模式。本节介绍一些常用的基本 Shell 命令，让读者对 Shell 命令的使用有一个初步的认识。在以后进行系统管理的相关讲解时，将分类详细讲解 Shell 命令的使用。

3.3.1 ls 查看目录信息

语法：ls [选项] [路径]。

功能：显示指定工作目录下的内容（列出当前工作目录所包含的文件及子目录）。

主要参数：

-a 显示所有文件及目录（ls 将文件名或目录名称开头为"."的视为隐藏文档）；

-l 除文件名称外，还将文件形态、权限、拥有者、文件大小等详细信息列出；

-r 将文件以相反次序显示（原定依英文字母次序）；

-t 将文件依照建立时间之先后次序列出；

-A 同 -a ，但不列出 "." （当前目录）及 ".." （父目录）；

-F 在列出的文件名称之后加某符号，如可执行文件名之后则加 "*"，目录名之后则加 "/"；

-R 递归。若目录下有文件，则其下文件依序列出。

例如：

```
jacky@jacky-desktop:~$ls -l ./test/         //查看当前目录下 test 目录的详细内容
total 0
-rw-r--r--    1    jacky      jacky       0   2008-09-08   22:03    a
-rw-r--r--    1    jacky      jacky       0   2008-09-08   22:03    b
-rw-r--r--    1    jacky      jacky       0   2008-09-08   22:03    c
-rw-r--r--    1    jacky      jacky       0   2008-09-08   22:03    d
-rw-r--r--    1    jacky      jacky       0   2008-09-08   22:03    e
jacky@jacky-desktop:~$ls -al ./test/        //查看当前目录下 test 目录的详细内容,包括隐藏文档
total 0
drwxr-xr-x    2    jacky      jacky    4096   2008-09-08   22:03    .
drwxr-xr-x   33    jacky      jacky    4096   2008-09-08   22:03    ..
-rw-r--r--    1    jacky      jacky       0   2008-09-08   22:03    a
-rw-r--r--    1    jacky      jacky       0   2008-09-08   22:03    b
-rw-r--r--    1    jacky      jacky       0   2008-09-08   22:03    c
-rw-r--r--    1    jacky      jacky       0   2008-09-08   22:03    d
-rw-r--r--    1    jacky      jacky       0   2008-09-08   22:03    e
```

3.3.2 pwd 查看当前工作路径

语法：pwd [-version] [-help]。

功能：显示当前工作目录的绝对路径。

主要参数：

-help：显示帮助信息；

-version：显示版本信息。

例如：

```
jacky@jacky-desktop:~$pwd
/home/jacky
```

3.3.3 uname 查看当前系统信息

语法：uname [选项]。

功能：列出当前系统内核信息。

主要参数：

-r：release，列出具体内核版本号；

-s：列出内核名称；

-o：列出系统信息。

例如：

```
jacky@jacky-desktop:~$uname              //显示内核名
Linux
jacky@jacky-desktop:~$uname -r           //显示内核版本号
2.6.24 -19-generic
jacky@jacky-desktop:~$uname -o           //显示系统信息
GNU/Linux
```

3.3.4 cd 切换目录

语法：cd [路径]。

功能：切换到指定路径下。

例如：

```
jacky@jacky-desktop:~$cd /               //切换到/目录
jacky@jacky-desktop:/$pwd                //查看当前工作目录
```

```
/
jacky@jacky-desktop:/$cd ~              //切换到当前用户主目录
jacky@jacky-desktop:~$pwd               //查看当前工作目录
/home/jacky
jacky@jacky-desktop:~$cd ..             //切换到上一级目录
jacky@jacky-desktop:/home$pwd           //查看当前工作目录
/home
```

3.3.5 cat 显示文件内容

语法：cat ［选项］ ［文件］...

功能：显示全部文件内容，如果内容超过一屏，则显示最后一屏内容。

主要参数：

-n 由 1 开始对所有输出的行数编号；

-b 和-n 相似，但对于空白行不编号；

-s 当遇到有连续两行以上的空白行时，就代换为一行的空白行。

例如：

```
jacky@jacky-desktop:~$cat /etc/issue          //查看/etc/issue 文件的内容，不显示行号
Ubuntu 8.04.1 \n \l

jacky@jacky-desktop:~$cat -n /etc/issue       //查看/etc/issue 文件的内容，显示行号
 1  Ubuntu 8.04.1 \n \l
 2
jacky@jacky-desktop:~$cat -b /etc/issue       //查看/etc/issue 文件的内容，显示非空白行的行
号，空白行不编号
 1  Ubuntu 8.04.1 \n \l
```

3.3.6 clear 清屏

语法：clear。

功能：清除屏幕上的所有内容，只保留当前提示符，并显示在新屏幕的第 1 行。

3.3.7 sudo 切换用户身份执行

语法：sudo ［选项］［命令］...

功能：允许当前用户以超级管理员用户（root）或其他普通用户的身份来执行指令，预设用户为 root，在文件/etc/sudoers 中设置了可执行 sudo 命令的用户。用户使用 sudo 命令时，需要输入密码。

主要参数：

-b：在后台运行；

-E：指定允许的环境变量；

-e：不运行命令，而是编辑相应的文件；

-H：设置环境变量 HOME；

-h：显示帮助信息；

-k：结束密码的有效期，即下次再执行该命令时需要输入密码；

-l：列出当前用户可执行与不可执行的命令；

-p：改变询问密码的提示符号；

-s –command：执行其后面的 shell 命令；

-u –username：以指定用户作为新用户身份，默认为 root；

-v：延长密码有效期 5 分钟；

-V：显示版本信息。

例如：

```
jacky@jacky-desktop:~$adduser abc                    //添加一个名为 abc 的用户
adduser:Only root may add a user or group to the system.      //当前用户无权限，root 用户才能运行这条命令
jacky@jacky-desktop:~$sudo adduser abc               //以 root 用户运行 adduser 命令
[sudo] password for jacky:                           //提示输入 jacky 用户的密码，输入后回车确定
Add user 'abc'…                                       //命令运行成功，添加用户 abc 成功
```

3.3.8　su 切换用户

语法：su [选项] [用户名]。

说明：可以让当前用户暂时变更登入身份，使用时需要输入所要变更的用户密码。

参数：

-c -command：执行指定的命令，执行完毕，恢复原用户身份；

-.-l 或-login：改变用户身份，同时改变工作目录，以及 PATH 环境变量；

-m, -p 或-preserve-environment：变更身份时，不变更环境变量；

-s –shell：指定要执行的 shell；

-h 或-help：显示帮助信息；

-V：显示版本信息。

例如：

普通用户切换到 root。在 root 用户模式下，命令行提示符以 root 开头，以 "#" 结束。

```
jacky@jacky-desktop:~$ sudo su root          //切换到 root 用户
root@jacky-desktop:/home/jacky#              //提示符变化
```

从 root 用户切换到普通用户不需要输入密码。

```
root@jacky-desktop:/home/jacky# su jacky     //切换到 jacky 用户
jacky@jacky-desktop:~$
```

3.3.9　ifconfig 显示和配置网络属性

语法：ifconfig [interface]。

或 ifconfig interface options | address

功能：查看或设置网络设备属性。

主要参数：

interface：网络接口的名称，如 eth0（网卡）；

up：激活网络设备；

down：关闭网络设备；

add：IP 地址，即设置网络设备地址；

netmask add：子网掩码。

例如

```
root@jacky-desktop:~#ifconfig eth0              //查看 eth0 的网络情况
eth0      Link encap:Ethernet        HWaddr:00:0c:29:ac:d153
     inet addr:192.168.0.125  Bcast:192.168.0.255    Mask:255.255.255.0
……
root@jacky-desktop:~#ifconfig eth0 down         //关闭网卡 eth0
root@jacky-desktop:~#ifconfig eth0 up           //激活网卡 eth0
root@jacky-desktop:~#ifconfig eth0 192.168.0.25 netmask 255.255.255.0 //设置网卡 eth0
的 IP 地址和子网掩码
```

3.3.10　man 系统帮助

在 Ubuntu 操作系统中，用户需要掌握许多命令。为了方便用户，Ubuntu 提供有功能强大的在线命令查找手册供用户使用，用户只需要使用 man 命令，就可以查找到相应命令的语法结构、主要功能、主要参数说明。另外，部分命令还列举了全称以及此命令操作后所影响的系统文件等信息。如果掌握了 man 命令手册的使用方法，就可以在 Ubuntu 下使用基本命令操作。

语法：man [命令名]。

功能：解释该命令的详细内容和使用方法。

例如：

```
root@jacky-desktop:~#man ls                     //查看 ls 命令的详细内容
NAME                                            //命令名称
       ls - read Info documents
SYNOPSIS                                        //语法结构
       ls [OPTION]... [FILE]...
DESCRIPTION                                     //命令功能说明，接着是参数说明
       List information about the FILEs (the current directory by default).
       …
AUTHOR                                          //作者
       Written by Richard Stallman and David Mackenzie
REPORTING BUGS                                  //漏洞报告
       …
```

3.4　使用 Gedit 编辑文档

在使用 Ubuntu Linux 的过程中，无论是今后的系统管理，还是桌面应用，都会大量涉及文档的编辑。因此，掌握文档编辑工具的使用对于今后的高级应用来说，可谓是一个利器。本节介绍常用的图形化文档编辑工具的使用，即 gedit。

本节介绍 gedit 的各个菜单的功能，以确保读者能够顺利地使用该编辑工具编辑文档。通过对本节的学习，读者需要实际动手操作，自己编辑一篇文档。

Gedit 是 Ubuntu Linux 自带的文本编辑器，适用于各种文档的编写，采用图形化窗口，操作简洁，受到很多用户的青睐。

单击任务栏菜单命令"应用程序-附件-文本编辑器"，打开如图 3-1 所示的文本编辑器 gedit 窗口。该窗口从上至下由 4 部分组成：菜单栏、工具栏、文档编辑区、状态栏。

菜单栏提供 7 个下拉式菜单，分别是：文件、编辑、查看、搜索、工具、文档、帮助。

单击"文件"，打开如图 3-2 所示的下拉式菜单，提供有 9 个菜单项。

- 新建：新建立一个未命名的空白文档。
- 打开：打开指定路径下的某一个文档。
- 保存：保存当前文档至默认路径。
- 保存为：保存当前文档至指定路径。
- 还原：还原一定时间段内对当前文档所做的变更，默认时间为 6 秒。
- 打印预览：以各种比例模拟打印效果。
- 打印：按一定要求打印文档。
- 关闭：关闭当前文档。
- 退出：退出 gedit。

图 3-1 gedit 窗口

图 3-2 "文件"菜单

单击"编辑"，打开如图 3-3 所示的下拉式菜单，提供有 9 个菜单项。

- 撤消：撤消上一次操作。
- 重做：重复上一次操作。
- 剪切：剪切选中的文档内容。
- 复制：复制选中的文档内容。
- 粘贴：将复制或剪切的内容粘贴到当前光标位置。
- 删除：删除选中的文档内容。
- 全部选中：选中当前文档的全部内容作为操作对象。
- 插入日期和时间：按一定格式插入日期和时间。
- 首选项：配置 gedit 的默认参数。

单击"查看"，打开如图 3-4 所示的下拉式菜单，提供有 5 个菜单项。

- 工具栏：是否显示工具栏。
- 状态栏：是否显示状态栏。
- 侧边栏：是否显示侧边栏。
- 底部面板：是否显示底部面板。
- 语法高亮模式：提供 6 种不同分类的突出显示类型，分别为：纯文本（默认）、源代码、脚本、其他、标记语言、科学。

单击"搜索"，打开如图 3-5 所示的下拉式菜单，提供 6 个菜单项。

- 查找：搜索文字，可采用多种方案。

图 3-3 "编辑"菜单

图 3-4 "查看"菜单

- 查找下一个:按当前搜索条件,查找当前光标下一处第 1 个匹配的字符。
- 查找上一个:按当前搜索条件,查找当前光标上一处第 1 个匹配的字符。
- 替换:将按条件搜索到的字符替换为新的字符。
- 清除高亮:清除匹配搜索项的突出显示。
- 跳到行:将光标从当前位置跳转到指定的行。

单击"工具",打开如图 3-6 所示的下拉式菜单,提供有 4 个菜单项。

- 拼写检查:检查当前文档的拼写错误。
- 高亮显示拼写错误:提供自动检查当前文档的拼写错误的功能,默认为关闭此功能。
- 设置语言:设置当前文档的语言。
- 文档统计:获取当前文档的统计信息,包括行数、单词数、字符数(含空格)、字符数(不含空格)、字节数。

图 3-5 "搜索"菜单

图 3-6 "工具"菜单

单击"文档",打开如图 3-7 所示的下拉式菜单,提供有 6 个菜单项。

- 全部保存:保存所有已打开的文档。
- 全部关闭:关闭所有已打开的文档。
- 新建标签组:创建一个新的标签组。
- 上一个标签组:选中当前标签组所在的前一个标签组。
- 下一个标签组:选中当前标签组所在的后一个标签组。
- 上一个文档:选中当前文档的前一个文档。

- 下一个文档：选中当前文档的后一个文档。
- 移动到新窗口：当有多个文档时，将当前文档移动到新窗口。
- 激活文档：激活被选中的文档。

单击"帮助"，打开如图 3-8 所示的下拉式菜单，提供有 4 个菜单项。

- 帮助：获取本地帮助。
- 获得联机帮助：连接到 Lanuchpad 网站获得在线帮助。
- 翻译此程序：连接到 Lanuchpad 网站帮助翻译此程序。
- 关于：关于 gedit 的信息。

菜单栏下面是工具栏，提供有常用菜单命令的快捷按钮，包括新建、打开、保存、打印、撤消、重做、剪切、复制、粘贴、查找、替换等。

工具栏以下是文档编辑区，这个区域是 gedit 最大的一个区域，读者可以在此进行文档的编辑。如果需要输入中文，可以同时按下 Ctrl 和 Alt 键切换输入法。在编辑的过程中，可以单击鼠标右键打开如图 3-9 所示的快捷菜单，该菜单提供有几个常用菜单命令的快捷方式：撤消、重做、剪切、复制、粘贴、删除、全选，并且提供两个复选菜单：输入法选择、插入 Unicode 控制字符。

编辑完成，单击菜单命令"文件-保存为"或工具栏中的"保存"按钮，打开如图 3-10 所示的"另存为..."对话框，从中对保存文档的名称、保存路径、编码方式等进行设置，完成后单击"保存"按钮，即可将文档保存在磁盘上。

图 3-7 "文档"菜单

图 3-8 "帮助"菜单

图 3-9 右键快捷菜单

图 3-10 "另存为..."对话框

Gedit 的最下面一个部分为状态栏，它显示了当前光标所处的行数、列数、输入状态以及帮助信息等。

3.5 VIM 的使用和配置

本节介绍 VIM 的使用和配置方法。相对于之前介绍的 gedit 之类的窗口式编辑器，VIM 是一种非窗口式的编辑器，它发展、成熟于 UNIX 早期，但时至今日，它依然应用广泛，适用于各种文档的编辑，特别受到程序员的青睐。

3.5.1 VIM 的使用

VIM 的前身是 VI，即 Visual Interface 编辑器，它是一种基于指令式的编辑器，不需要使用鼠标，也没有菜单，仅仅靠键盘就能完成所有的编辑工作。VIM 是一种带模式的编辑器，有不同的工作模式。在不同的模式下，相同的键有不同的功能。由于需要切换工作模式，因此会让读者在最初接触它时感觉略有烦琐。但其优点在于，只需将 10 个手指稳稳地放在键盘上，就可以完成工作，而不需要在鼠标和键盘之见来回切换，因而大大地提高了工作效率。VIM 发展到今天，不断地在更新版本，支持新的功能，并且免费使用，流传广泛。

VIM 有 3 种工作模式：输入模式、指令模式、底行模式。

打开一个终端，在提示符下输入以下命令并按 Enter 键：

```
jack@jacky-desktop:~$vim test
```

这样，就创建了一个名为 test 的文档，并利用 VIM 将其打开了，如图 3-11 所示。打开一个文档时，VIM 处于指令模式，此时不能对文档作任何编辑，该模式下输入的任何字符都会被当作指令来处理。

图 3-11 VIM 界面

此外，利用 VIM 打开文件的命令还有：
- vim +n filename：打开文件，将光标置于第 n 行首。
- vim + filename：打开文件，将光标置于最后一行首。

- vim +/pattern filename：打开文件，将光标置于第 1 个与 pattern 匹配的串处。
- vim -r filename：在上次正用 vi 编辑时发生系统崩溃，恢复 filename。
- vim filename….filename：打开多个文件，依次进行编辑。

如果读者需要编辑打开的文档，则需要从 VIM 的只读模式切换到输入模式。切换命令有以下几种，其效果各不相同，读者可根据自己的实际需要选择。

- i：在光标前。
- I：在当前行首。
- a：在光标后。
- A：在当前行尾。
- o：在当前行之下新开一行。
- O：在当前行之上新开一行。
- r：替换当前字符。
- R：替换当前字符及其后的字符，直至按 Esc 键。
- s：从当前光标位置处开始，以输入的文本替代指定数目的字符。
- S：删除指定数目的行，并以输入文本代替之。
- ncw 或 nCW：修改指定数目的字。
- nCC：修改指定数目的行。

在对文档的编辑过程中，读者经常需要对文档进行排版或其他的一些相关操作。尤其是文档内容较多时，合理地利用 VIM 提供的指令，能有效地提高工作的效率。需要对文档进行相关操作时，需要从输入模式切换到指令模式，切换指令很简单，直接按 Esc 键即可切换至指令模式。在指令模式下，就可以使用 VIM 指令了，这些指令主要分为以下几类。

移动光标类指令：

- h：光标左移一个字符。
- l：光标右移一个字符。
- space：光标右移一个字符。
- Backspace：光标左移一个字符。
- k 或 Ctrl+p：光标上移一行。
- j 或 Ctrl+n：光标下移一行。
- Enter：光标下移一行。
- w 或 W：光标右移一个字至字首。
- b 或 B：光标左移一个字至字首。
- e 或 E：光标右移一个字至字尾。
-)：光标移至句尾。
- (：光标移至句首。
- }：光标移至段落开头。
- {：光标移至段落结尾。
- nG：光标移至第 n 行首。
- n+：光标下移 n 行。

- n-：光标上移 n 行。
- n$：光标移至第 n 行尾。
- H：光标移至屏幕顶行。
- M：光标移至屏幕中间行。
- L：光标移至屏幕最后行。
- 0：（注意是数字零）光标移至当前行首。
- $：光标移至当前行尾。

屏幕翻滚类指令：
- Ctrl+u：向文件首翻半屏。
- Ctrl+d：向文件尾翻半屏。
- Ctrl+f：向文件尾翻一屏。
- Ctrl＋b。向文件首翻一屏。
- nz：将第 n 行滚至屏幕顶部，不指定 n 时将当前行滚至屏幕顶部。

复制、删除、粘贴类指令：
- cc：删除整行，修改整行的内容。
- db：删除该行光标前的字符。
- dd：删除该行。
- de：删除自光标开始后面的字符。
- d 加字符：删除光标所在位置至字符之间的内容。
- ndd：将当前行及其下共 n 行文本删除，并将所删除的内容放到寄存器中。
- x：删除游标所在字符。
- X：删除游标所在之前一字符。
- yy：复制整行，使光标所在该行复制到记忆体缓冲区。
- nyy：将当前行及其下共 n 行文本复制，并将所复制的内容放到寄存器中。
- p：将最近一次复制或删除到寄存器中的内容粘贴到光标所在行。

除了上述的输入模式和指令模式外，VIM 还有一种模式，即底行模式。在指令模式下，输入：、/、? 3 种字符，都可以进入底行模式，该模式提供对文档的搜索、保存等针对整篇文档的操作功能。常用指令如下。

- /pattern：从光标开始处向文件尾搜索 pattern。
- ?pattern：从光标开始处向文件首搜索 pattern。
- : n1,n2 co n3：将 n1 行到 n2 行之间的内容拷贝到第 n3 行下。
- : n1,n2 m n3：将 n1 行到 n2 行之间的内容移至第 n3 行下。
- : n1,n2 d：将 n1 行到 n2 行之间的内容删除。
- : w：保存当前文件。
- : e filename：打开文件 filename 进行编辑。
- : x：保存当前文件并退出。
- : q：退出。
- : q!：不保存文件并退出。

- :!command：执行 shell 命令 command。
- :n1,n2 w!command：将文件中 n1 行至 n2 行的内容作为 command 的输入并执行。若不指定 n1、n2，则表示将整个文件内容作为 command 的输入。
- :r!command：将命令 command 的输出结果放到当前行。

VIM 的使用有着其独特的吸引力，读者只需多加应用，便可很快上手，一旦掌握了其使用方法，将对工作效率的提升带来质的飞跃。

3.5.2 VIM 的配置

对于部分读者来说，有时希望定制 VIM 编辑器属性，这些定制的功能可以使读者很方便地编写文档，尤其是程序代码。VIM 的配置文件位于/etc/vim/vimrc，VIM 在启动时将会读取该文件，如果将部分命令写入该文件，则以后每次使用时就不必重复键入上述命令。这些命令即为底行模式命令。

由于 Ubuntu8.04 默认安装的 VIM 是一个基本版本，可能不能支持很多高阶功能，而其中有很多是常用的功能，因此在配置之前，应先下载几个软件包。

- vim。
- vim-common。
- vim-doc。
- vim-runtiem。

单击面板命令"系统-系统管理-新立得软件包管理器"，打开软件包管理器，搜索以上几个软件包，并标记为安装。单击"应用"按钮，下载并安装，便可以得到新版本的 VIM，它的功能强于基本版本。

切换到 root 用户环境下，在终端中输入如下命令，打开 VIM 配置文件：

root@jacky-desktop:~#vim /etc/vim/vimrc

配置文件内容如下：

```
" All system-wide defaults are set in $VIMRUNTIME/debian.vim (usually just
" /usr/share/vim/vimcurrent/debian.vim) and sourced by the call to :runtime
" you can find below.  If you wish to change any of those settings, you should
" do it in this file (/etc/vim/vimrc), since debian.vim will be overwritten
" everytime an upgrade of the vim packages is performed.  It is recommended to
" make changes after sourcing debian.vim since it alters the value of the
" 'compatible' option.

" This line should not be removed as it ensures that various options are
" properly set to work with the Vim-related packages available in Debian.
runtime! debian.vim

" Uncomment the next line to make Vim more Vi-compatible
" NOTE: debian.vim sets 'nocompatible'. Setting 'compatible' changes numerous
" options, so any other options should be set AFTER setting 'compatible'.
"set compatible

" Vim5 and later versions support syntax highlighting. Uncommenting the next
" line enables syntax highlighting by default.
"syntax on

" If using a dark background within the editing area and syntax highlighting
" turn on this option as well
"set background=dark
```

```
" Uncomment the following to have Vim jump to the last position when
" reopening a file
"if has("autocmd")
"  au BufReadPost * if line("'\"") > 0 && line("'\"") <= line("$")
"    \| exe "normal g'\"" | endif
"endif

" Uncomment the following to have Vim load indentation rules according to the
" detected filetype. Per default Debian Vim only load filetype specific
" plugins.
"if has("autocmd")
"  filetype indent on
"endif
" The following are commented out as they cause vim to behave a lot
" differently from regular Vi. They are highly recommended though.
"set showcmd            " Show (partial) command in status line.
"set showmatch          " Show matching brackets.
"set ignorecase         " Do case insensitive matching
"set smartcase          " Do smart case matching
"set incsearch          " Incremental search
"set autowrite          " Automatically save before commands like :next and :make
"set hidden             " Hide buffers when they are abandoned
"set mouse=a            " Enable mouse usage (all modes) in terminals

" Source a global configuration file if available
" XXX Deprecated, please move your changes here in /etc/vim/vimrc
if filereadable("/etc/vim/vimrc.local")
  source /etc/vim/vimrc.local
endif
```

该文件所包含的底行命令都是以注释形式出现的，并不能运行。读者在进行自定义设置时，如果需要取消对某功能的注释，只需要在相应的一行删除前面的引号即可。修改完配置文件后，输入底行命令":wq"，然后保存退出即可。当下一次再用 VIM 编辑文档时，就以上一次的配置情况为准。

以下是常用功能对应的命令：

```
syntax on                                              关键字高亮
set tabstop=4                                          按下 tab 键跳跃 4 个光标
set shiftwidth=4                                       按下 shift 键跳跃 4 个光标
set autoindent                                         设置自动缩进
set smartindent                                        设置智能缩进
set number                                             显示行号
set fileencodings=utf-8,gb18030,gbk,gb2312,big5        设置中文编码支持
set background=dark                                    更改背景为深色
```

对上述命令，读者可以根据自己的喜好和使用习惯来进行选择设置。如果配置文件中没有上述命令，或者没有读者所需的命令，则可直接将命令写入配置文件中。

3.6 课后练习

1. 描述 Shell 的功能，选择适合于自己使用的版本。
2. 练习常用的 Shell 命令。
3. 使用 ifconfig 命令配置自己的 IP 地址和子网掩码。
4. 利用 gedit 编辑一篇文档。
5. 利用 VIM 编辑一篇文档，尽量多使用命令。
6. 配置自己喜欢的 VIM 风格。

LINUX

第二部分　Ubuntu Linux 的系统基本管理原理及方法

文件系统管理
用户及权限管理
磁盘管理

第 4 章 文件系统管理

对任何使用 Ubuntu Linux 的读者而言，文件系统是日常使用和管理中接触得最为频繁的事物。了解文件系统的含义，熟悉 Ubuntu 文件系统的结构，并掌握对 Ubuntu 文件系统的管理方法，显得尤为重要。同时，这也是更加熟练地使用 Ubuntu 以及进行其他管理的基础。

通过本章的学习，读者可以明确 Ubuntu 文件系统的结构及特点，利用 shell 命令对文件系统进行基本的管理。

本章第 1 节介绍文件系统的含义，Ubuntu 文件系统的类型、结构及特点。

第 2 节介绍 swap 交换分区的概念、作用以及对系统的影响，并介绍简单的管理方法。

第 3 节介绍文档压缩和解压缩技术，分别讲解利用图形化工具和 shell 命令对各种不同格式文档的压缩和解压缩。

第 4 节介绍文件系统日常管理所需要用到的 shell 命令，结合大量实例，讲解这些命令的使用方法。并将这一系列命令分门别类地整理，以利于读者学习和总结。

4.1 文件系统基本概念

在文件系统方面，Linux 可以算得上操作系统中的多面手。Linux 支持许多种文件系统，从日志型文件系统到集群文件系统和加密文件系统。对于使用标准的和比较奇特的文件系统以及开发文件系统来说，Linux 是一个极好的平台。本节讲解文件系统的概念、Linux 文件系统的类型、Ubuntu 文件系统的结构。

4.1.1 文件系统概述

文件系统是对一个存储设备上的数据和元数据进行组织的机制，其目的是易于实现数据的查询和存取。由于出发点和所处的立场不同，因此对文件系统的定义非常宽泛，而且随着计算机技术的发展，目前存在有多种文件系统和媒体。不同的操作系统具有不同的文件系统支持体系，并非任何一个操作系统都能兼容所有的文件系统，且各种不同操作系统采用的文件系统体系结构也有所区别。Linux 文件系统接口实现为分层的体系结构，从而将用户接口层、文件系统实现和操作存储设备的驱动程序分隔开。

要透彻理解文件系统，需要理解以下几个名词。

1．存储介质

用以存储数据的物理设备，如软盘、硬盘、光盘、Flash 盘、磁带、网络存储设备等。

2．磁盘的分割

对于容量较大的存储介质来说，通常是指硬盘。在使用时，需要合理地规划分区，因而牵涉到磁盘的分割。常用的 Linux 磁盘分割工具有 fdisk、cfdisk、parted 等。Windows 也有 fdisk 工具，但使用的方法和 Linux 不同。此外，还有一些工具不是操作系统自带的，称为第三方工具，如 PQ 等。利用磁盘分割工具，读者可以将自己的硬盘分割为大小不一的多个部分，以便规划和满足实际使用的需求。

3．创建文件系统

创建新的文件系统是一个过程，通常称为初始化或格式化，这个过程是针对存储介质进行的。一般情况下，各种操作系统都有自己的相应工具，有的时候也可以借助第三方工具来完成此过程。而此过程建立在分割磁盘空间的基础之上，也即是说先进行磁盘空间的分割，再进行文件系统的创建或格式化。

4．挂载

在 Linux 或 UNIX 系统中，没有磁盘分区的逻辑概念（即 C 盘、D 盘），任何一个种类的文件系统被创建后，都需要挂载到某个特定的目录才能使用，这个过程相当于激活一个文件系统，使它能够被使用。Windows 的文件系统挂载使用其内部机制完成这一过程，用户基本无法探知其过程。而 Linux 使用 mount 工具来对文件系统进行挂载。挂载文件系统时需要明确挂载点，比如在安装 Ubuntu 的过程中，读者实际上已经接触过挂载的过程了，在创建文件系统后，操作系统会提示将此文件系统挂载至哪个位置，而这个位置就是挂载点，在那个时候，通常都选择挂载点为 "/"，即根目录。此外，还可以利用该工具挂载其他种类的文件系统，也需要涉及挂载点的选择，挂载点的实质就是一个空置的目录。

Windows 文件系统的挂载原理是将磁盘分成若干分区，在各个分区中挂载文件系统。而 Linux 的挂载原理与 Windows 不同，它是将磁盘空间挂载在一个目录下。

在 Linux 操作系统中，读者可以利用之前学习的 ls 命令查看文件系统的组成结构。

4.1.2 文件系统的类型

文件系统有多种类型，不同的操作系统采用不同的文件系统，对其他文件系统的支持度也不同。Linux 的文件系统主要有 ext2、ext3、ext4 和 reiserfs，Windows 常用的文件系统有 FAT 系列和 NTFS，光盘使用的则是 ISO-9660 文件系统。

Linux 除了自己的 ext2、ext3、ext4 和 reiserfs 以外，还支持其他多种文件系统，几乎包括了 UNIX 的所有文件系统，如苹果 MACOS 的 HFS，其他的 UNIX 文件系统如 XFS、JFS、Minix fs、UFS 等。当然，Linux 还可以支持 Windows 的 FAT 和 NTFS，网络文件系统如 NFS 等。

这里主要介绍 Linux 自带的文件系统，即 ext2、ext3、ext4 和 reiserfs 的特点，以辅助读者选择适合自己使用的文件系统。

1．ext2 文件系统

ext2 文件系统应该说是 Linux 正宗的文件系统，早期的 Linux 都是使用 ext2。但随着技术的发展，大多 Linux 的发行版本目前已经不使用这个文件系统了，比如 Redhat 和 Fedora 大多都建议使用 ext3，ext2 文件系统是 ext3 的基础。

对于本书的读者，建议不要使用 ext2 文件系统。ext2 支持反删除，如果误删除了文件，有时是可以恢复的，但操作上比较麻烦。ext2 支持大文件，ext2 文件系统的官方主页是：http://e2fsprogs.sourceforge.net/ext2.html。

2．ext3 文件系统

ext3 文件系统是由 ext2 发展而来的，其实质是一个用于 Linux 的日志文件系统。ext3 支持大文件，但不支持反删除。作为一个受到业界力挺的文件系统，ext3 具备以下几个特点。

高可用性：系统使用了 ext3 文件系统后，即使在非正常关机后，系统也不需要检查文件系统。发生死机情况后，恢复 ext3 文件系统的时间只要数十秒钟。

数据的完整性：ext3 文件系统能够极大地提高文件系统的完整性，避免了意外死机对文件系统的破坏。在保证数据完整性方面，ext3 文件系统有两种模式可供选择。其中之一就是"同时保持文件系统及数据的一致性"模式。采用这种方式，永远不会看到由于非正常关机而存储在磁盘上的垃圾文件。

文件系统的速度：尽管使用 ext3 文件系统时，在存储数据时可能要多次写数据，但是从总体上看来，ext3 比 ext2 的性能还是要好一些。因为 ext3 的日志功能对磁盘的驱动器读写头进行了优化，所以文件系统的读写性能较之 ext2 文件系统来说，性能并没有降低。

数据转换：由 ext2 文件系统转换成 ext3 文件系统非常容易，只要简单地键入两条命令即可完成整个转换过程，读者不用花时间备份、恢复、格式化分区等。用一个 ext3 文件系统提供的小工具 tune2fs，它可以将 ext2 文件系统轻松地转换为 ext3 日志文件系统。另外，ext3 文件系统可以不经任何更改，而直接加载成为 ext2 文件系统。

多种日志模式：ext3 有多种日志模式，一种工作模式是对所有的文件数据及 metadata（定义文件系统中数据的数据,即数据的数据)进行日志记录（data=journal 模式）;另一种工作模式则是只对 metadata 记录日志,而不对数据进行日志记录,也即所谓 data=ordered 或者 data=writeback 模式。系统管理人员可以根据系统的实际工作要求,在系统的工作速度与文件数据的一致性之间作出选择。

3．ext4 文件系统

ext4 文件系统是 Linux 系统下的日志文件系统,是 ext3 文件系统的后继版本。修改了 Ext3 中部分重要的数据结构,而不仅仅像 Ext3 对 Ext2 那样,只是增加了一个日志功能而已。Ext4 可以提供更佳的性能和可靠性,还有更为丰富的功能。ext4 向下兼容于 ext3 与 ext2,因此可以将 ext3 和 ext2 的文件系统挂载为 ext4 分区。由于某些 ext4 的新功能可以直接运用在 ext3 和 ext2 上,直接挂载即可提升少许性能。

4．Reiserfs 文件系统

reiserfs 文件系统是一款优秀的文件系统,也是最早用于 Linux 的日志文件系统之一。它支持大文件,支持反删除,操作反删除比较容易。

5．Linux 大文件系统的对比

表 4-1 对比了各种 Linux 大文件系统的特点,主要体现了对文件大小的限制和对文件系统大小的限制。

表 4-1　Linux 文件系统对比

文件系统	文件大小限制	文件系统大小限制
ext2/ext3 with 1 KiB blocksize	16448 MiB (～16 GiB)	2048 GiB (= 2 TiB)
ext2/3 with 2 KiB blocksize	256 GiB	8192 GiB (= 8 TiB)
ext2/3 with 4 KiB blocksize	2048 GiB (= 2 TiB)	8192 GiB (= 8 TiB)
ext2/3 with 8 KiB blocksize (Systems with 8 KiB pages like Alpha only)	65568 GiB (～64 TiB)	32768 GiB (= 32 TiB)
ext4	2TiB	16TiB
ReiserFS 3.5	2 GiB	16384 GiB (= 16 TiB)
ReiserFS 3.6 (as in Linux 2.4)	1 EiB	16384 GiB (= 16 TiB)
XFS	8 EiB	8 EiB
JFS with 512 Bytes blocksize	8 EiB	512 TiB
JFS with 4KiB blocksize	8 EiB	4 PiB
NFSv2 (client side)	2 GiB	8 EiB
NFSv3 (client side)	8 EiB	8 EiB

4.1.3　Ubuntu 文件系统的结构

Ubuntu 采用 ext3 文件系统,从而实现了将整个硬盘的写入动作完整地记录在磁盘的某个区域上,而且可以很轻松地挂载 Windows 的文件系统,以实现资源的共享。在 Ubuntu 中,一切资源都是以目录的形式存储,其最终体现为一切都是文件。

与其他的 Linux 发行版相似,Ubuntu 支持长文件名和目录名,但命名方式要遵守一定的规范。其中"/"表示系统的顶级目录,即根目录。系统中所有的数据文件以及硬件资源都是以文件或目

录的形式出现，并且都挂载于根目录之下。

Ubuntu Linux 如同 Windows 一样存在"路径"的概念，从根目录开始的路径称为绝对路径，如"/usr/bin/vim"。如果一个路径不是以"/"开头，那么该路径就是一个相对路径，表示了与当前目录的关系。例如，如果当前情况在"/usr"目录下，则只需要通过路径"bin/vim"便可以找到 vim。

在 Ubuntu 中，选择面板命令"位置-计算机"，打开如图 4-1 所示的文件管理器窗口。该窗口显示了光盘驱动器、软盘驱动器及文件系统。双击"文件系统"图标，打开如图 4-2 所示的窗口，该窗口中显示了"/"目录下的所有文件及文件夹信息。

图 4-1 文件管理器

图 4-2 根目录信息

此外，读者也可以打开终端，利用 cd 命令切换到根目录下，再利用 ls 命令便可以查看根目录下的文件信息，例如：

```
jacky@jacky-desktop:~$ cd /
jacky@jacky-desktop:/$
jacky@jacky-desktop:/$ ls
bin    cdrom  etc    initrd      lib         media  opt   root  srv   tmp   var
boot   dev    home   initrd.img  lost+found  mnt    proc  sbin  sys   usr   vmlinuz
```

各个文件夹的基本功能不同，它们存储了不同类型的文件，具体情况如下。

- /bin/ 用以存储二进制可执行命令文件。/usr/bin/也存储了一些基于用户的命令文件。
- /sbin/ 许多系统命令的存储位置。/usr/sbin/中也包括了许多系统命令。
- /root/ 超级用户，即根用户的主目录。
- /home/ 普通用户的默认目录，在该目录下，每个用户拥有一个以用户名命名的文件夹。
- /boot/ 存放 Ubuntu 内核和系统启动文件。
- /mnt/ 通常包括系统引导后被挂载的文件系统的挂载点。
- /dev/ 存储设备文件，包括计算机的所有外部设备，如硬盘、键盘、鼠标等。
- /etc/ 存放系统管理所需要的配置文件和目录。
- /lib/ 存储各种程序所需要的共享库文件，这些库文件主要为/bin/和/sbin/目录下的命令文件服务。/usr/lib/存放有更多用于普通用户程序的库文件。
- /lost+found/ 该文件夹一般为空，当系统非法关机后，会存放一些零散文件。
- /var/ 用于存储很多不断变化的文件，例如日志文件。
- /usr/ 包括与系统用户直接有关的文件和目录，如应用程序以及支持它们的库文件。
- /media/ 存放 Ubuntu 系统自动挂载的设备文件。

文件系统管理

- /proc/ 这是一个虚拟的目录（不是实际存储在磁盘上的），它是内存的映射，包括系统信息和进程信息。
- /tmp/ 存储用户和系统的临时文件，该文件夹为任何用户提供读写权。
- /initrd/ 用来在计算机启动时挂载 initrd.img 映像文件的目录，以及载入所需设备模块的目录。不要删除/initrd/目录，否则将无法引导计算机进入操作系统。
- /opt/ 作为可选文件和程序的存放目录，主要被第三方开发者用来简易安装和卸载他们的软件。
- /srv/ 存储系统提供的服务数据。
- /sys/ 系统设备和文件层次结构，并向用户程序提供详细的内核数据信息。

在 Windows 环境下，不同的文件名后缀表示不一样的文件类型，在 Linux 环境下，文件命名规则也基本遵循 Windows 下的命名方法。但在 Linux 环境下，只要是可执行的文件并具有可执行权限就可以执行，而不管文件名后缀怎样。

4.2 交换分区

Ubuntu 如同其他的 Linux 一样，有一个非常重要的概念，那就是 swap 交换分区。在安装操作系统的时候，会第 1 次接触到这个概念。这是很容易被人忽略的一个概念，除了在安装过程中，很少有人去真正关注它。然而，对于 Linux 服务器，特别是 WEB 服务器而言，交换分区调整的意义显得十分重要。

本节介绍交换分区的概念、交换分区的作用以及管理交换分区的方法，为以后的服务器配置和管理作铺垫。

4.2.1 交换分区概述

1. 交换分区的概念

当代计算机操作系统几乎都提供有"虚拟内存"这一技术，熟悉 Windows 的读者，应该不会对这个名词感到陌生。这一技术，不但在功能上突破了物理内存的限制，使程序可以操纵大于实际物理内存的空间，更重要的是，"虚拟内存"是隔离每个进程的安全保护网，可以使每个进程都不受其他程序的干扰。

在 Linux 中，交换分区就是"虚拟内存"技术的集中体现。它替代了 Windows 中交换文件的概念，但究其实质，都是利用硬盘空间，临时当作内存使用。可以将交换分区理解为物理内存的扩展，它拥有自己独特的文件格式，这与 Windows 是不同的，Windows 中是利用一个比较大的文件来完成此功能，因而造成了它们名称上的差别。

2. 交换分区的作用

交换分区的作用可以简单地描述为：当系统的物理内存不够用的时候，就需要将物理内存中的一部分空间释放出来，以供当前运行的程序使用。那些被释放的空间可能来自一些很长时间没有什么操作的程序，这些被释放的空间被临时保存到交换分区中，等到那些程序要运行时，再从交换分区中恢复保存的数据到内存中。这样，系统就会总是在物理内存不够时，才进行分区的交换。

需要说明的一点是，并不是所有的从物理内存中交换出来的数据都会被放到交换分区中，因为如果这样的话，它就会不堪重负，有相当一部分数据会被直接交换到文件系统。例如，有的程序会打开一些文件，对文件进行读写，当需要将这些程序的内存空间交换出去时，就没有必要将文件部分的数据放到交换分区中了，而可以直接将其放到文件里去。如果是读文件操作，那么内存数据会被直接释放，不需要交换出来，因为下次需要时，可直接从文件系统恢复；如果是写文件，只需要将变化的数据保存到文件中即可，以便恢复。

针对上述普遍情况，也存在例外。例如，那些用 malloc 和 new 函数生成的对象的数据，即人为在内存上进行的空间操作，它们需要交换分区，因为它们在文件系统中没有相应的"储备"文件，因此被称做"匿名"内存数据。这类数据还包括堆栈中的一些状态和变量数据等。所以说，交换分区是"匿名"数据的交换空间。

在终端中，可以利用 swapon –s 命令来查看当前系统的交换分区情况。例如：

```
root@jacky-desktop:~#swapon -s     查看当前系统的交换分区情况
Filename                Type            Size        Used        Priority
/dev/sda5               partition       409616      0           -1
```

Filename 表示当前交换分区挂载的位置，Type 表示该分区的文件格式，显示为 partition，则表示为交换分区。

3．交换分区对系统的影响

分配太多的交换分区会浪费磁盘空间，而交换分区太少，系统则会发生错误。

如果系统的物理内存用光了，系统就会跑得很慢，但仍能运行；如果交换分区用光了，那么系统就会发生错误。例如，Web 服务器能根据不同的请求数量衍生出多个服务进程（或线程），如果交换分区用完，服务进程就无法启动，通常会出现"application is out of memory"，即内存溢出的错误，严重时会造成服务进程的死锁。因此交换分区的分配是很重要的。

通常情况下，交换分区应大于或等于物理内存的大小，最小不应小于 64M，通常交换分区的大小应是物理内存的 2～2.5 倍。但根据不同的应用，应有不同的配置。如果是小的桌面系统，则只需要较小的交换分区，而大的服务器系统，则视情况不同需要不同大小的交换分区。特别是数据库服务器和 Web 服务器，随着访问量的增加，对交换分区的要求也会增加，具体的配置需要参考各服务器产品的说明。

另外，交换分区的数量对性能也有很大的影响。因为分区的交换操作是磁盘 I/O 的操作，如果有多个交换区，交换分区的分配会以轮流的方式操作于所有的交换分区，这样会大大均衡 I/O 的负载，加快分区交换的速度。如果只有一个交换区，所有的交换操作会使交换区变得很忙，使系统大多数时间处于等待状态，效率很低。使用性能监视工具就会发现，此时的 CPU 并不很忙，而系统却很慢。这说明，瓶颈在 I/O 上，依靠提高 CPU 的速度是解决不了问题的。

系统性能监视 Swap 空间的分配固然很重要，而系统运行时的性能监控却更加有价值。通过性能监视工具，可以检查系统的各项性能指标，找到系统性能的瓶颈。

4.2.2 交换分区的管理

1．交换分区的管理基础

交换分区是分页管理的，每一页的大小和内存页的大小一样，以便于交换分区和内存之间的数据交换。旧版本的 Linux 实现交换分区时，用交换分区的第 1 页作为所有交换分区页的一个"位映射"。也就是说第 1 页的每一位，都对应着一页交换分区。如果这一位是 1，表示此页可用；如果是 0，表示此页是坏块，不能使用。

由于采用这种管理模式，会造成交换分区的空间上限受到很大的限制，传统的观点是 128MB。于是，现在的 Linux 取消了位映射的方法，也就取消了这个空间的限制，而直接采用地址访问，寻址空间的上限可扩充至 2GB。

读者可以利用 vmstat 命令查看大多数系统性能指标，具体如下所示：

```
jacky@jacky-desktop:~$ vmstat 3
procs ---------memory---------- --swap-- ---io--- ---system--- ---cpu---
 r  b   swpd   free   buff  cache   si   so    bi    bo   in    cs us sy id wa
 0  0  46196  22556  32940 254132    0    1    12     9   11   103  3  2 95  1
 0  0  46196  22544  32940 254152    0    0     0     0    2    28  0  0 100 0
 0  0  46196  22544  32948 254152    0    0     0     4    3    29  0  0 100 0
 0  0  46196  22544  32948 254152    0    0     0     0    4    27  0  0 100 0
 0  0  46196  22544  32948 254152    0    0     0     0    2    26  0  0 100 0
 0  0  46196  22544  32948 254152    0    0     0     0    8    41  0  0 100 0
 0  0  46196  22544  32948 254152    0    0     0     0    3    26  0  0 100 0
 0  0  46196  22544  32948 254152    0    0     0     0    3    32  0  0 100 0
 0  0  46196  22544  32948 254152    0    0     0     0    2    28  0  0 100 0
 0  0  46196  22544  32948 254152    0    0     0     0    2    29  0  0 100 0
 0  0  46196  22544  32948 254152    0    0     0     0    8    43  0  0 100 0
......
```

vmstat 后面的参数指定了性能指标捕获的时间间隔。3 表示每 3 秒钟捕获一次。第 1 行数据不用看，没有价值，它仅反映开机以来的平均性能。从第 2 行开始，反映每 3 秒钟之内的系统性能指标。这些性能指标中和 Swap 有关的包括以下几项。

- procs 下的 w：它表示当前（3 秒钟之内）需要释放内存、交换出去的进程数量。
- memory 下的 swpd：它表示使用的 Swap 空间的大小。
- Swap 下的 si 表示当前（3 秒钟之内）每秒交换回内存（Swap in）的总量，单位为 kbytes。
- Swap 下的 so 表示当前（3 秒钟之内）每秒交换出内存（Swap out）的总量，单位为 kbytes。

以上指标的数值越大，表示系统越忙。这些指标所表现的系统繁忙程度，与系统具体的配置有关。系统管理员应该在平时系统正常运行时，记下这些指标的数值，在系统发生问题的时候再进行比较，就会很快发现问题，并制定本系统正常运行的标准指标值，以供性能监控时使用。

2．交换分区的常用管理方法

（1）增加 Swap 空间。

该操作必须在超级用户，即 root 模式下才能进行，主要分为创建 swap 文件、格式化 swap 文件、激活 swap 文件、配置 swap 文件信息、检验 5 个步骤。

创建一个有连续空间的 Swap 文件，其路径为/root/swapfile，如下所示：

```
root@jacky-desktop:~# dd if=/dev/zero of=/root/swapfile bs=1024 count=65536
记录了 65536+0 的读入
记录了 65536+0 的写出
67108864 字节（67 MB）已复制，1.00002，67.1 MB/秒。
```

格式化 swap 分区的操作如下所示：

```
root@jacky-desktop:~#
root@jacky-desktop:~# mkswap swapfile        //将刚才建立的/root/swapfile 文件格式化为 swap 格式
Setting up swapspace version 1, size = 67104 kB
no label, UUID=43695f7a-c62c-43d2-8c61-a60f2d2e4d46   //表明文件被格式化,UUID 表示它的 ID 号
```

激活 swap 分区的操作如下所示：

```
root@jacky-desktop:~# swapon swapfile                 //激活刚才已经格式化后的 swapfile 文件
```

Ubuntu Linux 从入门到精通

配置 swap 文件信息的操作如下所示。这是因为系统重新启动以后，并不会记住前几步的操作，因此要在/etc/fstab 文件中记录文件系统的信息以及 Swap 类型。

```
root@jacky-desktop:~#vim /etc/fstab/              //用 vim 编辑/etc/fstab 文件
#
# <file system> <mount point>   <type>   <options>    <dump>  <pass>
proc            /proc           proc     defaults      0       0
# /dev/sda1
UUID=da0ad461-061c-4b12-83a5-1f3f18ab1bb9 /    ext3   relatime,errors=remount-ro 0   1
# /dev/sda5
UUID=6fec849c-d4b7-405a-b67e-673152afe115 none    swap      sw       0       0
/dev/scd0       /media/cdrom0   udf,iso9660 user,noauto,exec,utf8 0  0
/dev/fd0        /media/floppy0  auto    rw,user,noauto,exec,utf8 0  0
/root/swapfile       swap          swap       default          0       0    //这一行为
新添加的内容，添加后保存文件并退出
root@jacky-desktop:~# swapon -s                 //检查刚才建立的新交换分区文件是否存在
Filename          Type        Size        Used    Priority
/dev/sda5         partition   409616      46196   -1
/root/swapfile    file        65528       0       -2   //这一行表示的信息即为新创建的交换分
区文件的信息
```

（2）删除多余的 Swap 空间。

针对上述例子，在创建/root/swapfile 作为新增的一个交换分区文件后，如果不需要再使用，则可将其删除，分为回收 swap 空间、编辑/etc/fstab 文件、从文件系统中删除该文件 3 个步骤，例如：

```
root@jacky-desktop:~# swapoff swapfile          回收/root/swapfile 文件所占用的交换空间
root@jacky-desktop:~#
root@jacky-desktop:~#vim /etc/fstab
#
# <file system> <mount point>   <type>   <options>    <dump>  <pass>
proc            /proc           proc     defaults      0       0
# /dev/sda1
UUID=da0ad461-061c-4b12-83a5-1f3f18ab1bb9 /    ext3   relatime,errors=remount-ro 0   1
# /dev/sda5
UUID=6fec849c-d4b7-405a-b67e-673152afe115 none    swap      sw       0       0
/dev/scd0       /media/cdrom0   udf,iso9660 user,noauto,exec,utf8 0  0
/dev/fd0        /media/floppy0  auto    rw,user,noauto,exec,utf8 0  0
#/root/swapfile      swap          swap       default          0       0    将这行前面加上
"#"号，可以注释它，使其失效。或者可以删除本行，使/etc/fstab 文件恢复创建 swapfile 之前的状态
root@jacky-desktop:~#rm swapfile                删除/root/swapfile 文件
```

上述两个例子都是利用系统命令来新增或删除 swap 交换空间，此外还可以借助第三方软件工具来实现此功能。当然，这些操作都是基于一个文件的操作，也即利用一个文件来作为空间的扩展。如果此 Swap 空间不是一个文件，而是一个分区，则需要创建一个新的文件系统，再挂接到原来的文件系统上。

4.3 文档压缩及解压缩

读者在办公应用及系统管理中，经常需要把若干个文件整合为一个文件以便保存。尽管整合为了一个文件进行管理，但文件大小仍然没变。为了合理地利用磁盘空间，需要对文件包进行压缩，在需要利用时，再进行解压缩。在利用网络传输文件时，常常为了节省在网络上传输的时间，也需要压缩文件。本节讲解在 Ubuntu Linux 中压缩文档及解压缩的各种方法。

4.3.1 文档压缩概述

在学习文档压缩之前，需要首先区分归档和压缩的概念。归档是指将一系列相互关联的文件及目录整合到一个文件中。压缩是指将归档后的文件按照一定的格式储存到磁盘上，而新格式的文件大小比压缩前所有文件的大小总和要小。由此可见，归档文件是没有经过压缩的，它所占用的磁盘空间等于所有文件大小的总和。

在 Windows 中，常见的压缩文档格式是 RAR 和 ZIP。Ubuntu 拥有自带的 ZIP 软件包，可以对 ZIP 格式文件进行相应的操作，但系统默认没有安装 RAR for linux，这是一个专用于 Linux 操作系统，对 RAR 格式文件进行操作的软件。不过，可以利用软件包管理器从互联网上获取此软件。

除了上述与 Windows 兼容的压缩文件格式，Ubuntu 还有一些特殊的压缩文件格式，这些格式同时也是 Linux/UNIX 平台上通用的压缩格式，如 GZIP、BZIP2 和 Compress 等。而前两种是应用最为广泛的，Ubuntu 提供相应的命令和图形化工具可以对这两种压缩文件进行相应的操作。表 4-2 中列出了 Ubuntu 系统默认提供支持的常用的压缩文件格式及常用工具的信息。

表 4-2　Ubuntu 常用压缩及解压缩工具

压缩工具	解压工具	文件扩展名
gzip	gunzip	.gz
bzip2	bunzip2	.bz2
zip	unzip	.zip

读者可以从文件的后缀名直接判断该文件是用何种工具压缩的，明确了压缩工具，才能知道在解压时用什么样的命令参数。通常情况下，用 gzip 压缩的文件的扩展名是 gz，用 bzip2 压缩的文件的扩展名是 bz2，用 zip 压缩的文件的扩展名是 zip。

压缩文档的解压工具是一一对应的，用 gzip 压缩的文件可以使用 gunzip 解压，用 bzip2 压缩的文件可以使用 bunzip2 解压，用 zip 压缩的文件可以使用 unzip 解压。

目前，在压缩及解压缩领域，使用最广泛的是 tar 命令，它可以把很多文件（甚至磁带）合并到一个文件中，通常文件的扩展名为 tar，然后，再使用 zip、gzip 或 bzip2 等压缩工具进行压缩。通常，给由 tar 命令和 gzip 命令创建的文件添加 tar.gz 或 tgz 扩展名，给由 tar 命令和 bzip2 命令创建的文件添加 tar.bz2 或 tbz2 扩展名，给由 tar 命令和 zip 命令创建的文件添加 tar.z 或 tbz 扩展名。

在 Ubuntu Linux 中，除了使用传统的 Shell 工具，还可以使用"文件归档器"，在图形界面下完成文件的归档和压缩。

4.3.2 图形化归档工具

Ubuntu 系统默认安装了一个图形化归档工具，称为"归档管理器"。利用这个工具，读者可以很轻松地在图形界面中对文档进行归档和压缩操作，也可以对压缩文档进行解压缩操作。

1. 文档归档及压缩

要进行文档的归档及压缩，需要先确定要归档的文件。本小节用一个简单的例子来说明归档管理器的使用。

(1) 选择 Ubuntu 面板 "位置-桌面"，打开文件浏览器窗口，如图 4-3 所示。

(2) 在图 4-3 中，重复选择命令 "文件-创建新文档-空白文件" 3 次，依次将创建的文档分别命名为 a、b、c，如图 4-4 所示。

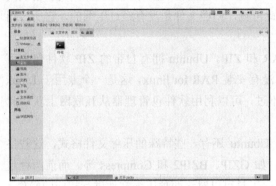

图 4-3　文件浏览器-桌面　　　　　　　　　　　图 4-4　创建 3 个空白文档

(3) 在图 4-4 中，按住 Ctrl 键，然后分别单击文件 a、b、c，同时选中这 3 个文件。单击 "编辑" 菜单，打开如图 4-5 所示的菜单，从中选择 "压缩…" 菜单项，打开如图 4-6 所示的窗口。

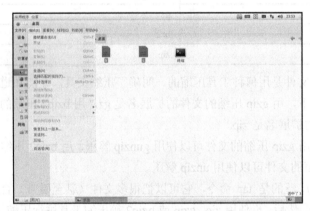

图 4-5　编辑菜单　　　　　　　　　　　　　图 4-6　设置压缩文件属性

(4) 在图 4-6 中，可以在 "归档文件" 文本框中输入创建的归档文件的名称，在后面的下拉式菜单中可以选择压缩格式，有 tar.gz、tar.bz2、tar.lzma、tar、zip、ar、ear、jar、war 等几种格式供选择，读者可以根据自己的实际需要或使用习惯选择。

(5) 在 "位置" 后面的下拉式菜单中可以选择保存该归档文件的路径，默认为当前路径。设置好基本信息后，单击 "创建" 按钮，就可以创建一个新的归档文件了。如图 4-7 所示，**test.tar.gz** 就是创建的归档文件，名称是 test，压缩格式为 tar.gz。双击 tset.tar.gz 文件，用 "归档管理器" 打开它，打开如图 4-8 所示的窗口。

在图 4-8 中，读者可以查看到关于这个压缩文件的组成，它包含了之前创建的 a、b、c 3 个文件。这是查看一个归档文件内容的基本方法。而从图 4-7 中也可以看出，在创建归档文件后，被归档的 a、b、c 3 个原始文件也没有受到任何影响。

图 4-7 创建归档文件

图 4-8 查看归档文件信息

在图 4-8 中，还可以添加或删除一个归档文件内的文件。单击"添加文件"按钮，可以从计算机硬盘的任何位置选择任何格式的文件，添加至该文件中。同理，单击"添加文件夹"按钮，可以相应地添加文件夹至当前归档文件中。

如果需要删除当前归档文件中的某个文件，选择文件后，选择命令"编辑-删除"，即可达到目的。

此外，还可以在归档管理器中实现对文件的复制、粘贴、重命名等基本操作。由于这些操作很简单，因此留给读者自行练习。

2．解压缩归档文件

这里以上面创建的 test.tar.gz 文件为例，说明解压缩的步骤。

（1）利用"归档管理器"打开该文件后，在图 4-8 中，选择命令"归档文件-提取"，打开如图 4-9 所示的窗口。

（2）该窗口的左上角部分显示了当前路径，右上角有一个名为"创建文件夹"的按钮，单击该按钮可以在当前路径创建一个新的文件夹，有些时候需要将解压后的文件放入某个文件夹，而这个功能正满足了此需要。

中间部分有两个窗口，左边窗口相当于控制面板的"位置"菜单，在这里可以切换到计算机存储设备的任何位置，而右边的窗口则显示了当前路径的详细文件信息。

整个窗口的下半部分有"文件"和"操作"两个选择模块。在"文件"模块中，读者可以选择解压当前压缩文件包含的所有文件，也可以在"文件"文本框中输入需要解压的文件名。

"操作"模块中提供的选择有：重建文件夹，是指将解压后的文件放到当前路径下的一个新创建的文件夹中；覆盖已有文件，是指如果解压后释放文件的路径和原始文件在同一路径下时，就会覆盖原始文件；不解压缩旧文件，是指只解压当前压缩文件中目前最新的文件。选中左下角的"解压缩后打开目的文件夹"复选框，可以在完成解压缩后，自动打开解压缩后的文件所存放的文件夹。

（3）设置好解压缩的路径，并定义好操作后，单击"解压缩"按钮，即可完成解压缩操作，并关闭该窗口。这里在桌面新建一个名为 test 的文件夹作为解压缩目的文件夹，其他选用默认设置，对 /home/jacky/桌面/test.tar.gz 进行解压，完成后如图 4-10 所示。

图 4-9　解压缩文件窗口　　　　　图 4-10　解压缩 **test.tar.gz** 后的窗口

从图 4-10 中可以看出，原有的 3 个文件 a、b、c 都被解压缩出来，并且可以使用和编辑了。

以上例子只说明了一种压缩文件格式的压缩和解压缩技术要点，但使用"归档管理器"对其他各种类型压缩文件的操作方式都是类似的。使用这个图形化工具的优势就在于可以避开复杂的文件格式，采用通用的操作方法即可达到对各种类型的文件进行压缩和解压缩的目的。

4.3.3　命令行工具

虽然 Ubuntu 提供的图形化工具"归档管理器"在对文件的压缩和解压缩方面给用户提供了很大的便利，但由于 Linux 起源于命令行模式，因而在 Shell 中，有同样类似的针对于各种文件格式的压缩及解压缩命令。这些命令参数较多，在使用时需要通过参数来控制操作的类型，看似比图形化工具麻烦，但如果熟练掌握后，其工作效率则比使用图形化工具高，而且通过 Shell 可以看见压缩及解压缩的过程，整个过程所占用的系统资源也会大大降低。

Ubuntu 支持多种压缩文件格式，针对不同的文件格式，需要使用不同的命令。下面介绍相关的常用命令。

1．zip 和 unzip

这两个命令是针对后缀名为.zip 格式的文件的。Zip 命令用于将一个或多个文件压缩成一个.zip 文件，unzip 命令用于将一个.zip 压缩文件解压缩。

（1）zip。

语法：zip [参数] ［压缩文件名.zip］ ［被压缩文件列表］。

主要参数。

-b<工作目录>　指定暂时存放文件的目录。

-d　从压缩文件内删除指定的文件。

-F　尝试修复已损坏的压缩文件。

-g　将文件压缩后附加在既有的压缩文件之后，而非另行建立新的压缩文件。

-h　在线帮助。

-j　只保存文件名称及其内容，而不存放任何目录名称。

-m　将文件压缩并加入压缩文件后，删除原始文件，即把文件移到压缩文件中。

-n<字尾字符串>　不压缩具有特定字尾字符串的文件。

-q 不显示指令执行过程。
-r 递归处理,将指定目录下的所有文件和子目录一并处理。
-S 包含系统和隐藏文件。
-t<日期时间> 把压缩文件的日期设成指定的日期。
-u 更换较新的文件到压缩文件内。
-v 显示指令执行过程或显示版本信息。
-x<范本样式> 压缩时排除符合条件的文件。
-y 直接保存符号连接,而非该连接所指向的文件。
-z 替压缩文件加上注释。
-$ 保存第 1 个被压缩文件所在磁盘的卷册名称。
-num 指定压缩效率,为一个介于 1～9 的数值。

例如:

```
root@jacky-desktop:~# ls                               //查看当前目录下的文件信息
a b c
root@jacky-desktop:~# zip -m test.zip a b c            //将当前目录下的文件 a、b、c 压缩至
test.zip 中,使用-m 参数,将删除原始的 a、b、c 文件
   adding: a (deflated 3%)
   adding: b (stored 0%)
   adding: c (stored 0%)
root@jacky-desktop:~# ls
test.zip              //查看当前目录下的文件信息,test.zip 已经创建,a、b、c 文件已经被删除
```

如果需要压缩一个文件夹内的文件,则需要使用-r 参数,例如:

```
root@jacky-desktop:~# ls
test                                                   //当前目录下有一个名为 test 的文件夹
root@jacky-desktop:~# ls test/
a b c                                                  //test 文件夹内有 3 个文件 a、b、c
root@jacky-desktop:~# zip -r test.zip test/            //压缩 test 文件夹下的所有文件至 test.zip
文件中,使用了-r 参数
   adding: test/ (stored 0%)
   adding: test/a (deflated 3%)
   adding: test/c (stored 0%)
   adding: test/b (stored 0%)
root@jacky-desktop:~# ls
test  test.zip                                         //test.zip 文件已经被创建
```

(2) unzip。

语法:unzip [参数][压缩文件名.zip]。

主要参数。

-l 显示压缩文件内所包含的文件。

-t 检查压缩文件是否正确。

-v 执行时显示详细的信息。

-z 仅显示压缩文件的备注文字。

-C 压缩文件中的文件名称区分大小写。

-j 不处理压缩文件中原有的目录路径。

-L 将压缩文件中的全部文件名改为小写。

-n 解压缩时不要覆盖原有的文件。

-P<密码> 使用 zip 的密码选项。

-q 执行时不显示任何信息。
-d<目录> 指定文件解压缩后所要存储的目录。
-x<文件> 指定不要处理.zip 压缩文件中的哪些文件。
-Z 显示压缩文件内的文件信息，但不解压。

以之前讲解 zip 命令的例子为例，查看压缩文件内容的方法如下：

```
root@jacky-desktop:~# ls
test.zip                                    //当前目录下有一个压缩文件，名为 test.zip
root@jacky-desktop:~# unzip -l test.zip     //用-l 参数，显示 test.zip 文件内包含的文件
Archive:  test.zip
  Length     Date   Time    Name
  ------    ----   ----    ----
      39   03-25-09 14:01   a
      26   03-25-09 14:01   c
      33   03-25-09 14:01   b
  ------                   -----
      98                   3 files
root@jacky-desktop:~# unzip -Z test.zip   //用-Z 参数，显示 test.zip 文件内包含文件的详细信息
Archive:  test.zip   435 bytes   3 files
-rw-r--r--  2.3 unx       39 tx defN 25-Mar-09 14:24 a
-rw-r--r--  2.3 unx       26 tx defN 25-Mar-09 14:25 b
-rw-r--r--  2.3 unx       23 tx defN 25-Mar-09 14:25 c
3 files, 98 bytes uncompressed, 77 bytes compressed:  9.4%
```

各种常用的解压缩的方法如下：

```
root@jacky-desktop:~# unzip test.zip        //不使用任何参数，直接将 test.zip 解压到当前目录
Archive:  test.zip
  inflating: a
  inflating: b
  inflating: c
root@jacky-desktop:~# ls
a  b  c  test.zip                           //文件 a、b、c 被解压到当前目录
root@jacky-desktop:~# unzip -d test test.zip          //使用-d 参数，指定将 test.zip 文件
解压缩到当前目录的 test 文件夹，如果该文件夹不存在，系统将自动建立
Archive:  test.zip
  inflating: test/a
  inflating: test/b
  inflating: test/c
root@jacky-desktop:~# ls
a  b  c  test  test.zip                     //查看当前目录信息，test 文件夹被创建
root@jacky-desktop:~# ls test/
a  b  c                                     //查看当前目录下的 test 文件夹下的文件信息，a、b、c 已被解压缩
root@jacky-desktop:~# rm a b c              //删除文件 a、b、c
root@jacky-desktop:~# ls
test  test.zip
root@jacky-desktop:~# unzip test.zip -x a   //使用-x 参数，指定保留文件 a，然后解压缩 test.zip
Archive:  test.zip
  inflating: b
  inflating: c
root@jacky-desktop:~# ls
b  c  test  test.zip                        //查看当前目录信息，b、c 被解压缩，而 a 保留在 test.zip 内
```

2．tar

tar 是 Ubuntu Linux 中使用频率较高的文档压缩命令，它的优势在于将归档和压缩融合在一起同时完成，而且压缩和解压缩都使用同样的命令，只是参数不同。它可以用来对 **.tar.gz** 和 **tar.bz2** 这两种 Linux 平台最常见的文件进行操作。

语法：tar ［参数］ ［压缩文件名］ ［被压缩文件列表］。

主要参数：

-c 建立新的归档文件。

-C<目的目录>　切换到指定的目录。

-f<备份文件>　指定归档文件。

-j　用 tar 生成归档文件，然后用 bzip2 压缩。

-k　解开备份文件时，不覆盖已有的文件。

-m　还原文件时，不变更文件的更改时间。

-r　新增文件到已存在的备份文件的结尾部分。

-t　列出备份文件的内容。

-v　显示指令执行过程。

-w　遭遇问题时先询问用户。

-x　从备份文件中释放文件。

-z　用 tar 生成归档文件，然后用 gzip 压缩。

-Z　用 tar 生成归档文件，然后用 compress 压缩。

例如：

```
root@jacky-desktop:~# ls                            //查看当前目录，有 a、b、c 3 个文件
a b c
root@jacky-desktop:~# tar -cvf test.tar a b c       //用-c 参数，将 a、b、c 3 个文件归档
//到 test.tar 文件中，但不压缩，用-v 参数可以看见执行过程
a
b
c
root@jacky-desktop:~# ls
a b c test.tar                                      //test.tar 归档文件已创建
root@jacky-desktop:~# tar -tf test.tar   //用-t 参数查看 test.tar 归档文件所包含的文件
a
b
c
root@jacky-desktop:~# ls
a b c
root@jacky-desktop:~# tar -cvjf test.tar.bz2 a b c    //用-cvjf 参数创建 test.tar.bz2 压
//缩文件，包含 a、b、c 3 个文件
a
b
c
root@jacky-desktop:~# ls
a b c test.tar.bz2
root@jacky-desktop:~# tar -cvzf test.tar.gz a b c     //用-cvzf 参数创建 test.tar.gz 压缩
//文件，包含 a、b、c 3 个文件
a
b
c
root@jacky-desktop:~# ls
a b c test.tar.bz2 test.tar.gz
root@jacky-desktop:~# rm a b c                      //删除当前目录下的 a、b、c 3 个文件
root@jacky-desktop:~# ls
test.tar.bz2 test.tar.gz
root@jacky-desktop:~# tar -xvjf test.tar.bz2        //用-xvjf 参数解压缩 test.tar.bz2 文件
a
b
c
root@jacky-desktop:~# ls
a b c test.tar.bz2 test.tar.gz
root@jacky-desktop:~# rm a b c                      //删除当前目录下的 a、b、c 3 个文件
root@jacky-desktop:~# ls
test.tar.bz2 test.tar.gz
root@jacky-desktop:~# tar -xvzf test.tar.gz         //用-xvzf 参数解压缩 test.tar.gz 文件
```

```
a
b
c
root@jacky-desktop:~# ls
a  b  c  test.tar.bz2  test.tar.gz
```

4.4 文件系统管理命令

通过 Ubuntu 提供的图形化文件管理工具——文件浏览器，可以完成基本的文件系统管理和基本操作，其使用的方法与 Windows 中"我的电脑"基本一致。然而，在 Ubuntu Linux 中，利用 shell 命令对文件系统进行管理，往往可以达到事半功倍的效果。因此，本节着重介绍文件系统管理的命令。在上一章中介绍的基本 shell 命令中，如 ls、pwd、cd、cat 等都属于文件管理的相关命令。在本节的学习中，将继续介绍大量关于文件系统管理的命令。通过本节的学习，读者能基本掌握利用 shell 命令对文件系统进行基本的日常管理的方法和技术。

4.4.1 文件的基本操作

本小节介绍文件的基本操作，包括创建文件、复制文件、移动文件和删除文件等。

1．touch 创建一个新文件

语法：touch ［参数］ ［文件名］。

如果［文件名］所对应的文件不存在，将创建一个同名的新文件；如果该文件已经存在，则修改这个文件的最后修改日期。

主要参数。

-a 只更改存取时间。

-c 不建立任何文件。

-d<时间日期> 使用指定的日期时间，而非现在的时间。

-m 只更改变动时间。

-r<参考文件或目录> 把指定文件或目录的日期时间，统统设成和参考文件或目录的日期时间相同。

-t<日期时间> 使用指定的日期时间，而非现在的时间。

--help 在线帮助。

--version 显示版本信息。

例如：

```
root@jacky-desktop:~#ls -l            //查看当前目录下的文件信息
总用量 0
root@jacky-desktop:~#touch a          //创建文件 a
root@jacky-desktop:~#ls -l
总用量 0
-rw-r--r--  1  root     root     0   2009-04-17   18:17   a    //文件 a 已经被创建
root@jacky-desktop:~# touch a         //创建文件 a，由于 a 已经存在，其最后修改时间将发生变化
root@jacky-desktop:~# ls -l
总用量 0
-rw-r--r--  1  root     root 0  2009-04-17    18:39 a   //文件 a 的最后修改时间发生了变化
```

2. cp 复制文件

该命令用于复制一个或多个文件，也可以复制一个目录。

语法：cp ［参数］ ［源地址］ ［目的地］。

主要参数。

-a　　此参数的效果和同时指定"-dpR"参数相同。

-d　　当复制符号连接时，将保留原始的连接。

-f　　强行复制文件或目录，不论目标文件或目录是否已存在。

-I　　覆盖既有文件之前先询问用户。

-l　　对源文件建立硬连接，而非复制文件。

-p　　保留源文件或目录的属性。

-P　　保留源文件或目录的路径。

-r　　递归处理，将指定目录下的文件与子目录一并处理。

-R　　递归处理，将指定目录下的所有文件与子目录一并处理。

-s　　对源文件建立符号连接，而非复制文件。

-v　　显示指令执行过程。

--help　　在线帮助。

--version　　显示版本信息。

例如：

```
root@jacky-desktop:~# ls                    //查看当前目录下，只有一个文件a.c
a.c
root@jacky-desktop:~# cp a.c b.c            //复制a.c到当前目录下的b.c文件中
root@jacky-desktop:~# ls
a.c  b.c                                    //文件b.c已创建
root@jacky-desktop:~# cp -v a.c c.c         //用-v参数查看复制过程
"a.c" -> "c.c"
root@jacky-desktop:~# ls
a.c  b.c  c.c
root@jacky-desktop:~# cp -i a.c c.c         //用-i参数，询问是否覆盖原来已经存在的同名文件
cp: 是否覆盖 "c.c"？ y                       //y表示同意覆盖，n表示不覆盖
root@jacky-desktop:~# ls
a.c  b.c  c.c
```

使用 -r 参数可以实现对目录的复制，例如：

```
root@jacky-desktop:~# ls                    //当前目录下有两个子目录
dir1  dir2
root@jacky-desktop:~# ls dir1               //查看dir1目录的内容，有文件a.c、b.c、c.c
a.c  b.c  c.c
root@jacky-desktop:~# ls dir2               //查看dir2目录的内容，无文件
root@jacky-desktop:~#
root@jacky-desktop:~# cp -r dir1/ dir2/     //将目录dir1复制到dir2
root@jacky-desktop:~# ls dir2               //查看dir2目录的内容，包含了dir1目录
dir1
root@jacky-desktop:~# ls dir2/dir1
a.c  b.c  c.c                               //原dir1目录的文件已经被复制
```

3. mv 移动文件

该命令用来移动文件或目录，也可以对文件及目录进行重命名。

语法：mv ［参数］ ［源地址］ ［目的地址］。

主要参数。

-b   若需覆盖文件,覆盖前先备份。

-f   若目标文件或目录与现有的文件或目录重复,则直接覆盖现有的文件或目录。

-I   覆盖前先行询问用户。

-v   执行时显示详细的信息。

--help   显示帮助。

--version   显示版本信息。

例如:
```
root@jacky-desktop:~# ls                    //查看当前目录下的内容,有两个文件夹
dir1  dir2
root@jacky-desktop:~# ls dir1               //查看dir1目录的内容,有文件a.c、b.c、c.c
a.c  b.c  c.c
root@jacky-desktop:~# ls dir2               //查看dir2目录的内容,无文件
root@jacky-desktop:~#
root@jacky-desktop:~# mv dir1/a.c dir2/
                                            //将dir1文件夹中的a.c文件移动到dir2目录下,名称保持不变
root@jacky-desktop:~# ls dir1
b.c  c.c                                    //查看dir1文件夹的内容,a.c文件已经不存在
root@jacky-desktop:~# ls dir2
a.c                                         //查看dir2文件夹的内容,a.c文件已经被移动到此处
root@jacky-desktop:~# cd dir1               //进入文件夹dir1
root@jacky-desktop:~/dir1# mv b.c bbb.c     //将文件b.c重命名为bbb.c
root@jacky-desktop:~/dir1# ls
bbb.c  c.c                                  //文件b.c已经不存在,被bbb.c代替
```

4. rm 删除文件

该命令用于在用户授权情况下,完成一个或多个文件及目录的删除。它可以实现递归删除。对于链接文件,只是删除链接,原有文件保持不变。

语法:rm [参数] [目的地址]。

主要参数。

-d   直接把欲删除的目录的硬连接数据删成0,删除该目录。

-f   强制删除文件或目录。

-i   删除既有文件或目录之前先询问用户。

-r   递归处理,将指定目录下的所有文件及子目录一并处理。

-v   显示指令执行过程。

--help   在线帮助。

--version   显示版本信息。

例如:
```
root@jacky-desktop:~# ls dir1/              //查看dir1目录下的文件结构
a.c  b.c  c.c
root@jacky-desktop:~# rm dir1/a.c           //直接删除dir1/a.c文件
root@jacky-desktop:~# ls dir1/
b.c  c.c                                    //文件dir1/a.c删除成功
root@jacky-desktop:~# rm -ri dir1/
                                            //递归删除dir1文件夹,用-i参数进行过程的询问,如此可部分删除
rm: 是否进入目录 "dir1/"? y
rm: 是否删除 普通文件 "dir1/c.c"? y
rm: 是否删除 普通文件 "dir1/b.c"? y
rm: 是否删除 目录 "dir1"? y                 //以上各步回答y表示执行相应操作,回答n表示不执行
```

4.4.2 目录的基本操作

本小节介绍创建一个目录和删除目录的方法。

1. mkdir 创建一个目录

语法：mkdir ［参数］ ［目录名］。

主要参数：

-p 若所要建立目录的上层目录目前尚未建立，则会一并建立上层目录。

--help 显示帮助。

--version 显示版本信息。

例如：

```
root@jacky-desktop:~# mkdir dir1                //在当前路径创建目录dir1
root@jacky-desktop:~# ls
dir1                                            //目录dir1已经被创建
root@jacky-desktop:~# mkdir dir2/dir22          //建立目录dir2/dir22
mkdir: 无法创建目录 "dir2/dir22": 没有该文件或目录
                                                //报错，因为目前没有dir22的上级目录dir2，故无法创建
root@jacky-desktop:~# mkdir -p dir2/dir22       //用-p参数可以完成上述的递归创建目录
root@jacky-desktop:~# ls
dir1  dir2                                      //目录dir2已经创建
root@jacky-desktop:~# ls dir2/
dir22                                           //目录dir2/dir22已经创建
```

2. rmdir 删除一个目录

语法：rmdir ［参数］ ［目的地址］。

主要参数：

-p 删除指定目录后，若该目录的上层目录已变成空目录，则将其一并删除。

--help 在线帮助。

--version 显示版本信息。

例如：

```
root@jacky-desktop:~# ls                        //查看当前目录下的文件信息
dir1  dir2
root@jacky-desktop:~# ls dir2                   //查看目录dir2信息
dir22
root@jacky-desktop:~# ls dir2/dir22             //查看目录dir2/dir22的文件信息
a                                               //目录dir2/dir22不为空
root@jacky-desktop:~# rmdir dir2
rmdir: 删除 "dir2" 失败: 目录不为空              //删除非空目录失败
```

4.4.3 查看文件内容

在 cat 命令的基础之上，本小节介绍其他几个命令，使读者能够更方便地查看文件内容，特别是比较大的文件。

1. more

more 命令用于在终端屏幕按屏显示文本文件。该命令依次显示一屏文本，显示满之后停下来，并在终端底部打印出 "-- more-"，系统还将同时显示出已显示文本占全文的百分比。若要继续显示，可以通过按 Enter 键一行一行显示，按 Space 键一屏一屏显示。按 q 键或 Q 键，即可退出显示模式。

语法：more ［参数］ ［文件名］。

主要参数：

-p 在显示下一屏之前清屏。

-d 在每一屏的底部显示友好信息。

-s 文件中连续的空白行压缩为一行。

-num 为每屏要求显示的行数。

例如：

```
root@jacky-desktop:~# more -8 /etc/passwd        //显示/etc/passwd 文件内容，每屏显示 8 行
root:x:0:0:root:/root:/bin/bash
daemon:x:1:1:daemon:/usr/sbin:/bin/sh
bin:x:2:2:bin:/bin:/bin/sh
sys:x:3:3:sys:/dev:/bin/sh
sync:x:4:65534:sync:/bin:/bin/sync
games:x:5:60:games:/usr/games:/bin/sh
man:x:6:12:man:/var/cache/man:/bin/sh
lp:x:7:7:lp:/var/spool/lpd:/bin/sh
--More--(17%)
```

该命令经常与其他命令联合使用，中间用"|"，即管道连接。例如：

```
root@jacky-desktop:~# ls /etc/ | more -10       //与 ls 命令联合使用，查看/etc/目录
的文件信息，每屏显示 10 行
acpi
adduser.conf
adjtime
aliases
alternatives
anacrontab
apm
apparmor
apparmor.d
apport
--More--
```

2. less

less 命令的功能几乎与 more 命令相同，也是用于在终端屏幕按屏显示文本文件，该命令依次显示一屏文本。不同之处在于使用 less 命令显示文本时，不仅能通过 Enter 键和 Space 键翻阅，还可以使用小键盘区的上下键翻阅。而且，使用 less 命令时，屏幕底部的提示符是"："。

例如：

```
root@jacky-desktop:~# ls /etc/ | less           // less 命令与 ls 命令联合使用
acpi
adduser.conf
adjtime
aliases
alternatives
anacrontab
apm
apparmor
:                                                //屏幕底部提示符与 more 命令不同
```

3. head

head 命令用于显示一个文件的前面几行或前面几个字节。对于内容较多的文件，有时并不需要浏览其全部内容，此时就可以使用该命令。

语法：head ［参数］ ［文件名］。

主要参数：

文件系统管理

-num 为需要显示文件的前面几行的行数。如果此项缺省，则显示 10 行。

-c num   num 为显示文件的开始几个字节的数目。

例如：

```
root@jacky-desktop:~# head /proc/cpuinfo       //缺省参数，显示/proc/cpuinfo 文件的前面 10 行
processor       : 0
vendor_id       : AuthenticAMD
cpu family      : 6
model           : 6
model name      : AMD Athlon(tm) XP 1600+
stepping        : 2
cpu MHz         : 1403.180
cache size      : 256 KB
fdiv_bug        : no
hlt_bug         : no
root@jacky-desktop:~# head -c 5 /proc/cpuinfo  //显示文件/proc/cpuinfo 的前面 5 个字节
proce
```

4. tail

tail 命令的使用范围与 head 相同，区别在于使用该命令可以显示一个文件的最后几行或几个字节。

语法：tail ［参数］ ［文件名］。

主要参数：

-c num   显示最后 num 个字节。

-num   表示显示最后 num 行。如果缺省该参数，则显示最后 10 行。

例如：

```
root@jacky-desktop:~# tail /proc/cpuinfo               //无参数，显示/proc/cpuinfo 最后 10 行
f00f_bug        : no
coma_bug        : no
fpu             : yes
fpu_exception   : yes
cpuid level     : 1
wp              : yes
flags           : fpu vme de pse tsc msr pae mce cx8 apic sep mtrr pge mca cmov pat pse36
mmx fxsr sse syscall mmxext 3dnowext 3dnow up ts
bogomips        : 2826.26
clflush size    : 32
root@jacky-desktop:~# tail -5 /proc/cpuinfo            //显示/proc/cpuinfo 文件最后 5 行
wp              : yes
flags           : fpu vme de pse tsc msr pae mce cx8 apic sep mtrr pge mca cmov pat pse36
mmx fxsr sse syscall mmxext 3dnowext 3dnow up ts
bogomips        : 2826.26
clflush size    : 32
```

5. od

od 命令用于按照特殊格式查看文件内容。

语法：od ［参数］ ［文件名］。

主要参数：

-A 字码基数   选择要以何种基数计算字码。"字码基数"为 d，表示十进制；o 表示八进制；x 表示十六进制。默认按八进制打印。

-j 字符数目   略过设置的字符数目。

-N 字符数目   到设置的字符数目为止。

-s 字符串字符数   只显示符合指定的字符数目的字符串。

-t 输出格式　设置输出格式。

例如：

```
root@jacky-desktop:~# od a.c                      //按默认的八进制显示文件a.c的内容
0000000 060563 063154 065153 071541 062154 067146 060553 065563
0000020 062154 005146 071541 005144 005146 071541 063144 060412
0000040 005163 063144 063412 063144 063541 005147 071541 062012
0000060 060546 063163 060412 005163 063144 060563 063144 062012
root@jacky-desktop:~# od -td a.c                  //按十进制显示a.c内容
0000000   1718378867  1935764075  1852204140  1802723691
0000020    174482540   174355297  1935739494  1628071524
0000040   1717832307  1717856010   174548833  1678406497
0000060   1718837606   175333642  1634952804  1678403172
```

4.4.4　文件类型

本小节针对 ls –l 命令显示内容介绍 Ubuntu Linux 的文件类型，并介绍权限的概念及文件权限的管理。

1．文件类型

使用 ls –l 命令时，可以查看文件的详细信息。例如：

```
root@jacky-desktop:~# ls -l
总用量 4
-rw-r--r-- 1 root root 368 2009-03-25 17:08 a.c
```

在显示文件详细信息时，最开始的 1 位就表示了文件类型。与 Windows 不同，Linux 的文件可以没有扩展名，是否具备某种属性，主要决定于文件的属性和类型。在 Ubuntu Linux 中，主要有以下一些文件类型。

- -　普通文件：通常是被一些应用程序创建的，如文档、图片等。
- d　目录：可以包含多个文件，也可以归属于其他目录。
- c　字符设备：串口设备，比如调制解调器等。
- b　块设备：存储数据以供系统存取的接口设备，比如硬盘、光驱等。
- l　符号链接文件：相当于一个快捷方式，指向目标文件。
- s　套接口文件：用于网络通信的文件。
- p　管道文件：主要是指 FIFO 文件，即先入先出模式的管道文件，这是一种进程间通信的机制。

2．file

file 命令用于辨识文件的类型。

语法：file ［参数］ ［文件名］。

主要参数：

-b　列出辨识结果时，不显示文件名称。

-c　详细显示指令执行过程，便于排错或分析程序执行的情形。

-L　直接显示符号连接所指向的文件的类别。

-v　显示版本信息。

例如：

```
root@jacky-desktop:~# ls -l a.c                   //查看文件a.c的详细信息
-rw-r--r-- 1 root root 73 2009-04-19 23:19 a.c
root@jacky-desktop:~# file a.c                    //查看文件a.c的类型
a.c: ASCII text
```

4.4.5 查询文件

本小节介绍各种与搜索文件有关的命令。掌握这些命令，能准确地定位庞大的文件系统中的某一个特定文件，这为读者的使用带来了很大的方便。

1．find

find 命令用于在目录结构中查找文件。

语法：find ［路径］ ［参数］ ［关键字］。

说明：路径表示要查找的目录结构，如果缺省，则表示查找路径为当前目录；关键字可以是文件名的一部分。

主要参数：

-amin　＜分钟＞　查找在指定时间曾被存取过的文件或目录，单位以分钟计算。

-atime　＜24 小时数＞　查找在指定时间曾被存取过的文件或目录，单位以 24 小时计算。

-cmin　＜分钟＞　查找在指定时间被更改的文件或目录，单位以分钟计算。

-ctime　＜24 小时数＞　查找在指定时间被更改的文件或目录，单位以 24 小时计算。

-depth　从指定目录下最深层的子目录开始查找。

-gid　＜群组识别码＞　查找符合指定的群组识别码的文件或目录。

-group　＜群组名称＞　查找符合指定的群组名称的文件或目录。

-help 或-help　在线帮助。

-mmin＜分钟＞　查找在指定时间曾被更改过的文件或目录，单位以分钟计算。

-mtime＜24 小时数＞　查找在指定时间曾被更改过的文件或目录，单位以 24 小时计算。

-name　filename　指定查找与 filename 字符串匹配的文件或目录，可使用通配符。

-size　＜文件大小＞　查找符合指定的文件大小的文件。

-typ　＜文件类型＞　只寻找符合指定的文件类型的文件。

-uid　＜用户识别码＞　查找符合指定的用户识别码的文件或目录。

-used　＜天数＞　查找文件或目录被更改之后在指定时间曾被存取过的文件或目录,单位以天计算。

-user　＜拥有者名称＞　查找符合指定的拥有者名称的文件或目录。

-version 或--version　显示版本信息。

例如：

```
root@jacky-desktop:~# find /etc -name vim*          //在/etc/目录下查找文件名以 vim 开头的所有文件
/etc/vim
/etc/vim/vimrc
/etc/vim/vimrc.tiny
/etc/alternatives/vim
/etc/alternatives/vimdiff
```

2．locate

locate 指令用于查找符合条件的文件，它会去保存文件与目录名称的数据库内，查找符合条件的文件或目录。其速度比 find 命令快。

语法：locate ［参数］ ［关键字］。

主要参数：

-d <数据库文件> 设置 locate 指令使用的数据库，取代默认的数据库。
-w 匹配整个路径。
-c 只显示找到的条目数量。

```
root@jacky-desktop:~# locate cpuinfo          //利用默认数据库，查找文件名与 cpuinfo 匹
配的文件
/usr/share/doc/librpc-xml-perl/examples/linux.proc.cpuinfo.base
/usr/share/doc/librpc-xml-perl/examples/linux.proc.cpuinfo.code
/usr/share/doc/librpc-xml-perl/examples/linux.proc.cpuinfo.help
/usr/share/doc/librpc-xml-perl/examples/linux.proc.cpuinfo.xpl
/usr/share/hwtest/registries/cpuinfo.py
/usr/share/hwtest/registries/cpuinfo.pyc
```

3. grep

grep 指令用于查找内容包含指定的关键字的文件，如果发现某文件的内容符合所指定的关键字，预设 grep 指令会把含有范本样式的那一列显示出来。若不指定任何文件名称，或是所给予的文件名为"-"，grep 指令则会从标准输入设备读取数据。该命令也可以通过管道与其他命令配合使用。

语法：grep ［参数］关键字 文件列表。

说明：grep 命令一次只能查找一个关键字，但文件列表可以包含多个文件。

主要参数：

-b 在显示符合范本样式的那一列之前，标示出该列第 1 个字符的位编号。
-c 计算符合范本样式的列数。
-d <进行动作> 当指定要查找的是目录而非文件时，必须使用这项参数，否则 grep 指令将回报信息并停止动作。
-i 忽略字符大小写的差别。
-v 反转查找，只显示不匹配的行。
-x 只显示整行严格匹配的行。
-r 在指定目录中递归查找。

例如：

```
root@jacky-desktop:~# grep -ir "Ubuntu" /usr      //在/usr/目录下递归查找内容包括 Ubuntu
关键字的文件，并忽略大小写
/usr/sbin/adduser:my $version = "3.105Ubuntu1";
二进制文件 /usr/sbin/atd 匹配
/usr/sbin/locale-gen:            # installed on Ubuntu boxes.
/usr/sbin/update-usplash-theme: # EdUbuntu uses this naming scheme; sigh
/usr/sbin/delgroup:my $version = "3.105Ubuntu1";
/usr/sbin/deluser:my $version = "3.105Ubuntu1";
…
```

4.4.6 其他管理命令

本小节介绍一些不便于归类，但是非常有用的命令，包括创建链接文件、比较文件内容等。

1. ln

Ubuntu Linux 中有两种类型的链接：硬链接和软链接（符号链接）。硬链接是利用 Linux 中为每个文件分配的物理编号，即 inode 建立的，因此硬链接不能跨越文件系统。软链接是利用文件的路径名建立链接，通常情况下需要使用绝对路径，可以增加可移植性。

文件系统管理

这两种链接文件在修改的时候也有区别。如果修改硬链接的目标文件名，链接依然有效；如果修改软链接的目标文件名，链接将断开。对一个已存在的链接文件进行移动或删除操作，有可能导致链接断开。假如删除目标文件后，重新创建一个同名文件，软链接将恢复，而硬链接将失效，因为文件的 inode 已经改变。

ln 命令用于创建链接文件。如同时指定两个以上的文件或目录，且最后的目的地是一个已经存在的目录，则会把前面指定的所有文件或目录复制到该目录中。若同时指定多个文件或目录，且最后的目的地并非是一个已存在的目录，则会出现错误信息。

语法：ln ［参数］ ［目的地址］ ［链接文件名］。

主要参数。

-b 删除，覆盖目标文件之前的备份。

-d 建立目录的硬链接。

-f 强行建立文件或目录的链接，不论文件或目录是否存在。

-i 覆盖既有文件之前先询问用户。

-n 把符号链接的目的目录视为一般文件。

-s 对文件建立符号链接。 缺省情况下，将创建硬链接。

-v 显示指令执行过程。

--help 在线帮助。

--version 显示版本信息。

例如：

```
root@jacky-desktop:~# ls                        //查看当前目录下的文件信息
a.c
root@jacky-desktop:~# ln a.c aaa                //对文件 a.c 创建硬链接 aaa
root@jacky-desktop:~# ls -l                     //查看当前目录下的文件详细信息
总用量 8
-rw-r--r-- 2 root root 368 2009-03-25 17:08 aaa
-rw-r--r-- 2 root root 368 2009-03-25 17:08 a.c //可以看出 a.c 文件的 inode 值变成了 2
root@jacky-desktop:~# ln -s a.c bbb             //使用-s 参数，创建文件 a.c 的软链接 bbb
root@jacky-desktop:~# ls -l                     //查看当前目录下的文件详细信息
总用量 8
-rw-r--r-- 2 root root 368 2009-03-25 17:08 aaa
-rw-r--r-- 2 root root 368 2009-03-25 17:08 a.c
lrwxrwxrwx 1 root root   3 2009-03-26 00:41 bbb -> a.c        //软链接文件的表示方式
```

2. wc

wc 命令用于统计文件的字数、字节数、行数等信息。

语法：wc ［参数］ ［文件名］。

主要参数。

-c 只显示字节数。

-l 只显示行数。

-w 只显示字数。

--help 在线帮助。

--version 显示版本信息。

例如：

```
root@jacky-desktop:~# wc -c a.c                 //显示文件 a.c 的字节数
```

```
368 a.c
root@jacky-desktop:~# wc -l a.c            //显示文件 a.c 的行数
29 a.c
root@jacky-desktop:~# wc -w a.c            //显示文件 a.c 的字数
28 a.c
```

3．comm

comm 指令会逐行比较两个已排序文件的差异，并将其结果显示出来。如果没有指定任何参数，则会把结果分成 3 行显示：第 1 行仅是在第 1 个文件中出现过的行，第 2 行仅是在第 2 个文件中出现过的行，第 3 行则是在第 1 个与第 2 个文件里都出现过的行。若给予的文件名称为 "-"，comm 指令则会从标准输入设备中读取数据。

语法：comm ［参数］ ［文件 1］ ［文件 2］。

主要参数。

-1   不输出<文件 1>特有的行文。

-2   不输出<文件 2>特有的行文。

-3   不输出两个文件共有的行文。

--help   显示此帮助信息并离开。

--version   显示版本信息并离开。

例如：

```
root@jacky-desktop:~# cat a.c              //查看文件 a.c 的内容
hello,world!
hello,Ubuntu!
hello,linux!
hello,everyone!
root@jacky-desktop:~# cat b.c              //查看文件 b.c 的内容
hello,Ubuntu!
hello,world!
hello,kitt!
hello,everyone!
root@jacky-desktop:~# comm -12 a.c b.c     //比较 a.c 和 b.c，只输入共有的行文
hello,world!
```

4．diff

diff 以逐行的方式比较文本文件的异同处。如果指定要比较的目录，diff 则会比较目录中相同文件名的文件，但不会比较其中的子目录。

语法：diff ［参数］ ［文件 1］ ［文件 2］。

主要参数。

-i   忽略文件内容中的大小写差别。

-E   忽略 tab 扩展导致的差别。

-b   忽略空格字符的不同。

-w   忽略所有空白。

-B   不检查空白行。

-a –text   将所有文件作为文本处理。

例如：

```
root@jacky-desktop:~# diff -B a.c b.c      //比较 a.c 和 b.c 的差异，不检查空白行
1d0
< hello,world!
3c2,3
< hello,linux!
```

```
---
> hello,world!
> hello,kitt!
```

4.5 课后练习

1. 简述 Ubuntu 文件系统各种常见类型的特点。
2. 简述 Ubuntu 文件系统的结构。
3. 简述 Ubuntu 提供 swap 交换空间的意义。
4. 按.zip、.tar.gz、tar.bz2 等格式对自定义文档进行压缩，并进行解压缩。
5. 利用 shell 命令完成对文件的创建、复制、移动、重命名、删除。
6. 利用 shell 命令完成对目录的建立和删除。
7. 利用 shell 命令显示文件/proc/devices 文件的内容，实现分屏显示、显示前 5 行、显示后 5 行。
8. 熟悉查询命令 find、locate、grep 的使用。
9. 利用 shell 命令分别对文件/etc/passwd 建立软链接和硬链接。
10. 统计文件/etc/passwd 的字数、字节数和行数。

第 5 章 用户及权限管理

在 Linux 类系统中，用户有着自己的权限，不同的用户扮演着不同的角色，这也是多用户操作系统的基本特点。

Ubuntu 同样支持多个用户，对系统中的所有文件和资源的管理都需要按照用户的角色来划分。对某个文件的读写，或是对系统进行某种操作，有的用户可以执行，而有的用户则不能执行，这体现了权限的思想。

这样的系统构成不仅便于每个用户打造自己的个性化的空间，也相对保持了每个用户的独立性和私立性，对系统的安全形成了良好的保护策略。具有相同或相似权限的用户，可以划分在同一个用户组里，在保护用户的文件及资源的同时，又实现了资源的相对共享。掌握用户及权限管理的方法，有利于更好地保护自己的文件系统，提高操作的安全性。

本章第 1 节讲解利用系统自带的图形化工具来管理用户和组，包括创建及删除用户和组，为用户和组配置相应的权限等。

第 2 节讲解利用 shell 命令来管理用户和组，包括创建及删除用户和组，修改用户和组的信息，修改用户组成员等。

第 3 节讲解利用 shell 命令来管理文件和目录的权限，以及灵活控制文件资源的归属关系。

5.1 利用图形化工具管理用户和组

Windows 下的用户管理很简单，在用户管理里面，添加用户只需要"下一步"、"下一步"就可以了。用户的属性也可以通过右击更改。Windows 的用户和组都保存在 SAM 文件中。在开机情况下，是没有办法查看 SAM 文件的。但 Linux 下的用户和组管理与 Windows 下有些许不同。

本节介绍 Ubuntu Linux 系统中用户系统的概念及意义，以及利用操作系统自带的图形化工具管理用户和组的方法。

5.1.1 Ubuntu 用户系统概述

Ubuntu Linux 系统是一个多用户多任务的分时操作系统。任何一个要使用系统资源的用户，都必须首先向系统管理员申请一个账号，然后以这个账号的身份进入系统。

用户的账号存在两个层面的意义：一方面可以帮助系统管理员对使用系统的用户进行跟踪，并控制他们对系统资源的访问；另一方面也可以帮助用户组织文件，并为用户提供安全性保护。

每个用户账号都拥有一个唯一的用户名和各自的口令。用户在登录时键入正确的用户名和口令后，就能够进入系统和自己的主目录。

Ubuntu 系统的安全性和多功能，严重依赖于你是如何给用户分配权限以及对其的使用方法的。当读者初次安装 Ubuntu 系统时，会被要求创建一个用户账号，系统会在 home 文件夹下建立一个以该用户名命名的文件夹，其中存储与该用户相关的文件。这同样适用于那些在使用过程中被创建的用户，但是，在安装系统时创建的第 1 个用户账号，存在一些比较特殊的情况。读者可以利用 ls 命令来查看初始用户的文件夹信息，例如：

```
jacky@jacky-desktop:/$ ls /home
jacky
jacky@jacky-desktop:/$ ls /home/jacky
Examples  公共的  模板  视频  图片  文档  音乐  桌面
```

以笔者的系统为例，初次建立的用户为"jacky"，虽然这是一个普通用户，不是 root 用户，但对比其他的普通用户，该用户可以完成更多的管理功能，如创建用户等。而在同类 Linux 系统中，这些功能往往是由 root 用户才能实现的。因此，Ubuntu 中的用户基本上可以分为以下 3 种类型。

- 初次创建的用户：可以完成比其他普通用户更多的功能。
- root 用户：系统管理员，可以完成对系统的所有管理功能，拥有最高权限。
- 普通用户：在安装完操作系统后，被创建的其他所有用户。

以上 3 类用户，在/home 文件夹下都有自己特定的文件夹，它们在 Ubuntu 中扮演着不同的角色。每一个用户都有自己的 ID 号，通常称为 UID，操作系统就是靠这个号码来识别不同的用户，并使其具备不同的功能。在配置文件/etc/passwd 中可以查看各个用户的相关信息，例如：

```
jacky@jacky-desktop:/$ cat /etc/passwd
root:x:0:0:root:/root:/bin/bash
daemon:x:1:1:daemon:/usr/sbin:/bin/sh
bin:x:2:2:bin:/bin:/bin/sh
sys:x:3:3:sys:/dev:/bin/sh
sync:x:4:65534:sync:/bin:/bin/sync
games:x:5:60:games:/usr/games:/bin/sh
```

Ubuntu Linux 从入门到精通

```
man:x:6:12:man:/var/cache/man:/bin/sh
lp:x:7:7:lp:/var/spool/lpd:/bin/sh
mail:x:8:8:mail:/var/mail:/bin/sh
news:x:9:9:news:/var/spool/news:/bin/sh
uucp:x:10:10:uucp:/var/spool/uucp:/bin/sh
proxy:x:13:13:proxy:/bin:/bin/sh
www-data:x:33:33:www-data:/var/www:/bin/sh
backup:x:34:34:backup:/var/backups:/bin/sh
list:x:38:38:Mailing List Manager:/var/list:/bin/sh
irc:x:39:39:ircd:/var/run/ircd:/bin/sh
gnats:x:41:41:Gnats Bug-Reporting System (admin):/var/lib/gnats:/bin/sh
nobody:x:65534:65534:nobody:/nonexistent:/bin/sh
libuuid:x:100:101::/var/lib/libuuid:/bin/sh
dhcp:x:101:102::/nonexistent:/bin/false
syslog:x:102:103::/home/syslog:/bin/false
klog:x:103:104::/home/klog:/bin/false
hplip:x:104:7:HPLIP system user,,,:/var/run/hplip:/bin/false
avahi-autoipd:x:105:113:Avahi autoip daemon,,,:/var/lib/avahi-autoipd:/bin/false
gdm:x:106:114:Gnome Display Manager:/var/lib/gdm:/bin/false
pulse:x:107:116:PulseAudio daemon,,,:/var/run/pulse:/bin/false
messagebus:x:108:119::/var/run/dbus:/bin/false
avahi:x:109:120:Avahi mDNS daemon,,,:/var/run/avahi-daemon:/bin/false
polkituser:x:110:122:PolicyKit,,,:/var/run/PolicyKit:/bin/false
haldaemon:x:111:123:Hardware abstraction layer,,,:/var/run/hald:/bin/false
jacky:x:1000:1000:Jacky,,,:/home/jacky:/bin/bash
sshd:x:112:65534::/var/run/sshd:/usr/sbin/nologin
```

从配置文件中可以看到，每个用户的名称后面有两个数字，其中第 1 个是用户的 UID，另一个是用户的 GID，即用户组 ID 号。在 Ubuntu 中，每个用户都属于一个用户组，用户组就是具有相同特征的用户的集合体。

一个用户组可以包含多个用户，拥有一个自己专属的 GID，一个用户也只能有一个 GID，但是可以归属于其他的附加群组。同属于一个用户组内的用户具有相同的地位，并且可以共享一定的资源。

5.1.2 创建和管理用户

当用户在使用计算机资源时，经常会遇到多个用户使用一台计算机的情况。为了合理地分配系统资源，并确保每个用户有独自的空间来保存自己的数据、文件等私密性较强的资源，Ubuntu 提供了多用户多任务的机制，如果想要使用计算机资源，则必须要拥有一个用户身份，而由管理员配置这些被创建的用户的相应权限，以确保计算机资源的隐私和安全。

Ubuntu 自带了一个图形化工具，可用于创建用户和用户组，并且管理它们，赋予权限及删除等操作都可以在该工具中完成。需要注意的是，接下来的操作只能在使用初次创建的用户或 root 用户登录时才能使用，其他用户不具备创建新用户和组的权限。在 Ubuntu 12.04 中，默认的图形化账户管理工具仅仅能创建账户、设置密码和删除账户，不能像较低版本那样去管理用户权限及管理用户组。

读者在进行该项管理之前，可以先进行 gnome-system-tools 的安装。命令如下：

```
jacky@jacky-desktop:/$ sudo apt-get install gnome-system-tools
```

本节以 gnome-system-tools 工具为例，讲解 Ubuntu 中进行用户管理的图形化工具。

1. 创建用户

安装完成 gnome-system-tools 以后，选择面板命令"应用程序－系统工具-系统管理-用户和组"，打开如图 5-1 所示的"用户设置"窗口。在该窗口中存在当前所有用户。由于受权限的控制，当前窗口处于锁定状态，如果要进行用户管理，则必须验证身份。单击任意按钮，打开如图 5-2 所示的"认证"对话框。

图 5-1 "用户设置"窗口-锁定

图 5-2 身份"认证"对话框

在图 5-2 中，默认用户是初次创建的用户，在文本框中输入该用户对应的密码，单击"授权"按钮提交身份认证信息，如果密码正确，系统会自动将用户设置窗口变为如图 5-3 所示的状态。

在图 5-3 中，选中初次创建的用户，下方的几个按钮则处于可单击状态。单击"添加"按钮，打开如图 5-4 所示的窗口。

图 5-3 "用户设置"窗口-解锁

图 5-4 "创建新用户"窗口

此处，以创建一个名为 abc 的用户为例，在"用户名"文本框中输入"abc"。单击"确定"按钮，在打开的密码设置窗口中，任意设置密码，即可完成创建流程。

2．管理用户属性

依照上述方法创建用户 abc 后，用户设置窗口将更改为如图 5-5 所示的状态。与初始状态相比，此时窗口中多了一个用户，即 abc。单击窗口右下角的"高级设置"按钮，打开如图 5-6 所示的属性设置窗口。

在图 5-6 中有 3 个标签，分别是"联系信息"、"用户权限"和"高级"。在"联系信息"标签页中，读者可以填写欲创建的联系信息，如办公室位置、工作电话及家庭电话。

图 5-5 添加用户成功

图 5-6 "账户'abc'的属性"窗口

单击选中"用户权限"标签，打开如图 5-7 所示的窗口，从中可以使用鼠标轻松地设置被创建用户 abc 的权限，如果想赋予它某种权限，只需要在权限名称前面的方框中打勾即可。一般情况下，普通用户不具备管理用户的权限。

单击选中"高级"标签，打开如图 5-8 所示的窗口，从中可以设置被创建用户 abc 的主目录路径、默认使用的 shell 类型、所属组、用户 ID。其中，如果对"主组"不进行设置，系统则会自动将该用户划分到与之同名的组中，例如，abc 用户所属的默认组也叫 abc。此处，把 abc 的主组选择为 jacky，即归属到与初次创建的用户同一个组中。

图 5-7 设置"用户权限"

图 5-8 用户"高级"信息设置

从中可以对账户 abc 的权限重新进行设置，方法与创建用户时相同，在权限名称前打勾，便可以赋予该用户相应的权限。在"禁用账户"前打勾，可以禁用该用户。

按本节的例子设置完 abc 的权限如图 5-9 所示，高级信息设置如图 5-10 所示。

图 5-9　用户 abc 的权限

图 5-10　用户 abc 的高级信息

3．删除用户

在图 5-5 中，单击选中想要删除的用户，例如 abc，然后单击右侧的"删除"按钮，打开如图 5-11 所示的对话框。

在该对话框中单击"删除"按钮，即可删除用户 abc，但是其主目录不会被删除，仅仅是在用户管理系统中将该用户删除。单击"取消"按钮，可以关闭该对话框，且保留该用户，不做删除操作。

删除用户 abc 后，用户设置窗口返回初始状态，如图 5-12 所示。

图 5-11　删除用户提示对话框

图 5-12　用户设置窗口

注意：系统初次建立的用户是不能被删除的，否则计算机将无法使用。

5.1.3 创建和管理用户组

在创建和管理用户组时，仍然要求用户有相应的权限，所以在进行这类操作时，也必须以初次创建的用户或 root 用户身份进行。在初次打开用户设置窗口时，同样需要对用户的身份进行认证，以确保操作的安全性。

1. 创建用户组

在图 5-12 中，单击右侧的"管理组"按钮，打开如图 5-13 所示的"组设置"窗口。该窗口左侧显示了当前系统中所有的用户组名称列表。单击"添加"按钮，打开如图 5-14 所示的窗口。

图 5-13 "组设置"窗口

图 5-14 "新建组"窗口

在图 5-14 中，读者可以在"组名"文本框中输入想要创建的用户组的名称，并且可以在"组 ID"文本框中输入被创建的用户组的 ID 号。注意不能和系统中已有用户组的 ID 号重复，但名称可以重复。

在"组成员"选择框中，可以勾选当前系统中已经存在的用户作为该组的成员。设置完成，单击"确定"按钮保存信息并关闭该窗口。

新创建的用户组名称会显示在图 5-13 左侧的用户组列表中。

2. 管理用户组属性

在图 5-13 中，从列表中选中任意一个用户组，再单击右侧的"属性"按钮，打开如图 5-15 所示的窗口，此处以 root 组为例。该窗口的结构与创建用户组时相同，不同的是，记录了对应组的基本信息。

在图 5-15 中，读者可以更改该用户组所包含的成员，方法是勾选"组成员"中的用户名称，被选中的用户将附属于该用户组，设置完成单击"确定"按钮保存信息并关闭该窗口。

3. 删除用户组

在图 5-13 中，从列表中选中任意一个用户组，再单击右侧的"删除"按钮，打开如图 5-16 所示的对话框，此处以"irc"组为例。

图 5-15 "组'root'的属性"窗口

图 5-16 删除用户组提示对话框

用户及权限管理

如果确定要删除一个用户组，在图 5-16 中单击"删除"按钮，那么对应的用户组将被删除，但组内的成员用户不会被删除。如果不确定是否应该删除该用户组，则可单击"取消"按钮。

注意：初次使用组设置窗口时，其中的组列表是系统默认的用户组，在不确定是否能够删除这些用户组时，最好不要轻易删除，否则有可能出现计算机不能使用等异常情况。

5.2 用户和组管理命令

Ubuntu 不仅提供了用户设置管理的图形化工具，在 Shell 中，还提供了一些关于用户和组管理的命令。使用这些命令，可以更详尽地对用户和组进行管理，并且可以提高工作的效率。本节讲解与用户和组管理的相关 Shell 命令的使用，并介绍与之相关的主要配置文件的位置和内容。

5.2.1 配置文件

上一节中提到了 /etc/passwd 文件，该文件记录了当前操作系统中所有用户的基本信息，包括用户名、用户 ID、用户组 ID、主目录路径、登录 Shell 等。除此之外，系统中还有一些配置文件记录了用户和组的其他信息，通过了解配置文件，读者可以更加深入地理解 Ubuntu 的用户和组的管理机制。

1．密码文件

文件 /etc/shadow 记录了当前系统中每个用户的密码相关信息及密码策略。读者可以用 cat 命令查看该文件的内容。为了确保安全性，只有 root 用户具有查看该文件的权限。如下所示：

```
root@jacky-desktop:/home/jacky# cat /etc/shadow
root:!:14302:0:99999:7:::
daemon:*:14062:0:99999:7:::
bin:*:14062:0:99999:7:::
sys:*:14062:0:99999:7:::
sync:*:14062:0:99999:7:::
games:*:14062:0:99999:7:::
man:*:14062:0:99999:7:::
lp:*:14062:0:99999:7:::
mail:*:14062:0:99999:7:::
news:*:14062:0:99999:7:::
uucp:*:14062:0:99999:7:::
proxy:*:14062:0:99999:7:::
www-data:*:14062:0:99999:7:::
backup:*:14062:0:99999:7:::
list:*:14062:0:99999:7:::
irc:*:14062:0:99999:7:::
… …
jacky:$1$6AV/4yAe$D8Mw6iocNuGS9uPDo8.E1.:14302:0:99999:7:::
… …
```

该文件的内容以每个用户一行的格式显示，每一行中包括几种信息，每种信息之间用":"隔开，从左至右分别代表以下含义。

- 用户名：最多可用 8 个字符，一般为小写，与 /etc/passwd 文件中的用户名相对应。
- 密码：该字段有以下几种标示：*、!、经过加密处理后的一个字符串。除了以"!"标示的以外，其他都设置了密码保护。
- 上一次修改密码所经过的时间：从 1970 年 1 月 1 日开始计算，直到密码被修改的天数。
- 密码经过几天可以变更：如果是 0，则表示随时可以变更。
- 密码经过几天必须变更：如果是 99999，则表示可以保持密码多年不变。
- 密码过期之前几天要警告用户：一般为 7，表示提前七天提示。
- 保留域：未记录实际信息，以":::"表示。

采用/etc/shadow 文件与/etc/passwd 文件相结合的方式，可以增强对用户管理的安全性，从而提高系统的安全性。

这两个文件分别对应了两种不同的密码策略，使用/etc/passwd 为传统模式，使用/etc/shadow 为影子密码模式，安全性更高，因为只有 root 用户有权限查看该文件的内容。

2. 用户组文件

文件/etc/group 记录了用户组的相关信息，包括当前系统中所有的用户组的基本信息，如用户组名、用户组 ID、组内用户等。读者可以使用 cat 命令查看它的内容，如下所示：

```
root@jacky-desktop:/home/jacky# cat /etc/group
root:x:0:
daemon:x:1:
bin:x:2:
sys:x:3:
adm:x:4:jacky
tty:x:5:
disk:x:6:
lp:x:7:
mail:x:8:
news:x:9:
uucp:x:10:
man:x:12:
proxy:x:13:
kmem:x:15:
dialout:x:20:jacky
… …
jacky:x:1000:
```

该文件内容中，每一行代表一个用户组，每类信息仍然以":"分隔，从左至右的具体格式如下。

用户组名：密码位：用户组 ID：组内用户

注意：如果组内除了同名的用户外，没有其他用户，则以空字符表示。

3. 权限文件

Ubuntu 为 sudo 命令提供了一个基本的配置文件，即/etc/sudoers 文件。在修改该配置文件时，务必使用 visudo 工具进行编辑，因为该工具会自动对配置语法进行严格的检查，如果发现错误，在保存退出时会给出警告，并提示你哪段配置出错，从而确保该配置文件的正确性。相反，如果使用其他的文本编辑程序的话，一旦出错，就会给系统带来严重的后果。具体如下所示：

```
root@jacky-desktop:/home/jacky# visudo
# /etc/sudoers
#
# This file MUST be edited with the 'visudo' command as root.
#
```

用户及权限管理

```
# See the man page for details on how to write a sudoers file.
#
Defaults        env_reset
# Uncomment to allow members of group sudo to not need a password
# %sudo ALL=NOPASSWD: ALL
# Host alias specification
# User alias specification
# Cmnd alias specification
# User privilege specification
root    ALL=(ALL) ALL
//允许 root 用户使用 sudo 命令变成系统中任何其他类型的用户
# Members of the admin group may gain root privileges
%admin ALL=(ALL) ALL              //管理组中的所有成员都能以 root 的身份执行所有的命令
```

文件中的配置信息总共有两项，其余的都是注释信息，读者需要关注的也就是以上代码中作了注释的那两行，分别代表了两项配置信息。

对配置信息的格式有严格的要求，以第 1 项为例，其含义如下。

- 第 1 栏：用户或组名，该用户或组是本项配置的适用对象，组对象的开头必须是 "%"。
- 第 2 栏：该规则的适用主机，主要用于在多个操作系统之间部署 sudo 环境。如果是 ALL，则代表适用范围是所有的主机；如果是某个系统的主机名，则仅适用于该系统。
- 第 3 栏：放在括号内，指出第 1 栏指定的用户能够以什么身份来执行命令。如果是 ALL，代表第 1 栏指定的用户能够以系统中所有用户的身份来执行命令；如果是某一个具体的用户名，则表示在使用 sudo 命令时，第 1 栏指定的用户具有该用户的相应权限。
- 第 4 栏：命令名称。表示第 1 栏指定的用户能够用第 3 栏用户的身份所执行的命令，用绝对路径表示。如果是 ALL，则表示可以执行第 3 栏用户权限内的所有命令。

5.2.2 用户管理命令

在第 3 章中曾经学习过 sudo 和 su 这两个命令，它们都是和用户管理相关的命令，前者用于更改用户身份去执行相应的命令，它的配置文件就是之前讲到的/etc/sudoers。后者用于切换不同的用户身份。除此之外，Ubuntu 还提供了一系列与用户管理相关的命令。

1．添加用户

Linux 通用的命令是 useradd，而在 Ubuntu 中经常使用的则是 adduser。这两者没有实质性的区别。但是在使用的过程中，adduser 命令更倾向于一种人机对话，它会提示读者按步骤进行设置，可以不带参数直接使用。而 useradd 没有人机对话的过程，在使用时如果不带参数，那么所创建的用户没有主目录和密码等信息，因此，它的使用对于非常熟悉参数的读者来说，是一个提高效率的有效措施。

本书以 adduser 命令为例讲解，对于 useradd 命令的使用，和 adduser 非常类似，读者可以自行参照 man 文档试用。

语法：adduser ［参数］ ［用户名］。

主要参数。

--system：添加一个系统用户。

--home DIR：DIR 表示用户的主目录路径。

--shell SHELL：SHELL 表示用户的默认 shell。

--uid ID：ID 表示用户的 uid。

--ingroup GRP：GRP 表示用户归属的组名。

--help：帮助。

使用 adduser 命令可以添加一个普通用户，并且可以不使用任何参数，如下所示：

```
root@jacky-desktop:~# adduser abc            //添加一个名为 abc 的普通用户
正在添加用户 abc...
正在添加新组 'abc' (1001)...                 //默认用户的 uid 为 1001
正在添加新用户 'abc' (1001) 到组 'abc'...    //默认将用户添加到 abc 组中
创建主目录 '/home/abc'...                    //默认将主目录设置为/home/abc
正在从 /etc/skel 复制文件...
输入新的 UNIX 口令：                          //输入该用户的密码，密码不会回显
重新输入新的 UNIX 口令：                      //重复密码以确认
正在改变 abc 的用户信息
请输入新值，或直接敲回车键以使用默认值
        全名 []:abcabc                       //输入用户的全名，例如此处为 abcabc
        房间号码 []:                          //以下输入个人信息，可默认为空白
        工作电话 []:
        家庭电话 []:
        其他 []:
这些信息正确吗？[y/N]    y                    //确认以上个人信息无误后，输入 y，回车
root@jacky-desktop:~#                        //建立用户成功
```

使用该命令还可以创建一个系统用户，如下所示：

```
root@jacky-desktop:~# adduser --system --home /home/xyz --shell /bin/bash xyz
                //添加一个名为 xyz 的系统用户，指定其主目录为/home/xyz，其默认 shell 为 bash
正在添加系统用户 'xyz'(UID 113)...
正在将新用户 'xyz'(UID 113)添加到组'nogroup'...
创建主目录 '/home/xyz'...
root@jacky-desktop:~#                        //用户 xyz 添加成功
```

2．显示用户信息

finger 命令用于查找用户，并显示对应用户的相关信息。

语法：finger ［参数］［用户名］。

主要参数。

-l：列出该用户的账号名称、真实姓名、用户专属目录、默认 shell、登录时间、转信地址、电子邮件状态，还有计划文件和方案文件等内容。

-m：排除查找用户的真实姓名。

-s：列出该用户的账号名称、真实姓名、登录主机、闲置时间、登录时间以及地址和电话。

-p：列出该用户的账号名称、真实姓名、用户专属目录、登录所用的 shell、登录时间、转信地址、电子邮件状态，但不显示该用户的计划文件和方案文件内容。

如下所示：

```
root@jacky-desktop:~# finger -l jacky                //列出用户 jacky 的详细信息
Login: jacky                         Name: Jacky
Directory: /home/jacky               Shell: /bin/bash
On since Mon Mar 23 23:27 (CST) on tty7 from :0
   2 hours 56 minutes idle
On since Thu Mar 26 14:28 (CST) on pts/0 from :0.0
   2 hours 56 minutes idle
On since Thu Mar 26 20:26 (CST) on pts/1 from 192.168.0.208
No mail.
No Plan.
root@jacky-desktop:~# finger -s jacky                //列出用户 jacky 的信息，使用-s 参数
Login     Name       Tty      Idle  Login Time   Office     Office Phone
jacky     Jacky      tty7     2:58  Mar 23 23:27 (:0)
```

```
jacky      Jacky      pts/0     2:58  Mar 26 14:28 (:0.0)
jacky      Jacky      pts/1           Mar 26 20:26 (192.168.0.208)
```

可以看出，使用不同的参数，列出的用户信息的格式和内容不同。

3．更改用户密码

passwd 命令用于更改一个用户的密码。如果当前用户是一个普通用户，他只能更改自己的密码；如果当前用户是一个超级管理员，他能够更改系统中所有用户的密码。

语法：passwd ［参数］ ［用户名］。

主要参数。

-d：删除用户密码，将用户密码置为空。

-l：锁定用户，只有超级管理员可以使用。

-u：解锁用户，只有超级管理员可以使用。

-m，–mindays DAYS：密码使用的最短天数，只有超级管理员可以使用。

-x，–maxdays DAYS：密码使用的最长天数，只有超级管理员可以使用。

具体如下所示：

```
root@jacky-desktop:~# passwd abc          //更改用户 abc 的密码
输入新的 UNIX 口令：                        //输入用户的新密码，不回显
重新输入新的 UNIX 口令：                    //再次输入新密码以确认
passwd: 已成功更新密码
root@jacky-desktop:~# passwd -d abc       //删除用户 abc 的密码
密码已更改
```

4．修改用户登录信息

usermod 命令用于修改已添加到系统中的某个用户的登录名、主目录、默认 shell 等与登录相关的信息。

语法：usermod ［参数］ ［用户名］。

主要参数。

-d，–home DIR：修改用户登录时的主目录。

-e ＜有效期限＞：修改账号的有效期限。

-f ＜缓冲天数＞：修改在密码过期后多少天即关闭该账号。

-g ＜群组＞：修改用户所属的群组。

-G ＜群组＞：修改用户所属的附加群组。

-l ＜账号名称＞：修改用户账号名称。

-L：锁定用户密码，使密码无效。

-s：修改用户登录后所使用的 shell。

-u：修改用户 ID。

-U：解除密码锁定。

具体如下所示：

```
root@jacky-desktop:~# usermod -l abcd abc         //将用户 abc 改名为 abcd
root@jacky-desktop:~# finger abc                  //查找登录名为 abc 的用户
finger: abc: no such user.                        //登录名为 abc 的用户不存在
root@jacky-desktop:~# finger abcd                 //查找登录名为 abcd 的用户
Login: abcd                          Name: abcabc
Directory: /home/abc                 Shell: /bin/bash
Never logged in.
No mail.
```

```
No Plan.
root@jacky-desktop:~# usermod -l abc abcd          //将用户 abcd 改名为 abc
root@jacky-desktop:~# usermod -d /home/abcd abc    //修改用户 abc 的主目录为/home/abcd
root@jacky-desktop:~# finger abc                   //显示用户 abc 的信息
Login: abc                       Name: abcabc
Directory: /home/abcd            Shell: /bin/bash
//从 Directory 可以看出，用户 abc 的主目录被修改为/home/abcd
Never logged in.
No mail.
No Plan.
```

5．显示用户 ID

id 命令用于显示系统中某个用户的 UID、GID 等识别号信息。

语法：id ［参数］ ［用户名］。

主要参数。

-g：显示用户所属组的 ID。

-G：显示用户所属附加组的 ID。

-r：显示实际 ID。

-u：显示用户 ID。

如下所示：

```
root@jacky-desktop:~# id root                 //显示用户 root 的所有 ID
uid=0(root) gid=0(root) 组=0(root)
root@jacky-desktop:~# id -g root              //显示用户 root 的组 ID
0
root@jacky-desktop:~# id -G root              //显示用户 root 的所有组 ID
0
root@jacky-desktop:~# id -u jacky             //显示用户 jacky 的 UID
1000
```

6．修改用户个人信息

chfn 命令用于修改用户的基本个人信息，如真实姓名、电话号码、住址等。

语法：chfn ［参数］ ［用户名］。

主要参数。

-f<真实姓名>：修改用户真实姓名。

-h<家中电话>：修改家中的电话号码。

-r<房间号>：修改房间号。

-w<办公电话>：修改办公电话号码。

如下所示：

```
root@jacky-desktop:~# finger -l abc                       //查看用户 abc 的信息
Login: abc                       Name: abcabc
Directory: /home/abc             Shell: /bin/bash
Never logged in.
No mail.
No Plan.
root@jacky-desktop:~# chfn -f abcdefg abc                 //将用户 abc 的真实姓名改为 abcdefg
root@jacky-desktop:~# finger -l abc
Login: abc                       Name: abcdefg            //用户真实姓名已修改
Directory: /home/abc             Shell: /bin/bash
Never logged in.
No mail.
No Plan.
root@jacky-desktop:~# chfn -h 2226663 abc                 //设置用户 abc 的家庭电话号码
root@jacky-desktop:~# finger -l abc
```

用户及权限管理

```
Login: abc                              Name: abcdefg
Directory: /home/abc                    Shell: /bin/bash
Home Phone: 222-6663                                        //家庭电话号码已设置成功
Never logged in.
No mail.
No Plan.
```

7. 删除用户

完成删除用户功能的命令与添加用户相似，也有两个，分别是 userdel 和 deluser，后者在 Ubuntu 中使用较多。它们之间的区别与 useradd、adduser 之间的区别是一样的。本书以 deluser 为例讲解。

语法：deluser ［参数］ ［用户名］。

主要参数。

-ystem：仅当对应用户是一个系统用户时，才能删除。

-remove-home：删除用户的主目录。

-remove-all-files：删除与用户有关的所有文件。

-backup：备份用户信息。

如下所示：

```
root@jacky-desktop:~# deluser --remove-all-files abc        //删除用户 abc 以及一切和他相关
的文件
正在寻找要备份或删除的文件...
正在删除文件...
正在删除用户 'abc'...
警告：移除组 'abc'，因为没有其他用户是它的一部分
完成
```

5.2.3 组管理命令

针对用户组的管理，Ubuntu 也提供有相应的 shell 命令。这类命令与管理用户的命令相比，要简单得多。

1. 添加用户组

addgroup 命令是 Ubuntu 中常用的添加用户组的命令，当然，使用 groupadd 命令也可以完成此功能。但是 addgroup 可以提供一个人机对话过程，从而省去了记忆参数的麻烦。本书以 addgroup 为例讲解。

语法：addgroup ［参数］ ［用户组名］。

主要参数。

-gid：指定组 ID。

-system：添加一个系统用户组。

如下所示：

```
root@jacky-desktop:~# addgroup abc                  //添加一个普通用户组
正在添加组 'abc' (GID 1001)...
完成。
root@jacky-desktop:~# addgroup --system xxx         //添加一个系统用户组
正在添加组 'xxx' (GID 124)...
完成。
```

2. 显示组内用户

groups 命令用于显示某个组里包含的用户。

语法：groups ［用户组名］。

如下所示：

```
root@jacky-desktop:~# groups root              //显示用户组 root 内的用户
root
root@jacky-desktop:~# groups abc               //显示用户组 abc 内的用户
abc
```

3．修改用户组信息

groupmod 命令用于更改用户组的名称、ID 等信息。

语法：groupmod ［参数］ ［用户组名］。

主要参数。

-g <GID>：设置欲使用的组识别码。

-o：重复使用组识别码。

-n <GID>：设置欲使用的组名称。

如下所示：

```
root@jacky-desktop:~# groupmod -g 1002 abc     //更改用户组 abc 的 GID 为 1002
root@jacky-desktop:~# cat /etc/group | grep abc
                                               //利用 cat 命令在配置文件中查看组 abc 的信息
abc:x:1002:
root@jacky-desktop:~# groupmod -n abcd abc     //更改用户组 abc 的名称为 abcd
root@jacky-desktop:~# cat /etc/group | grep abc
                                               //利用 cat 命令在配置文件中查看组 abc 的信息
abcd:x:1002:
```

4．删除用户组

可用的命令仍然有两条，分别是 delgroup 和 groupdel，其区别与删除用户的两个命令一样，这里不再赘述。本书以 delgroup 命令为例讲解。

语法：delgroup ［参数］ ［用户组名］。

主要参数。

–only-if-emty：仅当该用户组内没有用户时才能被删除。

如下所示：

```
root@jacky-desktop:~# delgroup abc             //删除用户组 abc
正在删除组 'abc'...
完成。
```

5.3 权限管理

Ubuntu 在管理自己的用户和文件时，都是依靠权限体系来提高其安全性的。本节讲解与权限管理相关命令的使用方法，并利用这些方法合理地管理读者的文件权限。

5.3.1 权限概述

权限是指某一个用户或用户组能够使用系统资源的限制情况。root 管理员拥有系统的最高权限，即 root 能够完成对操作系统的任何配置、管理、修改。初次创建的用户拥有管理员的部分权限，而其他普通用户的权限最低。对于文件，通常分为 3 种权限，即读（r）、写（w）、修改（x）。读者利用 ls –l 命令可以查看关于文件权限及权限与用户和用户组的关系。如下所示：

```
jacky@jacky-desktop:~/Examples$ ls -l   //查看/home/jacky/Examples 目录下文件的详细信息
总用量 10876
-rw-r--r-- 1 root root 184905 2008-04-10 23:50 case_Contact.pdf
```

```
-rw-r--r-- 1 root root     56530 2008-04-10 23:50 case_howard_county_library.pdf
-rw-r--r-- 1 root root    363503 2008-04-10 23:50 case_KRUU.pdf
-rw-r--r-- 1 root root     57270 2008-04-10 23:50 case_OaklandUniversity.pdf
-rw-r--r-- 1 root root     55698 2008-04-10 23:50 case_oxford_archaeology.pdf
-rw-r--r-- 1 root root    133005 2008-04-10 23:50 case_Skegness.pdf
-rw-r--r-- 1 root root    332511 2008-04-10 23:50 case_Ubuntu_johnhopkins_v2.pdf
... ...
```

如同上面的代码所示，"-rw-r--r--"表明了权限与用户和用户组的关系，除了第 1 位表示文件类型以外，剩余的 9 位以 3 位为一组，分别表示文件归属用户的权限、归属用户组的权限、其他用户的权限。"root root"分别代表了文件的拥有者和该用户所归属的用户组。以文件 case_Contact.pdf 为例，其 3 类用户和对应权限的情况如下。

- 它的拥有者是 root 用户，对应的权限是"rw-"，对该文件具有读和写的权限。
- 与 root 用户同组的其他用户，对应的权限是"r–"，对该文件仅具有可读的权限。
- 其他用户，对应的权限是"r–"，对该文件仅具有可读的权限。

对于文件而言，可读权限是指可以查看其内容，可写权限是指能够修改其内容，可执行权限是指可以运行该文件。

对于文件夹而言，拥有可读权限，才能利用 ls 命令查看其文件列表，拥有可执行权限，才能进入该文件夹。

Ubuntu 的资源是严格按照这样的用户与权限的对应关系组织而成，如果相应的用户不具备相应的权限，便不能完成对应的功能。如上例，除 root 用户外，其他所有的用户都不具备对文件的写权限，表明其他用户不能对该文件进行修改和编辑。而所有的用户都不具备可执行的权限，说明该文件是一个非可执行文件。

之前讲到的 sudo 命令其实就是一个权限管理的例子，它可以让用户利用其他用户的身份来运行各种命令，从而可以拓展普通用户的权限含义，也为设置系统安全性提供了便利。

文件权限的表示方法，除了用上述的 r、w、x 表示以外，还可以用二进制数字表示，而且对于计算机操作系统本身而言，二进制才是最根本的表示方法，Linux 系统在识别文件及权限时，也是通过二进制数实现的。

一般来说，可以用 3 位的二进制数来描述一组权限，某一权限对应一个二进制位，如果该位为 1，表示具备相应的权限，如果该位为 0，表示不具备相应的权限。3 种权限的二进制表示方法如表 5-1 所示。

表 5-1　权限表示方法

字母表示	二进制表示	八进制表示
r	100	4
w	010	2
x	001	1

在表 5-1 中，每一个二进制数可以转换为一个八进制数。用二进制数来描述一组权限虽然非常直观，但是 3 组权限共需要用 9 个二进制数来表示，这为读者的使用带来了不便。因此，在表示权限时，通常使用八进制数，由于 3 个二进制数对应 1 个八进制数，那么描述一个文件或文件夹的 3 组权限时，只需要使用 3 个八进制数就足够了。

将 3 个八进制数相加，即可表示每一组权限的具体内容，如表 5-2 所示。

表 5-2 权限类型的数字表示法

权限	数字表示
r–	4
-w-	2
–x	1
rw-	6
r-x	5
-wx	3
rwx	7

如表 5-2 所示,例如权限为 rwx,每一位分别对应的八进制数依次分别为 4、2、1,将这 3 个数相加,4+2+1=7,所以用 7 可以表示文件具有 rwx 权限。推而广之,如果某文件的权限为 rw-r-xr–,那么用八进制数表示则为 651。

此外,如果仍然使用 r、w、x 表示权限,还可以用 a、u、g、o 表示文件归属关系,使用=、+、–表示权限的变化。具体的表示方法如表 5-3 所示。

表 5-3 权限的字母表示法

字母	含义
r	可读权限
w	可写权限
x	可执行权限
a	所有用户
u	归属用户
g	归属组
o	其他用户
=	具备权限
+	添加某权限
-	去除某权限

对于表 5-3 所示的表示方法,列举如下几个例子说明。

- a+x:对所有用户添加可执行权限。
- go-x:对归属组和其他用户,去除原有的可执行权限。
- u=rxw:对于归属用户,具备可读、可写、可执行权限。

5.3.2 常用权限管理命令

利用 shell 命令,可以方便地查看到文件或文件夹的权限,也可以方便地对权限作出修改,还可以对文件所属用户及群组进行修改。

1. chmod

该命令用于修改文件或文件夹的权限。使用时,权限的表示方法可以使用数字表示法,也可以使用字母表示法。

用户及权限管理

语法：chmod ［参数］ ［文件名/目录名］。

主要参数。

-c：效果类似"-v"参数，但仅回报更改的部分。

-f：不显示错误信息。

-R：递归处理，将指定目录下的所有文件及子目录一并处理。

-v：显示指令执行过程。

首先介绍用字母形式表示权限时，命令的用法如下所示：

```
root@jacky-desktop:~# ls -l                          //查看当前目录的文件详细信息
总用量 24
-rw-r--r-- 1 root root   73 2009-04-19 23:19 a.c
-rw-r--r-- 1 root root   89 2009-04-20 02:38 b.c
-rw-r--r-- 1 root root  108 2009-04-20 02:38 c.c
-rw-r--r-- 1 root root  177 2009-04-20 02:39 d.c
-rw-r--r-- 1 root root  151 2009-04-20 02:39 e.c
drwxr-xr-x 2 root root 4096 2009-04-20 02:40 test
root@jacky-desktop:~# chmod u+x a.c                  //对a.c文件的归属用户增加可执行权限
root@jacky-desktop:~# ls -l a.c
-rwxr--r-- 1 root root 73 2009-04-19 23:19 a.c       //权限已经修改
root@jacky-desktop:~# chmod a+w c.c                  //对c.c文件的所有用户增加可写权限
root@jacky-desktop:~# ls -l c.c
-rw-rw-rw- 1 root root 108 2009-04-20 02:38 c.c      //权限已经修改
root@jacky-desktop:~# chmod o-w c.c                  //对c.c文件的其他用户删去可写权限
root@jacky-desktop:~# ls -l c.c
-rw-rw-r-- 1 root root 108 2009-04-20 02:38 c.c      //权限已经修改
root@jacky-desktop:~# chmod g+wx d.c                 //对d.c文件的归属组同时增加可写和可
//执行权限
root@jacky-desktop:~# ls -l d.c
-rw-rwxr-- 1 root root 177 2009-04-20 02:39 d.c      //权限已经修改
```

可以用数字表示法表示权限，使用chmod命令同样可以完成此功能，如下所示：

```
root@jacky-desktop:~# chmod -c 765 b.c               //将文件b.c的权限设置为765，即
//rwxrw-r-x，使用-c参数，可以看见被修改的结果
"b.c" 的权限模式已更改为 0765 (rwxrw-r-x)
root@jacky-desktop:~# ls -l b.c
-rwxrw-r-x 1 root root 89 2009-04-20 02:38 b.c
```

使用chmod命令，还可以对文件夹的权限进行修改，如下所示：

```
root@jacky-desktop:~# ls -l
总用量 24
-rwxr--r-- 1 root root   73 2009-04-19 23:19 a.c
-rwxrw-r-x 1 root root   89 2009-04-20 02:38 b.c
-rw-r--r-- 1 root root  108 2009-04-20 02:38 c.c
-rw-r--r-- 1 root root  177 2009-04-20 02:39 d.c
-rw-r--r-- 1 root root  151 2009-04-20 02:39 e.c
drwxr-xr-x 2 root root 4096 2009-04-20 02:40 test
root@jacky-desktop:~# chmod 777 test                 //修改目录test的权限为777，即所有
//用户都拥有可读、可写、可执行权限
root@jacky-desktop:~# ls -l
总用量 24
-rwxr--r-- 1 root root   73 2009-04-19 23:19 a.c
-rwxrw-r-x 1 root root   89 2009-04-20 02:38 b.c
-rw-r--r-- 1 root root  108 2009-04-20 02:38 c.c
-rw-r--r-- 1 root root  177 2009-04-20 02:39 d.c
-rw-r--r-- 1 root root  151 2009-04-20 02:39 e.c
drwxrwxrwx 2 root root 4096 2009-04-20 02:40 test    //目录test的权限已经被修改
```

利用**-R**参数，可以实现对目录下文件权限的递归修改，如下所示：

```
root@jacky-desktop:~# ls -l test/                    //查看test目录下文件的详细信息
```

```
//总用量 12
-rw-r--r-- 1 root root  73 2009-04-20 02:39 hello.c
-rw-r--r-- 1 root root 108 2009-04-20 02:40 mobile.c
-rw-r--r-- 1 root root  89 2009-04-20 02:40 work.c
root@jacky-desktop:~# chmod -cR 755 test/          //将test目录下所有文件的权限改为
//755，包括该目录本身，使用-c参数显示修改结果
"test/" 的权限模式已更改为 0755 (rwxr-xr-x)
"test/mobile.c" 的权限模式已更改为 0755 (rwxr-xr-x)
"test/hello.c" 的权限模式已更改为 0755 (rwxr-xr-x)
"test/work.c" 的权限模式已更改为 0755 (rwxr-xr-x)
root@jacky-desktop:~# ls -l test                   //查看目录test下文件的详细信息
//总用量 12
-rwxr-xr-x 1 root root  73 2009-04-20 02:39 hello.c
-rwxr-xr-x 1 root root 108 2009-04-20 02:40 mobile.c
-rwxr-xr-x 1 root root  89 2009-04-20 02:40 work.c  //权限全部被修改
```

2．chown

该命令用于修改文件或目录的归属用户或归属组。

语法：chown　［参数］　［用户名.<组名>］　［文件名/目录］

说明：［用户名.<组名>］是指欲将文件的归属用户或组修改为哪一个用户或组。用户名和组名用圆点分开，其中组名或用户名中的任何一个都可以省略。例如只写用户名，表示只修改归属用户，而归属组不变。在使用时，要确保用户或组已经存在，否则会出错。

主要参数。

-c：效果类似"-v"参数，但仅回报更改的部分。

-f：不显示错误信息。

-h：只对符号连接的文件作修改，而不更动其他任何相关文件。

-R：递归处理，将指定目录下的所有文件及子目录一并处理。

-v：显示指令执行过程。

利用该命令，可以只修改文件的归属用户，如下所示：

```
root@jacky-desktop:~# ls -l                        //查看当前目录下文件的详细信息
总用量 24
-rw-r--r-- 1 root root  73 2009-04-19 23:19 a.c
-rw-r--r-- 1 root root  89 2009-04-20 02:38 b.c
-rw-r--r-- 1 root root 108 2009-04-20 02:38 c.c
-rw-r--r-- 1 root root 177 2009-04-20 02:39 d.c
-rw-r--r-- 1 root root 151 2009-04-20 02:39 e.c
drwxr--r-- 2 root root 4096 2009-04-20 02:40 test
root@jacky-desktop:~# chown jacky a.c              //修改a.c文件的归属用户为jacky
root@jacky-desktop:~# ls -l a.c
-rw-r--r-- 1 jacky root 73 2009-04-19 23:19 a.c    //归属用户已经改变
```

可以只修改文件的归属组，如下所示：

```
root@jacky-desktop:~# ls -l b.c                    //查看b.c文件的详细信息
-rw-r--r-- 1 root root 89 2009-04-20 02:38 b.c     //归属用户为root，归属组为root
root@jacky-desktop:~# chown -v .jacky b.c          //修改b.c文件的归属组为jacky
"b.c" 的所有者已更改为 :jacky
root@jacky-desktop:~# ls -l b.c
-rw-r--r-- 1 root jacky 89 2009-04-20 02:38 b.c    //归属组已经修改，归属用户仍保持不变
```

如果需要同时修改归属用户和组，则如下所示：

```
root@jacky-desktop:~# ls -l c.c                    //查看c.c文件的详细信息
-rw-r--r-- 1 root root 108 2009-04-20 02:38 c.c    //归属用户为root，归属组为root
root@jacky-desktop:~# chown -c jacky.jacky c.c     //同时改变c.c文件的归属用户和用户组
"c.c" 的所有者已更改为 jacky:jacky
```

```
root@jacky-desktop:~# ls -l c.c
-rw-r--r-- 1 jacky jacky 108 2009-04-20 02:38 c.c          //归属用户和归属组都已经修改
```
与 chmod 命令类似，该命令也可用于实现对文件夹的递归处理，如下所示：
```
root@jacky-desktop:~# ls -l test                           //查看test目录下文件的详细信息
//总用量 12
-rwxr--r-- 1 root root  73 2009-04-20 02:39 hello.c
-rwxr--r-- 1 root root 108 2009-04-20 02:40 mobile.c
-rwxr--r-- 1 root root  89 2009-04-20 02:40 work.c  //所有文件的归属用户为root,归属组为root
root@jacky-desktop:~# chown -cR jacky test          //递归修改test目录中所有文件的归属
//用户为jacky，包括目录本身
"test/mobile.c" 的所有者已更改为 jacky
"test/hello.c" 的所有者已更改为 jacky
"test/work.c" 的所有者已更改为 jacky
"test" 的所有者已更改为 jacky
root@jacky-desktop:~# ls -l test
总用量 12
-rwxr--r-- 1 jacky root  73 2009-04-20 02:39 hello.c
-rwxr--r-- 1 jacky root 108 2009-04-20 02:40 mobile.c
-rwxr--r-- 1 jacky root  89 2009-04-20 02:40 work.c        //归属用户已经修改
```

3. chgrp

该命令专门用来修改文件或目录的归属组。

语法：**chgrp** ［参数］ ［组名］ ［文件/目录名］。

主要参数。

-**c**：效果类似 "-v" 参数，但仅回报更改的部分。

-**f**：不显示错误信息。

-**h**：只对符号连接的文件作修改，而不更动其他任何相关文件。

-**R**：递归处理，将指定目录下的所有文件及子目录一并处理。

-**v**：显示指令执行过程。

先举例说明修改一个文件的归属组，如下所示：
```
root@jacky-desktop:~# ls -l a.c                            //查看a.c文件详细信息
-rw-r--r-- 1 jacky root 73 2009-04-19 23:19 a.c            //归属用户组为root
root@jacky-desktop:~# chgrp -c jacky a.c                   //修改a.c文件的归属组为jacky
"a.c" 的所属组已更改为 jacky
root@jacky-desktop:~# ls -l a.c
-rw-r--r-- 1 jacky jacky 73 2009-04-19 23:19 a.c           //用户组已修改
```
该命令还可用于批量修改文件的归属组，如下所示：
```
root@jacky-desktop:~# ls -l b.c c.c                        //查看b.c和c.c文件的详细信息
-rw-r--r-- 1 root  jacky  89 2009-04-20 02:38 b.c
-rw-r--r-- 1 jacky jacky 108 2009-04-20 02:38 c.c          //归属组均为jacky
root@jacky-desktop:~# chgrp -c root b.c c.c                //同时改变b.c和c.c文件的归属组root
"b.c" 的所属组已更改为 root
"c.c" 的所属组已更改为 root
root@jacky-desktop:~# ls -l b.c c.c
-rw-r--r-- 1 root  root  89 2009-04-20 02:38 b.c
-rw-r--r-- 1 jacky root 108 2009-04-20 02:38 c.c           //归属组已经修改
```
该命令同样可用于对目录进行递归操作，如下所示：
```
root@jacky-desktop:~# ls -l test                           //查看test目录的文件详细信息
//总用量 12
-rwxr--r-- 1 jacky root  73 2009-04-20 02:39 hello.c
-rwxr--r-- 1 jacky root 108 2009-04-20 02:40 mobile.c
-rwxr--r-- 1 jacky root  89 2009-04-20 02:40 work.c        //归属组都是root
root@jacky-desktop:~# chgrp -cR jacky test                 //使用-R参数，递归修改test目
```

Ubuntu Linux 从入门到精通

```
//录下文件的归属组，包括文件夹本身
"test/mobile.c" 的所属组已更改为 jacky
"test/hello.c" 的所属组已更改为 jacky
"test/work.c" 的所属组已更改为 jacky
"test" 的所属组已更改为 jacky
root@jacky-desktop:~# ls -l test
总用量 12
-rwxr--r-- 1 jacky jacky  73 2009-04-20 02:39 hello.c
-rwxr--r-- 1 jacky jacky 108 2009-04-20 02:40 mobile.c
-rwxr--r-- 1 jacky jacky  89 2009-04-20 02:40 work.c          //归属组已经修改
```

5.4 课后练习

1．Ubuntu 系统中的用户一般可分为哪些类型？
2．初次创建的用户与普通用户相比，有什么特点？
3．利用图形化工具添加一个用户，添加一个组。
4．root 用户、初次创建的用户、登录系统后创建的第 1 个用户，他们的用户 UID 和组 GID 分别是多少？
5．如何利用配置文件查看用户信息？
6．配置文件/etc/passwd 和/etc/shadow 中，对密码的表示有什么区别？
7．利用 shell 命令添加一个用户，添加一个组，记录用户的主目录路径，然后删除该用户和他的主目录。
8．权限的表示方法有哪些？
9．利用 Shell 命令对自定义的文件及目录进行权限设置。
10．文件/etc/passwd 的归属用户是什么？利用 Shell 命令将他修改为系统中的任意一个其他用户，然后切换到该用户模式，是否能查看该文件的内容？操作后，将其归属用户改为原样。

第 6 章 磁盘管理

Linux 操作系统对磁盘的管理方式与 Windows 相比，有着显著的区别。Ubuntu 作为 Linux 家族的一员，有着所有 Linux 系统对磁盘管理的共有特点，也有着自己的独特之处。Ubuntu 对磁盘的管理方式和策略方便了计算机用户更有效、更合理、更方便地使用磁盘空间，并且从系统安全的角度出发，Ubuntu 比 Windows 有着更加强健的安全策略。

本章第 1 节介绍 Ubuntu 磁盘管理基础知识，包括分区的基本概念，分区的规划方案，磁盘管理的方法等。

第 2 节介绍在 Ubuntu 中如何挂载和卸载分区，掌握这一方法，读者可以从本质上形成对 Ubuntu 及其他 Linux 操作系统的分区管理的概念。

6.1 磁盘管理基础

Ubuntu 有着自己相对独特的磁盘管理体系，这和其他 Linux 类系统非常相似，与 Windows 操作系统有较大的区别。本节对比 Ubuntu 和 Windows 两种操作系统在管理磁盘设备时的异同，介绍在 Ubuntu 中规划磁盘分区的方案，讲解在进行磁盘管理的过程中常用的 shell 命令。

6.1.1 硬盘分区基本知识

对于熟悉 Windows 操作系统的用户而言，经常会遇到"分区"的概念。然而，在任何"类 Linux"操作系统中，如 Ubuntu，并没有如同 Windows 中的"分区"这个概念，它们采用"挂载点"取代"分区"的概念。

"挂载点"的意思就是：把一部分硬盘容量"分"成一个文件夹的形式，用来干一些事情，这个文件夹的名字就叫做"挂载点"。所以，Linux 和 Windows 有着本质上的区别。在任何一个 Linux 发行版系统里，用户绝对不会看到 C 盘、D 盘、E 盘这样的标识符，能看到的只有"文件夹"形式存在的"挂载点"。

本书第 4 章在讲解文件系统管理时，已经介绍过 Ubuntu 主要的几个目录，如/、/boot、/home、/root 等，其实每个文件夹对应的就是一个挂载点。

在 Windows 中，同一张硬盘可以被划分为不同的分区。一般人通常都喜欢把硬盘分割成 C 区和 D 区，若需要重新安装系统，就会把所有的数据和文件都放在 D 区，只要把系统 C 区格式化删除，再重装系统，数据就不用备份，可以很容易地完成重装且保存数据。在 Ubuntu 中也是一样，不同的挂载点分别存放着不同的文件，这对于系统的安全和可维护性都有好处。

硬盘在记录所谓"分区"的情况时，会在主扇区创建一张硬盘分区表，这一点 Ubuntu 和 Windows 是相同的。分区的类型实质上有两种：一个是主分区（Primary），另一个是扩展分区（Extend）。

主分区最多可以有 3 个，而扩展分区最多只能规划为 1 个，其实扩展分区并不能直接使用，它还需要被划分为若干个逻辑分区（Logic），逻辑分区的个数最多可以存在 12 个。因此，一张硬盘可划分为 15 个分区，即 15 个挂载点。表 6-1 解释了不同类型挂载点的功能。

表 6-1　不同类型挂载点的功能

类　　型	功　　能
Primary	可以直接格式化存储文件
Extend	不能直接使用，必须划分为 Logic 分区
Logic	可以直接格式化存储文件，依赖于 Extend 之下。磁盘别名在 hda5 以后

注意：以上划分是以 IDE 硬盘为例。

通过查看配置文件/etc/fstab，可以详细了解 Ubuntu 中硬盘分区的情况及别名，如下所示：

```
root@jacky-desktop:~# cat /etc/fstab
# /etc/fstab: static file system information.
#
# <file system> <mount point>   <type>  <options>       <dump>  <pass>
proc            /proc           proc    defaults        0       0
# /dev/sda1
UUID=da0ad461-061c-4b12-83a5-1f3f18ab1bb9 /     ext3    relatime,errors=remount-ro 0 1
# /dev/sda5
UUID=6fec849c-d4b7-405a-b67e-673152afe115 none  swap    sw              0       0
/dev/scd0       /media/cdrom0   udf,iso9660 user,noauto,exec,utf8 0     0
/dev/fd0        /media/floppy0  auto    rw,user,noauto,exec,utf8 0      0
/root/swapfile  none            swap    sw      default 0       0
```

由于本书使用的 Ubuntu 是运行于虚拟机中的，因此看到的该文件信息与直接将 Ubuntu 安装在硬盘上的用户不同。但无论如何，其表示方法是类似的，都是以/dev/文件夹下的一个文件夹表示一个分区。

使用虚拟机安装的用户，根据本书第 1 章的方法安装后，看到的/etc/fstab 文件信息如上所示。这里并没有实际的硬盘，而主分区或称为主挂载点的别名是/dev/sda1，即 "/" 挂载点。文件信息中的/dev/sda5 表示逻辑分区，此处有两个虚拟的设备，一个是/dev/scd0，表示光驱；另一个是/dev/fd0，表示软驱。SWAP 交换分区被挂载至/root/swapfile。

直接将 Ubuntu 安装在硬盘上的用户，可以看到硬盘分区的别名格式如下所示：

```
/dev/hda1
/dev/hda2
/dev/hda3
/dev/hda4
/dev/hda5
/dev/sdb1
```

其中，/dev/后面的部分表示一个具体的分区，hd 表示 IDE 硬盘，sd 表示 SATA 硬盘或者其他的外部设备，had 中的第 3 位字母 a 表示这是该类型接口上的第 1 个设备。每一个 IDE 接口可以允许有两个设备，一个为主设备，另一个为从设备，可以分别用 hda、hdb 表示第 1 个 IDE 接口上的两个设备。

/dev/hda1～/dev/hda4 都表示主分区，/dev/hda5 表示该硬盘上的第 1 个逻辑分区。在 Ubuntu 中为了避免出现不必要的混乱，分区的顺序是不能随意改变的，分区的别名或标识由它们在硬盘中的位置决定。

6.1.2 磁盘分区规划方案

根据机器的不同使用领域，或要完成不同的主要任务，在规划磁盘空间的时候可以有多种方案。本小节对几种常用类型作一个推荐方案，读者可以根据自己的实际需要参考配置。

在介绍方案前，以 IDE 硬盘空间为 80GB、内存为 512MB 的机器为例，读者根据自己电脑的硬件配置情况，按比例增减即可。以下介绍入门级、进阶使用、服务器常用的硬盘空间分区规划方案，这些都只是推荐方案，也就是目前用得比较多的配置方案，读者可以根据自己的需求来决定。

表 6-2 为入门级系统对硬盘分区规划的方案，表 6-3 为进阶级系统对硬盘分区规划的方案，表 6-4 为服务器系统对硬盘分区规划的方案。

表 6-2 入门级操作系统硬盘规划方案

挂载点	分区名	说 明	容 量
/	/dev/hda1	根分区，必备	79.5GB
SWAP	/dev/hda2	交换分区	512MB

表 6-3 进阶级操作系统硬盘规划方案

挂载点	分区名	说 明	容 量
/	/dev/hda1	根分区	15GB
/boot	/dev/hda2	引导区，存放开机相关的核心文件	128MB
/home	/dev/hda3	个人用户主目录，独立成一个分区，在重新安装操作系统时，可保留个人数据	64GB
SWAP	/dev/hda4	交换分区	512MB

表 6-4 服务器系统硬盘规划方案

挂载点	分区名	说 明	容 量
/	/dev/hda1	根分区	15GB
/boot	/dev/hda2	引导区，存放开机相关的核心文件	128MB
/home	/dev/hda3	个人用户主目录，独立成一个分区，在重新安装操作系统时，可保留个人数据	64GB
	/dev/hda4	扩展分区，不能直接使用，需要细分为逻辑分区再使用	18GB
/var/log	/dev/hda5	存放日志信息文件，独立为一个分区，方便查询	2GB
/var/spool	/dev/hda6	电子邮件等队列存放的目录，独立为一个分区，不受影响	15GB
SWAP	/dev/hda7	交换分区	1GB

6.1.3 磁盘管理方法

本小节讲解与磁盘管理相关的一系列 shell 命令的使用方法，其中有些命令是可以用在安装 Ubuntu 时进行分区控制和格式化分区的。

1．磁盘分区命令 fdisk

用于硬盘分区，它采用传统的问答式界面。

语法：fdisk ［参数］。

主要参数。

-b<分区大小>：指定每个分区的大小。

-l：列出指定的外围设备的分区表状况。

-s<分区编号>：将指定的分区大小输出到标准输出上，单位为区块。

-u：搭配 "-l" 参数列表，会用分区数目取代柱面数目，来表示每个分区的起始地址。

在安装 Ubuntu 时，可以用该命令对硬盘进行分区，如下所示：

```
root@jacky-desktop:~# fdisk /dev/hda        //对 IDE 硬盘进行分区
root@jacky-desktop:~# fdisk /dev/sdb        //对 SCSI 硬盘进行分区
```

在进行分区时，常用的子命令如下。

p：显示现有分区。

n：建立分区。

t：更改分区类型。

d：删除分区。

a：更改分区启动标志。

w：对分区的更改写入硬盘并退出。

q：不保存更改退出。

此外，该命令还常常用于列出磁盘分区信息，如下所示：

```
root@jacky-desktop:~# fdisk -l                    //列出当前操作系统的磁盘分区信息

Disk /dev/sda: 8589 MB, 8589934592 bytes          //主分区大小为 8589MB
255 heads, 63 sectors/track, 1044 cylinders
Units = cylinders of 16065 * 512 = 8225280 bytes
Disk identifier: 0x000b8bf5

   Device Boot      Start         End      Blocks   Id  System
/dev/sda1   *           1         993     7976241   83  Linux
/dev/sda2             994        1044      409657+   5  Extended
/dev/sda5             994        1044      409626   82  Linux swap / Solaris
```

对于不同的机器，使用该命令看到的信息不一致。以笔者的机器为例，当前的主设备是 /dev/sda，大小为 8589MB，共有 3 个分区：sda1、sda2、sda5。

2．建立文件系统命令 mkfs

该命令类似于 Windows 中的 format，也就是针对某一分区，在它上面创建一个新的文件系统，或者可以看作是将该分区的文件系统格式化为指定的格式。在安装 Ubuntu 时，常常用在 fdisk 命令之后。在使用 Ubuntu 的过程中，如果要改变某一分区的文件系统格式，就必须先做好目标分区的文件的备份工作，再使用该命令。

语法：mkfs ［参数］ ［-t 文件系统类型］ ［分区名称］。

主要参数。

fs：指定建立文件系统时的参数。

-V：显示版本信息和简要的使用方法，主要用于测试。

-v：显示版本信息和详细的使用方法。

如下所示：

```
root@jacky-desktop:~# mkfs -v                     //显示命令使用方法
Usage: mkfs.ext2 [-c|-l filename] [-b block-size] [-f fragment-size]
        [-i bytes-per-inode] [-I inode-size] [-J journal-options]
        [-N number-of-inodes] [-m reserved-blocks-percentage] [-o creator-os]
        [-g blocks-per-group] [-L volume-label] [-M last-mounted-directory]
        [-O feature[,...]] [-r fs-revision] [-E extended-option[,...]]
        [-T fs-type] [-jnqvFSV] device [blocks-count]

root@jacky-desktop:~# mkfs -V                     //显示版本信息
mkfs (util-linux-ng 2.13.1)

root@jacky-desktop:~# mkfs -t ext3 /dev/sda3      //将/dev/sda3 的文件系统建立为 ext3 类型
```

3．设置交换分区命令 mkswap

语法：mkswap ［参数］ ［设备或分区名称］ ［交换分区大小］。

主要参数。

-c：在建立交换分区前，检查块设备是否有损坏，如果有，将打印出来。

- **-f**：在 SPARC 机器上建立交换分区时使用。
- **-v0**：建立旧式的交换分区。
- **-v1**：建立新式的交换分区。

[交换分区大小] 的单位是 1KB 字节，即 1024 字节。

如下所示：

```
root@jacky-desktop:~# mkswap -c -v1 /dev/sda5 102400        // 在 /dev/sda5 建立大小为
100MB 的交换分区，建立前先检查是否有损坏的区块
```

4. 显示磁盘信息命令 df

语法：df ［参数］ ［设备或区块］。

主要参数。

- **-a**：包含全部的文件系统。
- **--block-size=<区块大小>**：以指定的区块大小来显示区块数目。
- **-h**：以可读性较高的方式来显示信息。
- **-H**：与 -h 参数相同，但在计算时是以 1000 Bytes 为换算单位，而非 1024 Bytes。
- **-i**：显示 inode 的信息。
- **-k**：指定区块大小为 1024 字节。
- **-l**：仅显示本地端的文件系统。
- **-m**：指定区块大小为 1048576 字节。
- **-P**：使用 POSIX 的输出格式。
- **-t <文件系统类型>**：仅显示指定文件系统类型的磁盘信息。
- **-T**：显示文件系统的类型。
- **-x <文件系统类型>**：不要显示指定文件系统类型的磁盘信息。
- **--help** 显示帮助。

如下所示：

```
root@jacky-desktop:~# df -a            //显示所有的磁盘信息
文件系统           1K-块      已用       可用 已用% 挂载点
/dev/sda1        7913216   2519676   4994728  34% /
proc                   0         0         0    - /proc
/sys                   0         0         0    - /sys
varrun            257788       108    257680   1% /var/run
varlock           257788         0    257788   0% /var/lock
udev              257788        44    257744   1% /dev
devshm            257788        12    257776   1% /dev/shm
devpts                 0         0         0    - /dev/pts
lrm               257788     38684    219104  16% /lib/modules/2.6.24-19-generic/volatile
securityfs             0         0         0    - /sys/kernel/security
gvfs-fuse-daemon       0         0         0    - /home/jacky/.gvfs
root@jacky-desktop:~# df -l                    //仅显示本地的文件系统信息
文件系统           1K-块      已用       可用 已用% 挂载点
/dev/sda1        7913216   2519676   4994728  34% /
varrun            257788       108    257680   1% /var/run
varlock           257788         0    257788   0% /var/lock
udev              257788        44    257744   1% /dev
devshm            257788        12    257776   1% /dev/shm
lrm               257788     38684    219104  16% /lib/modules/2.6.24-19-generic/volatile
root@jacky-desktop:~# df -i            //显示索引结点信息
文件系统          Inode (I)已用 (I)可用 (I)已用% 挂载点
/dev/sda1        499712    113866    385846  23% /
varrun            64447        59     64388   1% /var/run
varlock           64447         1     64446   1% /var/lock
udev              64447      2819     61628   5% /dev
```

```
devshm                64447           2      64445    1% /dev/shm
lrm                   64447          19      64428    1% /lib/modules/2.6.24-19-generic/volatile
root@jacky-desktop:~# df -t ext3                //显示系统中ext3类型的分区信息
文件系统             1K-块          已用        可用 已用% 挂载点
/dev/sda1           7913216     2519676     4994728   34% /
```

5．显示目录的容量 du

语法：du ［参数］ ［目标目录］。

主要参数。

-a：显示目录中所有文件的大小。

-b：显示目录或文件大小时，以 **Byte** 为单位。

-c：除了显示个别目录或文件的大小外，同时也显示所有目录或文件的总和。

-D：显示指定符号连接的源文件大小。

-h：以 K、M、G 为单位，提高信息的可读性。

-H：与-h 参数相同，但是 K、M、G 是以 1000 为换算单位。

-k：以 1024 字节为单位。

-l：重复计算硬件连接的文件。

-L：显示选项中所指定符号连接的源文件大小。

-m：以 1MB 为单位。

-s：仅显示总计。

-S：显示个别目录的大小时，并不包含其子目录的大小。

-x：以一开始处理时的文件系统为准，若遇上其他不同的文件系统目录则略过。

-X：在<文件>指定目录或文件。

如下所示：

```
root@jacky-desktop:~# du -a /root             //显示/root目录下每个文件的大小，以K为单位
4.0K    /root/.recently-used.xbel
0       /root/.gconfd/saved_state
4.0K    /root/.gconfd
4.0K    /root/.gconf
8.0K    /root/.bash_history
4.0K    /root/.mozilla
4.0K    /root/a.c
4.0K    /root/.chewing/uhash.dat
8.0K    /root/.chewing
8.0K    /root/.viminfo
4.0K    /root/b.c
4.0K    /root/.synaptic/synaptic.conf
0       /root/.synaptic/lock.non-interactive
4.0K    /root/.synaptic/log/2009-03-24.230901.log
4.0K    /root/.synaptic/log/2009-03-25.030414.log
4.0K    /root/.synaptic/log/2009-03-25.011620.log
16K     /root/.synaptic/log
0       /root/.synaptic/lock
0       /root/.synaptic/options
24K     /root/.synaptic
4.0K    /root/.wapi
4.0K    /root/.profile
4.0K    /root/.rnd
4.0K    /root/.scim/pinyin/pinyin_phrase_index
0       /root/.scim/pinyin/pinyin_phrase_lib
204K    /root/.scim/pinyin/pinyin_table
0       /root/.scim/pinyin/phrase_lib
212K    /root/.scim/pinyin
```

Ubuntu Linux 从入门到精通

```
4.0K    /root/.scim/sys-tables
220K    /root/.scim
4.0K    /root/.dbus/session-bus/a980aa904e30fe1c89c8d71949a9062c-0
8.0K    /root/.dbus/session-bus
12K     /root/.dbus
4.0K    /root/.bashrc
4.0K    /root/.gnome2_private
4.0K    /root/.gnome2/accels
4.0K    /root/.gnome2/yelp
4.0K    /root/.gnome2/network-admin-locations
16K     /root/.gnome2
344K    /root

root@jacky-desktop:~# du -s /root        //仅仅显示/root 目录的总大小
344     /root
```

6.2 挂载与卸载分区

学习了 Ubuntu 的磁盘管理基础知识后，本节讲解挂载及卸载包括磁盘在内的各种常见设备的方法，这些方法主要涉及 shell 命令中的 mount 和 umount 两个命令的使用。

6.2.1 挂载与卸载分区的方法

1. 挂载的基础知识

通过对前一节的学习，读者已经认识到在 Ubuntu 中，所谓分区的概念，其实就是挂载点的含义。在 Ubuntu 中，可以将所有的设备都看作是一个文件，要使用某个设备或某个文件之前，都必须先将其挂载到系统中。挂载的含义就是把磁盘的内容放到某一个目录下。本小节介绍常用的各种文件系统的挂载方法。

在 Windows 中，文件系统格式主要有 FAT 和 NTFS 两种，而在 Ubuntu 中，文件系统格式分类更加细致，除了第 4 章中讲到的 EXT2、EXT3 外，针对不同的设备或硬盘分区，都有不同的格式要求，在进行挂载操作时，都必须按照相应的格式及别名进行。

表 6-5 是 Ubuntu 系统中常用的挂载文件系统的格式及说明。

表 6-5 Ubuntu 挂载文件格式

格 式	说 明
minix	Linux 最早的文件系统
jfs	IBM 技术
xfs	SGI 技术（适用于服务器，桌面用户慎用）
ext3	Linux 传统文件系统
vfat	FAT/FAT32，Windows 的文件系统
ext2	不带日志的 ext3
ntfs	Windows NT 的文件系统
iso9660	CD-ROW 光驱文件系统
smbfs	Windows 文件共享
nfs	网络文件系统

需要说明的是，在进行挂载操作时，目标所指定的目录一定要在挂载前创建，或在挂载前就已经存在，但它不一定为空。在进行挂载后，如果目标所对应的目录中原本已经有一些文件，那么这些旧的文件将不能再使用，除非卸载掉该目录上已经挂载的文件系统。

2．挂载方法详述

挂载时，主要使用 mount 命令进行操作。操作时，需要指定需挂载的文件系统的类型、名称、目的地目录。

Mount 命令标准语法：

mount ［参数］ -t ［类型］ ［设备名称］ ［目的地目录］。

常用参数。

-V：显示程序版本。

-h：显示辅助信息。

-v：显示执行时的详细信息，通常和-f 一起用来除错。

-a：将/etc/fstab 中定义的所有档案系统挂上。

-F：这个命令通常和-a 一起使用，它会为每一个 mount 的动作产生一个行程负责执行。在系统需要挂上大量 NFS 档案系统时，可以加快挂上的动作。

-f：通常用来除错。它会使 mount 并不执行实际挂上的动作，而是模拟整个挂上的过程，通常会和-v 一起使用。

-n：一般而言，mount 在挂上后会在/etc/mtab 中写入一笔资料。但在系统中没有可写入档案系统存在的情况下，可以用这个选项取消这个动作。

-s-r：等于-o ro。

-w：等于-o rw。

-L：将含有特定标签的硬盘分割挂上。

-U：将档案分割序号为某一个号数的档案系统挂下。-L 和-U 必须在/proc/partition 这种档案存在时才有意义。

-t：指定档案系统的型态。通常不必指定，mount 会自动选择正确的型态。

-o ro：用只读模式挂上。

-o rw：用可读写模式挂上。

-o loop：使用 loop 模式用来将一个档案当成硬盘分割挂上系统。

为了不影响系统中的原有文件系统，挂载前通常需要创建一个挂载点，也即是创建一个目录，为了便于查询和归类，通常将新建的挂载点放置在/mnt 目录下。如下所示：

```
root@jacky-desktop:~# ls /mnt              //查看/mnt 目录内容
root@jacky-desktop:~#
root@jacky-desktop:~# mkdir /mnt/tmp       //在/mnt 目录下创建一个名为 tmp 的挂载点
root@jacky-desktop:~# ls /mnt
tmp                                        //tmp 挂载点已经创建
```

针对已经创建的挂载点，可以将任何一种类型的设备或硬盘分区挂载到挂载点。如下所示：

```
root@jacky-desktop:/mnt# mount -t ext3 /dev/hda3 /mnt/tmp   //挂载 ext3 格式的分区/dev/hda3
//到/mnt/tmp
```

需要挂载 Windows 的 FAT/FAT32 格式的分区，如下所示：

```
root@jacky-desktop:/mnt# mount -t vfat /dev/sda7 /mnt/tmp   //将/dev/sda7 挂载到/mnt/tmp
```

挂载 NTFS 格式的分区，如下所示：

```
root@jacky-desktop:/mnt# mount -t ntfs /dev/sda6 /mnt/tmp   //将/dev/sda6挂载到/mnt/tmp
```
挂载光驱，需要先确定光驱在系统中的设备名，如下所示：
```
root@jacky-desktop:/mnt# mount -t iso9660 /dev/scd0 /mnt/tmp   //将光驱挂载到/mnt/tmp
```
以上例子是最基本的 mount 命令的使用方法，在使用时，要注意正确书写设备的类型及设备的名称，可以查看/etc/fstab 文件中的信息来识别。

此外，利用 mount 命令还可以挂载 U 盘。以双操作系统为例，将 U 盘插入 USB 接口后，如下所示：
```
root@jacky-desktop:/mnt# mount -t vfat /dev/sda1 /mnt/tmp -o iocharset=utf8
```
一般情况下，U 盘的设备名是/dev/sda1，但最好还是查看一下/etc/fstab 文件，其类型为 vfat。后面的-o iocharset=utf8 参数可以支持中文的正常显示。

如果是利用 Vmware 虚拟机安装的 Ubuntu，则不能直接使用 U 盘，也即是在/etc/fstab 文件中看不到 U 盘的信息。为此，可以按以下方式操作。

在 Vmware 虚拟机窗口中，单击菜单"VM-Install Vmware Tools"，进行虚拟机工具安装流程。打开如图 6-1 所示的窗口，其中有一个 tar.gz 格式工具包。读者双击鼠标后可安装。

图 6-1　Vmware 工具包

在图 6-1 的地址栏，可以看到这两个文件包的路径为/media/VMwares，将它们复制到当前用户的主目录下，可以利用鼠标操作，也可以通过命令操作，如下所示：
```
root@jacky-desktop:~# cp /media/VMwares/VMwareTools-8.4.5-324285.tar.gz /root
//复制tar.gz包到/root目录
root@jacky-desktop:~# ls /root
VMwareTools-8.4.5-324285.tar.gz
```
针对两种格式的包，安装的方式也不一样。以 tar.gz 包为例，应先解压，方法如下：
```
root@jacky-desktop:~# tar -xzvf VMwareTools-8.4.5-324285.tar.gz   //解压文件包
…                                                                 //解压过程
…
…
VMware-tools-distrib/doc/INSTALL
VMware-tools-distrib/installer/
VMware-tools-distrib/installer/services.sh
VMware-tools-distrib/INSTALL
VMware-tools-distrib/FILES
root@jacky-desktop:~#                                             //解压完成
root@jacky-desktop:~# ls
VVMware-tools-distrib                                             //解压 tar.gz 包后所形成的文件夹
```

```
VMwareTools-8.4.5-324285.tar.gz
```

解压完成，进入相应的文件夹，如此处的 **VMware-tools-distrib** 文件夹，如下所示：

```
root@jacky-desktop:~# cd VMware-tools-distrib/          //进入目录
root@jacky-desktop:~/VMware-tools-distrib# ls           //查看目录中的文件信息
bin doc etc FILES INSTALL installer lib VMware-install.pl
```

进入 doc 目录，查看相应的文档说明，以辅助安装，如下所示：

```
root@jacky-desktop:~/VMware-tools-distrib# cd doc       //进入目录
root@jacky-desktop:~/VMware-tools-distrib/doc# ls
INSTALL open_source_licenses.txt README VMware-vmci
root@jacky-desktop:~/VMware-tools-distrib/doc# vim INSTALL  //查看 INSTALL 文件内容
…                                                       //文件内容
  To install/upgrade VMware Tools for Linux,
  run the program "VMware-install.pl" from a command prompt, either in text
  mode or from a terminal inside an X session. You must have super user
  privileges (i.e. be logged as root) to run it.

    ./VMware-install.pl
…                     //上述内容指出了安装该软件包应该运行的命令
```

明确了安装方法后，可以按照说明安装，如下所示：

```
root@jacky-desktop:~/VMware-tools-distrib/doc# cd ..          //返回到上一级目录
root@jacky-desktop:~/VMware-tools-distrib# ls                 //查看文件信息
bin doc etc FILES INSTALL installer lib VMware-install.pl
                              //发现了安装所需要运行的文件 VMware-install.pl
root@jacky-desktop:~/VMware-tools-distrib# ./VMware-install.pl  //键入安装命令并回车确认
Creating a new VMware Tools installer database using the tar4 format.
                              //以下是安装过程，其中需要读者互动

Installing VMware Tools.

In which directory do you want to install the binary files?
[/usr/bin]             //选择安装二进制文件的路径，默认为/usr/bin，可直接回车确认

What is the directory that contains the init directories (rc0.d/ to rc6.d/)?
[/etc]                 //选择初始化文件夹路径，默认为/etc，直接回车确认

What is the directory that contains the init scripts?
[/etc/init.d]          //初始化脚本文件，默认为/etc/init.d，直接回车确认

In which directory do you want to install the daemon files?
[/usr/sbin]            //选择安装守护进程文件路径，默认为/usr/sbin，可直接回车确认

In which directory do you want to install the library files?
[/usr/lib/VMware-tools]  //选择安装库文件的路径，默认为/usr/lib/VMware-tools，可直接回车确认

The path "/usr/lib/VMware-tools" does not exist currently. This program is
going to create it, including needed parent directories. Is this what you want?
[yes]                  //上述路径所对应的文件夹不存在，是否创建，回车确认表示立即创建

In which directory do you want to install the documentation files?
[/usr/share/doc/VMware-tools]
                  //选择文档文件安装路径，默认为/usr/share/doc/VMware-tools，直接回车确认

The path "/usr/share/doc/VMware-tools" does not exist currently. This program
is going to create it, including needed parent directories. Is this what you
want? [yes]            //上述路径所对应的文件夹不存在，是否创建，回车确认表示立即创建

The installation of VMware Tools 6.0.3 build-80004 for Linux completed
successfully. You can decide to remove this software from your system at any
time by invoking the following command: "/usr/bin/VMware-uninstall-tools.pl".
//VMware 工具包 6.0.3 版本已经成功安装
```

```
//当读者不需要使用该软件包时,可以用命令"/usr/bin/VMware-uninstall-tools.pl"卸载该工具
Before running VMware Tools for the first time, you need to configure it by
invoking the following command: "/usr/bin/VMware-config-tools.pl". Do you want
this program to invoke the command for you now? [yes]
//在第一次使用VMware工具的时候,需要进行配置,询问是否立即调用/usr/bin/VMware-config-tools.pl
//命令来进行配置,回车确认表示立即配置

Stopping VMware Tools services in the virtual machine:
   Guest operating system daemon:                              done
Trying to find a suitable vmmemctl module for your running kernel.

None of the pre-built vmmemctl modules for VMware Tools is suitable for your
running kernel. Do you want this program to try to build the vmmemctl module
for your system (you need to have a C compiler installed on your system)?
[yes]                  //建立vmmemctl模块,回车表示确认建立(要确保系统有C语言编译器)

Using compiler "/usr/bin/gcc". Use environment variable CC to override.
//用/usr/bin/gcc编译器
What is the location of the directory of C header files that match your running
kernel? [lib/modules/2.6.24-19-generic/build/include]    //运用C头文件包,直接回车确认

… …                              //编译过程
None of the pre-built vmhgfs modules for VMware Tools is suitable for your
running kernel. Do you want this program to try to build the vmhgfs module for
your system (you need to have a C compiler installed on your system)? [yes]
//解决vmhgfs模块的安装问题,需要具备C语言编译器,回车确认

… …                  //编译过程,如遇到停顿,始终敲击回车键直接确认即可
Enjoy,
--the Vmware team                      //安装完成
```

VMware Tools 安装完成,Ubuntu 可以自动挂载 U 盘。将 U 盘插入相应的 USB 接口,VMware 虚拟机将自动将 U 盘挂载到 Ubuntu 中。可以通过命令查看,如下所示:

```
root@jacky-desktop:~# df
文件系统        1K-块     已用      可用    已用% 挂载点
/dev/sda1      7913216  2895040  4619364   39% /
varrun          257788      108   257680    1% /var/run
varlock         257788        0   257788    0% /var/lock
udev            257788       52   257736    1% /dev
devshm          257788       12   257776    1% /dev/shm
lrm             257788    38684   219104   16% /lib/modules/2.6.24-19-generic/volatile
/dev/scd0       108512   108512        0  100% /media/cdrom0
/dev/sdb1      3956224  1459320  2496904   37% /media/KINGSTON
```

最后一行/dev/sdb1 即为自动挂载到系统中的 U 盘。如果需要使用 rpm 包,则需要先下载安装相应的组件,此处不推荐。关于下载和安装软件包的具体方法,将在后续章节中讲解。

此外,利用 mount 命令还可以挂载镜像文件、网络文件、跨平台的共享文件等。鉴于篇幅的关系,此处不再赘述,有兴趣或有需要的读者可以根据上述方法依此类推。

3.卸载方法详述

当读者不再需要使用那些已经挂载的文件系统或设备时,要对其进行卸载操作。与挂载的 mount 命令相对应,在卸载的时候,可以使用 umount 命令。

umount 命令语法:umount [参数] -t [文件系统类型] [文件系统]。

主要参数:

-a:卸载/etc/mtab 中记录的所有文件系统。

-h:显示帮助。

-n:卸载时不要将信息存入/etc/mtab 文件中。

-r：若无法成功卸载，则尝试以只读的方式重新挂入文件系统。

-t <文件系统类型>：仅卸载选项中指定的文件系统。

-v：执行时显示详细的信息。

-V：显示版本信息。

[文件系统]：除了直接指定文件系统外，也可以用设备名称或挂入点来表示文件系统。

具体的使用方法如下：

```
root@jacky-desktop:/mnt# umount -t vfat /dev/hda7        //卸载/dev/hda7
root@jacky-desktop:/mnt# umount -ar        //卸载/etc/mtab 文件中记录的所有文件系统，当无法卸载时，改为只读方式重新挂载
root@jacky-desktop:/mnt# umount -t vfat /dev/sda1        //卸载/dev/sda1
```

使用 VMware 虚拟机安装 Ubunut 的读者，在卸载 U 盘的时候，除了使用相应的 umount 命令，还可以在 VMware 虚拟机菜单中选择 "VM-Removeable Devices-USB Devices"，然后在后面对应的 U 盘名称上单击，取消前面的小勾，就可以从 Ubuntu 中将其卸载。

6.2.2 开机自动挂载配置文件

除了手动挂载设备以外，读者还可以修改相关的配置文件，使 Ubuntu 每次启动后按照配置文件的内容自动挂载相应的设备。主要的配置文件是/etc/fstab，读者可以利用 vim 编辑该文件，如下所示：

```
root@jacky-desktop:~# vim /etc/fstab
# /etc/fstab: static file system information.
#
# <file system>         <mount point>    <type>   <options>       <dump>   <pass>
proc                    /proc            proc     defaults         0        0
# /dev/sda1
UUID=da0ad461-061c-4b12-83a5-1f3f18ab1bb9 /  ext3  relatime,errors=remount-ro 0 1
# /dev/sda5
UUID=6fec849c-d4b7-405a-b67e-673152afe115 none swap  sw       0        0
/dev/scd0               /media/cdrom0    udf,iso9660 user,noauto,exec,utf8 0    0
/dev/fd0                /media/floppy0   auto    rw,user,noauto,exec,utf8 0    0
/root/swapfile          none             swap    sw      default   0    0
```

以上是文件/etc/fstab 的内容，文件中以 "#" 开头的行为注释不会被实际执行，它可以为读者讲解文件的内容结构。其他每一行代表一项配置信息，每一行可分为 6 列，依次为。

（1）<file system>：文件系统或设备位置。

如/dev/sda1、/dev/fd0、/dev/hda6 等，其格式与磁盘的别名格式相同。

（2）<mount point>：挂载到的目的地位置。

目的地位置就是常说的 "挂载点"，该地址与 mount 命令中的 [目的地目录] 格式及要求相同。

（3）<type>：设备挂载到目的地时的类型。

Ubuntu 支持的所有类型都可以选用，针对不同的文件或设备，要区分其类型，该类型与 mount 命令中的 [类型] 相同。

（4）<options>：挂载时的选项，基本可以和 mount 命令的 "-o" 选项对应，常用的选项如下。

ro/rw/defaults/...：挂载的文件系统权限状态，defaults 包括 rw、suid、exec、auto、nouser、async。

utf8/gbk/...：挂载文件系统的字符编码。

umask：文件权限掩码，例如：

umask=0022（默认）

则文件默认权限 =666-umask=644（rw-,r-,r-），或文件夹默认权限 =777-umask=755（rwx,r-x,r-x）。

（5）<dump>：dump 工具（Linux 下的一个常用备份工具）的使用。

该选项表示在挂载相应的设备时，是否启用 dump 工具进行自动备份。0 表示不需要，1 表示每天，2 表示每两天。

（6）<pass>：fsck 工具的使用。

该选项表示系统启动时是否使用 fsck 工具对挂载的该文件系统进行检查。0 表示不需要，1 表示需要。

读者可以根据自己的实际需要，在该文件中添加信息，每一行信息都要具备以上 6 个要素，按顺序编辑好，每一列之间用一个或多个空格符隔开。

编辑好该文件并保存后，读者可以运行 mount -a 命令来挂载该文件中定义好的所有需要挂载的设备。操作系统重新启动后，会自动扫描该文件中的信息，作出相应的挂载动作，并在加载完成后，将信息记录到/etc/mtab 中，这个文件是由系统自动创建并读写的，一般不需要读者手动维护。

6.3 课后练习

1. Ubunut 与 Windows 在磁盘分区领域有何异同？
2. 用命令查看自己当前的磁盘空间信息，并指定区块大小为 1024 字节。
3. 利用磁盘分区命令划分一个新的分区，指定分区大小为 10MB。
4. 利用命令，将第 3 题中建立的分区指定为 ext3 文件系统。
5. 分别以 K、M、G 为单位，显示目录/etc/的容量。
6. 挂载光盘驱动器。
7. 挂载 U 盘。
8. 修改配置文件，使 Ubuntu 开机自动挂载 U 盘。

第三部分　Ubuntu Linux 的最常用的桌面应用

办公软件应用
网络工具应用
Ubuntu Linux 系统进阶管理

第 7 章 办公软件应用

在 Linux 家族中，Ubuntu 的桌面应用是最具特色的，也是最为人们津津乐道的。Ubuntu 12.04 安装完成，系统便自带了很多辅助办公应用的软件，这些软件虽然外观上似乎与人们熟悉的 Windows 操作系统中的应用软件不同，但其目的是一致的，即帮助人们解决日常工作和生活中一些经常需要涉及的问题。

Ubuntu 中的办公应用软件包括了很多类别，涉及很多方面，基本囊括了日常工作的各个领域。这些软件的性能往往比 Windows 中的同类别软件更加强大，读者通过本章的学习，将基本掌握这些软件的使用方法，如处理文字档案、电子表格、幻灯片制作、绘图、打印等。应用好这些软件，可以达到事半功倍的效果。

本章第 1 节介绍 Ubuntu 12.04 自带的 Office 软件套装 LibreOffice 的特点及组成。

第 2 节介绍 LibreOffice 中文字处理的方法。

第 3 节介绍 LibreOffice 中电子表格的使用方法。

第 4 节介绍 LibreOffice 中幻灯片的制作。

第 5 节介绍在 LibreOffice 中如何绘图。

第 6 节介绍在 Ubuntu 中如何阅读 PDF 格式的文档。

7.1 Ubuntu 中的 Office 概述

在 Linux 平台中，往往不会用到微软公司的产品，这是由于 Linux 开源及免费的缘故。当然，这并非说在 Linux 平台中，不能做与在 Windows 平台中同样的事情。读者已经很熟悉微软的 Office 办公套件，在 Windows 平台中，绝大部分使用者在进行日常工作的时候，都会用到 Office 系列软件。然而，在 Ubuntu 操作系统中，系统已经自带了具备同样功能，甚至是在某些方面更加强大的类似于 Office 的软件，这就是本节将要介绍的 Ubuntu 中的 Office：LibreOffice，它是原有 Ubuntu 版本自带的 OpenOffice.org 的一个分支版本，从 11.04 时作为 Ubuntu 默认的 Office 套件。

7.1.1 OpenOffice.org 的组成和特点

人们习惯性地将 OpenOffice.org 称为 OpenOffice，实际上，它的全称是 OpenOffice.org，原因是 OpenOffice 这个名称早就被注册了，无法使用。另外，在国外以及网络上，通常将其简称为 OOo。

OpenOffice.org 主要包含以下几个组件：

- 文本处理器（Writer）；
- 电子表格（Calc）；
- 演示文稿（Impress）；
- 绘图（Draw）；
- 网页制作（HTML Editor）；
- 公式（Math）。

在 Ubuntu 中，办公领域内自带的 OpenOffice.org 组件是前 3 个，其中文本处理器（Writer）相当于微软的 Word，电子表格（Calc）相当于微软的 Excel，演示文稿（Impress）相当于微软的 PowerPoint，OpenOffice.org 绘图（Draw）相当于微软的 Visio，但又有不同之处。

OpenOffice.org 的主要特色如下：

（1）采用 LGPL 和 SISSL 版权，可以免费合法使用；

（2）支持多达 27 国语言的版本，且在持续更新中；

（3）具备良好的跨平台性，除了在 Linux 中使用，还可以在 Windows、FreeBSD、Solaris、IRIX、Mac OS X 等平台上使用；

（4）以 C++编写，以 XML 文件格式为基础。

除了上述特色，OpenOffice.org 还有自身独特的优越性，当然，凡事都是双刃剑，它也有缺点。

7.1.2 OpenOffice.org 的优缺点

OpenOffice.org 的优点如下。

（1）兼容性佳：可读取网页、MS Office 所有的文件（含范本）、一般文字或 RTF 文档。

（2）流通性优：可免费合法安装、跨平台、支持多国语言，并以 XML 为格式基础，还可视需求存成网页、MS Office 所有的文件（含范本）、PDF、一般文字等不同的格式。

（3）整合度高：各软件界面相似，并高度整合，只要学会一套，其他套件软件也就学会了一半。

（4）更新速度快：功能以及性能改善速度相当快，随时可以升级成新版本。

（5）体积小、功能多：原始软件档案仅 57MB，完整安装仅需 115MB 硬盘空间，内存 64MB 以上即可运行顺畅。内含完整办公室所需软件，也有数据库可使用，部分功能甚至比 MS Office 还要好。

（6）扩充性好：公开程序码，可视需要自行修改研发。

（7）经费省：LGPL 版权，可合法安装使用，无使用限制，能节省大量经费。

OpenOffice.org 的缺点如下：

（1）在 Windows 98 下，中文字体需经简单设置才能读写正常（Windows 2000 以上、Linux 等则不需要）；

（2）OpenOffice.org Impress 缺少范本（已有网站专门提供范本供下载）；

（3）对部分较新的输入法不支持，例如大易二码；

（4）部分打印机（通常是有自己的打印字体的打印机）打印起来字距不正常，如 epson 大龙鱼（字体关系）；

（5）部分小地方仍有 bug。

7.1.3　LibreOffice 概述及特性

（1）LibreOffice 概述。

LibreOffice 是 OpenOffice.org 办公套件衍生版，同样免费开源，以 GPL 许可证分发源代码，但相比 OpenOffice 增加了很多特色功能。LibreOffice 拥有强大的数据导入和导出功能，能直接导入 PDF 文档、微软 Works、LotusWord，支持主要的 OpenXML 格式。软件本身并不局限于 Debian 和 Ubuntu 平台，支持 Windows、Mac、PRM packageLinux 等多个系统平台。

LibreOffice 是一套可与其他主要办公室软件相容的套件，包含 6 大组件：

- 文本处理器（Writer）；
- 电子表格（Calc）；
- 演示文稿（Impress）；
- 绘图（Draw）；
- 数据库；
- 公式（Math）。

LibreOffice 能够与 Microsoft Office 系列以及其他开源办公软件深度兼容，且支持的文档格式相当全面。

- 文本文档：*.odm, *.sgl, *.odt,*.ott, *.sxw, *.stw, *.fodt, *.xml, *.docx,*.docm, *.dotx, *.dotm, *.doc, *.dot, *.wps, *.pdb, *.hwp, *.html, *.htm, *.lwp, *.psw, *.rft, *.sdw, *.vor, *.txt, *.wpd ,*.oth.
- 电子表格：*.ods, *.ots, *.sxc, *.stc, *.fods, *.xml, *.xlsx, *.xlsm, *.xltm, *.xltx, *.xlsb, *.xls, *.xlc, *.xlm, *.xlw, *.xlk, *.sdc, *.vor, *.dif,*.wk1, *.wks, *.123, *.pxl, *.wb2, *.csv.

- 演示文稿：*.odp, *.otp, *.sti, *.sxd, *.fodp, *.xml, *.pptx, *.pptm, *.ppsx, *.potm, *.potx, *.ppt, *.pps, *.pot, *.sdd, *.vor, *.sdp.
- 绘图：*.odg, *.otg, *.sxd, *.std, *.sgv,*.sda, *.vor, *.sdd, *.cdr, *.svg, *.vsd, *.vst
- 网页：*.html, *.htm, *.stw
- 主控文档：*.sxg
- 公式：*.odf, *.sxm, *.smf,*.mml
- 数据库文档：*. odb

（2）LibreOffice 特色简介。

总的来说，LibreOffice 的界面没有微软 Office 那么华丽，但非常简单实用。它的六大组件对应 Office 丝毫不差，而且对系统配置要求较低，占用资源很少。具体优点如下：

- LibreOffice 支持导入 SVG 图片，并直接在文档中对其进行修改和编辑；
- 书页名（titlePage）的设置方法更简单，选项清晰且便于操作；
- 导航功能能够让用户在树状组织中点击打开某个文档；
- Excel 具备全部的常用功能，行数扩展到 100 万行；微软 Word 导入过滤器；
- LotusWord 导入过滤器；
- 支持众多扩展插件，可增加许多实用功能；
- PPT 组件页面布局；
- 允许对多个分表添加颜色以便标识。

LibreOffice 是一个全功能的办公套件，意味着它与其他的办公软件拥有同样的功能，甚至超过了其余的办公套件（免费）。其他软件通常都有比较受欢迎的三个部分，像 Word、Excel、PowerPoint。LibreOffice 可以说超越了它们，添加了软件发布和数据库，以及它自己的附加特色：一个数学集中软件。

一个很好的特性就是 LibreOffice 可以随身携带。你可以将它安装在你的优盘或便携式硬盘里，甚至是一个 SD 卡，随便你把它放在哪儿都可以。

7.2 文本处理 Writer

LibreOffice 中的 Writer 相当于 MS Word，它采用图文混编的技术，使得用户能够在一个功能强大、操作简洁的界面中，轻松地处理文字、图片以及数据，并且能够获得图文并茂的文档。学会使用 Writer，可以为读者的日常工作和生活带来很多的方便。通过本节的学习，读者可以学会 Ubuntu 中应用软件的基本操作方法，有很多方法可用于其他软件。

7.2.1 Writer 的启动和退出

在 Ubuntu 12.04 中，选择面板命令"应用程序-办公-LibreOffice Writer"，如图 7-1 所示。

程序启动后，会出现如图 7-2 所示的 Writer 界面。

如果已经编辑完成，或不再需要使用 Writer 时，可以退出该软件。退出该软件的方法有以下 3 种。

（1）在 Writer 的窗口顶部单击鼠标右键，弹出如图 7-3 所示的快捷菜单，选中"关闭"菜单

Ubuntu Linux 从入门到精通

项，便可退出 Writer，并关闭窗口。

（2）鼠标右键单击图 7-2 右上方的"关闭"按钮，即可快捷地退出 Writer 程序。

（3）在 Writer 界面选择菜单命令"文件-退出"，如图 7-4 所示，也能顺利地退出 Writer 程序。

图 7-1 启动 Writer

图 7-2 Writer 界面

图 7-3 从右键快捷菜单退出 Writer

图 7-4 从菜单退出 Writer

7.2.2 Writer 的基本操作

本小节通过一个实际例子，介绍使用 Writer 方便快捷地输入文本的方法，并且对文本进行一系列的编辑。通过本小节的学习，读者应掌握 Writer 的基本操作。

（1）输入文本。

首先，按照上一小节的方法启动 LibreOffice 文本处理器 Writer，在界面中有一个新的空白文档区域，在这里可以输入内容。利用 Ubuntu 自带的输入法，按<Ctrl>＋<Space>组合键，可切换为中文输入，在空白文档区域输入"欢迎进入新世界"，如图 7-5 所示。

（2）插入文本。

当前，光标位于文本内容的末尾，在文本内容的中间某处，如"迎"字的后面单击鼠标左键，可将光标定位于该处。再次利用中文输入法，输入"欢迎读者朋友进入新世界"，如图 7-6 所示。

图 7-5　输入文本内容

图 7-6　插入文本内容

（3）改写文本。

用鼠标左键单击窗口底部状态栏的"插入"，可将其状态更改为"改写"，或按键盘上的 Insert 键，也可将当前编辑状态改为"改写"。将光标定位于"新"字的前面，此时，光标变成一个黑色闪烁的小方块，并选中"新"字，输入"Writer"，会使原来的"新世界"变为"Writer"，如图 7-7 所示。

（4）撤销命令。

如果读者觉得上一步的操作不妥，或是发现上一步的操作有误，想要"反悔"，可选择菜单命令"编辑-撤销命令"，或按<Ctrl>＋<Z>组合键，则可撤销上一步的操作，返回之前的样子。在本例中，如果撤销之前的操作，将使"Writer"变回"新世界"，如图 7-8 所示。

图 7-7　改写文本内容　　　　　　　　　　　　图 7-8　撤销命令

（5）设置字体字号。

当光标位于文本内容末尾处，按住鼠标左键不放，拖至文本内容起始处，便可选中文本，对其进行编辑。选中文本后，单击鼠标右键，在弹出的快捷菜单中选择"字体-文泉驿正黑"菜单项，选择命令"大小-一号"，便可设置所选文本的字体和大小，如图 7-9 所示。

（6）设置段落格式。

选中需要编辑的文本段落，单击鼠标右键，在弹出的快捷菜单中选择"段落"菜单项，打开如图 7-10 所示的对话框，在"对齐"标签页中，选择"居中"方式对齐文本。

图 7-9 设置字体字号

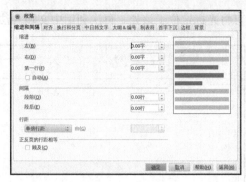
图 7-10 设置段落格式-对齐

进行完上述操作后，效果如图 7-11 所示。

（7）复制及粘贴文本。

选中文本，单击鼠标右键，在弹出的快捷菜单中选择"复制"菜单项，或选择菜单命令"编辑-复制"，或按<Ctrl>＋<C>组合键，都可以将选中的文本复制到 Writer 的临时粘贴板中。按<Enter>键，将光标换行，单击鼠标右键，在弹出的快捷菜单中选择"粘贴"菜单项，或选择菜单命令"编辑-粘贴"，或按<Ctrl>＋<V>组合键，即可将复制的内容粘贴到光标处，如图 7-12 所示。

图 7-11 段落居中对齐

图 7-12 复制及粘贴文本

（8）保存新文件。

编辑完文档，选择菜单命令"文件-保存"，对于此例子中的未命名文档，即可打开如图 7-13 所示的对话框。

在"名称"文本框中输入"例子 1"，在"保存于文件夹"下拉式列表框中选择"文档"，单击"保存"按钮，即可将该文件保存在"文档"文件夹中，且命名为"例子 1"。

保存完文件，退出 Writer，在桌面的面板中选择"位置-文档"，打开如图 7-14 所示的窗口，可以看见刚才已保存的文件。

（9）打开文件。

打开一个已有文件的方法有两种。第 1 种方法是在磁盘中找到欲打开文件的位置，如图 7-14 中的"例子 1"；用鼠标左键双击文件图标，或者单击鼠标右键，打开快捷菜单，如图 7-15 所示；从中选择"用"LibreOffice 文字处理"打开菜单项，便可打开如图 7-16 所示的文档界面。

图 7-13 保存文件

图 7-14 查看已保存文件

图 7-15 用右键快捷菜单打开文档

图 7-16 打开文档界面

第 2 种方法是先启动 LibreOffice 文件处理器 Writer，然后选择菜单命令"文件-打开"，打开如图 7-17 所示的对话框；在左侧的"位置"中选择"文档"，可以看到该文件夹的文件情况，如图 7-18 所示；在右侧的文件列表框中单击选中文件"例子 1.odt"，然后单击"打开"按钮，同样可以打开该文档，界面和图 7-16 一样。

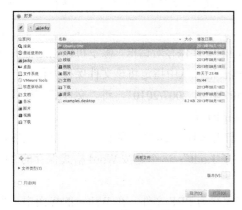

图 7-17 "打开"对话框

图 7-18 选中打开文件

（10）另存文档。

对一个已经完成编辑的 LibreOffice 文档，除了像之前讲的那样保存以外，LibreOffice 文字处理器 Writer 还支持其他的保存方式，所对应的文件格式也不同。

从上面的过程中可以看出，如果在保存文件时忽略文件类型，LibreOffice 文字处理器 Writer 会将文档保存为默认类型，其扩展名为.odt。此外，Writer 还可以将文档保存为其他格式的类型，如表 7-1 所示。

表 7-1　Writer 支持的文件类型

文件类型	扩 展 名
ODF 文本文档	ODT
ODF 文本文档模板	OTT
OpenOffice.org1.0 文本文档	SXW
OpenOffice.org1.0 文本文档模板	STW
Microsoft Word 2007/2010	DOC
Microsoft Word 2003	DOC
Microsoft Word 97/2000/XP	DOC
Microsoft Word 95	DOC
Microsoft Word 6.0	DOC
Rich Text Format	RTF
文本	TXT
已编码文本	TXT
HTML 文档	HTML
DocBook	XML
Microsoft Word 2003 XML	XML
OpenDocument Text(Flat XML)	FODT

注意：OpenDocument 是新的世界标准办公文档格式，这种基于 XML 的文件格式在将来会用得越来越多，它不拘泥于操作系统平台和应用软件，无论在何种平台，只要利用支持该格式的应用软件，都可以访问。

选择菜单命令"文件-另存为"，打开与图 7-13 相同的文件保存对话框，除了可以按之前的方法设置文件名和保存位置，还可以展开"文件类型"列表框，从中指定将该文件保存为任何一种 Writer 所支持的格式。如图 7-19 所示，选择"Microsoft Word 2007/2010"，将"文件名"设置为"例子 2"，保存在"文档"位置，然后单击"保存"按钮即可。

返回 Ubuntu 桌面，选择面板命令"位置-文档"，打开如图 7-20 所示的窗口，可以看到现在有两个文档，一个是之前按 Writer 默认格式保存的"例子 1.odt"；一个是按 Word 格式保存的"例子 2.docx"。

与 Microsoft Word 不同，Writer 还可以将文档直接保存为 PDF 文件。在 Writer 的界面中，当文档编辑结束后，选择菜单命令"文件-输出为 PDF"，打开如图 7-21 所示的对话框，从中进行设置后，可导出为 PDF 文件。此处以"例子 1.odt"为例，采用默认设置，直接单击"导出"按钮，打开如图 7-22 所示的文件保存对话框，设置文件名为"例子 3"，保存位置为"文档"，然后单击

"保存"按钮,即可将该文件保存为 PDF 格式。

图 7-19 另存文件

图 7-20 两个不同格式的文档

图 7-21 PDF 设置

图 7-22 保存文件

保存成功,读者可以到"文档"文件夹中查看文件,其中文件"例子 3.pdf"即为刚才保存的 PDF 文件。关于 PDF 文件及其阅读,将在后面讲解。

7.3 LibreOffice 中的电子表格 Calc

LibreOffice 电子表格 Calc 是 LibreOffice 办公套件中的一个应用软件,它相当于 Microsoft Excel。各行各业的人员可以利用该软件创建一个或多个工作表,在表格的单元格中输入或处理数据,它能够辅助人们作数据的记录、保存、处理等工作。

7.3.1 Calc 的启动和退出

Calc 的启动和退出方法与 Writer 类似。在 Ubuntu 桌面中,选择面板命令"应用程序-办公-LirbreOffice Clac",如图 7-23 所示可以启动 Calc,并打开如图 7-24 所示的 Calc 界面。

图 7-23 启动 Calc

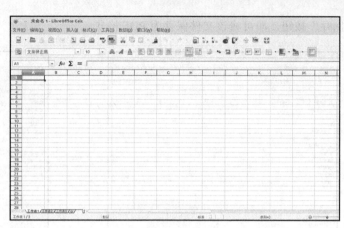

图 7-24 Calc 界面

退出 Calc 的方法与 Writer 一样，在此不再赘述。Calc 支持的文件类型见表 7-2。

表 7-2 Calc 支持的文件类型

文件类型	扩 展 名
ODF 电子表格	ODS
ODF 电子表格模板	OTS
OpenOffice.org1.0 电子表格	SXC
OpenOffice.org1.0 电子表格模板	STC
Data Interchange Format	DIF
dBASE	DBF
Microsoft Excel 2007/2010	XLS
Microsoft Excel 2003	XLS
Microsoft Excel 97/2000/XP	XLS
Microsoft Excel 97/2000/XP 模板	XLT
Microsoft Excel 95	XLS
Microsoft Excel 95 模板	XLT
Microsoft Excel 5.0	XLS
Microsoft Excel 5.0 模板	XLT
SYLK	SLK
CSV 文本	CSV
HTML 文档	HTML
Microsoft Excel 2003 XML	XML
OpenDocument Spreadsheet(Flat XML)	FODS

7.3.2 Calc 的基本操作

Calc 打开、保存的操作与 Writer 一样，在此不再赘述。本小节讲解如何利用 Calc 进行数据的管理和操作，同样用一个实际例子讲解。

（1）输入数据。

与 Microsoft Excel 类似，一个 Calc 文件也是由多张工作表组成。在工作表的单元格中输入的内容分为两种：常量和公式。常量有数值、日期、时间、文字等类型；公式是由"="开头，然后由运算符、单元格地址、函数组成的表达式。

在图 7-24 所示的未命名 Calc 文件的工作表 1 中，分别在单元格 A1、B1、C1、D1、E1、F1 中输入"编号"、"姓名"、"性别"、"出生年月日"、"部门"、"工资"，这样就将一张工资表的表头建立好了，如图 7-25 所示。

分别在单元格 A2、B2、C2、D2、E2、F2 中输入"1001001"、"张明"、"男"、"78 年 5 月 5 日"、"技术部"、"4238.5"，这样就在已建好的工资表中输入了第 1 条记录，如图 7-26 所示。

图 7-25　输入表头　　　　　　　　　　图 7-26　输入第 1 条记录

选择菜单命令"文件-保存"，将该表格命名为"工资表"，保存在"文档"位置。在编辑文档或表格时，读者需要经常进行保存操作，以防之前输入的数据丢失。

（2）单元格格式

Calc 的单元格格式根据不同的常量类型，可以设置为不同的格式。另外，还可以设置字体格式、字符效果、对齐方式、边框、背景等。在表格中，在左侧的行号"1"上单击鼠标左键，选中第 1 行，即表头，然后单击鼠标右键，打开快捷菜单，选择"单元格格式"菜单项，打开如图 7-27 所示的"单元格格式"对话框。

在"数字"标签页，在"分类"中选中"文字"，表示将第 1 行表内的常量设置为"文字"类型。

单击"对齐"标签页，在"文字对齐-水平"所对应的下拉列表中选择"居中"方式，表示第 1 行内容在每个单元格内都以水平方向的居中方式对齐。

设置完成单击"确定"按钮，保存设置并生效。根据以上的设置，效果如图 7-28 所示，与之前最明显的区别在于，文字在每个单元格中都位于中央位置。

（3）数据填充。

数据填充是指将数据填写到相邻的单元格中，可以为同一行或同一列，填充的数据可以是相同数据，或者是具有一定规律的数据。合理地进行数据填充，可以有效地提高工作效率。

在工资表中，单击鼠标左键选中"技术部"单元格，将鼠标移动到单元格边缘，当光标变成"实心十字架"时，按住<Ctrl>键和鼠标左键不放，向下拖动到 E10 单元格，松开鼠标，即可将单元格 E3 到 E10 填充为"技术部"。这样可以快速填充相同的内容到指定的单元格区域，如图 7-29 所示。

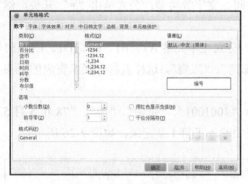

图 7-27　设置单元格格式

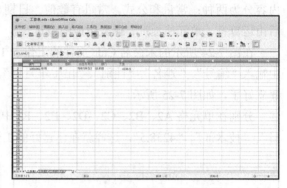

图 7-28　第 1 行文字居中效果

单击鼠标左键选中"1001001"单元格，将鼠标移动到单元格边缘，当光标变成"实心十字架"时，按住鼠标左键不放，向下拖动到 A10 单元格，松开鼠标，即可将单元格 A3 到 A10 填充为"1001002"、"1001003"、"1001004"……"1001009"。这样可以快速填充具有简单规律的数据到指定的单元格区域，一般适用于线性差为 1 的数据填充，如图 7-30 所示。

图 7-29　填充相同数据

图 7-30　填充线性差为 1 的数据

如果需要填充具有相对比较复杂规律的单元格数据，则需借助菜单命令。单击 F2 单元格，选中"4238.5"，将鼠标移动到单元格边缘，当光标变成"实心十字架"时，按住鼠标左键不放，向下拖动到 F10 单元格，松开鼠标，此时是按线性差为 1 的规律填充 F3 到 F10 单元格。保持单元格选中状态不变，选择菜单命令"编辑-充填-序列"，打开如图 7-31 所示的对话框，从中可以设置填充规律。

在"方向"中选择"向下"，表示设置的规律向下生效；在"序列类型"中选择"线性"，表示按照线性增减规律填充；在"递增"文本框中输入"30"，表示从 F2 到 F10 单元格中的数据将依次递增 30，设置完成单击"确定"按钮，即可使设置生效，效果如图 7-32 所示。

同理，读者可以根据自己的实际需要填充其他单元格。将 C 列"性别"全部填充为"男"，将 D 列按日期递增 1 个月的规律填充。并随机在 B3 到 B10 单元格中输入不同的名字，这张工资表便建立好了，如图 7-33 所示，可以覆盖原有文件保存。

图 7-31 设置填充规律

图 7-32 按线性递增的填充效果

（4）单元格备注。

在日常工作中，往往需要给表格中的某个或某些单元格添加备注信息，Calc 提供有这个功能。在图 7-33 中单击鼠标左键，选中 B10 单元格，选择菜单命令"插入-备注"，该单元格右上方会打开一个被激活的黄色文本框，在该文本框内输入"新员工"，便为此单元格添加了备注信息。

具有备注信息的单元格，右上方有个红色的小正方形（备注标记），以和无备注单元格区别。将鼠标指针移动到该单元格上，可以看见备注信息。

如果需要将备注信息始终显示在工作表中，可选中已添加备注信息的单元格，如 B10，然后单击鼠标右键，在打开的快捷菜单中选择"显示批注"菜单项，即可将备注信息始终显示在工作表中，如图 7-34 所示。

图 7-33 填充数据后的工作表

图 7-34 单元格备注信息添加及显示

注意：如果是按第 2 种方法显示单元格备注信息，备注信息是不会自动消失的，直到选中该单元格，单击鼠标右键，在打开的快捷菜单中选择"显示备注"菜单项，去掉前面的小勾，才能将备注信息的显示设置为自动模式，即鼠标移动到单元格时才显示备注信息。

（5）插入与删除操作。

Calc 支持插入与删除行、列、单元格，以及删除内容。这是一个提高工作效率，并且能够灵活改动数据表的措施。

在工作表中，在需要插入行的地方单击左侧的行号，如单击第 6 行的行号，然后单击鼠标右键，在弹出的快捷菜单中选择"插入行"菜单项，即可在该行上方插入一行空白记录，且行号会自动变更，如图 7-35 所示。

选中该行，单击鼠标右键，在弹出的快捷菜单中选择"删除行"菜单项，即可将该行删除，恢复工作表的原样。

在工作表中，在需要插入列的地方，单击顶部的列标，如单击第 D 列的列标，然后单击鼠标右键，在弹出的快捷菜单中选择"插入列"菜单项，即可在该列左侧插入一列空白记录，且列标会自动变更，如图 7-36 所示。

选中该列，单击鼠标右键，在弹出的快捷菜单中选择"删除列"菜单项，即可将该列删除，恢复工作表的原样。

图 7-35　插入行

图 7-36　插入列

在工作表中选中某个单元格，可以快捷地进行行、列、单元格的删除操作。单击选中 E10 单元格，单击鼠标右键，在弹出的快捷菜单中选择"插入"菜单项，打开如图 7-37 所示的对话框，在此可以进行以下插入操作。

- 活动单元格下移：将选中单元格及以下部分下移一个单元格距离，并在当前位置插入一个空白的单元格。
- 活动单元格右移：将选中单元格及以右部分右移一个单元格距离，并在当前位置插入一个空白的单元格。
- 插入整行：在选中单元格所在行的上方插入一个空白行。
- 插入整列：在选中单元格所在列的左侧插入一个空白列。

同理，在选中单元格的鼠标右键菜单中选择"删除"菜单项，打开如图 7-38 所示的对话框，在此可以进行以下删除操作。

图 7-37　插入单元格

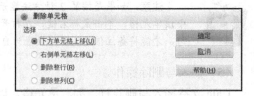
图 7-38　删除单元格

- 下方单元格上移：删除选中的单元格。
- 右侧单元格左移：删除选中的单元格。

- 删除整行：删除所选单元格所在行。
- 删除整列：删除所选单元格所在列。

除了删除单元格、行、列，还可以针对所选单元格、行、列进行删除内容的操作，该操作仅按要求删除表中的内容，对表结构没有影响。选中 B10 单元格，单击鼠标右键，弹出快捷菜单，选择"删除内容"菜单项，或者选中单元格后，直接按<Delete>键，都可以打开如图 7-39 所示的对话框，从中可以选择需要删除的内容种类。

（6）公式的应用。

如同 Microsoft Excel 一样，OpenOffice.org Calc 也支持公式的输入，利用此功能，可以很方便地进行计算。公式的格式由"="、函数名、运算符、单元格地址等组成。

在本例的工作表中，在 A11 单元格输入"总工资"，在 A12 单元格输入"平均工资"，然后利用公式对"工资"一列进行运算，即可自动生成运算结果。

选中 F11 单元格，输入求和公式"=SUM（F2：F10）"，表示计算从 F2 到 F10 单元格数据之和，输入完成后按<Enter>键确认，F11 单元格中会显示计算结果，如图 7-40 所示。

图 7-39　删除内容

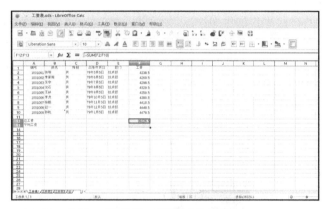

图 7-40　求和公式的应用

选中 F12 单元格，输入求平均数公式"=AVERAGE（F2：F10）"，表示计算从 F2 到 F10 单元格数据的平均数，输入完成按<Enter>键确认，F12 单元格中会显示计算结果，如图 7-41 所示。

关于 Calc 的函数，种类非常多，读者可以选择菜单命令"插入-函数"，打开如图 7-42 所示的对话框，从中可以查阅所有的 Calc 函数的名称和格式。

图 7-41　平均数公式的应用

图 7-42　Calc 函数查询

本小节的例子仅对 Calc 的部分基本操作进行了讲解，此外，它还有很多功能，此处不再赘述，读者可以自行研究，很多与 Microsoft Excel 类似。

7.4 LibreOffice 中的演示文稿 Impress

LibreOffice 中演示文稿 Impress 是 LibreOffice 办公套件的一个组件，相当于 Microsoft PowerPoint，利用它可以高效率地制作精美的多媒体演讲稿。利用 Impress 的图案、特效、动画等工具，可以使演讲稿更加生动精彩。本节同样用一个实际的例子讲解 Impress 的使用方法。

7.4.1 Impress 的启动和退出

Impress 的启动和退出与 LibreOffice 的其他组件类似。在 Ubuntu 桌面中，选择面板命令"应用程序-办公-LibreOffice 演示"，如图 7-43 所示，即可启动 Impress，并打开如图 7-44 所示的 Impress 向导界面。

图 7-43　启动 Impress

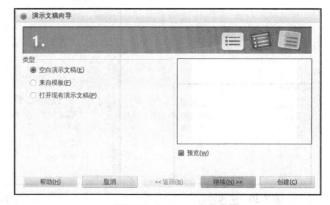

图 7-44　Impress 向导界面

与 Writer 和 Calc 不同的是，Impress 有启动向导界面，其中有 3 种打开文稿的模式供读者选择。

- 空白演示文稿：创建一个新的，并且不带任何格式的空白文稿。
- 来自模板：利用 Impress 固有的或用户创建的模板，迅速创建一个带有格式的新文稿。
- 打开一个现有的演示文稿：打开磁盘上任何位置已经存储的文稿。

在该界面的右下方有两个复选框，读者可以根据自己的需要选择是否需要预览创建文稿的效果，也可以选择以后启动 Impress 时，是否不再显示向导界面。

在本节的例子中，以空白演示文稿的创建作为起点，选择"空白演示文稿"，单击"继续"按钮，打开向导界面的第 2 步，如图 7-45 所示。

在该界面，读者可以通过左侧的下拉列表框选择演示文稿及背景的设计方案，选中某种方案，右侧的预览框中会显示相应的效果。此外，还可以选择输出媒体。本例中，选用默认设计方案（空白），默认输出媒体（屏幕），然后单击"继续"按钮，打开向导界面的第 3 步，如图 7-46 所示。

图 7-45 向导界面第 2 步

图 7-46 向导界面第 3 步

在图 7-46 中，读者可以对文稿中的幻灯片切换方式、演示文稿类型进行设置，此例中均使用默认参数配置。向导界面一共 3 步，设置完成后单击"创建"按钮，即可打开根据设置所创建的文稿主界面，即文稿的编辑界面，如图 7-47 所示。

 注意：在向导的任何一个步骤里，如果不需要继续设置其他属性，可直接单击"创建"按钮，进入编辑界面。

选择菜单命令"文件-保存"，打开如图 7-48 所示的对话框，将例子取名为"文稿 1"，保存于"文档"位置。

图 7-47 Impress 文稿编辑界面

图 7-48 保存文稿

到此为止，已经成功创建了一个空白的 Impress 文稿并保存。Impress 支持的文件类型见表 7-3。

表 7-3 Impress 支持的文件类型

文件类型	扩 展 名
ODF 演示文稿	ODP
ODF 演示文稿模板	OTP
OpenOffice.org1.0 演示文稿	SXI
OpenOffice.org1.0 演示文稿模板	STI
Microsoft PowerPoint 2007/2010	PPT
Microsoft PowerPoint 2003	PPT
Microsoft PowerPoint 97/2000/XP	PPT

续表

文件类型	扩 展 名
Microsoft PowerPoint 97/2000/XP 模板	POT
OpenOffice.org1.0 绘图(OpenOffice.org Impress)	SXD
ODF 绘图(Impress)	ODG
OpenDocument Presentation(Flat XML)	FODP

7.4.2　Impress 的基本操作

Impress 的基本操作有很多地方与 Writer 类似，如输入文本、编辑文本内容等。本例重点讲解在 Impress 中对幻灯片的编辑和播放，以及如何高效率地制作精美的演讲文稿。

（1）选择版式并输入文本。

已经创建的空白文稿"文稿 1"的编辑界面主要由 3 部分组成，左侧为幻灯片窗口，在该窗口中可以快速选择任意一张幻灯片；中间为窗口，默认为"普通视图"，在该窗口中可以对幻灯片内容进行编辑；右侧为任务窗口，在该窗口中可以对幻灯片进行各种设计。

首先，在任务窗口的"版式"栏里选择"标题幻灯片"，视图窗口中的幻灯片将变更为相应的样式，如图 7-49 所示。

在视图窗口中，可以看到幻灯片被分割为上下两个部分，上面是标题，下面是标题说明或副标题。用鼠标左键单击"单击插入标题"处，可进入编辑模式，输入"LibreOffice 产品展示"，同理，在下面的副标题处输入"Impress 文稿"，效果如图 7-50 所示。

图 7-49　选择版式　　　　　　　　　　　图 7-50　输入标题

（2）幻灯片背景。

在"文稿 1"的任务窗口展开"母版页"，这里提供有多种 Impress 默认的背景方案，读者可以一一选择查看，当鼠标光标移动到某个方案上，可见其名称，选中某个方案后，视图窗口中的幻灯片会随即变更为相应的背景方案。在此例中，选择"蓝亮光"作为背景方案，效果如图 7-51 所示。

（3）插入幻灯片。

在文稿中选择菜单命令"插入-幻灯片"，或在幻灯片窗口中，在第 1 页幻灯片下方单击鼠标右键，在弹出的快捷菜单中选择"新建幻灯片"菜单项，都可以在文稿中插入一张与原有幻灯片背景及版式相同的新幻灯片，如图 7-52 所示。

图 7-51　设置文稿背景

图 7-52　插入新幻灯片

（4）图片的插入。

根据第（1）步的原理，将图 7-52 中的文稿第 2 页的"版式"设置为"标题，2 个内容"，在标题处输入"一、Impress 概述"，在右侧内容处输入"Impress 是 LibreOffice 办公套件的一个组件，利用它，可以制作精美的演讲稿。"，如图 7-53 所示。

双击图 7-53 中的左侧内容图标"双击鼠标插入图形"处，即该版式的图片区，打开如图 7-54 所示的对话框。

图 7-53　编辑新幻灯片

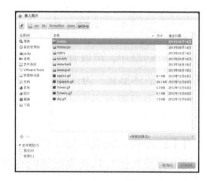

图 7-54　"插入图片"对话框

选择路径"/usr/lib/libreoffice/share/galley/sky.gif"，表示选中该图片作为插入对象，单击"打开"按钮，即可将该图片插入到相应的区域，并且会自动调节至合适的大小，如图 7-55 所示。

（5）制作尾页。

这个步骤往往是演讲稿幻灯片的最后一页，制作方式因人而异，此处介绍一种很简单的方法，意在复习之前的内容，并对版式和文本内容灵活运用，读者可以根据自己的喜好制作不同的效果。

在"文稿 1"中继续添加一张幻灯片，当前该文稿中共有 3 张幻灯片。设置这张新建的幻灯片的"版式"为"只是标题"，然后输入"谢谢大家！"，如图 7-56 所示。

在输入内容的后面单击鼠标左键，选中文本框，然后将鼠标移至文本框边缘，光标会变成"手"的形状，此时可以将文本框拖曳至幻灯片中央，如图 7-57 所示。

在文本框内单击鼠标右键，在弹出的快捷菜单中选择"编辑样式"菜单项，打开如图 7-58 所示的设置对话框。

图 7-55 插入图片

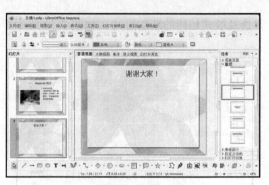

图 7-56 输入内容

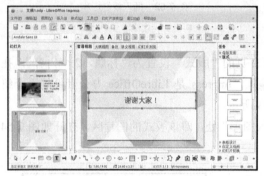

图 7-57 拖曳文本框

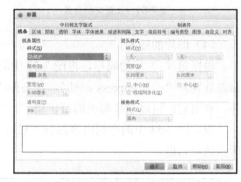

图 7-58 编辑样式

在该对话框中，可以设置文本内容的各种样式，例如在"字体"标签页中设置"中日韩字体"所包含的"字体形状"为"斜体"，在"字体效果"标签页中设置字体颜色为"灰色80%"，在"对齐"标签页中设置对齐方式为"居中"，效果如图 7-59 所示。

（6）设置动画及切换效果。

对于已经输入完成的幻灯片而言，读者可以根据自己的需要对其设置各种动画效果，包括对内容的设置及对幻灯片切换效果的设置。

选中第1页幻灯片，并选中其中的标题，在右侧的任务窗口中展开"自定义动画"，单击"添加"按钮，打开如图 7-60 所示的"自定义动画"对话框。

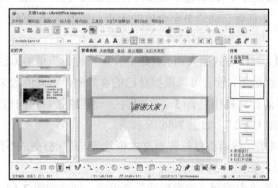

图 7-59 设置内容样式

图 7-60 "自定义动画"对话框

办公软件应用

该对话框有 5 个标签页，分别是"进入"、"强调"、"退出"、"运动路径"、"其他效果"，分别可以设置被选中内容开始显示时的动作、显示过程中的强调动作、显示完毕的退出动作、具体的运动路径。在本例中，仅设置"进入"动作，其他设置的原理相同，读者可自行研究。在"进入"标签页中选择"活动百叶窗"效果，并设置"速度"为"中等"，然后单击"确定"按钮保存动画效果。

同理，读者可以自行设置本页幻灯片及其他幻灯片任何内容的动画效果。

选中第 1 页幻灯片，在右侧的任务窗口中展开"幻灯片切换"，如图 7-61 所示。在此处可以设置幻灯片的切换效果，默认为"无切换"，本例中设置切换效果为"向上擦除"，"速度"为"中等"，"声音"为"（无声音）"，"换片"方式为"鼠标单击时"，即手动换片。

（7）幻灯片放映。

设置完成并保存文件后，选择菜单命令"演示文稿-幻灯片放映"，或者按快捷键 F5，可由幻灯片编辑模式进入幻灯片放映模式，幻灯片将按此前输入的内容和设置的动画及切换效果全屏播放，如图 7-62 所示。

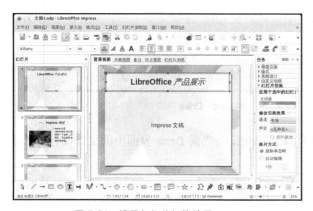

图 7-61　设置幻灯片切换效果

图 7-62　放映幻灯片

至此，利用 Impress 制作幻灯片的历程就进行完了。当然，这个例子很简单，读者若要深入掌握 Impress 的应用，则需要进行大量的实际练习和操作，并且充分地发挥自己的创意，以制作更多更精美的演讲稿。

7.5　LibreOffice 中的绘图 Draw

Ubuntu 带有几款不同的绘图及图形处理工具软件，其中有名气很大的 GIMP，它类似于 Adobe Photoshop，是专业的绘图及图片处理软件。

另一个很重要且使用率很高的绘图软件是 LibreOffice 办公套件中的绘图（Draw），它完全可以和 Windows 中的 Coredraw 相媲美。此外，还具备了多种不同类型绘图软件的特性。

由于 Draw 在日常工作中的使用频率较高，普及程度较广，因此本节重点介绍 Draw 的特点以及基本操作，用一个实例的制作带领读者领略 Ubuntu 中精彩的绘图世界。

7.5.1 Draw 概述

Draw 是一个矢量绘图软件，它的特色在于"接头"形状多样化，可以方便地绘制各种图标、图表、建筑图、工程图、流程图等。在流程图的绘制方面，类似于 Microsoft 的 Visio。另外，它还有桌面排版的特性，类似于 Adobe InDesign，因此也可用于简单的印刷品排版设计。

Draw 的启动和退出与 OpenOffice.org 的其他组件类似。在 Ubuntu 的桌面选择面板命令"应用程序-图像-LibreOffice Draw"，如图 7-63 所示，程序启动并初始化完成，即可打开如图 7-64 所示的 Draw 界面。

图 7-63 启动 Draw

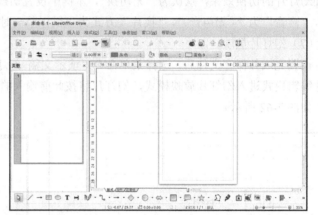

图 7-64 Draw 界面

按照前面对 OpenOfiice.org 其他组件保存文档的方法，将当前 Draw 界面中的文档保存为"图画 1"，存放路径为"文档"，保存格式默认。

利用 Draw 绘制的各种图形可以被保存为不同的格式，添加到文档、网页或是电子邮件的附件中。Draw 支持的文件类型见表 7-4。

表 7-4 Draw 支持的文件类型

文件类型	扩展名
ODF 绘图	ODG
ODF 绘图模板	OTG
OpenOffice.org 1.0 绘图	SXD
OpenOffice.org 1.0 绘图模板	STD
OpenDocument Drawing(Flat XML)	FODG

除了上述 Draw 支持的文件格式，它还可以直接将图片输出成 BMP、JPEG、GIF、PNG、TIFF 等常见的图片格式，还可以快速建立 Flash 的 SWF 文件格式。

7.5.2 绘制流程图

本小节用一个绘制流程图的实际例子，带领读者一起学习 Draw 的使用方法。

1．绘制图案

打开之前保存的"图画 1"，然后在文档界面底部的功能按钮中单击"流程图"按钮，对应的图形方案会显示在其上方，如图 7-65 所示。

在流程图方案中，移动鼠标光标至每个方案上，会显示该图形的名称，选中第 1 个图形"过程"，在绘图区中的适当位置用鼠标拖曳出一个合适大小的"过程"框，如图 7-66 所示。

图 7-65　选择"流程图"方案

图 7-66　绘制"过程"框

如果需要调整位置，可以将鼠标光标移至图案处，光标变成一个手形，此时可随意拖动图案至绘图区的任意位置。

2．编辑图案

选中之前绘制的"过程"图案，单击鼠标右键，弹出快捷菜单，选择"复制"菜单项，或者直接按快捷键<Ctrl>+<C>，可以复制该图案，然后将光标移至空白处，单击鼠标右键，弹出快捷菜单，选择"粘贴"菜单项，或直接按快捷键<Ctrl>+<V>，可将已复制的图案粘贴至绘图区中的原图案处，用鼠标拖曳它至下方空白处，便可完成图案的复制及粘贴操作，如此便可绘制出同样大小尺寸的图案，如图 7-67 所示。

选中某图案，如图 7-67 中靠下方的一个图案，按<Delete>键可将其删除，删除该图案后的效果如图 7-66 所示。

如果读者觉得第 1 次拖曳出的图案大小不合适，可以选中图案，图案的周围会显示 6 个拖动块，可从任意方向改变图案的大小及形状，如图 7-68 所示。

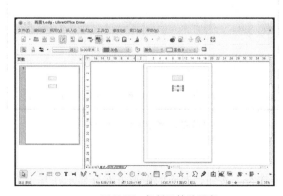

图 7-67　复制及粘贴图案

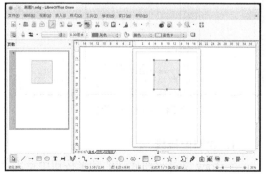

图 7-68　改变图案尺寸及形状

如果感觉效果不佳，想退回上一步的形态，可选择菜单命令"编辑-撤销命令"，或者按下快捷键<Ctrl>+<Z>，做出撤销动作，返回如图 7-66 所示的状态。

3. 输入文字

选中图中的图案，双击鼠标左键，进入文字输入状态，在图案内输入"初始化"，如图 7-69 所示。

选中图案，单击鼠标右键，在弹出的快捷菜单中选择"字符"菜单项，打开如图 7-70 所示的"字符"对话框，从中可以设置文字的字体、字号、字符效果及位置等属性。

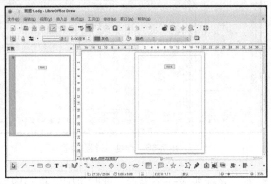

图 7-69 输入文字

图 7-70 "字符"对话框

此例中设置输入的文字字体为"文泉驿正黑"，字号为"小一"，其他属性保持默认设置，单击"确定"按钮，保存方案后，效果如图 7-71 所示。

按照之前讲解的方法，依次在"图画 1"的例子中，绘制一个"手动输入"图案，在其中输入"输入数据"，字符属性与之前的方案相同。再绘制一个"决策"图案，在其中输入"是否为整数"，字符属性与之前的方案相同。然后绘制一个"过程"图案，在其中输入"显示数据"，字符属性与之前的方案相同。效果如图 7-72 所示。

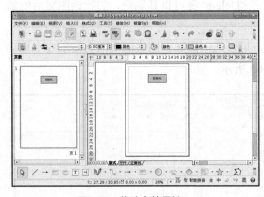

图 7-71 修改字符属性

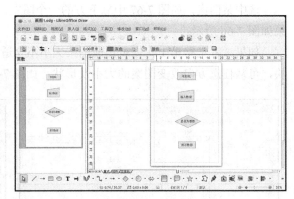

图 7-72 绘制其他图案及文字

4. 绘制连接线

在 Draw 文档界面底部的功能按钮中单击"连接符"按钮，对应的图形方案会显示在其上方，如图 7-73 所示。

选择"尾端为箭头的连接符"，即第 1 行中间的那个图案，此时绘图区中的所有已有图案边缘会显示 4 个连接点，以"×"符号表示，如图 7-74 所示，连接符要以连接点为起始点。

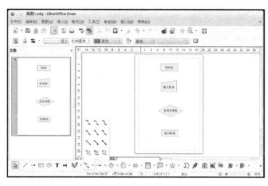
图 7-73　选择"连接符"

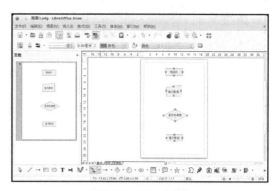
图 7-74　显示连接点

将光标移至"初始化"图案下沿中间的那个连接点,按下鼠标左键不放,此处将作为此次绘制的起点,然后将光标拖至"输入数据"图案上沿中间的那个连接点,松开鼠标左键,一条连接线即绘制完成,如图 7-75 所示。

同理,读者可以自行绘制"输入数据"至"是否为整数"的连接线。"是否为整数"是一个策略框,即一个逻辑判断,它在此处应该有两个出口,即有两条连接线出口,一条的出口指向"显示数据",另一条的出口指向"输入数据",效果如图 7-76 所示。

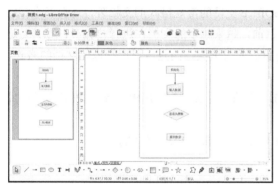
图 7-75　绘制第 1 条连接线

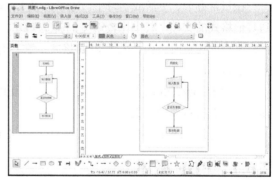
图 7-76　绘制其他连接线

5．在绘图区输入文字

在使用 Draw 编辑文档或绘图的时候,除了可以在图案内输入文字,还可以在绘图区的空白处输入文字。

在 Draw 文档界面底部的功能按钮中单击"文字"按钮,可进入文字输入模式。在"是否为整数"与"显示数据"的连接线右侧单击鼠标左键,定位文字输入位置,在相应的位置会出现一个文本框,在文本框内输入"是",然后单击绘图区空白处确认输入,如图 7-77 所示。如果觉得初次定位不够理想,可在文档界面底部的功能按钮中单击"选择"按钮,选择"是"字所在区域,利用鼠标拖动,或利用键盘上的方向键进行位置的调整。

按照同样的方法,可在"是否为整数"框指向"输入数据"框的连接线右侧输入"否"字,如图 7-78 所示。

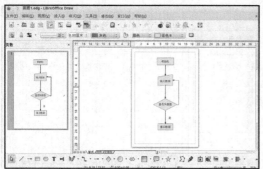
图 7-77 在绘图区输入文字
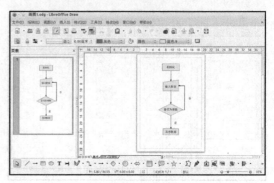
图 7-78 再次输入文字

至此为止，一幅简单的流程图便绘制完成，读者可以根据自己的需要将文档保存为一定的格式，或输出为图片格式。与 LibreOffice 的其他组件一样，在 Draw 中也可以将编辑完成的文档输出为 PDF 文档。

7.6 PDF 文档的阅读

在日常办公、生活或学习中，除了涉及 LibreOffice 支持的常规格式的文档外，还会经常接触到其他格式的文档，其中比较常见的就是 PDF。目前，越来越多的文档在进行传输时，尤其是进行跨平台的传输时，均是采用 PDF 格式。它具有良好的封装性，而且可以保存原始文档的格式，应用非常广泛。

而由于 LibreOffice 支持直接将文档导出为 PDF 文档，所以，了解 PDF 及掌握 PDF 文档的阅读方法，有很重要的意义。

本节介绍 PDF 的特点，并且带领读者一起在 Ubuntu 中阅读 PDF 格式的文档。

7.6.1 PDF 概述

PDF 的全称为 Portable Document Format，意思是"便携式文档格式"，它是由 Adobe Systems 于 1993 年用于文件交换所发展出的文件格式。该类型文件的扩展名为.pdf。

PDF 是一个开放性的标准，并于 2007 年成为 ISO 32000 国际标准。

PDF 主要由以下 3 项技术组成。

- 衍生于 PostScript，可看作是 PostScript 的缩小版。
- 使用字符嵌入技术，可使字符形态随文件一起传输。
- 资料压缩及传输系统。

PDF 的最大优点在于跨平台实现了文件传输，并且能保留原有文档的格式。另外，它形成了开放标准，能免税版自由开发。

由于 PDF 文件有良好的跨平台性，而且具有开源标准，因此针对 PDF 的工具软件非常多，按类型可以分为阅读器、编辑器、转换器、开发及制作工具等。

Adobe 公司提供有针对 PDF 的软件工具，且有多个版本以支持不同的操作系统平台，常用的有 PDF 转换器：Adobe Acrobat，以及 PDF 阅读器：Adobe Reader。

办公软件应用

除了 PDF 的开发商 Adobe 提供相应的软件外，在各个平台下，都有很多流行的 PDF 软件供有不同需求的用户使用。此处罗列一些 Windows 平台、Linux 平台及跨平台下的软件，有兴趣的读者可以自行研究。

Windows 平台下的 PDF 软件如下。
- Amyuni：PDF 阅读器、转换器。
- CutePDF：PDF 转换器。
- Foxit Reader：PDF 阅读器，免费软件。
- PDF-Office Professional：PDF 转换器。
- Zetadocs：PDF 转换器。

Linux 平台下的 PDF 软件如下。
- Evince：GNOME PDF 阅读器。
- GPdf：GNOME PDF 阅读器。
- KPDF：KDE PDF 阅读器。
- Xpdf：X Window PDF 阅读器。
- Foxit Reader：PDF 阅读器。
- CUPS：PDF 转换器。
- PDFedit：PDF 编辑器。

自由软件如下。
- GhostScript：PDF 阅读器、转换器。
- Multivalent：用 Java 开发的 PDF 阅读器。
- OpenOffice.org：可输出 PDF 文件。
- Pstoedit：PDF 转向量图形格式转换器。

以上列举了部分 PDF 软件，读者可以通过互联网获取相应的资源。

7.6.2 PDF 文件阅读

本小节以 7.5 节利用 LibreOffice Draw 绘制的流程图为例，在"文档"位置用 Draw 将"图画 1"打开，选择菜单命令"文件-输出成 PDF"，在打开的 PDF 格式设置对话框中，保持选用默认设置，直接单击"确认"按钮，在"文档"位置保存名为"图画 1.pdf"的 PDF 文件。

正如前面提到的，作为 Linux 类操作系统的一员，在 Ubuntu 中自带有 Evince，即文档查看器。本小节着重介绍利用文档查看器即 Evince 阅读 PDF 文件的方法。

在"文档"位置选中"图画 1.pdf"，单击鼠标右键，弹出快捷菜单，如图 7-79 所示，选择"用'文档查看器'打开"菜单项，即可利用 Evince 打开该 PDF 文件，如图 7-80 所示。

图 7-80 即为文档查看器主界面，该界面由顶部菜单栏、菜单栏下方的工具栏、左侧的侧边栏、中部的视图区域等组成。

利用文档查看器打开的"图画 1"与之前利用 Draw 绘制的"图画 1"的内容相同，并且格式也相同，读者可自行比对。而利用文档查看器打开 PDF 文件时，是不能对该文件进行修改的，这就使得文件的原作者的版权得到了保护。

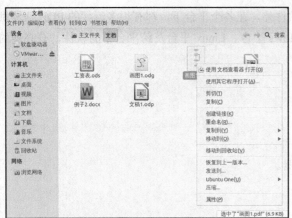

图 7-79　选择打开 PDF 文件方式

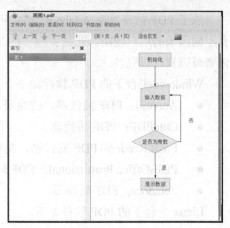

图 7-80　利用文档查看器打开 PDF 文件

选择菜单命令"查看",展开下拉式菜单,如图 7-81 所示,在该菜单内可选择界面的配置方案,如设置工具栏、侧边栏的可见性,设置显示模式,调整视图大小等。

如果读者觉得文档视图的大小能满足自己的需要,可选择菜单命令"查看-放大",或者按快捷键<Ctrl>+<+>,或者在工具栏的"调整缩放级别"下拉列表中选择自己认为合适的显示比例,都可以放大视图,效果如图 7-82 所示。

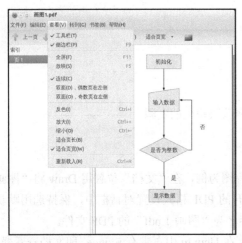

图 7-81　"查看"菜单

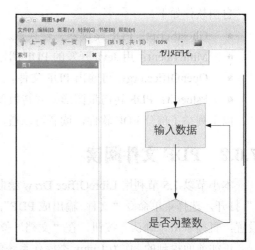

图 7-82　放大视图

同理,通过选择菜单命令"查看-缩小",或者按快捷键<Ctrl>+<->,或者在工具栏的"调整缩放级别"下拉列表中选择较小的显示比例,都可以缩小视图。

在侧边栏中显示了文件的每一页索引,由于该示例文件只有 1 页,因此看不出来效果。但对于多页文档,读者可以在侧边栏快速地选择想要浏览的页数,也可以在工具栏中通过文本框输入页码,定位文档。

选择菜单"编辑",展开下拉式菜单列表,如图 7-83 所示。选择其中的"向左旋转"菜单项,可以旋转 PDF 文档,效果如图 7-84 所示。同理,选择"向右旋转"菜单项可以向右旋转文档。

办公软件应用

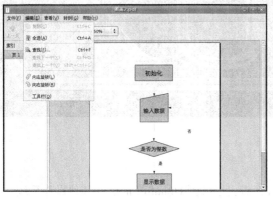

图 7-83 "编辑"菜单

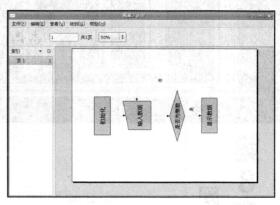

图 7-84 旋转 PDF 文档

用文档查看器阅读 PDF 文档非常简单，很容易上手，如果读者在使用的过程中有疑问，可以选择菜单命令"帮助-目录"获取帮助。

除了利用文档查看器以外，在 Ubuntu 中，很多用户还常常使用 Adobe Reader For Linux 阅读 PDF 文档。读者可以通过互联网获取相关的资源。关于互联网的相关应用软件和工具的使用，将在下一章讲解。

7.7 课后练习

1．分析对比 LibreOffice 与 Microsoft Office 的异同，了解 LibreOffice 的优越性与不足。

2．利用 Writer 编辑一篇文档，要求尽量多地使用格式控制。

3．利用 Calc 编辑两份表格，保存在同一个文档中，要求条目不少于 10 条，其中要体现公式的使用。

4．利用 Impress 选择自己喜欢的版式和设计方案，制作一个演讲稿，每页中必须带有动画效果。

5．简述 Draw 的优点和特性。

6．使用 Draw，绘制一张与自己专业相结合的图片。

7．将第 4 题中制作的演讲稿输出为 PDF 文件，利用文档查看器阅读。

第 8 章 网络工具应用

通过前面几章的学习,读者已了解到 Ubuntu Linux 和其他操作系统一样,能够访问互联网,并且有良好的网络特性。Ubuntu 也自带有一系列与网络有关的应用软件,以辅助用户进行各种事务的处理。

在上一章,已接触到了办公类应用软件,实际上通过互联网,读者还可以发现很多类似的资源。有互联网的支持,将给我们的工作和学习带来很大的便利。本章带领读者在 Ubuntu Linux 中使用工具进行网页浏览、下载、收发邮件等。

本章第 1 节介绍 Ubuntu 自带的浏览器及其使用。

第 2 节介绍 Ubuntu 中各种各样的下载工具的使用方法。掌握此方法,读者可以更好地利用互联网资源服务于自己的工作和学习。

第 3 节介绍 Ubuntu 中的聊天工具及使用,以方便读者与朋友、同事、伙伴进行更好的交流。

第 4 节介绍在 Ubuntu 中利用系统自带的工具收发电子邮件的方法。

8.1 浏览器

正如 Windows 操作系统自带有 IE 浏览器一样，Ubuntu 也自带有网页浏览器，那就是大名鼎鼎的火狐浏览器 FireFox。火狐浏览器在当代社会得到越来越多的认可和支持，这与它自身的特点和优越性是密不可分的。本节介绍在 Ubuntu 中，如何利用 FireFox 来浏览网页。

8.1.1 FireFox 简介

中文俗称的"火狐"浏览器，其英文名称为"Mozilla FireFox"，它是由 Mozilla 基金会与开源团体共同开发的网页浏览器，因此与 IE 不同，它是开源并且免费的。

FireFox 拥有标签页浏览、拼写检查、即时书签、自定义搜索等功能。另外，它还支持由第三方开发者贡献的附加组件（或称"扩展"），通过这些附加组件的应用，使得该浏览器的功能日益丰富，能适应不同人群的不同使用需要。相对于其他传统的网页浏览器而言，它具有更高的可扩展性，真正成为世界上最具特色的网页浏览器之一。

FireFox 是一个跨平台的网页浏览器，它可以在多个操作系统中使用，其源代码以 GPL/LGPL/MPL 3 种授权方式释出。目前，官方释出的版本支持下列平台。

- 多种版本的 Microsoft Windows 操作系统，包括 Windows98、98SE、NT、2000、XP、Server 2003、Vista、Server 2008 等。
- 苹果公司的 Mac OS。
- 以 Linux 为基础的各种操作系统，系统中必须使用 X.org Server 或 XFree86。

除了上述平台，由于 FireFox 是一个开源性质的软件，又加上其代码是独立于操作系统的，因此它可以在多个操作系统平台上编译，包括 OS/2、AIX、FreeBSD 等平台上都有可运行的 FireFox 编译档。

FireFox 不仅支持多个操作系统平台，还支持多种网络标准，包括 XML、HTML、XHTML、CSS、SVG、ECMAScript、DOM、MathML、DTD、PNG 图像文件等。

与其他网页浏览器相比，FireFox 的安全性更高。它使用了"沙盒安全模块"（Sandbox security model），以限制网页脚本语言对用户端数据的访问，从而保护用户不受恶意脚本语言的攻击。对于网页数据的传输，则使用 SSL/TLS 的加密方式来保障用户和网站之间传输数据的隐秘性，此外也支持智能卡来当作数据验证的方式。

8.1.2 FireFox 的使用

Ubuntu 12.04 自带的是 FireFox 11.0，相对与之前的版本，有了很大的进步，但有很多 FireFox 自身的特色功能仍然一脉相传。

本小节介绍 FireFox 的使用，同时展示 FireFox 的特色功能，让读者在学习后，能够随心所欲地配置有自己个性的网页浏览器。

在确保 Ubuntu 与互联网顺利接通的前提下，选择面板命令"应用程序-互联网-FireFox 网络浏览器",在此操作系统中,FireFox 默认打开 Ubuntu 8.04 的欢迎界面,如图 8-1 所示。

与其他浏览器类似,该浏览器从上至下主要由菜单栏、工具栏、快捷工具栏、浏览区、底部栏等几个部分组成。工具栏中有"后退"、"前进"、"刷新"、"停止"、"主页"等几个工具按钮,另有两个文本输入框,中间的部分是地址输入框,在该文本框内输入合法域名,如输入 www.google.cn,便可访问相关网站,如图 8-2 所示。右侧嵌套了 Google 的快捷搜索工具。因此,从外表上看来,FireFox 浏览器与其他浏览器并无多大区别,常规使用方式与其他浏览器类似,此处不再讲解浏览器的基本操作,重点介绍 FireFox 的特色。

图 8-1 Ubuntu 自带的 FireFox 启动界面

图 8-2 Google 首页

1. 标签页浏览

FireFox 支持的所谓标签页浏览,是指在同一个窗口内打开多个浏览页面。在 FireFox 菜单命令中选择"编辑-首选项",打开如图 8-3 所示的"FireFox 首选项"对话框。

该对话框中有多个标签,针对不同方面的参数,可提供用户进行设置。在图 8-3 所示的"常规"标签页中,可以设置每次启动 FireFox 时显示的页面、浏览的滚动方式等。

在图 8-4 所示的"标签式浏览"页中,可以设置标签的属性,在保持默认选项不变的基础上,增加选中"总是显示标签栏",然后单击"关闭"按钮保存设置。

图 8-3 FireFox 首选项-常规

图 8-4 FireFox 首选项-标签式浏览

设置成功的浏览器如图 8-5 所示，在浏览区域的上方多出了一栏，这就是所谓的"标签栏"，一个标签就代表一个浏览页面。在标签栏上单击鼠标右键，将打开标签栏的快捷菜单，选择"新建标签页"菜单项，在当前标签的右侧打开一个空白的标签页，在地址栏输入 www.baidu.com，便可在新的标签页浏览相应的网页，如图 8-6 所示。

图 8-5 显示标签栏

图 8-6 新建标签页

此外，该右键快捷菜单里还有其他几个菜单项，如"重新载入标签页"，相当于针对当前选中的标签页进行刷新操作，"关闭标签页"用于关闭当前选中的标签页，"撤销关闭标签页"用于对上次关闭的标签页进行重新打开操作，以防用户进行了误关闭。

由此可见，利用 FireFox 的标签页浏览方式，可以在仅仅打开一个浏览器的基础上，同时浏览多个网页。

2．附加组件

前文提到，FireFox 的显著特色就是有很高的可扩展性，通过这些丰富的扩展性，用户在使用浏览器的时候，可以根据自己的需要和喜好，打造属于自己的浏览器，令其充满个性。而如果仅仅是利用 FireFox 自带的简单功能浏览网页，它的功效则完全显示不出来，与一般的其他网页浏览器没有太大的区别。因此，附加组件的应用，使得 FireFox 拥有了超越其他浏览器的独特魅力。

FireFox 的附加组件主要包含扩展、主题、插件等，所有的这些组件可以通过 Mozilla 基金会提供的扩展官方网站 https://addons.mozilla.org/zh-CN/firefox/ 去下载，该网站有对组件的说明，可以使用户一目了然。此外，也可通过互联网手段从第三方获取。

扩展的种类非常多，如广告视窗拦截、增强的标签页浏览等，通过扩展的应用，可以增强FireFox 的功能。扩展提供了高度自由化的扩充功能，不过在使用时也要注意安全，由于多数的扩展不是由 Mozilla 基金会提供的，在计算机中具有一定访问数据的权限，因此也曾出现过恶意扩展的现象。针对此现象，Mozilla 提供了对扩展的安全验证，从而可确保众多的开发者提供的扩展程序不包含任何恶意软件。所以，并非所有的扩展都能在 FireFox 中使用，也可能会在安装的时候出现错误。为了广大用户能够更好更安全地使用扩展，Mozilla 发布了一个扩展包，称为"Fashing Your FireFox"，读者可以登录其主页，查看关于该扩展包的详细情况，并视自己的实际情况选择使用。

主题的应用可以使原本相对单调的 FireFox 界面变得丰富多彩，它是由 CSS 和图像文档所集合的包装文件。

FireFox 支持以 NPAPI（Netscape Plugin Application Program Interface）为基础的插件，这也是其他众多浏览器，如 IE、Opera 所共同支持的插件。

在 FireFox 菜单栏选择"工具-附加组件"命令，打开如图 8-7 所示的"附加组件"对话框。该对话框有 5 个标签页，分别为"获取附加组件"、"扩展"、"主题"、"语言"、"插件"。在"获取附加组件"页，FireFox 推荐了几款时下流行的组件，读者也可以在文本框中输入组件名称搜索，选择自己想要的组件。如输入"ColorfulTabs"，单击<Enter>键确认，搜索的结果会显示在窗口中，如图 8-8 所示。

图 8-7 "附加组件"对话框

图 8-8 搜索组件

在图 8-8 中选择相应的组件，单击"安装"按钮，当浏览器从互联网中找到相应的资源后，会自动安装在 FireFox 中。

如图 8-9 所示，单击窗口中的"立即重启"按钮，将重新启动浏览器。重新启动后，读者可以看到该组件的效果，ColorfulTabs 是一个美化标签页的组件，它可以使标签栏的各个标签页以不同的色彩显示。在搜索模式下，除了可以搜索可用的未添加过的组件，还可以很轻松地搜索本地已有的组件。在搜索栏输入"ColorfulTabs"，在搜索页选择"我的附件组件"，可以查看对应组件在本地的安装及使用情况，如图 8-10 所示。

图 8-9 重新启动 FireFox 的提示

图 8-10 搜索本地组件

同理，读者可以通过此方法安装其他各种各样的组件。关于组件的名称和说明，可以从互联网上获取。

3．即时查找

FireFox 提供搜索功能，读者可以很便利地从网页中搜索自己想要的字符。而且是所谓的"即时查找"，即一旦输入想要查找的字符，页面上会立刻标识出来。

启动 FireFox 后，进入 ubuntu 官网，选择菜单命令"编辑-查找"，或按快捷键<F3>或<Ctrl>+<F>，浏览器窗口底部会打开一个"查找"栏，如图 8-11 所示。

在"查找"文本框中输入想要查找的内容，即可实现即时查找功能。如在文本框中输入"Now"，页面上对应的内容就会以与原来不同的底色实时地显示出来，如图 8-12 所示。

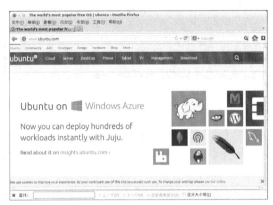
图 8-11 查找文本框的显示

图 8-12 即时查找网页中的字符

利用此功能，读者可以在很短的时间内迅速地定位网页中的关键字，能有效地提高浏览网页及相关工作的效率。

4．实时书签

FireFox 中"书签"的概念，相当于 IE 中的收藏夹，用户可以根据自己的喜好和实际需要，将经常浏览或某些重要的网站建立为"书签"的形式，保留在浏览器中，下次需要浏览的时候，从书签列表中便可迅速地打开网站。此外，FireFox 还支持通过书签的方式阅读和订阅 RSS 项目。

在 FireFox 的地址栏输入 www.google.com，进入 Google 首页，然后打开菜单"书签"，如图 8-13 所示，该菜单中有多个菜单项，选择"将此页加为书签"菜单项，打开如图 8-14 所示的创建书签对话框。

在图 8-14 中，有两个文本框和一个下拉列表框，在"名称"文本框中可以输入该书签的名字，在"文件夹"列表框中可以选择该书签保存的位置，默认为"书签菜单"；在"标签"文本框中可以输入对该标签的描述，如功能类型、分类、简述等。

例如，将该书签的名称输入为"Google"，标签定义为"搜索"，文件夹选用默认值，单击"完成"按钮保存。再次展开"书签"菜单，如图 8-15 所示，该菜单中添加了一个新的标签，名字为"Google"。

关闭浏览器中的原有标签页，即之前的 www.google.com，恢复到空白页的状态，选择菜单命令"书签-Google"，即可打开相应的页面，如图 8-16 所示。

图 8-13 "书签"菜单

图 8-14 创建书签对话框

图 8-15 成功添加书签

图 8-16 利用书签浏览网页

关于 FireFox 的其他使用方法，有待于读者亲自去体验，尤其是各种组件的应用，可谓是多彩纷呈，利用 FireFox 可以真正实现打造带有自己特色的浏览器。

8.2 下载工具

对于使用 Windows 的用户来说，系统平台下有很多各具特色的下载工具，而下载工具的使用，已成为当今生活和工作中不可或缺的一部分。Ubuntu Linux 平台下同样有很多不同种类、不同风格的下载工具供用户使用。除了第三方提供的下载工具，Ubuntu 12.04 还自带有一系列的下载工具，从外观上可分为命令行下载和图形界面下载两类，从下载原理上可分为单线程和多线程两类。本节介绍 Ubuntu 自带的下载工具的使用方法。

8.2.1 APT 下载工具

在本书第 2 章已经介绍过"新立得软件包管理器"以及 Deb 包的概念和使用，而对于 Ubuntu 软件包管理器而言，它实现下载的功能就是依靠一个 Ubuntu 自带的下载工具进行的，这就是 APT 下载工具（Advanced Packaging Tool）。APT 工具被认为是目前最好的软件包管理工具之一，它可

网络工具应用

以实现自动下载、配置、安装二进制或源码包的功能。有此工具的辅助，Debian 类 Linux 操作系统被业界广泛认为是最容易管理和升级的系统，而 Ubuntu 就是该类操作系统的代表。

APT 工具常常被用于下载和安装软件，以及更新系统，它解决了在 Linux 平台下安装软件的一个缺陷，即软件之间的依存关系。如 RedHat 的操作系统，或其他用 RPM 工具的操作系统，就无法自动处理软件之间的依存关系，往往靠用户自己手动处理。对于很多用户而言，这为软件的使用乃至系统的推广都带来了很大的约束。而 APT 的存在，则刚好弥补了这一缺陷。

（1）APT 工作原理。

APT 采用 C/S 模式，即客户端/服务器模式。要使用 APT，首先需要一个 APT 服务器保存最新的 Linux 软件包，这在 Ubuntu 中称为"源"。在其他的书籍或互联网上，往往看到讲解关于 Ubuntu 中 APT 的使用时，提到安装源、更新源，就是指所需要的软件的服务器来源。APT 在源端（服务器）利用工具（genbasedir）根据每个软件包的包头（Header）信息对所有的软件包进行分析，并将分析结果放置在一个列表中（每次安装新的软件，最好先更新源）。

在客户端要进行升级或安装时，首先应在下载列表中与本机软件进行对比，判断出需要下载哪些软件，或升级至更新的版本。在可能的情况下，APT 会安装最新的软件包，被安装的软件包所依赖的其他软件也会被安装，但是有特殊情况的存在，某些软件如果和系统中的其他软件发生冲突，或者在任何安装源里都没有相关软件或没有要求的版本，APT 就会返回错误信息，无法完成软件包的安装，此时需要用户自行解决依赖问题。

（2）APT 工具的使用。

除了第 2 章中讲到的利用图形化界面前端"新立得软件包管理器"进行下载，APT 工具通常还可单独用于命令行模式下。

在使用 APT 进行软件下载及安装之前，往往需要更新列表文件，即更新源。可以针对文件 /etc/apt/sources.list 进行修改，如下所示：

```
jacky@jacky-desktop:~$ vim /etc/apt/sources.list   //用vim打开/etc/apt/sources.list 列表文件
# deb cdrom:[Ubuntu 12.04.1_Hardy Heron_ - Release i386 (20130702.1)]/ hardy main restricted
# See http://help.Ubuntu.com/community/UpgradeNotes for how to upgrade to
# newer versions of the distribution.

deb http://cn.archive.Ubuntu.com/Ubuntu/ hardy main restricted
deb-src http://cn.archive.Ubuntu.com/Ubuntu/ hardy main restricted

## Major bug fix updates produced after the final release of the
## distribution.
deb http://cn.archive.Ubuntu.com/Ubuntu/ hardy-updates main restricted
deb-src http://cn.archive.Ubuntu.com/Ubuntu/ hardy-updates main restricted

## N.B. software from this repository is ENTIRELY UNSUPPORTED by the Ubuntu
## team, and may not be under a free licence. Please satisfy yourself as to
## your rights to use the software. Also, please note that software in
## universe WILL NOT receive any review or updates from the Ubuntu security
## team.
//以下是资源列表，读者可以添加或更改
deb http://cn.archive.Ubuntu.com/Ubuntu/ hardy universe                    //源1
deb-src http://cn.archive.Ubuntu.com/Ubuntu/ hardy universe                //源2
deb http://cn.archive.Ubuntu.com/Ubuntu/ hardy-updates universe            //源3
deb-src http://cn.archive.Ubuntu.com/Ubuntu/ hardy-updates universe        //源4
```

关于 Ubuntu 常用的各种源，读者可以在互联网上搜索，此处不再赘述。

添加或更新源后，可以利用以下命令更新本地数据库：

```
jacky@jacky-desktop:~$ sudo apt-get update          //针对列表文件里的源，更新本地数据库
```

由于本地操作系统中某些软件的依赖关系有可能存在问题，因此读者可以在下载所需软件或更新系统之前，用以下命令检查：

```
jacky@jacky-desktop:~$ sudo apt-get check           //检查依赖关系
正在读取软件包列表... 完成
正在分析软件包的依赖关系树
读取状态信息... 完成
```

以上代码显示的情况表明当前系统中并无软件依赖问题存在，如果软件的依赖关系存在问题或漏洞，APT 会提出建议解决方案。

如果没有软件依赖关系的问题，读者就可以进行软件的下载及安装了。此前讲到的 APT 工具是集下载、配置、安装于一体的工具，因此用一个命令就可以完成下载及安装，如下所示：

```
jacky@jacky-desktop:~$ sudo apt-get install package-name   //下载及安装 package-name 软件包
```

package-name 只表示了软件包的名称，如果需要指定版本，应在其后面添加版本号。

利用以下命令可以对软件进行升级：

```
jacky@jacky-desktop:~$ sudo apt-get upgrade package-name   //升级 package-name 软件包
jacky@jacky-desktop:~$ sudo apt-get dist-upgrade           //全面升级系统中的软件包
```

利用 APT 工具，还可以对那些不再需要使用的软件包进行卸载，并且它也能自动卸载与之有依赖关系的其他软件。如下所示：

```
jacky@jacky-desktop:~$ sudo apt-get remove package-name   //卸载 package-name 软件包，并
卸载依赖的软件
```

此外，使用 APT 工具还能清除本地已经下载并安装过的软件包，如下所示：

```
jacky@jacky-desktop:~$ sudo apt-get clean                  //清除本地已下载并安装过的软件包
```

关于利用 APT 工具下载并安装软件的实例，会在下一节讲解聊天工具的使用时介绍。

8.2.2 命令行下载工具

Wget 是一个命令行下载工具，常用于批量下载文件，或制作网站的镜像，支持 HTTP 和 FTP，是一个简单而功能强大的工具。

在几乎任何的 Linux 发行版中都带有 wget 这个下载工具。由于使用了具有良好的可移植性的 C 语言，使得它在多种 Linux 发行版中可以自由地编译使用。Ubuntu 同样自带有这一优秀的下载工具。

Wget 的特点主要包括以下几个方面。

- 支持递归下载。
- 转换页面中的链接。
- 生成可在本地浏览的镜像。
- 支持代理服务器。
- 稳定性强。

它的缺陷主要体现在以下几个方面。

- 支持的协议较少，目前无法支持流媒体协议，如 mms 和 rtsp，也不支持各种广泛应用的 P2P 协议。
- 支持协议版本落后。
- 灵活性不强，扩展性不高。

- 命令过于复杂。
- 安全性不强。

虽然 wget 有利有弊，但在 Ubuntu 及其他的 Linux 发行版中，应用还是相对比较广泛的，其基本命令格为：wget [参数] [URL 地址]。

常用的 wget 参数如下。

启动类。

-V, –version：显示 wget 的版本后退出。

-h, –help：打印语法帮助。

-b, –background：启动后转入后台执行。

下载类。

–bind-address=ADDRESS：指定本地使用地址（主机名或 IP，当本地有多个 IP 或名字时使用）。

-t, –tries=NUMBER：设定最大尝试链接次数（0 表示无限制）。

-O –output-document=FILE：把文档写到 FILE 文件中。

-nc, –no-clobber：不要覆盖存在的文件或使用.#前缀。

-c, –continue：接着下载没下载完的文件。

–progress=TYPE：设定进程条标记。

-N, –timestamping：不要重新下载文件，除非比本地文件新。

-S, –server-response：打印服务器的回应。

–spider：不下载任何东西。

-T, –timeout=SECONDS：设定响应超时的秒数。

-w, –wait=SECONDS：两次尝试之间间隔 SECONDS 秒。

–waitretry=SECONDS：在重新链接之间等待 1...SECONDS 秒。

–random-wait：在下载之间等待 0...2*WAIT 秒。

-Y, –proxy=on/off ：打开或关闭代理。

-Q, –quota=NUMBER：设置下载的容量限制。

–limit-rate=RATE：限定下载速率。

目录类。

-nd –no-directories：不创建目录。

-x, –force-directories：强制创建目录。

-nH, –no-host-directories：不创建主机目录。

-P, –directory-prefix=PREFIX：将文件保存到目录 PREFIX/...。

–cut-dirs=NUMBER：忽略 NUMBER 层远程目录。

文件记录类。

-o, –output-file=FILE：把记录写到 FILE 文件中。

-a, –append-output=FILE：把记录追加到 FILE 文件中。

-d, –debug：打印调试输出。

-q, –quiet：安静模式（没有输出）。

-v, –verbose：冗长模式（这是默认设置）。

-nv, –non-verbose：关掉冗长模式，但不是安静模式。

-i, –input-file=FILE：下载在 FILE 文件中出现的 URLs。

-F, –force-html：把输入文件当作 HTML 格式文件对待。

以下是几个例子，用于辅助读者理解和掌握 wget 的常用操作。

利用以下命令可以进行文件下载：

```
jacky@jacky-desktop:~$ wget -r -np -nd http://10.143.2.9/packages/
```

这句命令的意思是，下载 http://10.143.2.9 网站上 packages 目录中的所有文件。其中，-r 表示递归下载，-np 的作用是不去遍历父目录，-nd 表示不在本地重新创建目录。

以下命令可针对某一类型文件下载：

```
jacky@jacky-desktop:~$ wget -r -np -nd --accept=cpp http://10.143.2.9/src/
```

这条命令与上一条命令类似，它的作用是仅下载 http://10.143.2.9 网站上 src 目录中的扩展名为 cpp 的所有文件。

以下命令用于批量下载：

```
jacky@jacky-desktop:~$ wget -i filename.txt
```

读者只需要将多个 URL 地址放在 filename.txt 文件中，wget 便可自动下载所有的文件。

以下命令用于断点续传：

```
jacky@jacky-desktop:~$ wget -c http://10.143.2.9/src/control.cpp
```

在下载过程中，往往会遇到各种原因引起的中断。而 wget 提供有断点续传的功能，在网络恢复正常的情况下，它将从上次断开的地方自动继续下载。这句命令就表达了续传的含义，它能够续传 http://10.143.2.9 网站上 src 目录中的 control.cpp 文件。

利用以下命令，可以制作网站的镜像：

```
jacky@jacky-desktop:~$ wget -r -p -np -k http://10.143.2.9/usr
```

它能够将 http://10.143.2.9 网站上的 usr 目录下载到本地，作为镜像。

8.2.3　多线程下载工具

Ubuntu 平台下的多线程下载工具很多，有类似于 Windows 中迅雷的 MultiGet、类似于 Emule 的 Amule、BT 客户端等。而 Transmisson 则是一款轻量级的 BT 下载工具，由于它轻便适用，且易于上手，所以被 Ubuntu 12.04 作为 BT 下载客户端的默认工具软件。BT 下载的实质就是"点对点"下载（Peer-to-Peer），这种方式是一种速度很快的下载方式，因为被连接或正在通信的点既是资源的下载方，同时也是资源的上传者。连接点越多，下载速度越快。

本小节对 Transmission 的使用作讲解。至于其他的多线程下载工具，有兴趣的读者可以通过互联网获取资源，它们的使用方法也非常简易。

在进行 BT 下载以前，要先获取种子文件，即 torrent 文件，读者可以通过各种方法来获取，如利用浏览器下载或利用其他下载工具下载。在此，以下载 Ubuntu 12.04 的 torrent 文件为例，介绍 Transmission 的使用。读者可以利用 FireFox 访问 http://releases.Ubuntu.com/12.04/站点，如图 8-17 所示，在该页面中单击 Ubuntu-12.04.3-alternate-i386.iso.torrent，即可开始利用浏览器下载该种子文件，打开如图 8-18 所示的对话框。

在图 8-18 中，提供了两种下载文件的方式，一种为默认的下载该种子文件后直接用 Transmission 打开，另一种为保存该种子文件到本地计算机上。这里选择第 2 种方案，选择"保存文件"后，单击"确定"按钮，浏览器将自动下载该文件，并保存到设置好的路径下。

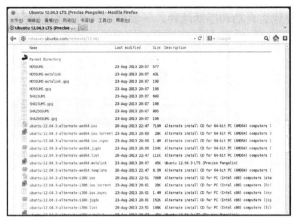
图 8-17　寻找种子文件

图 8-18　下载种子文件

在 Ubuntu 面板中，选择"应用程序-互联网-Transmission BitTorrent 客户端"，启动 Transmission 软件，打开如图 8-19 所示的软件界面。

在该界面中选择菜单命令"种子-打开"，打开如图 8-20 所示的对话框。

图 8-19　Transmission 界面

图 8-20　打开 Torrent 文件

在图 8-20 中，选择之前保存好的 Torrent 文件，单击"打开"按钮，Transmission 便开始下载该 Torrent 文件所对应的资源，即 Ubuntu-12.04.3-alternate-i386.iso，如图 8-21 所示。

在图 8-21 中，可以看到正在下载的文件的状态，包括文件的大小为 740.3MB，连接点的数目为 20，下载速度为 409kB/s，上传速度为 0，已完成进度为 0.2%等信息。单击鼠标左键，选择正在下载的资源，界面中的快捷工具栏的按钮将被点亮，此时可对其进行操作，如暂停、移除、查看详细信息等。如果进行了暂停操作，状态则如图 8-22 所示。

如果需要查看资源的详细信息，可在选择资源后，选择菜单命令"种子-详细信息"，打开如图 8-23 所示的对话框。

选择菜单命令"编辑-首选项"，打开如图 8-24 所示的对话框，从中可以对 Transmission 的属性进行设置。在"速度限制"中，可以分别限制上下行的速度，合理配置该参数，可以提高下载的速度。在"下载"中，可以设置下载文件所保存的目录，并且可以设置是否在每次下载时提示下载目录。此外，还可以设置端口映射，可设置为自动和手动两种，一般采用自动端口映射。

图 8-21 正在下载资源

图 8-22 暂停下载

图 8-23 资源详细信息

图 8-24 设置首选项

8.3 聊天工具

使用聊天工具，可以使网络里相互独立的人们联络起来。而且通过聊天工具交流，最大的好处就是免费。与打电话不同，聊天工具除了声音以外，还支持文字、视频、图片等信息的传递，已逐渐成为当今社会人们相互联系的重要工具之一。

在 Ubuntu 里，有很多聊天工具都可以供读者使用，如传统的 LumaQ、EVA 等，还有近年来已经支持 Linux 版本的腾讯 QQ，另外还有如 Skype、Ekiga 软电话等，都是人们常用的聊天工具。此外，Linux 发行版中还有一个非常好用而独特的工具——Pidgin，它能够支持多种互联网通信协议，从而可以将 MSN、QQ 等工具集合在一起，而无需安装多个客户端。

本节重点介绍中国地区目前最受欢迎的聊天工具 QQ 在 Ubuntu 里的安装和使用，另外介绍 Ubuntu 自带的 Pidgin 工具的使用方法。对于其他的聊天工具，读者可以通过互联网获取相关的资源。

8.3.1 Ubuntu 中的 QQ

腾讯公司的 QQ 在前期是没有 Linux 版本的，不过，由于现在越来越多的人使用 Linux，使得这个群体越来越庞大，腾讯 QQ 也推出了 Linux 下的 QQ，满足了人们在 Linux 平台里使用 QQ 与好友联系的需求。关于 QQ 的功能和特点，这里不作介绍，相信读者都不会陌生。

1. 获取 QQ for Linux

Ubuntu 是没有自带 QQ 的，如果需要使用的话，可以到腾讯的官方网站下载。利用 FireFox 浏览器可以访问站点 http://im.qq.com/qq/linux，如图 8-25 所示。

该页面提供了 QQ for Linux 的下载链接，单击"免费下载"按钮，打开如图 8-26 所示的页面。

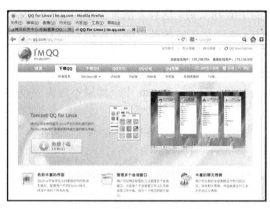
图 8-25　QQ for Linux 下载首页

图 8-26　QQ for Linux 类型选择

腾讯的官方 QQ for Linux 目前有 3 种版本的包。
- DEB 包：适用于 Debian 或 Ubuntu 7.10 及以上版本。
- RPM 包：适用于 SuSE 10.3 及更高，或 Fodara 7 及更高。
- Tar.gz 包：适用于任何 Linux 发行版。

在 Ubnut 12.04 的环境下，可以直接下载 DEB 包，也可以下载 tar.gz 包，两种包的安装方法略有不同。本例下载 DEB 包。选择类型后，单击"下载"按钮，即可将 QQ 的数据包下载到本地。

2. 安装 QQ

将 QQ for Linux 的 DEB 包下载到本地计算机中后，在相应的路径找寻到数据包文件，如 linuxqq_v1.0.2-beta1_i386.deb，双击鼠标左键，或单击鼠标右键，在弹出的快捷菜单中选择"用 Ubuntu 软件中心"菜单项，都可以进入安装进程。软件包管理器会自动处理好依赖关系，打开如图 8-27 所示的对话框。

读者可以在图 8-27 中看到即将安装的应用软件名称、详细信息、包含文件以及依赖关系的处理情况。确认无误，单击"安装软件包"按钮，通过密码授权后，正式开始安装 QQ 到计算机中，安装进度如图 8-28 所示。

安装完成，在图 8-28 中会提示安装已完成，此时可以关闭该窗口。以上的安装 DEB 包文件的方法，适用于其他任何一个 DEB 包文件。此处以安装 QQ 作为例子，向读者介绍了如何获取 DEB 包文件，并安装应用软件到 Ubuntu 中。

Ubuntu Linux 从入门到精通

图 8-27 准备安装

图 8-28 安装 QQ 进度

除了以上方法，还可以利用 APT 工具进行 QQ 的下载和安装。这种方法省去了浏览网站的时间，效率更高。读者可先在配置文件 /etc/apt/sources.list 中添加相应的源，即之前提到的 QQ 官方网站，然后输入以下命令即可：

```
jacky@jacky-desktop:~$ sudo apt-get install linuxqq        //下载并安装linuxqq
```

APT 会自动下载数据包，并处理依赖关系，然后安装 QQ 到 Ubuntu 中。如果不再需要使用已经安装的 QQ 软件，可以输入以下命令卸载：

```
jacky@jacky-desktop:~$ sudo apt-get remove linuxqq         //移除linuxqq，并删除依赖关系
正在读取软件包列表... 完成
正在分析软件包的依赖关系树
读取状态信息... 完成
下列软件包将被【卸载】:
    linuxqq
共升级了 0 个软件包，新安装了 0 个软件包，要卸载 1 个软件包，有 273 个软件未被升级。
操作完成后，会释放 6414kB 的磁盘空间。
您希望继续执行吗？[Y/n]y                                    //键入 y 以确定操作
(正在读取数据库 ... 系统当前总共安装有 100241 个文件和目录。)
正在删除 linuxqq ...
jacky@jacky-desktop:~$                                     //卸载完成
```

由此可见，如果明确需要安装的应用软件名称后，利用 APT 进行操作，比从网站上下载并手动安装的效率要高得多。

3. QQ 的使用

选择 Ubuntu 面板命令"应用程序-互联网"，可以看见比以前多了一项，即之前安装的"腾讯QQ"，如图 8-29 所示。选择该项，启动 QQ for Linux，打开登录界面，如图 8-30 所示。

图 8-29 启动 QQ

图 8-30 QQ 的登录界面

新用户需要注册账号，如果读者已经是 QQ 用户了，输入账号及密码后，即可登录。Ubuntu 中的 QQ 使用方法与在 Windows 平台下的使用方法完全相同。不过，由于 QQ for Linux 的历史较短，所以其功能的丰富性不如 Windows，但也能满足用户聊天的需求。

8.3.2 强大的 Empathy

从 Ubuntu 9.10 开始，更新较慢且不支持视频和语音的 Pidgin 从 Ubuntun 的默认软件中退出舞台，尽管它曾经是多么的强大。取而代之的是 Empathy，它支持广泛的通信协议，包括 Jabber、Google Talk、MSN Messager、AIM、Yahoo Messager、IRC、ICQ、QQ 等。使用 Empathy 时，不需要再安装其他的聊天工具客户端，只要某个聊天工具所使用的通信协议在支持的范围内，Empathy 就可以使用。它的强大之处还在于，它能够同时将多种协议聊天工具内的联系人添加到当前客户端内，比如可以同时添加 MSN 和 QQ 的好友联系人，满足了整合多个聊天工具的需求，使得用户可以更加便捷地与不同圈子里的朋友联系。

1. Empathy 的安装和启动

Empathy 是 Ubuntu 9.10 及以上版本自带安装的，通常不需要用户自己安装。但如果有需要的读者，比如 Empathy 程序损坏，或版本不适合，则可通过"新立得软件管理器"搜索并安装 Empathy。另外，也同样可以利用 APT 下载并安装，命令如下：

```
jacky@jacky-desktop:~$ sudo apt-get install empathy        //下载并安装 Empathy
```

读者可以选择 Ubuntu 面板命令"应用程序-互联网-Empathy 即时通讯程序"，如图 8-31 所示，启动 Empathy。第 1 次使用该软件时，会打开账户配置提示界面，如图 8-32 所示。一旦 Empathy 启动，就会在操作系统面板显示相应的图标。在该界面中编辑好自己的姓名及昵称后，单击"连接"按钮可以发起连接，默认为 Jabber 账号，如图 8-33 所示。Empathy 的主界面如图 8-34 所示。

图 8-31　启动 Empathy

图 8-32　账户配置提示

图 8-33　Empathy 消息和账号

图 8-34　Empathy 主界面

2. 配置 Empathy

在图 8-33 所示界面中，Empathy 显示的是自己的默认 Jabber 账号，如果需要使用其他类型的账号，则需手动再添加一个或多个账户。

单击"+"按钮，打开如图 8-35 所示的"添加账户"对话框。以设置 Google Talk 为例，在"账号类型"对应的下拉列表，用户可以设置登录选项。

账号类型：打开下拉式列表，选择协议种类为 Google Talk。

Google ID：用户的 Google ID 号码。

Google 密码：针对以上 ID 的登录密码。

本地别名：设置用户的别名。

此外，用户还可以设置是否保存密码、用户图片等信息，如图 8-36 所示。

图 8-35 "添加账户"对话框　　　　　图 8-36 设置 Google Talk 账号信息

在图 8-36 中输入正确的信息后，单击"登录"按钮，账户即被保存在 Empathy 中，同时自动登录相应协议的聊天工具。

在如图 8-33 所示的界面中，读者可以单击"+"按钮，再添加其他协议的账户；也可以选中某个账户后，单击"−"按钮删除该账户；还可以选中某个账户后，单击"编辑连接参数"按钮，修改账户信息。

Empathy 的使用与其他主流聊天工具，如 MSN、QQ 等相似，具有支持添加/删除好友、支持联系人分组、支持表情、支持文件传输等功能。具体使用请读者自己实践。

关于 Empathy 的参数，读者可以选择菜单命令"工具-首选项"进行设置，包括对接口、对话、表情主题、声音、网络、日志、状态等。

注意：由于版本问题，Empathy 可能会对某些协议的支持产生版本冲突或不兼容，出现登录不正常或好友信息显示不正常的现象，遇到这种情况，可以适当地调整版本。

8.4 邮件的应用

在 Ubuntu 平台下，收发电子邮件如同在其他平台，如 Windows 中一样，除了利用网页浏览器访问相应的邮件网站，登录后进行操作以外，还可以利用专用的电子邮件收发工具实现。

掌握电子邮件收发工具的使用，可以在不访问网页的前提下，正常收发电子邮件。而且这类工具能够很好地控制邮件，能同时兼容多个电子邮箱，使用户使用一个客户端便能控制自己的多个不同的电子邮箱，做到一目了然。

Ubuntu 12.04 自带的邮件收发工具为 Mozilla Thunderbird，除此之外，还有许多第三方的电子邮件工具可供使用，如 Opera、SeaMonkey 等。在 Ubuntu 的旧版本中，使用最广泛的是 Evolution，本节着重介绍 Evolution 的特点及使用方法。

8.4.1　Evolution 简介

Evolution 是世界上使用最广泛的 Linux 协作软件，它是 GNOME 官方的个人信息管理员，同时也是工作群组信息管理工具。它集合电子邮件、日历、联系人地址簿与工作调度任务于一体，自 GNOME2.8 以后，便作为 GNOME 的官方包。

Evolution 的用户接口及功能近似于 Microsoft Outlook，但也有它自己的特色功能，如"虚拟文件夹"、全面的文字索引等。它支持众多的邮件协议，包括 IMAP、POP、SMTP，以及 Microsoft Exchange 2000、2003 和 2007。它还能通过网络接口及插件与 Microsoft Exchange Server 相连接，使用 gnome-pilot 可使其与 Palm Pilot 设备连接，而 Multisync 则可使它与手机或 PDA 等手持终端相连接。

Evolution 具有良好的安全性和私密性，它支持业界的标准加密功能，包括对 PGP/GPG、SASL 和 SSL/TLS 的支持，以确保信息在传送过程中安全无忧。

Evolution 的电子邮件客户端具有以下一些主要功能。

- 能够连接至主流企业通信架构，包括 Microsoft Exchange 和 Novell GroupWise。
- 自动填入联系人列表中的电子邮件地址。
- 可以按不同时间、作者进行邮件的组合查询，支持不同颜色区分文件夹，以表示优先级。
- 能够过滤垃圾邮件，并可设置将邮件转移到自定义文件夹。
- 利用账户管理工具，支持多个邮箱的同时管理。

8.4.2　Evolution 的启动及设置

本小节以利用 Evolution 配置 Google 邮箱为例，介绍它的设置方式和使用方法。

首先需要在 Ubuntu 12.04 中安装 Evolution，命令如下：

```
jacky@jacky-desktop:~$ sudo apt-get install evolution          //下载并安装evolution
```

安装完成后，在 Ubuntu 中，选择面板命令"应用程序-互联网-Evolution 电子邮件设置"，如图 8-37 所示，即可启动 Evolution 软件。初次使用该软件，会进入欢迎界面，该界面的实质是一个设置助手，如图 8-38 所示。

单击"前进"按钮，进入下一步，如图 8-39 所示。在该对话框中可以设置备份恢复，它能够恢复所有的邮件、日历、任务、备忘和联系人。如果需要使用备份恢复功能，可以选中"从备份文件中恢复 Evolution"复选框，并选择存档文件。如果不需要，则可单击"前进"按钮进入下一步，如图 8-40 所示。

在图 8-40 中，读者可以设置自己的名称及电子邮件地址，这可以是多个电子邮件地址中的一个，本例中的"全名"设置为"jacky"，"电子邮件地址"设置为"tao1445@gmail.com"，其他项不填。

Ubuntu Linux 从入门到精通

图 8-37　启动 Evolution

图 8-38　"Evolution 设置助手"界面

图 8-39　设置备份恢复

图 8-40　设置账号及地址

　　设置完电子邮件地址后，单击"前进"按钮进入下一步，如图 8-41 所示，该对话框主要是针对接收邮件进行设置。此处针对 163 邮箱选择"服务器类型"为"POP"，界面会自动变换，如图 8-42 所示。

图 8-41　设置接收邮件选项

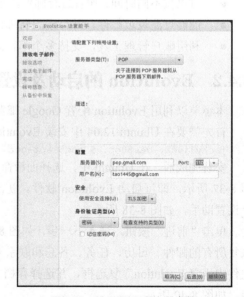

图 8-42　设置 POP 服务器参数

　　在图 8-42 中，在"服务器"文本框中输入"pop.gmail.com"，其他选择保持为默认值，即"使用安全连接：不加密"、"认证类型：密码"，然后单击"前进"按钮，进入下一步，如图 8-43 所示。该对话框中主要提供了接收参数的设置，包括检查新邮件的频率、信件存储等，读者可根据自己的实际需要进行设置。设置完成后单击"前进"按钮，进入下一步，如图 8-44 所示。

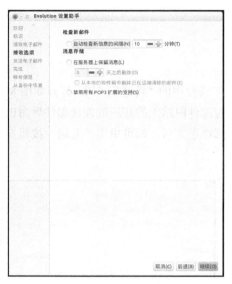

图 8-43 设置接收参数

图 8-44 设置发送邮件服务器参数

在图 8-44 中，主要是针对 163 邮箱的发送服务器进行设置，"服务器类型"设置为"SMTP"，"服务器"填写为"smtp.gmail.com"，身份验证"类型"选择为"PLAIN"，"用户名"保持不变，并勾选"记住密码"，以免下次重新输入。设置完成后单击"前进"按钮，进入下一步，如图 8-45 所示。

在图 8-45 中，可以设置账户名称，读者可以根据自己的实际需要填写。设置完成后单击"前进"按钮进入下一步，如图 8-46 所示。

图 8-45 设置账户名称

图 8-46 设置"完成"界面

图 8-46 是 Evolution 设置助手的"完成"界面，到此为止，利用 Evolution 设置 gmail 账户信息就完成了。单击"应用"按钮，打开如图 8-47 所示的 Evolution 主界面，即可开始领略 Evolution 的魅力了。

8.4.3 Evolution 的使用

1．发送邮件

在图 8-47 中，选择菜单命令"文件-信件"，或单击工具栏中的"新建"按钮，打开如图 8-48 所示的窗口。该窗口的模式与 Microsoft Outlook 类似，与邮件网站上的相应的发送邮件界面也很类似，读者在输入"收信人"的电子邮件地址、主题、邮件正文后，即可单击"发送"按钮发送邮件。此外，也可以保存草稿及粘贴附件。

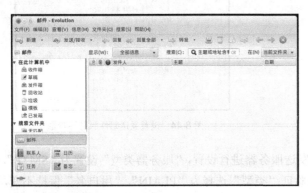

图 8-47 Evolution 主界面

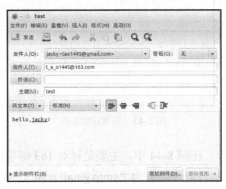

图 8-48 编辑邮件

2．接收邮件

在 Evolution 的主界面中，选择菜单命令"文件-发送/接收"，或单击工具栏中的"发送/接收"按钮，打开密码输入框，输入密码后，Evolution 会自动收取当前邮箱内的新邮件，并自动发送"发件箱"中未发送成功的邮件，状态显示如图 8-49 所示。

邮件收取完成，图 8-49 的界面会自动关闭，然后，读者可以在 Evolution 的主界面左侧的文件夹列表中，选择进入"收件箱"，此时，界面中部的邮件列表区域内会显示收件箱内的邮件列表，并且按时间排序，最新的邮件位于最顶端，如图 8-50 所示。

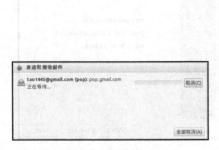

图 8-49 收取邮件

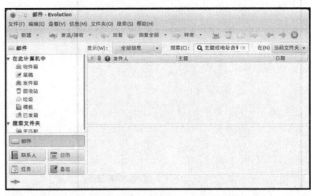

图 8-50 收件箱中的邮件列表

在图 8-50 中，选中邮件列表中的某一份电子邮件，Evolution 会自动将该邮件的内容显示在下方的邮件内容浏览区域。

关于 Evolution 还有其他的一些附加功能，如联系人的管理、日历、备忘录、任务等，其使用方法非常简单，在此不再赘述，读者可自行试用。

Ubuntu 或其他平台下的邮件工具软件的使用与 Evolution 的使用类似，有使用过其他软件工具经验的读者一定不会感到陌生，无此经验的读者可以将 Evolution 的配置和使用方法作为一种经验，举一反三运用到其他类似工具的使用中。

8.5 课后练习

1. 选择适用于自己的 FireFox 附加组件，并安装使用。
2. 利用 APT 工具下载 Opera 浏览器，并安装。
3. 利用 wget 工具任意下载一张图片。
4. 利用 Transmisson 工具任意下载一个资源。
5. 对比本章讲到的几种下载工具的优缺点。
6. 利用 Empathy 同时配置至少两种聊天协议，并使用它与好友聊天。
7. 使用 Evolution 设置自己的电子邮箱，并收取该邮箱中的邮件，给朋友发送一封问候信。

第 9 章 Ubuntu Linux 系统进阶管理

本章介绍 Ubuntu Linux 的系统进阶管理。除了前面介绍的关于用户管理、文件管理、磁盘管理等以外，操作系统的管理还包括许多更加深入的方面。

作为一个 Linux 操作系统的高级用户，或者系统管理员，常常需要对当前系统运行的各种状态和程序进行查看、管理和维护，需要了解所有普通用户的操作，还需要及时处理系统中的故障，这就需要了解更高级别的系统管理知识，掌握更高级别的系统管理方法，更深入地理解操作系统的本质。

本章第 1 节介绍进程的基本概念及基本的进程管理方法。在 Ubuntu Linux 中，所有的任务都是以进程的形式出现的，因此，有效地管理进程可以让系统更加稳定地运行。

第 2 节介绍 Ubuntu Linux 中守护进程的概念，常用的系统服务以及系统服务的管理方法。

第 3 节介绍例行工作管理工具的使用，这是任何一名系统管理员都应该掌握的工具。

第 4 节介绍 Ubuntu Linux 的日志文件及日志管理。日志文件的主要作用是审计、监测追踪和分析统计。只有掌握日志管理的方法，才能更好地维护系统，也才能准确定位系统故障并排除。

9.1 进程管理

Linux 是一个多用户多任务的操作系统，Ubuntu 作为 Linux 家族的一员，同样如此。任何一个大型的应用系统，往往需要众多的进程相互协作。为了实现多个任务同时运行，Ubuntu Linux 提供有多进程管理。本节介绍进程的基本概念及基本的进程管理方法。

9.1.1 Linux 进程的基本概念

Ubuntu Linux 的所有任务都是在操作系统内核的调度下由 CPU 执行，很多时候，Linux 是将任务和进程的概念合在一起。进程的标准定义是：进程是可并发执行的程序在一个数据集合上的运行过程。进程是一个动态的使用系统资源，处于活动状态的应用程序。进程和程序有着显著的区别。

（1）程序是静态概念，本身可以作为一种资源长期保存在磁盘上；进程是一个程序的执行过程，是动态概念，有一定的生命周期，如果进程一旦执行结束，就不再存在于操作系统中。

（2）进程是一个能独立运行的单位，能与其他进程并发执行，它是操作系统中资源申请调度的最小单位；而程序不能作为一个独立运行的单位，它也不占用 CPU 资源。

（3）程序并不是和进程一一对应的。一个程序可以由多个进程共用，一个进程也可以在活动中有顺序地执行多个程序。

操作系统从启动开始，就开始运行不同的进程来完成各种各样的操作。在系统运行期间，CPU 的控制权将在各个进程之间跳转，因为 CPU 运行速度快，所以用户会感觉是多个进程在并发执行。在 Ubuntu Linux 中，init 进程是所有进程的发起者和控制者，每个进程都有一个编号，即 PID，它是该进程在当前系统中运行的顺序。Init 用于终结父进程，如果该进程出现了问题，操作系统将会崩溃。

因为 init 进程在系统运行期间始终不会消亡或停止，所以系统总是可以确信它的存在，并在必要的时候以此为参照。因此，系统调用 fork() 函数来创建一个新进程，并且作为 init 的子进程，从而最终形成系统中运行的所有其他进程。在 Ubuntu Linux 中，父进程和子进程既有联系也有区别。

（1）子进程是由另外一个进程产生的进程，产生这个子进程的进程叫做父进程。

（2）子进程将继承父进程的某些环境，但子进程也有它自己的独立运行环境。

（3）在 Linux 中，系统调用 fork() 函数来创建新进程。该函数会复制父进程的上下文环境。

为了标识和管理进程，Ubuntu Linux 使用 PCB（Process Control Block）进程控制块来进行此项重要工作。进程有以下几个主要参数。

- PID（Process ID）：进程号，唯一标识进程。
- PPID（Parent PID）：父进程号，创建某个进程的上一个进程号。
- USER：启动某个进程的用户 ID（UID）和该用户归属的组 ID（GID）。
- STAT：进程状态。一个进程可能处于多种状态，包括运行状态、等待状态（可被中断或不可被中断）、停止状态、睡眠状态和僵死状态等。

- PRIORITY：优先级。
- 资源占用：占用系统资源的大小，包括 CPU、内存的占用等。

在 Ubuntu Linux 中，可以利用 ps 命令查看当前所有运行着的进程信息，如下所示：

```
jacky@jacky-desktop:~$ ps aux
USER       PID %CPU %MEM    VSZ   RSS TTY      STAT START   TIME COMMAND
root         1  0.0  0.3   2844  1692 ?        Ss   Dec13   0:02 /sbin/init
root         2  0.0  0.0      0     0 ?        S<   Dec13   0:00 [kthreadd]
root         3  0.0  0.0      0     0 ?        S<   Dec13   0:00 [migration/0]
root         4  0.0  0.0      0     0 ?        S<   Dec13   0:00 [ksoftirqd/0]
root         5  0.0  0.0      0     0 ?        S<   Dec13   0:00 [watchdog/0]
root         6  0.0  0.0      0     0 ?        S<   Dec13   0:05 [events/0]
root         7  0.0  0.0      0     0 ?        S<   Dec13   0:00 [khelper]
root        41  0.0  0.0      0     0 ?        S<   Dec13   0:18 [kblockd/0]
root        44  0.0  0.0      0     0 ?        S<   Dec13   0:00 [kacpid]
root        45  0.0  0.0      0     0 ?        S<   Dec13   0:00 [kacpi_notify]
… …
```

在以上信息中，init 的进程号是"1"，它是系统中所有进程的父进程。另外，每一个进程都有自己的各个参数，如进程号 PID、用户 USER、CPU 资源占用率、内存资源占用率等。

Ubuntu Linux 的进程主要有以下 3 种类型。

- 交互进程：由 Shell 启动的进程。
- 批处理进程：与终端联系不大，在等待队列中按顺序执行。
- 守护进程：后台运行的进程，一般总是活动状态。

9.1.2 进程的运行状态

前面已经提到，每一个进程都可能有几种不同的状态。各个状态之间的转换关系如图 9-1 所示。

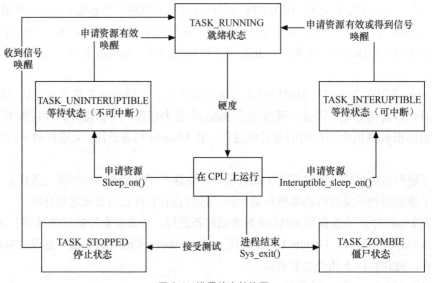

图 9-1 进程状态转换图

等待状态：该状态有两种模式，一种是可被中断的，另一种不可被中断。这种状态下的进程处于等待系统分配给它资源，如果一旦得到资源，将转入就绪状态。

就绪状态：这种状态的进程当前没有运行，但所有申请的资源已经具备。只要内核对其进行调度，将立即拥有 CPU 的控制权，开始运行。

僵死状态：也称为僵尸状态或僵尸进程。这种状态下的进程已经运行完毕，执行了相应的任务，已经不再存在，但是它给父进程留下了一个记录，包括一个退出码和一些时间信息等。

停止状态：正在运行的进程由于某些原因的影响而退出，将进入停止状态，例如遇到了更高优先级的进程占用了 CPU 资源。

9.1.3 进程管理操作

1．ps 查看系统进程信息

Ps 命令的作用是查看当前系统中的进程信息，它可以把系统中全部的活动进程呈列出来，这些进程包括前台运行的和后台运行的。

语法：ps [参数]。

主要参数。

- -f：产生某个进程的一个完整信息清单。
- -e：显示进程的完成清单。
- -a：显示所有用户的进程清单。
- -u：产生某个特定用户的进程清单。
- -t：产生与某个特定终端联系的进程清单。
- -w：显示进程命令完整行信息。
- -x：显示后台运行进程。

当 ps 命令不带参数时，只显示与控制终端相关进程的基本信息，如下所示：

```
jacky@jacky-desktop:~$ ps
  PID TTY          TIME CMD
 3310 pts/1    00:00:00 bash
 3854 pts/1    00:00:00 ps
```

带有参数的 ps 命令可以从不同的角度查看系统中的进程信息，如下所示：

```
jacky@jacky-desktop:~$ ps -u jacky -f           //显示jacky用户的所有完整信息
UID        PID  PPID  C STIME TTY          TIME CMD
jacky     1620     1  0 19:07 ?        00:00:00 /usr/lib/evolution/evolution-dat
jacky     2535     1  0 20:33 ?        00:00:47 evolution --component=mail
jacky     2538     1  0 20:33 ?        00:00:00 /usr/lib/evolution/2.22/evolutio
jacky     3309  3293  0 21:08 ?        00:00:00 sshd: jacky@pts/1
jacky     3310  3309  0 21:08 pts/1    00:00:00 -bash
jacky     3872  3310  0 22:09 pts/1    00:00:00 ps -u jacky -f
jacky     5190     1  0 Dec13 ?        00:00:13 /usr/lib/libgconf2-4/gconfd-2 4
jacky     5192     1  0 Dec13 ?        00:00:00 /usr/bin/gnome-keyring-daemon -d
jacky     5193  5019  0 Dec13 ?        00:00:01 x-session-manager
jacky     5270  5193  0 Dec13 ?        00:00:00 [scim] <defunct>
jacky     5278  5193  0 Dec13 ?        00:00:01 /usr/bin/seahorse-agent --execut
jacky     5282     1  0 Dec13 ?        00:00:02 dbus-daemon --fork --print-addre
jacky     5283  5193  0 Dec13 ?        00:00:16 gnome-settings-daemon
... ...
jacky@jacky-desktop:~$ ps aux          //显示系统中的所有进程信息
USER       PID %CPU %MEM   VSZ  RSS TTY  STAT START   TIME COMMAND
root         1  0.0  0.3  2844 1692 ?    Ss   Dec13   0:02 /sbin/init
root         2  0.0  0.0     0    0 ?    S<   Dec13   0:00 [kthreadd]
root         3  0.0  0.0     0    0 ?    S<   Dec13   0:00 [migration/0]
root         4  0.0  0.0     0    0 ?    S<   Dec13   0:00 [ksoftirqd/0]
root         5  0.0  0.0     0    0 ?    S<   Dec13   0:00 [watchdog/0]
root         6  0.0  0.0     0    0 ?    S<   Dec13   0:05 [events/0]
root         7  0.0  0.0     0    0 ?    S<   Dec13   0:00 [khelper]
```

```
root         41    0.0      0.0        0      0 ?        S<    Dec13   0:18   [kblockd/0]
root         44    0.0      0.0        0      0 ?        S<    Dec13   0:00   [kacpid]
root         45    0.0      0.0        0      0 ?        S<    Dec13   0:00   [kacpi_notify]
... ...
```

2. top 动态显示运行中的进程

top 命令用来动态地显示运行中的进程详细信息，这与 ps 命令不同，ps 是显示静态信息，top 命令用于设置指定的时间内动态更新的进程信息，内容如下所示：

```
jacky@jacky-desktop:~$ top -d 3                //每 3 秒动态更新进程信息
top - 23:14:36 up 1 day,  9:46,  3 users,  load average: 0.01, 0.04, 0.01
Tasks: 118 total,   2 running, 114 sleeping,   1 stopped,   1 zombie
Cpu(s):  0.0%us,  2.1%sy,  0.0%ni, 97.6%id,  0.0%wa,  0.0%hi,  0.3%si,  0.0%st
Mem:    515580k total,   460708k used,    54872k free,    18464k buffers
Swap:   409616k total,    75888k used,   333728k free,   236044k cached

  PID USER      PR  NI  VIRT  RES  SHR S %CPU %MEM    TIME+  COMMAND
19665 jacky     20   0  7220 2508 2020 S  1.0  0.5   9:52.42 Vmware-user
 4469 jacky     20   0  2304 1116  852 R  0.7  0.2   0:00.06 top
 1422 root      15  -5     0    0    0 S  0.3  0.0   3:17.33 ata/0
 1456 root      15  -5     0    0    0 S  0.3  0.0   1:52.07 scsi_eh_1
 4949 root      20   0  3420 1232 1080 S  0.3  0.2   3:49.86 hald-addon-stor
 5372 jacky     20   0 43008  13m 9.9m S  0.3  2.8   2:48.41 nm-applet
29740 jacky     20   0 76864  20m  11m S  0.3  4.0   2:16.89 transmission
    1 root      20   0  2844 1692  544 S  0.0  0.3   0:02.04 init
    2 root      15  -5     0    0    0 S  0.0  0.0   0:00.00 kthreadd
```

在利用 top 命令动态显示进程信息时，可以更改显示顺序，常用的命令如下。

- 按 "P" 键可根据 CPU 的使用率排序。
- 按 "M" 键可根据内存使用率排序。
- 按 "T" 键可根据运行时间的长短排序。
- 按 "Q" 键可退出查看模式。

3. nice 设置进程运行优先级

每个进程都有一个优先级参数，用以表示占有 CPU 资源的等级，优先级越高的进程，更容易获取 CPU 的控制权，会更早地执行。进程优先级一般为–20～19，–20 为最高优先级。修改进程的 nice 值，可以修改进程的优先级。系统进程默认的优先级是 0。

语法：nice [-n] [command] [arguments]。

其中，–n 表示进程的优先级，n 的取值范围是–20～19；command 表示要执行的命令，即进程；arguments 是 command 所带的参数。该命令的使用方法如下所示：

```
jacky@jacky-desktop:~$ nice processname           //没有指定优先级，则将 processname 进程的优先级设置为 10
jacky@jacky-desktop:~$ nice -5 processname        //将 processname 进程的优先级设置为 5
jacky@jacky-desktop:~$ nice --12 processname      //将 processname 进程的优先级设置为–12
```

4. renice 修改进程的优先级

renice 命令的作用是调整进程的优先级，其可调范围为–20～19。该命令只有 root 用户能使用。

语法：renice［优先级］[-g <进程群组名称> ...］[-p <进程号> ...］[-u <用户名称> ...］。

主要参数。

- -g <进程群组名称>：修改该群组下所有进程的优先级。
- -p <进程名称>：修改该进程的优先级。
- -u <用户名称>：修改该用户的所有进程的优先级。

renice 命令的使用方法如下所示：

```
jacky@jacky-desktop:~$sudo  renice 12 7716       //修改 PID 为 7716 的进程的优先级为 12
jacky@jacky-desktop:~$sudo  renice -12 76864     //修改 PID 为 76864 的进程的优先级为-12
jacky@jacky-desktop:~$ sudo  renice 6 -u jacky   //修改 jacky 用户的所有进程的优先级为 6
```

5．kill 终止进程命令

一般情况下，可以通过停止一个进程的方法来正常结束该进程。但在某种情况下，进程没有响应，可使用 kill 命令停止某个活动的进程，它的原理是向指定进程发送终止信号。可以发送给进程的信号不仅仅只有终止信号，还有其他很多，可以用 kill–l 命令查看，如下所示：

```
jacky@jacky-desktop:~$ kill -l     //查看可发送给进程的信号
 1) SIGHUP        2) SIGINT        3) SIGQUIT       4) SIGILL
 5) SIGTRAP       6) SIGABRT       7) SIGBUS        8) SIGFPE
 9) SIGKILL      10) SIGUSR1      11) SIGSEGV      12) SIGUSR2
13) SIGPIPE      14) SIGALRM      15) SIGTERM      16) SIGSTKFLT
17) SIGCHLD      18) SIGCONT      19) SIGSTOP      20) SIGTSTP
21) SIGTTIN      22) SIGTTOU      23) SIGURG       24) SIGXCPU
25) SIGXFSZ      26) SIGVTALRM    27) SIGPROF      28) SIGWINCH
29) SIGIO        30) SIGPWR       31) SIGSYS       34) SIGRTMIN
35) SIGRTMIN+1   36) SIGRTMIN+2   37) SIGRTMIN+3   38) SIGRTMIN+4
39) SIGRTMIN+5   40) SIGRTMIN+6   41) SIGRTMIN+7   42) SIGRTMIN+8
43) SIGRTMIN+9   44) SIGRTMIN+10  45) SIGRTMIN+11  46) SIGRTMIN+12
47) SIGRTMIN+13  48) SIGRTMIN+14  49) SIGRTMIN+15  50) SIGRTMAX-14
51) SIGRTMAX-13  52) SIGRTMAX-12  53) SIGRTMAX-11  54) SIGRTMAX-10
55) SIGRTMAX-9   56) SIGRTMAX-8   57) SIGRTMAX-7   58) SIGRTMAX-6
59) SIGRTMAX-5   60) SIGRTMAX-4   61) SIGRTMAX-3   62) SIGRTMAX-2
63) SIGRTMAX-1   64) SIGRTMAX
```

常用的 kill 命令信号如表 9-1 所示。

表 9-1　常用的 kill 命令信号

信　　号	信　号　值	操　　作
SIGHUP	1	从终端发出的结束信号
SIGINT	2	从键盘发出的中断信号
SIGQUIT	3	从键盘发出的退出信号
SIGKILL	9	强制停止进程
SIGTERM	15	终止进程
SIGSTOP	19	从键盘来执行的信号

语法：kill［-signal］PID。

signal 为信号的值，PID 为进程号。默认情况下，即 kill 命令不带参数的情况下，向进程发送值为 15 的信号，即为终止进程的信号。

kill 命令的一些常用方法如下所示：

```
jacky@jacky-desktop:~$ kill -STOP 4385     //停止 4385 进程，但不退出
jacky@jacky-desktop:~$ kill -CONT 4385     //重新开始 4385 进程
jacky@jacky-desktop:~$ kill -9 4385        //强制终止 4385 进程
```

6．killall 终止所有同名进程

killall 命令可以用于终止与参数名称同名的系统中的所有进程。

语法：killall［-signal］［进程名称］。

该命令的使用方法如下所示：

```
jacky@jacky-desktop:~$ kill -9 processname     //终止系统中所有名为 processname 的进程
```

9.2 守护进程及服务管理

在 Linux 中，系统服务通常是以后台运行的进程形式存在的，即守护进程。这些后台守护进程在系统开机后就可以运行了，且时刻监视着系统前台，一旦前台发出指令或请求，守护进程即作出响应，提供相应的服务。

本节介绍守护进程的概念，常用的系统服务，以及系统服务的管理方法。

9.2.1 守护进程的基本概念

在 Ubuntu Linux 中，系统启动时要启动很多守护进程，即系统服务，它们向本地用户和网络用户提供系统功能接口，直接面向应用程序和用户。但是，开启不必要的或有漏洞的服务，则会给操作系统带来安全隐患。

Ubuntu Linux 中有两种类型的守护进程，即系统守护进程和网络守护进程。系统守护进程主要用于维护当前系统；网络守护进程主要用于等待系统客户端访问相关的服务，从而实现远程网络访问。网络服务采用 C/S 模式，服务端始终等待访问，客户端连接成功后即开始通信。守护进程一直处于等待状态，只有当出现请求时才进入运行状态。

常用的系统服务放在/etc/init.d 文件夹中，以下是常用的服务。

- acpi-support：高级电源管理。
- acpid：acpi 守护进程，它和以上服务组合起来管理系统电源，非常重要。
- alsa：声音系统。
- anacron：cron 的子系统，将系统关闭期间的计划任务，在下一次系统启动时执行。
- apmd：acpi 的扩展，用于监视系统的用电状况。
- atd：类似于 cron 的任务调度控制，主要用于调度临时任务。
- binfmt-support：核心支持其他二进制的文件格式。
- bootlogd：启动日志。
- cron：任务调度系统。
- dbus：消息总线系统，非常重要。
- evms：企业卷管理系统。
- gdm gnome：登录和桌面管理器。
- gpm：终端中的鼠标支持。
- hibernate：系统休眠。
- hotkey-setup：笔记本功能键支持。
- hotplug and hotplug-net：即插即用支持。
- inetd：管理网络服务，配置文件为/etc/inetd.conf，在该文件夹中可以注释掉不用的服务。
- linux-restricted-modules-common：受限模块支持，受限模块记录在文件 /lib/linux-restricted-modules 中。
- lvm：逻辑卷管理系统支持。
- mdamd：磁盘阵列。
- module-init-tools：从/etc/modules 加载扩展模块。

- networking：网络支持，按 /etc/network/interfaces 文件预设激活网络。
- powernowd：移动 CPU 节能支持。
- readahead：预加载库文件。
- resolvconf：自动配置 DNS。
- single：激活单用户模式。
- ssh：SSH 服务支持。
- sudo：检查 sudo 状态。
- udev & udev-mab：用户空间 dev 文件系统。
- umountfs：卸载文件系统。
- urandom：随机数生成器。
- usplash：开机画面支持。
- vbesave：显示 BIOS 配置工具。
- xined：管理其他守护进程的一个超级守护进程。

9.2.2 系统服务的管理

管理守护进程或称为系统服务的工具有多种，本小节主要介绍 Ubuntu 中常用且功能丰富的专业工具，它不是 Ubuntu 自带的。

专业工具 sysv-rc-conf

其他 Linux 发行版常用 chkconfig 命令来查看系统服务状态，并管理系统服务。而 Debian、Ubuntu 中没有自带该命令的软件包，也不将此命令作为默认选用的服务管理工具。

Ubuntu 中常常用 sysv-rc-conf 来管理服务，它虽然也不是系统自带的，但是在 Debian 和 Ubuntu 家族中的应用非常广泛，它与 chkconfig 命令的使用方法类似。如果没有该命令的辅助，那么管理系统服务的工作需要到 /etc/ 目录下的各个文件夹中操作，比较麻烦。而使用工具，就可以简化对系统服务的管理工作。下载及安装 sysv-rc-conf 工具可以通过新立得软件包管理器，或者直接利用 APT 工具。安装 sysv-rc-conf 可以使用以下命令：

```
jacky@jacky-desktop:~$ sudo apt-get install sysv-rc-conf      //用 APT 安装 sysv-rc-conf
正在读取软件包列表... 完成
正在分析软件包的依赖关系树
读取状态信息... 完成
将会安装下列额外的软件包：
  libcurses-perl libcurses-ui-perl
下列【新】软件包将被安装：
  libcurses-perl libcurses-ui-perl sysv-rc-conf
共升级了 0 个软件包，新安装了 3 个软件包，要卸载 0 个软件包，有 273 个软件包未被升级。
需要下载 383kB 的软件包。
操作完成后，会消耗掉 1421kB 的额外磁盘空间。
您希望继续执行吗？[Y/n]y
获取: 1 http://cn.archive.Ubuntu.com hardy/universe libcurses-perl 1.13-1 [116kB]
获取: 2 http://cn.archive.Ubuntu.com hardy/universe libcurses-ui-perl 0.95-6 [242kB]
获取: 3 http://cn.archive.Ubuntu.com hardy/universe libcurses-ui-perl 0.95-6 [242kB]
获取: 4 http://cn.archive.Ubuntu.com hardy/universe libcurses-ui-perl 0.95-6 [242kB]
获取: 5 http://cn.archive.Ubuntu.com hardy/universe libcurses-ui-perl 0.95-6 [242kB]
获取: 6 http://cn.archive.Ubuntu.com hardy/universe libcurses-ui-perl 0.95-6 [242kB]
获取: 7 http://cn.archive.Ubuntu.com hardy/universe sysv-rc-conf 0.99-6 [24.2kB]
获取: 8 http://cn.archive.Ubuntu.com hardy/universe sysv-rc-conf 0.99-6 [24.2kB]
获取: 9 http://cn.archive.Ubuntu.com hardy/universe sysv-rc-conf 0.99-6 [24.2kB]
```

Ubuntu Linux 从入门到精通

```
下载 141kB，耗时 35min16s (66B/s)
选中了曾被取消选择的软件包 libcurses-perl。
(正在读取数据库 ... 系统当前总共安装有 100278 个文件和目录。)
正在解压缩 libcurses-perl (从 .../libcurses-perl_1.13-1_i386.deb) ...
选中了曾被取消选择的软件包 libcurses-ui-perl。
正在解压缩 libcurses-ui-perl (从 .../libcurses-ui-perl_0.95-6_all.deb) ...
选中了曾被取消选择的软件包 sysv-rc-conf。
正在解压缩 sysv-rc-conf (从 .../sysv-rc-conf_0.99-6_all.deb) ...
正在设置 libcurses-perl (1.13-1) ...
正在设置 libcurses-ui-perl (0.95-6) ...
正在设置 sysv-rc-conf (0.99-6) ...
jacky@jacky-desktop:~$
```

APT 工具将自动获取 sysv-rc-conf 包并安装。使用 sysv-rc-conf 也很简单，查看系统服务的命令如下：

```
jacky@jacky-desktop:~$ sudo sysv-rc-conf --list       //显示当前系统中的服务清单
[sudo] password for jacky:
acpi-support    1:off    2:on    3:on    4:on    5:on
acpid           1:off    2:on    3:on    4:on    5:on
alsa-utils      0:off    6:off
anacron         1:off    2:on    3:on    4:on    5:on
apmd            1:off    2:on    3:on    4:on    5:on
……
```

如果要启动某个服务，可以使用以下命令：

```
jacky@jacky-desktop:~$ sudo sysv-rc-conf service on   //启动 service 服务
```

如果要关闭某个服务，可以使用以下命令：

```
jacky@jacky-desktop:~$ sudo sysv-rc-conf service off  //关闭 service 服务
```

如果需要更改某个服务的启动级别，命令如下：

```
jacky@jacky-desktop:~$ sudo sysv-rc-conf --level 3 atd on//在级别 3 启动 atd 服务
jacky@jacky-desktop:~$ sudo sysv-rc-conf --level 35 atd off    //在级别 3 和 5 关闭 atd 服务
jacky@jacky-desktop:~$ sudo sysv-rc-conf --list atd   //显示 atd 服务修改后的状态
atd             1:off    2:on    3:off    4:on    5:off
```

9.3 工作任务管理

每个使用操作系统的用户都有可能涉及一些周期性或定期进行的工作，如每年的年终报告、每月的工作报告、每周的工作汇报、每天的任务执行情况等。另外有些工作任务是临时性的，随机的，没有固定的时间周期和规律。针对这两种不同情况的工作任务，Ubuntu Linux 提供有两种不同的功能来满足需要，一种是利用 at 命令来完成临时性的工作任务，这种任务一旦执行，就不会再执行第 2 次；另一种就是利用 crontab 命令来持续性地安排那些周期性的例行任务。

本节介绍在 Ubuntu Linux 中，安排例行工作任务的方法。掌握这样的方法，可以减少工作量，也便于管理那些例行的工作任务。

9.3.1 临时工作安排 at

1．服务启动

at 命令用来安排完成那种临时性工作，即只需要执行一次的系统任务。在使用该命令前，需要启动一个进程，即启动一个服务，命令如下所示：

```
jacky@jacky-desktop:~$ sudo /etc/init.d/atd restart           //重新启动 at 服务
```

```
[sudo] password for jacky:
 * Stopping deferred execution scheduler atd                    [ OK ]
 * Starting deferred execution scheduler atd                    [ OK ]
jacky@jacky-desktop:~$
```

如果需要重新设置不同的运行级别，如系统启动时自动启动该服务，则可使用以下命令：

```
jacky@jacky-desktop:~$ sudo sysv-rc-conf --level 35 atd on      //级别 3 和 5 都为默认启动
```
at 服务

2．使用 at 命令

语法：at [-m] TIME。

参数说明。

-m：当 at 的工作完成后，以电子邮件的方式通知使用者；

TIME：时间格式，这里定义了进行 at 这项工作的时间，格式如下所示：

HH:MM

例如：23:00

如果在今天的 HH:MM 时刻执行，若该时刻已超过，则在明天的该时间进行此工作。

HH:MM YYYY-MM-DD

例如：21:00 2009-12-01

强制在某年某月的某一天的某个时刻进行该工作。

HH:MM [am|pm] + number [minutes|hours|days|weeks]

在某个时间点"再加时间"进行。

使用 at 命令的实际例子如下：

```
jacky@jacky-desktop:~$ sudo at 23:50 2009-12-15    //在 2009-12-15 的 23:50 执行以下命令
warning: commands will be executed using /bin/sh
at> /sbin/reboot                                   //重新启动
at> <EOT>                                          //按<Ctrl> + d 组合键即可退出
job 1 at Tue Dec 15 23:50:00 2009                  //1 号工作任务已添加
```

3．维护当前系统中的 at 服务

查询当前系统中的所有 at 进程，可以使用 atq 命令，如下所示：

```
jacky@jacky-desktop:~$ sudo atq                    //查询当前系统中的所有 at 进程
1       Tue Dec 15 23:50:00 2009 a root            //1 号工作任务
```

如果需要删除 at 进程，则可使用 artm 命令，如下所示：

```
jacky@jacky-desktop:~$ sudo atrm 1                 //删除 1 号工作任务
```

9.3.2 周期性工作安排 cron

除了 at 处理的那种一次性的临时任务，系统中还经常会涉及周期性任务的安排和执行。对于这种情况，需要用到 cron 服务。由于 Ubunut Linux 系统中有大量预设的例行性工作，因此 cron 服务是默认为开机自动启动的。

1．cron 的使用及语法

在执行周期性工作任务，利用 cron 服务时，需要使用 crontab 命令，其语法如下所示：

crontab [-u username]   [-l]   [-e]   [-r]

主要参数。

- -u：只有具备系统管理员权限的用户才能执行这个任务，用以帮助其他用户建立 / 移除 crontab。

- -e：编辑 crontab 的工作内容。
- -l：查阅 crontab 的工作内容。
- -r：移除 crontab 的工作内容。

例如，用户 jacky 每个月的第 1 天的 9 点删除某些临时文件。

```
jacky@jacky-desktop:~$ crontab -e
//使用该命令，会进入 VIM 的编辑界面让用户编辑工作，每项工作为一行
# m h dom mon dow    command
  0 9 1  *   *       rm /home/jacky/log/*.tmp
//分 时 日 月 周      |指令串|
```

前 5 个参数的意义如下：

名称	m	h	dom	mon	dow
代表意义	分钟	小时	日期	月份	周
取值范围	0-59	0-23	1-31	1-12	0-7

查看当前 crontab 的工作内容：

```
jacky@jacky-desktop:~$ crontab -l
# m h dom mon dow    command
  0 9 1  *   *       rm /home/jacky/log/*.tmp
```

如果想要移除某一项工作，则可使用 crontab –e 命令进行编辑，删除对应的行即可。如果要将全部的工作都移除，则可使用 crontab –r 命令，如下所示：

```
jacky@jacky-desktop:~$ crontab -r       //移除 jacky 用户的所有工作内容
jacky@jacky-desktop:~$ crontab -l       //查看 jacky 用户的所有工作内容
no crontab for jacky
```

当用户使用 crontab 命令创建了工作任务后，该操作会被记录到 /var/spool/cron/crontabs 中，并且以用户名作为文件名来命名文件，例如之前 jacky 用户创建的任务，可以用以下方法查看：

```
jacky@jacky-desktop:~$ sudo cat /var/spool/cron/crontabs/jacky
# DO NOT EDIT THIS FILE - edit the master and reinstall.
# (/tmp/crontab.KIT5oR/crontab installed on Wed Dec 16 21:59:04 2009)
# (Cron version - $Id: crontab.c,v 2.13 1994/01/17 03:20:37 vixie Exp $)
# m h dom mon dow    command
  0 9 1  *   *       rm /home/jacky/log/*.tmp
```

注意，不要用 VIM 直接编辑以上文件，因为可能由于输入语法错误，导致无法执行 cron 定义的工作任务。

2．系统配置文件/etc/crontab

crontba –e 命令主要针对使用者编辑 cron 来制定工作任务。如果是操作系统本身的例行性任务，则不需要以 crontab –e 来编辑和管理。用户只需要编辑/etc/crontab 这个配置文件就可以了。通过用户鉴权，即可以利用 VIM 编辑该文件。

一般情况下，cron 服务的最低侦测限制是分钟，所以 cron 服务会每分钟取一次/etc/crontab 和/var/spool/cron/crontabs 里面的数据内容，因此，只要编辑完/etc/crontab 这个配置文件，并且将其存储后，cron 的设定就会自动执行。如果需要重新启动 cron 服务，则可执行以下命令：

```
jacky@jacky-desktop:~$ sudo /etc/init.d/cron restart //重启 cron 服务
 * Restarting periodic command scheduler crond                    [ OK ]
```

/etc/crontab 配置文件的内容如下：

```
# /etc/crontab: system-wide crontab
# Unlike any other crontab you don't have to run the 'crontab'
# command to install the new version when you edit this file
# and files in /etc/cron.d. These files also have username fields,
# that none of the other crontabs do.

SHELL=/bin/sh                                                //shell 类型
```

Ubuntu Linux 系统进阶管理

```
PATH=/usr/local/sbin:/usr/local/bin:/sbin:/bin:/usr/sbin:/usr/bin         //路径
# m  h  dom mon dow  user    command
  17 *   *   *   *   root    cd / && run-parts –report /etc/cron.hourly    //每小时工作
  25 6   *   *   *   root    test -x /usr/sbin/anacron || ( cd / && run-parts –report
/etc/cron.daily )   //每天工作
  47 6   *   *   7   root    test -x /usr/sbin/anacron || ( cd / && run-parts –report
/etc/cron.weekly )  //每周工作
  52 6   1   *   *   root    test -x /usr/sbin/anacron || ( cd / && run-parts –report
/etc/cron.monthly ) //每月工作
#
```

主要参数说明如下。

SHELL：Shell 的类型。

PATH：执行文件路径。

17 * * * * root cd / && run-parts –report /etc/cron.hourly：root 代表的是执行命令的使用者身份，run-parts 代表后面紧接的/etc/cron.hourly 是一个目录（/etc/cron.hourly）的所有可执行文件，每个小时的第 17 分，系统会以 root 用户在/etc/cron.hourly/这个目录下进行所有可进行的工作，后面 3 行的作用类似。

除了/etc/crontab 以外，还有几个文件夹保存了关于 cron 任务的信息，分别是/etc/ cron.hourly、/etc/cron.daily、/etc/cron.weekly、/etc/cron.monthly，要查看它们的信息，如下所示：

```
jacky@jacky-desktop:~$ ls /etc/cron.hourly          //查看每小时的工作内容
jacky@jacky-desktop:~$ ls /etc/cron.daily           //查看每天的工作内容
0anacron  apport  apt  aptitude  bsdmainutils  logrotate  man-db  mlocate  standard
sysklogd
jacky@jacky-desktop:~$ ls /etc/cron.weekly          //查看每周的工作内容
0anacron  man-db  popularity-contest  sysklogd
jacky@jacky-desktop:~$ ls /etc/cron.monthly         //查看每月的工作内容
0anacron  scrollkeeper  standard
```

9.4 日志管理

操作系统在运行期间都会产生日志文件，Ubuntu Linux 也不例外。日志文件主要实现系统审计、监测追踪和分析统计等功能。不论是普通用户还是管理员用户，在当前系统中所进行的操作都将在相应的日志文件中留下对应的记录，甚至一般的黑客入侵，也会在当前系统的日志文件中留下相应的痕迹。

9.4.1 系统日志配置文件

Ubuntu Linux 所有的子系统在传送消息时，都会将消息送到一个可维护的公共消息区，即 syslog 位置，这是系统日志文件位置。它是一个综合的日志记录文件，主要功能是方便管理日志和分类存放日志信息。syslog 的配置文件/etc/syslog.conf 规定了系统中需要监视的事件和相应的日志文件存储位置。以下是该文件的内容和注释：

```
jacky@jacky-desktop:~$ cat /etc/syslog.conf         //查看 syslog.conf 文件内容
# /etc/syslog.conf     Configuration file for syslogd.
#
#                      For more information see syslog.conf(5)
#                      manpage.
```

```
#
# First some standard logfiles.  Log by facility.
#
//各有效行的格式如下：
//功能．       级别         动作
auth,authpriv.*                 /var/log/auth.log
//将所有 auth 鉴权信息记录到/var/log/auth.log 中
*.*;auth,authpriv.none          -/var/log/syslog
#cron.*                         /var/log/cron.log
//将 cron 操作的任何级别信息记录到/var/log/cron.log 中，默认为关闭记录
daemon.*                        -/var/log/daemon.log
//将守护进程的任何级别信息记录到/var/log/daemon.log 中
kern.*                          -/var/log/kern.log
//将 kernal 内核所有级别的信息记录到/var/log/kern.log 中
lpr.*                           -/var/log/lpr.log
//将 lpr 设备中的任何级别的信息记录到/var/log/lpr.log 中
mail.*                          -/var/log/mail.log
//将 mail 设备中的任何级别的信息记录到/var/log/mail.log 中
user.*                          -/var/log/user.log
//将 user 设备中的任何级别的信息记录到/var/log/user.log 中

#
# Logging for the mail system.  Split it up so that
# it is easy to write scripts to parse these files.
#
mail.info                       -/var/log/mail.info
//将 mail 设备的 info 级别信息记录到/var/log/mail.info 中
mail.warn                       -/var/log/mail.warn
//将 mail 设备的 warn 级别信息记录到/var/log/mail.warn 中
mail.err                        /var/log/mail.err
//将 mail 设备的 err 级别信息记录到/var/log/mail.err 中

# Logging for INN news system
#
news.crit                       /var/log/news/news.crit
//将 news 设备的 crit 级别信息记录到/var/log/news/news.crit 中
news.err                        /var/log/news/news.err
//将 news 设备的 err 级别信息记录到/var/log/news/news.err 中
news.notice                     -/var/log/news/news.notice
//将 news 设备的 notice 级别信息记录到/var/log/news/news.notice 中

#
# Some 'catch-all' logfiles.
#
*.=debug;\
        auth,authpriv.none;\
        news.none;mail.none     -/var/log/debug
//将除了 auth 设备、news 设备和 mail 设备之外的所有设备的 debug 信息记录到/var/log/debug 中
*.=info;*.=notice;*.=warn;\
        auth,authpriv.none;\
        cron,daemon.none;\
        mail,news.none          -/var/log/messages
//将除了 auth 设备、cron 设备、daemon 设备、mail 设备、news 设备以外的所有设备的 info、notice、warn
//级别的信息记录到/var/log/messages 中

#
# Emergencies are sent to everybody logged in.
#
*.emerg                         *

#
# I like to have messages displayed on the console, but only on a virtual
# console I usually leave idle.
#
#daemon,mail.*;\
```

```
#       news.=crit;news.=err;news.=notice;\
#       *.=debug;*.=info;\
#       *.=notice;*.=warn         /dev/tty8

# The named pipe /dev/xconsole is for the 'xconsole' utility. To use it,
# you must invoke 'xconsole' with the '-file' option:
#
#    $ xconsole -file /dev/xconsole [...]
#
# NOTE: adjust the list below, or you'll go crazy if you have a reasonably
#      busy site..
#
daemon.*;mail.*;\
       news.err;\
       *.=debug;*.=info;\
       *.=notice;*.=warn         |/dev/xconsole
//将 daemon 设备的所有级别信息、mail 设备的所有级别信息、news 设备的 err 级别信息及所有的 debug 信息、
info 信息、notice 信息、warn 信息记录到/dev/xconsole 中
```

9.4.2　常见的日志文件

如同其他类型的 Linux 发行版一样，Ubuntu Linux 的日志都是以明文形式存储，因此，用户不需要使用特殊的工具，就可以搜索和阅读它们。另外，还可以编写脚本来扫描这些日志，并基于它们的内容自动地实现某些功能。日志文件都存放在/var/log 目录中，读者可以查看它们，如下所示：

```
jacky@jacky-desktop:~$ ls /var/log -l
总用量 23548
-rw-r-----  1 root   adm       44 2009-04-19 23:14 acpid
-rw-r-----  1 root   adm      161 2009-04-19 22:57 acpid.1.gz
-rw-r-----  1 root   adm      217 2009-03-23 23:18 acpid.2.gz
-rw-r-----  1 root   adm      241 2009-02-28 23:37 acpid.3.gz
drwxr-xr-x  2 root   root    4096 2008-05-03 04:41 apparmor
drwxr-xr-x  2 root   root    4096 2009-04-19 23:14 apt
-rw-r-----  1 syslog adm    31277 2009-12-17 21:56 auth.log
-rw-r-----  1 syslog adm    14051 2009-04-19 23:06 auth.log.0
-rw-r-----  1 syslog adm      758 2009-03-18 07:35 auth.log.1.gz
-rw-r-----  1 syslog adm      389 2009-02-28 17:17 auth.log.2.gz
-rw-r-----  1 root   adm       31 2008-07-02 18:16 boot
-rw-r--r--  1 root   root   40690 2008-07-02 18:16 bootstrap.log
-rw-rw-r--  1 root   utmp       0 2009-04-19 23:14 btmp
-rw-rw-r--  1 root   utmp       0 2009-03-18 07:52 btmp.1
drwxr-xr-x  2 root   root    4096 2009-04-19 23:14 cups
-rw-r-----  1 syslog adm    66482 2009-12-17 21:46 daemon.log
-rw-r-----  1 syslog adm    76977 2009-04-19 23:00 daemon.log.0
-rw-r-----  1 syslog adm     2910 2009-03-17 22:24 daemon.log.1.gz
-rw-r-----  1 syslog adm     2198 2009-02-28 10:00 daemon.log.2.gz
-rw-r-----  1 syslog adm     5067 2009-11-18 21:39 debug
-rw-r-----  1 syslog adm    14468 2009-04-19 22:57 debug.0
-rw-r-----  1 syslog adm     1276 2009-03-17 22:24 debug.1.gz
-rw-r-----  1 syslog adm     1242 2009-02-28 09:43 debug.2.gz
drwxr-xr-x  2 root   root    4096 2008-05-09 23:50 dist-upgrade
-rw-r-----  1 root   adm    19670 2009-04-19 22:57 dmesg
-rw-r-----  1 root   adm    19514 2009-03-23 23:18 dmesg.0
-rw-r-----  1 root   adm     7064 2009-03-18 11:45 dmesg.1.gz
-rw-r-----  1 root   adm     6984 2009-02-28 23:37 dmesg.2.gz
-rw-r-----  1 root   adm     6994 2009-02-28 17:38 dmesg.3.gz
-rw-r-----  1 root   adm       59 2008-07-02 18:16 dmesg.4.gz
-rw-r-----  1 root   adm     4487 2009-12-15 22:50 dpkg.log
-rw-r-----  1 root   adm    12689 2009-03-25 03:18 dpkg.log.1
-rw-r-----  1 root   adm    59545 2009-02-28 08:52 dpkg.log.2.gz
-rw-r--r--  1 root   root   24048 2009-04-20 00:48 faillog
-rw-r--r--  1 root   root    2247 2009-02-28 08:47 fontconfig.log
```

```
drwxr-xr-x  2 root    root     4096 2008-07-02 18:16 fsck
drwxr-xr-x  2 root    root     4096 2009-04-19 22:57 gdm
drwxr-xr-x  2 root    root     4096 2009-02-28 08:56 installer
-rw-r-----  1 syslog  adm   7486351 2009-12-17 21:57 kern.log
-rw-r-----  1 syslog  adm    102129 2009-04-19 22:57 kern.log.0
-rw-r-----  1 syslog  adm      7818 2009-03-17 21:24 kern.log.1.gz
-rw-r-----  1 syslog  adm      7828 2009-02-28 12:02 kern.log.2.gz
-rw-rw-r--  1 root    utmp   292584 2009-12-17 21:56 lastlog
-rw-r-----  1 syslog  adm         0 2008-07-02 18:16 lpr.log
-rw-r-----  1 syslog  adm         0 2008-07-02 18:16 mail.err
-rw-r-----  1 syslog  adm         0 2008-07-02 18:16 mail.info
-rw-r-----  1 syslog  adm         0 2008-07-02 18:16 mail.log
-rw-r-----  1 syslog  adm         0 2008-07-02 18:16 mail.warn
-rw-r-----  1 syslog  adm   7485321 2009-12-17 21:57 messages
-rw-r-----  1 syslog  adm     93724 2009-04-19 23:15 messages.0
-rw-r-----  1 syslog  adm      7584 2009-03-18 07:52 messages.1.gz
-rw-r-----  1 syslog  adm      7468 2009-02-28 17:38 messages.2.gz
drwxr-sr-x  2 news    news      096 2009-02-28 17:38 news
-rw-r--r--  1 root    root        0 2008-07-02 18:18 pycentral.log
drwxr-x---  2 root    adm      4096 2008-06-30 23:56 samba
-rw-r--r--  1 root    root   137703 2009-04-19 23:36 scrollkeeper.log
-rw-r--r--  1 root    root    17324 2009-03-25 03:18 scrollkeeper.log.1
-rw-r--r--  1 root    root        0 2009-03-18 07:52 scrollkeeper.log.2
-rw-r-----  1 syslog  adm   7559502 2009-12-17 21:57 syslog
-rw-r-----  1 syslog  adm     53240 2009-04-19 23:02 syslog.0
-rw-r-----  1 syslog  adm     24430 2009-03-24 21:24 syslog.1.gz
-rw-r-----  1 syslog  adm     11958 2009-03-18 07:35 syslog.2.gz
-rw-r-----  1 syslog  adm     10176 2009-02-28 10:00 syslog.3.gz
-rw-r--r--  1 root    root   318409 2009-04-19 22:57 udev
drwxr-xr-x  2 root    root     4096 2008-03-10 23:24 unattended-upgrades
-rw-r-----  1 syslog  adm         0 2009-04-19 23:15 user.log
-rw-r-----  1 syslog  adm      1051 2009-04-19 22:59 user.log.0
-rw-r-----  1 syslog  adm       278 2009-03-17 21:24 user.log.1.gz
-rw-r-----  1 syslog  adm       275 2009-02-28 09:59 user.log.2.gz
-rw-rw-r--  1 root    utmp     8064 2009-12-17 21:56 wtmp
-rw-rw-r--  1 root    utmp    17280 2009-04-19 23:06 wtmp.1
-rw-r--r--  1 root    root      308 2008-07-02 18:32 wvdialconf.log
-rw-r--r--  1 root    root    29530 2009-12-17 21:52 Xorg.0.log
-rw-r--r--  1 root    root    27880 2009-03-25 02:36 Xorg.0.log.old
-rw-r--r--  1 root    root    27515 2009-02-28 23:34 Xorg.20.log
```

1. /var/log/bootstrap.log 系统引导日志

Ubuntu Linux 开机启动的系统引导日志记录在/var/log/bootstrap.log 中，内容如下所示：

```
jacky@jacky-desktop:~$ cat /var/log/bootstrap.log
Selecting previously deselected package base-files.
(Reading database ... 0 files and directories currently installed.)
Unpacking base-files (from .../base-files_4.0.1Ubuntu5_i386.deb) ...
Selecting previously deselected package base-passwd.
Unpacking base-passwd (from .../base-passwd_3.5.16_i386.deb) ...
dpkg: base-passwd: dependency problems, but configuring anyway as you request:
 base-passwd depends on libc6 (>= 2.6.1-1); however:
  Package libc6 is not installed.
Setting up base-passwd (3.5.16) ...

dpkg: base-files: dependency problems, but configuring anyway as you request:
 base-files depends on awk; however:
  Package awk is not installed.
 base-files depends on libpam-modules (>= 0.79-3Ubuntu3); however:
  Package libpam-modules is not installed.
Setting up base-files (4.0.1Ubuntu5) ...
… …
```

2. /var/log/kern.log 内核日志

默认情况下，Ubuntu Linux 要记录内核日志，存储在/var/log/kern.log 中，该文件记录了系统启动时加载设备或使用设备的情况。一般是正常的操作，但该文件会记录内核的所有级别的消息，如果其中有没有授权的用户进行了操作，那就很有可能是恶意行为。文件内容如下所示：

```
jacky@jacky-desktop:~$ cat /var/log/kern.log
    Apr 20 00:27:36 jacky-desktop kernel: [ 5810.221116] process 'grep' is using deprecated sysctl (syscall) net.IPv6.neigh.default.retrans_time; Use net.IPv6.neigh.default.retrans_time_ms instead.
    Apr 20 04:15:29 jacky-desktop kernel: [19801.816600] UDF-fs: No VRS found
    Apr 20 04:15:29 jacky-desktop kernel: [19801.934511] ISO 9660 Extensions: RRIP_1991A
    Apr 20 04:35:36 jacky-desktop kernel: [21008.734092] vmmemctl: module license 'unspecified' taints kernel.
    Apr 20 04:35:36 jacky-desktop kernel: [21008.754193] Vmware memory control driver initialized
    Apr 20 04:35:36 jacky-desktop kernel: [21008.754936] vmmemctl: started kernel thread pid=15466
    Apr 20 04:35:36 jacky-desktop kernel: [21008.830018] Vmware memory control driver unloaded
    Apr 20 04:36:02 jacky-desktop kernel: [21035.205039] ACPI: PCI interrupt for device 0000:02:00.0 disabled
    Apr 20 04:36:15 jacky-desktop kernel: [21048.166142] Vmware vmxnet virtual NIC driver
    Apr 20 04:36:16 jacky-desktop kernel: [21048.196565] ACPI: PCI Interrupt 0000:02:00.0[A] -> GSI 18 (level, low) -> IRQ 16
    ……
```

3．/var/log/daemon.log 守护进程日志

系统的所有守护进程的消息记录在文件/var/log/daemon.log 中，它将记录日期、时间、用户、进程名称及具体工作任务，内容如下所示：

```
jacky@jacky-desktop:~$ cat /var/log/daemon.log
    Apr 20 04:15:22 jacky-desktop NetworkManager: <debug> [1240172122.649494] nm_hal_device_added(): New device added (hal udi is '/org/freedesktop/Hal/devices/volume_label_Vmware_Tools').
    Apr 20 04:36:02 jacky-desktop avahi-daemon[4709]: Interface eth0.IPv4 no longer relevant for mDNS.
    Apr 20 04:36:02 jacky-desktop avahi-daemon[4709]: Leaving mDNS multicast group on interface eth0.IPv4 with address 192.168.1.21.
    Apr 20 04:36:02 jacky-desktop avahi-daemon[4709]: Withdrawing address record for fe80::20c:29ff:fe22:49f on eth0.
    Apr 20 04:36:02 jacky-desktop avahi-daemon[4709]: Withdrawing address record for 192.168.1.21 on eth0.
    Apr 20 04:36:02 jacky-desktop NetworkManager: <debug> [1240173362.730557] nm_hal_device_removed(): Device removed (hal udi is '/org/freedesktop/Hal/devices/net_00_0c_29_22_04_9f').
    Jun 15 20:49:54 jacky-desktop NetworkManager: <debug> [1245070194.919490] nm_hal_device_removed(): Device removed (hal udi is '/org/freedesktop/Hal/devices/volume_label_Vmware_Tools').
    Jun 15 20:54:07 jacky-desktop avahi-daemon[4709]: Joining mDNS multicast group on interface eth0.IPv4 with address 192.168.1.21.
    Jun 15 20:54:07 jacky-desktop avahi-daemon[4709]: New relevant interface eth0.IPv4 for mDNS.
    Jun 15 20:54:07 jacky-desktop avahi-daemon[4709]: Registering new address record for 192.168.1.21 on eth0.IPv4.
    ……
```

4．电子邮件日志

每一封发送到系统中的电子邮件，或从系统中发出的电子邮件的活动信息，都会被记录在日志文件/var/log/mail.log 中。另外，系统分消息级别进行了分类记录，普通的正常信息 info 级别，将记录到/var/log/mail.info 文件中，警告信息 warn 级别将记录到/var/log/mail.warn 文件中，错误信息 err 级别将记录到/var/log/mail.err 文件中。读者可以自行查看自己系统的邮件活动情况。

5．/var/log/messages

Ubuntu Linux 系统将除了 auth 设备、cron 设备、daemon 设备、mail 设备、news 设备以外的

所有设备的所有级别的信息记录到 **/var/log/messages** 中，主要是各个进程的信息。从该文件中可以看出所有的入侵企图或成功的入侵，文件内容如下所示：

```
jacky@jacky-desktop:~$ cat /var/log/messages
 Apr 20 04:15:29 jacky-desktop kernel: [19801.816600] UDF-fs: No VRS found
 Apr 20 04:35:36 jacky-desktop kernel: [21008.734092] vmmemctl: module license
'unspecified' taints kernel.
 Apr 20 04:35:36 jacky-desktop kernel: [21008.754193] Vmware memory control driver
initialized
 Apr 20 04:35:36 jacky-desktop kernel: [21008.830018] Vmware memory control driver
unloaded
 Apr 20 04:36:02 jacky-desktop kernel: [21035.205039] ACPI: PCI interrupt for device
0000:02:00.0 disabled
 Apr 20 04:36:15 jacky-desktop kernel: [21048.166142] Vmware vmxnet virtual NIC driver
 Apr 20 04:36:16 jacky-desktop kernel: [21048.196565] ACPI: PCI Interrupt 0000:02:00.0[A]
-> GSI 18 (level, low) -> IRQ 16
 Apr 20 04:36:16 jacky-desktop kernel: [21048.504426] Found vmxnet/PCI at 0x2024, irq 16.
 Apr 20 04:36:16 jacky-desktop kernel: [21048.527257] features:
 Apr 20 04:36:16 jacky-desktop kernel: [21048.640596] ACPI: PCI interrupt for device
0000:02:00.0 disabled
 Apr 20 04:37:43 jacky-desktop kernel: [21135.525934] Vmware memory control driver
initialized
 Apr 20 04:37:43 jacky-desktop kernel: [21136.345362] Vmware vmxnet virtual NIC driver
 Apr 20 04:37:43 jacky-desktop kernel: [21136.346383] ACPI: PCI Interrupt 0000:02:00.0[A]
-> GSI 18 (level, low) -> IRQ 16
 Apr 20 04:37:43 jacky-desktop kernel: [21136.349571] Found vmxnet/PCI at 0x2024, irq 16.
……
```

该文件的格式是每一行都包含日期、时间、主机名、程序名，后面包含有 **PID** 或内核标识的方括号、一个冒号和一个空格，最后是消息内容。该文件有一个缺点，就是所记录的入侵企图和成功的入侵事件，被淹没在大量的正常进程的记录中。该文件可以由之前讲到的系统日志配置文件**/etc/syslog.conf** 来定制，从而决定哪些信息记录到该文件中。

9.5 课后练习

1. 什么叫进程？进程和程序有何区别？
2. 进程有哪些状态？它们之间的关系是什么？
3. 利用 ps 命令和 top 命令显示系统进程情况，并对比两个命令的区别和联系。
4. 什么叫守护进程？它的原理是什么？
5. 利用 cron 安排自己所需的周期性任务，并在系统中查看该任务信息。
6. Ubuntu Linux 系统的日志文件有哪些特点？有什么意义？

LINUX

第四部分　Ubuntu Linux 网络基本原理、网络配置及管理

- 网络基础知识
- 基本网络配置及管理
- Ubuntu Linux 远程登录及服务器配置
- FTP 服务器配置及应用
- NFS 服务器配置及应用
- SAMBA 服务器配置及应用
- DHCP 服务器配置及应用
- DNS 服务器配置及应用
- Web 服务器配置及应用
- Mail 服务器配置及应用
- 路由配置及应用

第 10 章 网络基础知识

在介绍 Ubuntu Linux 操作系统所提供的网络功能之前，本章先介绍部分网络基础知识，以此让读者对网络的基本概念有一个大致的了解。了解一定的网络基本理论、基础概念，才能很好地完成 Ubuntu Linux 网络服务器的配置及应用。

本章第 1 节介绍 TCP/IP 基础。TCP/IP 是互联网上广泛使用的一组协议，它是 Internet 的基础，提供了在广域网内的路由功能，使 Internet 上的不同主机可以互联通信。本节就 TCP/IP 协议簇的基本概念做一个简要说明，使用户对网络的基本架构和基本模型有一个初步认识。

第 2 节介绍 IP 地址的相关概念，IP 地址划分、子网掩码实现以及子网划分等内容。

第 3 节介绍数据连接时所采用的 TCP/UDP。TCP 是面向连接的传输层协议，即采用 TCP 封装的数据包是可靠的连接；而 UDP 则是不可靠的，但 UDP 在数据传输可靠性要求不高时有着很高的效率。

第 4 节介绍网络数据包的封装和拆解的过程。理解网络数据包的构成及封装和拆解的过程，可以辅助理解网络通信的原理。

第 5 节介绍 ARP/RARP 协议。IP 地址是逻辑上唯一标识了某一个主机的关键信息，而在物理上唯一标识某一台主机的是 MAC 地址，但网络数据包是通过 IP 地址来寻址的，因此采用 ARP/RARP 来实现 MAC 地址与 IP 地址之间的相互转换。

第 6 节介绍 ICMP 因特网信息控制协议基础，该协议的功能主要是确保联机及联机状态的正确性。

10.1 TCP/IP 基础

TCP/IP 是用于计算机通信的一组协议，通常称它为 TCP/IP 协议簇。它是 20 世纪 70 年代中期美国国防部为其 ARPANET 广域网开发的网络体系结构和协议标准，以它为基础组建的 Internet 是目前国际上规模最大的计算机网络，正因为 Internet 的广泛使用，使得 TCP/IP 成了事实上的标准。使用 TCP/IP 的 Internet 网络提供的服务主要有：电子邮件、文件传送、远程登录、网络文件系统、电视会议系统和 WWW 等。

之所以称 TCP/IP 是一个协议簇，是因为 TCP/IP 包括 TCP、IP、UDP、ICMP、RIP、TELNETFTP、SMTP、ARP 和 TFTP 等多种协议，这些协议一起称为 TCP/IP。OSI 模型与 TCP/IP 模型的对比如图 10-1 所示，TCP/IP 将网络划分为 4 层模型：应用层、传输层、互联层和网络接口层。

① 网络接口层（Network Interface Physical）：模型的基层，负责数据帧的发送和接收（帧 Frame 是独立的网络信息传输单元）。网络接口层将帧格式的数据放到网络上，或从网上把帧取下来。

② 互联层（Internet）：互联协议将数据包封装成 Internet 数据包（IP packet），并运行必要的路由算法。这里有 4 种互联协议。

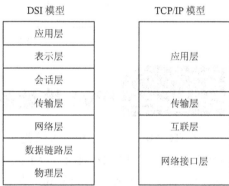

图 10-1　OSI 与 TCP/IP 模型对比图

- 网际协议（IP）：负责在主机和网络之间路径寻址和路由数据包。
- 地址解析协议（ARP）：获取同一物理网络中的硬件主机地址。
- 因特网控制消息协议（ICMP）：发送消息，并报告有关数据包的传送错误。
- 互联组管理协议（IGMP）：实现本地多路广播路由器报告。

③ 传输层：传输协议在主机之间提供通信会话。传输协议的选择根据数据传输方式而定。主要有以下两个传输协议。

- 传输控制协议（TCP）：为应用程序提供可靠的通信连接。适合于一次传输大批数据的情况，并适用于要求得到响应的应用程序。
- 用户数据包协议（UDP）：提供了无连接通信，且不对传送包进行可靠性确认。适合于一次传输小量数据，可靠性则由应用层确认。

④ 应用层：应用程序通过这一层访问网络，主要包括常见的 FTP、HTTP、DNS 和 TELNET 等协议。

- Telnet：提供远程登录（终端仿真）服务。
- FTP：提供应用级的文件传送协议。
- SMTP：简单邮件传送协议。
- SNMP：简单网络管理协议，使用传输层 UDP 协议。
- DNS：域名解析服务，也就是将域名映像成 IP 地址的协议，使用传输层 UDP 协议。

- HTTP：超文本传输协议，访问 Web 所采用的协议。

TCP/IP 协议簇体系结构及各层协议结构如图 10-2 所示。在网络接口层，最重要的信息之一是主机的 MAC 地址，为 48bit，在物理上唯一标识某台主机；IP 层的 IP 地址在逻辑上唯一标识某台主机；在主机内部，传输层的端口对应唯一的应用服务。

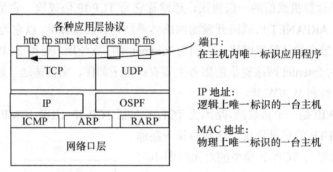

图 10-2　TCP/IP 协议体系结构及各层协议

10.2　IPv4 地址基础

在 TCP/IP 协议中，IP 地址在逻辑上唯一标识网络中的一台主机，连接到网络中的主机地址是唯一的，一个 IP 地址对应一台主机（不包括私有 IP 地址和经过映像处理的 IP 地址），即一台连接到网络的主机必须有一个 IP 地址才能与其他主机通信。

目前网络中常用的为第 4 代 IP 地址，即 IPv4，这是本节主要讲解的类型，之后将简称为 IP 地址。除此之外，为了适应更庞大的网络，已经提出了 IPv6 的概念，由于该类型的 IP 地址没有大量使用，而是作为以后发展的趋势，故本节不作讲解。

10.2.1　IP 地址表示形式及分类

1．IP 地址表示形式

IP 地址有两种表示形式：二进制表示法和点分十进制表示法。由于二进制表示法不便于书写和记忆，因此通常使用点分十进制表示法。每个 IP 地址的长度为 4 个字节，由 4 个 8 位域组成，通常被称为八位体。八位体由点分开，每一个八位表示为一个 0～55 之间的十进制数，总共表示为 4 个组，如 192.168.0.1，这就是所谓的点分十进制表示法。一个 IP 地址的 4 个组分别标明了网络号和主机号，即每个 IP 地址由两部分组成：网络号和主机号。

网络号：标识一个物理的网络，同一个网络上的所有主机使用同一个网络号，该号在互联网中是唯一的。

主机号：确定网络中的一个工作端、服务器、路由器或者其他 TCP/IP 主机。对于同一个网络号来说，主机号是唯一的。每个 TCP/IP 主机由一个逻辑 IP 地址确定网络号和主机号。

2．IP 地址分类

为适应不同大小的网络，Internet 定义了 5 种 IP 地址类型。如图 10-3 所示，可以通过 IP 地址的前几位来确定网络地址，分为 A、B、C、D、E 共 5 种类型。

网络基础知识

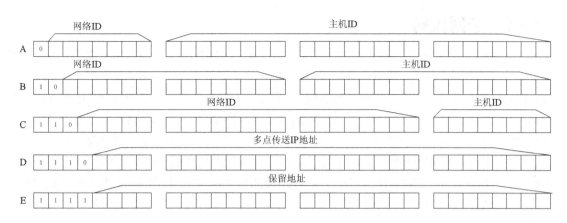

图 10-3　IP 地址类型

A 类地址：可以拥有很大数量的主机，最高位为 0，紧跟的 7 位表示网络号，其余 24 位表示主机号，总共允许有 126 个网络。

B 类地址：被分配到中等规模和大规模的网络中，最高两位总被置为二进制的 10，前 16 位为网络号，后 16 位为主机号，允许有 16384 个网络。

C 类地址：高 3 位被置为二进制的 110，前 24 位为网络号，后 8 位为主机号，允许有大约 200 万个网络。

D 类地址：被用于多路广播组用户，高 4 位总被置为 1110，余下的位用于标明客户机所属的组。

E 类地址是一种仅供试验的地址。

表 10-1 为 IP 地址划分的详细说明。

表 10-1　IP 地址划分

类别	前 8 位（二进制）	点分十进制第一字节范围	默认子网掩码	广播地址	网络数
A	0XXXXXXX	1～126（127 为回环地址）	255.0.0.0	X.255.255.255	126
B	10XXXXXX	128～191	255.255.0.0	X.X.255.255	16384
C	110XXXXX	192～223	255.255.255.0	X.X.X.255	2097152
D	1110XXXX	224～239	N/A	N/A	N/A
E	1111XXXX	240～254	N/A	N/A	N/A

在分配网络号和主机号时应遵守以下几条准则。

- 网络号不能为 127。该标识号被保留作为回路及诊断功能。
- 不能将网络号和主机号的各位均置为 1。如果每一位都是 1，该地址会被解释为网内广播，而不是一个主机号。
- 各位均不能置 0，否则该地址被解释为 "就是本网络"。
- 对于本网络来说，主机号应该唯一，否则会出现 IP 地址已分配或有冲突的错误。

10.2.2 子网掩码

从表 10-1 中可以看出,有一个"子网掩码"的概念。TCP/IP 上的每台主机都需要用一个子网屏蔽号,该屏蔽号就是所谓的子网掩码(NetMask)。它是一个 4 字节的地址,用来封装或"屏蔽" IP 地址的一部分,以区分网络号和主机号。但是在具体应用中,有必要对网络地址重新管理(例如,A 类的一个网络主机太多,有必要划分为几个小的子网),当网络还没有划分子网时,可以使用默认的子网掩码;当网络被划分为若干个子网时,就要使用自定义的子网掩码。

子网掩码中所有对应网络号的位都被置为 1,于是每个八位体的十进制值都是 255,所有对应主机号的位都置为 0。例如,C 类网地址为 192.168.0.1,相应的默认子网掩码为 255.255.255.0。即网络地址是由 IP 地址和子网掩码作逻辑与运算(AND)得出的,将 NetMask 以二进位表示时,是 1 的会保留。例如:

```
192.138.10.193     11000000.    10001010.    00001010.    10000001
255.255.255.0      11111111.    11111111.    11111111.    00000000
进行位与运算      ---------------------------------------------------------
192.138.10.0       11000000.    10001010.    00001010.    00000000
```

以上是以 255.255.255.0 作为子网掩码(NetMask)的结果,网络地址是 192.138.10.0,若使用 255.255.255.192 作子网掩码(NetMask),结果则不同,如下所示:

```
192.138.10.193     11000000.    10001010.    00001010.    10000001
255.255.255.192    11111111.    11111111.    11111111.    11000000
进行位与运算-------------------------------------------------------------
192.138.10.128     11000000.    10001010.    00001010.    10000000
```

此时网络地址为 192.138.10.128。这不是一个标准的网络地址,而是一个经过子网划分的网络地址。下面介绍划分子网的方法。

根据需要划分的子网个数和被划分的网络地址,可以确定子网掩码的位数。以下是一个 C 类地址,它是根据需要划分的子网个数确定的子网掩码值。

点分十进制掩码	二进制子网掩码	子网个数
255.255.255.0	11111111.11111111.11111111.00000000	1
255.255.255.128	11111111.11111111.11111111.10000000	2
255.255.255.192	11111111.11111111.11111111.11000000	4
255.255.255.224	11111111.11111111.11111111.11100000	8
255.255.255.240	11111111.11111111.11111111.11110000	16
255.255.255.248	11111111.11111111.11111111.11111000	32
255.255.255.252	11111111.11111111.11111111.11111100	64

使用 255.255.255.224 将 C 类 203.67.10.0 分成 8 组子网,各个子网地址、广播地址及可使用的 IP 地址范围如下所示:

序号	子网地址	广播地址	可使用的 IP 地址范围	子网掩码
1	203.67.10.0	203.67.10.31	203.67.10.1-203.67.10.30	255.255.255.224
			(其中.0 为网络地址,.31 为广播地址)	
2	203.67.10.32	203.67.10.63	203.67.10.33-203.67.10.62	255.255.255.224
3	203.67.10.64	203.67.10.95	203.67.10.65-203.67.10.94	255.255.255.224
4	203.67.10.96	203.67.10.127	203.67.10.97-203.67.10.126	255.255.255.224
5	203.67.10.128	203.67.10.159	203.67.10.129-203.67.10.158	255.255.255.224
6	203.67.10.160	203.67.10.191	203.67.10.161-203.67.10.190	255.255.255.224
7	203.67.10.192	203.67.10.223	203.67.10.193-203.67.10.222	255.255.255.224
8	203.67.10.224	203.67.10.255	203.67.10.225-203.67.10.254	255.255.255.224

10.2.3 IP 数据包头

IP 数据包头信息如图 10-4 所示。

网络基础知识

4bit	4bit	8bit	3bit	13bit
版本	表头长度	服务类型	总长度	
识别码			特殊标识	分段偏移
存活时间		协议代码	包头校验码	
源地址				
目的地址				
其他参数			填充内容	
数据				

图 10-4 IP 数据包头信息

从图 10-4 中可知，每行所占用的位数为 32 位，即 IP 数据包的包头数据是 32 位的倍数。IP 数据包的包头在 C 语言中就是一个结构体，该结构体定义如下：

```
//come from /usr/include/linux/ip.h
struct iphdr {
#if defined (__LITTLE_ENDIAN)               //小端定义方式
    uint8_t     ihl:4,                      //表头长度
                version:4;                  //版本
#elif defined (__BIG_ENDIAN)                //大端时
    uint8_t     version:4,
                ihl:4;
#endif
    uint8_t     tos;                        //服务类型
    uint16_t    tot_len;                    //总长度
    uint16_t    id;                         //识别码
    uint16_t    frag_off;                   //分段偏移
    uint8_t     ttl;                        //TTL 存活值
    uint8_t     protocol;                   //协议代码
    uint16_t    check;                      //校验码
    uint32_t    saddr;                      //源 IP 地址
    uint32_t    daddr;                      //目的 IP 地址
    /*The options start here. */
};
```

各个包头内容介绍如下。

（1）版本（Version）。宣告这个 IP 数据包的版本，目前使用的是 IPv4 版本。

（2）包头的长度（IHL，Internet Header Length）。告知这个 IP 数据包的包头长度，单位为字节。

（3）服务类型（Type of Service）表示 IP 数据包的服务类型，主要分为：PPP 表示此 IP 数据包的优先度；D 为 0 表示一般延迟，为 1 表示低延迟；T 为 0 表示一般传输量，为 1 表示高传输量；R 为 0 表示一般可靠度，为 1 表示高可靠度；UU 保留，尚未被使用。

（4）总长度（Total Length）指 IP 数据包的总容量，包括包头与数据部分，最大可达 65535 字节。

（5）识别码（Identification）用来区分每一个小的数据包。因为 IP 数据包必须封装在 MAC 信息当中，但是，如果数据包太大，就应先将数据包划分为较小的数据包，然后再放到 MAC 当中。

（6）特殊旗标（Flags）内容为 DM。D 为 0 表示可以分段，为 1 表示不可分段。M 为 0 表示此 IP 地址为最后分段，为 1 表示非最后分段。

（7）分段偏移（Fragment Offset）表示目前这个 IP 数据包分段在原始的 IP 数据包中所占的位置，即序号。通过 Total Length、Identification、Flags 以及 Fragment Offset，就能将小 IP 分段在收

受端组合起来。

（8）TTL 存活时间（Time To Live）表示这个 IP 数据包的存活时间，范围为 0～255。当这个 IP 数据包通过一个路由器时，TTL 就会减 1，当 TTL 为 0 时，这个数据包就会被直接丢弃。

（9）协议代码（Protocol Number）用来指示该包的协议。由于目前数据包协议较多，因此每个协定都是装在 IP 当中的。

（10）包头校验码（Header Checksum）用来检查 IP 包头的错误。

（11）源地址（Source Address）用来指示数据源的 IP 地址。

（12）目地地址（Destination Address）用来指示数据的目的 IP 地址。

10.3　TCP、UDP 协议基础

10.3.1　TCP 数据包头

TCP（Transmission Control Protocol，传输控制协议）是一种面向连接的、可靠的、基于字节流的传输层通信协议。TCP 协议在经过三次握手创建连接后，通信双方可以同时传输数据，是全双工的，并且采用了重传机制和流量控制的滑动窗口协议等实现数据的可靠传输。TCP 数据包包头信息如图 10-5 所示。

4bit	6bit	6bit	8bit	8bit
源端口			目的端口	
封装序号				
确认序号				
数据偏移量	保留位	标识码	滑动窗口	
确认校验码			紧急信息	
任意资料			填充字节	
数据				

图 10-5　TCP 数据包头

TCP 包头信息结构体定义如下：

```
//come from /usr/include/linux/tcp.h
struct tcphdr {
    __u16    source;              //源端口号
    __u16    dest;                //目的端口号
    __u32    seq;                 //封装序号
    __u32    ack_seq;             //ACK 序号
#if defined(__LITTLE_ENDIAN_BITFIELD)   //小端时
    __u16    res1:4,
             doff:4,
             fin:1,                //传送结束
             syn:1,                //建立同步
             rst:1,
```

```
                psh:1,
                ack:1,                      //确认数据包
                urg:1,                      //紧急数据包
                ece:1,
                cwr:1;
#elif defined(__BIG_ENDIAN_BITFIELD)         //大端时
.......
#else
#error   "Adjust your <asm/byteorder.h> defines"
#endif
        __u16   window;                     //滑动窗口大小
        __u16   check;                      //检验码
        __u16   urg_ptr;                    //紧急信息
};
```

TCP 数据包包头信息内容如下。

（1）源端口和目标端口（Source Port & Destination Port）：传送/接收数据使用的端口。

（2）数据包序号（Sequence Number）：由于 TCP 数据包必须要带入 IP 数据包当中，所以如果 TCP 数据太大时（大于 IP 数据包的容许程度），就要进行分段。Sequence Number 是记录每个数据包的序号，可以让接收端重新将 TCP 的数据组合起来。

（3）回应序号（Acknowledge Number）：为了确认接收端收到发送端所送出的数据包数据，发送端希望能够收到接收端的响应。

（4）数据补偿（Data Offset）：补偿位。

（5）保留位（Reserved）：未使用的保留字段。

（6）控制标志码（Control Flag）：当进行网络连接时，必须说明这个联机的状态，使接收端了解这个数据包的主要动作。这个字段为 6bits，分别代表 6 个句柄，若为 1 则为启动。说明如下所示。

- URG（Urgent）：为 1 表示该数据包为紧急数据包，接收端应该紧急处理。
- ACK（Acknowledge）：为 1 表示这个数据包为确认数据包，与 Acknowledge Number 有关。
- PSH（Push function）：为 1 表示要求对方立即传送缓冲区内的其他对应数据包，而无须等待缓冲区满。
- RST（Reset）：为 1 表示联机会马上结束，而无须等待终止确认手续。这是个强制结束的联机，且发送端已断线。
- SYN（Synchronous）：为 1 表示发送端希望双方建立同步处理，即要求建立联机。通常带有 SYN 标志的数据包表示"主动"要连接到对方的意思。

（7）滑动窗口（Window）：用于控制数据包的流量，可以告知对方目前有多少缓冲区容量（Receive Buffer）可以接收数据包。当 Window=0 时，表示缓冲器已经额满。

（8）确认校验码（Checksum）：数据由发送端送出前会进行一个检验的动作，并将该动作的检验值标注在这个字段上。而接收者收到这个数据包之后，会再次对数据包进行验证，并且与原来发送的确认校验码值进行对比，如果相符就接收，若不符就认为该数据包已经损毁，要求对方重新发送此数据包。

（9）紧急信息（Urgent Pointer）：该字段在 Code 字段内的 URG 值为 1 时才会产生作用，告知紧急数据所在的位置。

（10）任意资料（Options）：目前此字段仅用于表示接收端可以接收的最大数据区段容量，若

此字段不使用,则表示可以使用任意大小的数据区段。

(11) 补足字段(Padding):如同 IP 数据包需要有固定的 32bits 包头一样,由于任意资料字段是非固定的,所以需要填充字段补齐。

10.3.2 UDP 数据包头

UDP(User Datagram Protocol,用户数据流协议)与 TCP 不同,UDP 不提供可靠的传输模式,因为不是联机导向的一个机制。这是因为在 UDP 传送的过程中,接收端在接收到数据包之后,不会回复响应数据包(ACK)给发送端,所以数据包并没有像 TCP 数据包一样有较为严密的验证机制。UDP 的包头如图 10-6 所示。

16 字节	16 字节
源端口号	目的端口号
信息长度	检验和
Data	

图 10-6 UDP 数据包头

UDP 包头信息结构体定义如下:

```
//come from /usr/include/linux/udp.h
struct udphdr {
    __u16    source;       //源端口号
    __u16    dest;         //目的端口号
    __u16    len;          //信息长度
    __u16    check;        //检验和
};
```

TCP 数据包是比较可靠的,因为采用三次握手。但是由于三向交握的缘故,所以 TCP 数据包的传输速度较慢。由于 UDP 不需要确认对方是否正确地收到数据,故包头数据较少。UDP 传输协议并不考虑联机要求、联机终止与流量控制等特性,所以当数据的正确性不很重要时,即可使用 UDP 传输协议。

10.4 网络数据包的封装和拆解

图 10-7 为主机 A 的应用程序 1 向主机 B 的应用程序 2 发送数据包所经历的封包(主机 A 中完成)和拆包(主机 B 中完成)过程。

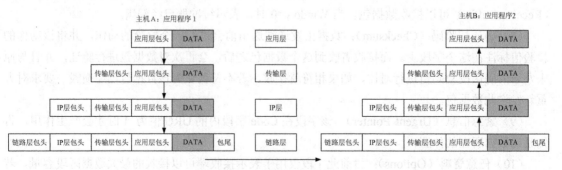

图 10-7 数据包封装与拆解过程

10.4.1 数据包封装过程

以图 10-7 所示的过程为例，主机 A 的数据包封装过程如下。

（1）主机 A 应用程序 1 将数据传送给应用层协议加上应用层包头，如果使用 HTTP 协议，则加上 HTTP 协议的数据包头。

（2）应用层将数据交给传输层，根据选择的传输层协议添加传输层数据包头（主要有 TCP 和 UDP 协议），如果使用 TCP 协议，将添加上 TCP 数据包头（结构体 struct tcphdr），主要信息涉及发送者端口（主机 A 应用程序 1 所对应端口）和接收者端口（主机 B 应用程序 2 所对应端口）。显然，主机 A 必须首先知道主机 B 应用程序 2 对应的端口号。

（3）传输层将数据交给 IP 层，IP 层将添加 IP 层数据包头（结构体 struct iphdr），主要涉及源 IP 地址（主机 A 的 IP 地址）和主机目的 IP 地址（主机 B 的 IP 地址）。显然，主机 A 必须首先知道主机 B 的 IP 地址，并设置上层选用协议类型（是 TCP、UDP 还是 ICMP 等）。

（4）IP 层将数据交给数据层，将添加数据链路层数据包头，主要包括源 MAC 地址（主机 A 的 MAC 地址）和目的 MAC 地址（如果 A、B 两主机在同一网段，则直接封装的是主机 B 的 MAC 地址，如果不在同一网段，需要经过路由，则是数据包的下一跳地址的 MAC 地址），同时设置上层选用协议类型（是 IP、ARP 还是 ARP 等）。

10.4.2 数据包拆解过程

主机 B 路由到的以太网链路层数据帧格式如图 10-8 所示。在数据链路层，以太网链路层，数据帧帧头主要包括目的 MAC 地址和源 MAC 地址，类型主要有 IP、ARP、RARP 等 3 大类。

图 10-8 以太网链路层数据帧格式

主机 B 的数据包拆解过程如图 10-9 所示，步骤如下：

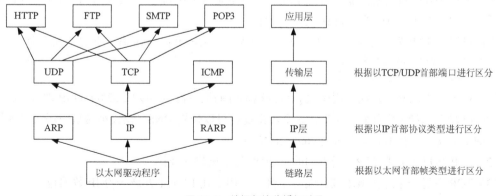

图 10-9 数据包接收拆解过程

（1）主机 B 网卡驱动程序接收到一帧数据，检查该数据的目的 MAC 地址是否为本机 MAC 地址，如果是，读取数据链路层包头信息，根据数据链路层包头中定义的上层协议（ARP、RARP 还是 IP）类型将去掉了链路层包头的数据包传送给上层，如果是 IP 协议，则传递给 IP 层。

（2）IP 层首先检查目的 IP 是否为自己（或者广播），如果为自己，接收数据包，读取 IP 层包头信息（这里可以得到数据包的源 IP 地址），根据 IP 层包头中定义的上层协议（TCP、UDP 还是 ICMP 等）类型将去掉了 IP 层包头的数据包传送给上层，如果是 TCP 协议，则传递给 TCP 层。

（3）TCP 层读取传输层包头信息（这里可以得到数据包的源端口），根据传输层包头中定义的端口将去掉了传输层包头的数据包传送给使用该端口的上层应用程序，上层应用程序剥去应用层包头，即可得到真正的数据。

10.5　ARP/RARP 基础

10.5.1　ARP/RARP 概念

32bit 的 IP 地址在逻辑上唯一标识一台主机，是人为划分和管理的结果。但是，任何一台主机（确切的说是任何一个网络适配器）在物理上唯一的标识是 48bit 适配器的地址，即 MAC 地址（Media Access Control address）。这个地址保存在网络适配器的 ROM 中，是不能修改的。在实际应用中，用户可以为任意一个网络适配器指定不同的 IP 地址。

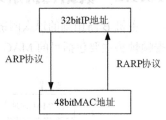

图 10-10　ARP/RARP 示意图

MAC 地址是所有网络活动的基础，但是网上的主机之间的通信是通过 IP 地址进行的，因此在这个过程中就存在一个转换，即 MAC 地址与 IP 地址的对应，实现这一地址解析的协议为 ARP（地址解析协议）和 RARP（逆地址解析协议）。

图 10-10 为 ARP 和 RARP 示意图。ARP 为 IP 地址到对应的硬件 MAC 地址之间提供动态映射，这个过程是自动完成的，一般应用程序或系统管理员不必操作中间流程。

RARP 用于那些没有磁盘驱动器的系统（一般是无盘工作站或 X 终端），它需要系统管理员进行手工设置，提供 MAC 地址到 IP 地址的解析。

下面以登录 FTP 为例介绍这一协议的工作流程。在 Ubuntu Linux 命令下键入以下命令：

```
jacky@jacky-desktop:~$ ftp
```

操作系统会经历以下这些步骤。

（1）应用程序 FTP 客户端调用函数 gethostbyname()把主机名转换成 32 bit 的 IP 地址。这个函数在 DNS（域名系统）中称做解析器。这个转换过程可以使用 DNS，在较小网络中还可以使用一个静态的主机文件（如 Linux 主机的/etc/hosts 文件）。

（2）FTP 客户端请求 TCP，用得到的 IP 地址与主机建立连接。

（3）TCP 发送一个连接请求到远端的主机，即用上述 IP 地址发送一份 IP 数据包。

（4）如果目的主机在本地网络上（如以太网、令牌环网或点对点链接的另一端），则 IP 数据包可以直接送到目的主机上。如果目的主机在一个远程网络上，则通过 IP 路由来确定位于本地网络上的下一站路由器地址，并让这一路由器转发 IP 数据包。

（5）在以太网中，发送端主机必须把 32 bit 的 IP 地址变换成 48 bit 的以太网地址，这一过程就是 ARP 解析。发送主机首先查找本地 ARP 缓存中是否存在这样一条 IP 地址记录，如果没有，ARP 发送一份称做 ARP 请求的以太网数据帧给以太网上的所有主机。ARP 请求数据帧中包含目的主机的 IP 地址，其意思是"如果你是这个 IP 地址的拥有者，请回答你的硬件地址"。

（6）目的主机的 ARP 层收到这份广播报文后，识别出这是发送端在寻问 IP 地址对应的 MAC 信息，于是发送一个 ARP 应答，这个 ARP 应答包含 IP 地址及对应的硬件地址。

（7）发送方收到 ARP 应答后，使用 ARP 进行请求所得到的 IP 地址和 MAC 地址实现数据包传送。

（8）发送数据包到目的主机，实现通信。

10.5.2　Ubuntu Linux 中的 ARP 管理

在 Ubuntu Linux 操作系统及其他类型的 Linux 发行版中，系统启动后，将维护一个 ARP 缓存，它位于内存中，用以保存最近解析的 IP 与 MAC 地址的对应记录，由内核动态维护。这一过程由 ARP 协议自动完成，这一内容在内存中的生存时间为 TTL（Time To Live），经过这一时间后，如果仍然没有访问某记录，则删除该项记录，这样可以在很大程度上减少网络广播信息的发送。利用 arp 命令可以查看信息，如下所示：

```
jacky@jacky-desktop:~$ arp
地址                    类型              硬件地址             标志 Mask      接口
192.168.44.1            ether       00:50:56:C0:00:08     C                eth0
192.168.44.254          ether       00:50:56:F7:4C:0D     C                eth0
192.168.44.2            ether       00:50:56:E4:1A:09     C                eth0
```

其中，"地址"为 IP 地址，"类型"为网络主机的类型，"硬件地址"即为 MAC 地址，"标志"表示记录状态（C 表示完整），"接口"指示目前主机运行 arp 命令的网卡编号。查看此信息还可以使用以下命令：

```
IP address         HW type     Flags      HW address          Mask      Device
192.168.44.1       0x1         0x2        00:50:56:C0:00:08    *         eth0
192.168.44.2       0x1         0x2        00:50:56:E4:1A:09    *         eth0
```

以上是动态获得的记录信息，如果有必要，可以手工添加静态 ARP 记录，其命令如下：

```
jacky@jacky-desktop:~$ sudo arp -s 主机名或者 IP 地址   主机 MAC 地址
```

如果要删除一个 IP 地址和 MAC 地址的对应记录，可以使用以下命令：

```
jacky@jacky-desktop:~$ sudo arp -d IP 地址
```

10.6　ICMP 协议基础

ICMP（Internet Control Message Protocol，因特网信息控制协议）是一种错误侦测与回报的机制，最大的功能就是可以确保网络的联机状态与联机的正确性。同样，ICMP 封包必须要封装在 IP 封包的数据内。因为在 Internet 上有传输能力的仅有 IP 封装包。ICMP 有许多的类别可以侦测与回报，常见的几个 ICMP 的类型如表 10-2 所示。

Ubuntu Linux 从入门到精通

表 10-2 常见的 ICMP 类型

类别代号	类别名称与含义
0	Echo Reply（代表一个响应信息）
3	Distination Unreachable（表示目的地不可到达）
4	Source Quench（当 router 的负载过高时，此类别码可用于使发送端停止发送信息）
5	Redirect（用来重新导向路由路径的信息）
8	Echo Request（请求响应信息）
11	Time Exceeded for a Datagram（当数据封包在某些路由传送的现象中造成逾时状态时，此类别码可告知来信息源该封包已被忽略）
12	Parameter Problem on a Datagram（当一个 ICMP 封包重复之前的错误时，会回复来源主机关于参数错误的信息）
13	Timestamp Request（要求对方送出时间信息，用以计算路由时间的差异，以满足同步性协议的要求）
14	Timestamp Replay（此信息用于响应 Timestamp Request）
15	Information Request（在 RARP 协议应用之前，此信息用于在开机时取得网络信息）
16	Information Reply（用于响应 Infromation Request 信息）
17	Address Mask Request（此信息用来查询子网络 mask 设定信息）
18	Address Mask Reply（响应子网络 mask 查询信息）

网络用户利用 ICMP 检验网络的状态时，最简单的指令就是 ping 和 traceroute。这两个指令可以透过 ICMP 封包的辅助来确认与回报网络主机的状态。在 Ubuntu Linux 中使用 ping 命令与在其他 Linux 发行版及 Windows 下使用 ping 一样，内容如下所示：

```
jacky@jacky-desktop:~$ ping www.google.cn              //ping 网址 www.google.cn
PING www.google.cn (203.208.39.99) 56(84) bytes of data.
64 bytes from bi-in-f99.1e100.net (203.208.39.99): icmp_seq=1 ttl=128 time=55.0 ms
64 bytes from bi-in-f99.1e100.net (203.208.39.99): icmp_seq=2 ttl=128 time=41.1 ms
64 bytes from bi-in-f99.1e100.net (203.208.39.99): icmp_seq=3 ttl=128 time=41.2 ms
64 bytes from bi-in-f99.1e100.net (203.208.39.99): icmp_seq=4 ttl=128 time=41.4 ms
64 bytes from bi-in-f99.1e100.net (203.208.39.99): icmp_seq=5 ttl=128 time=41.2 ms
64 bytes from bi-in-f99.1e100.net (203.208.39.99): icmp_seq=6 ttl=128 time=41.3 ms

--- www.google.cn ping statistics ---
6 packets transmitted, 6 received, 0% packet loss, time 5002ms
rtt min/avg/max/mdev = 41.186/43.569/55.008/5.116 ms
```

在 Ubuntu Linux 下使用 traceroute 命令来查看数据包所经过的路由路径，Ubuntu12.04 中的终端没有默认安装该命令的软件包，如果直接运行，如下所示：

```
jacky@jacky-desktop:~$ traceroute
程序 'traceroute' 已包含在以下软件包中:
 * traceroute-nanog
 * traceroute
试试：sudo apt-get install <选定的软件包>
-bash: traceroute: 找不到命令
```

根据提示，可以用 APT 工具下载并安装，如下所示：

```
jacky@jacky-desktop:~$ sudo apt-get install traceroute    //下载并安装 traceroute 命令包
[sudo] password for jacky:
正在读取软件包列表... 完成
正在分析软件包的依赖关系树
读取状态信息... 完成
下列【新】软件包将被安装：
```

```
    traceroute
共升级了 0 个软件包，新安装了 1 个软件包，要卸载 0 个软件包，有 273 个软件未被升级。
需要下载 47.3kB 的软件包。
操作完成后，会消耗掉 176kB 的额外磁盘空间。
获取: 1 http://cn.archive.Ubuntu.com hardy/main traceroute 2.0.9-3 [47.3kB]
下载 47.3kB，耗时 42s (1115B/s)
选中了曾被取消选择的软件包 traceroute。
(正在读取数据库 ... 系统当前总共安装有 100401 个文件和目录。)
正在解压缩 traceroute (从 .../traceroute_2.0.9-3_i386.deb) ...
正在设置 traceroute (2.0.9-3) ...
jacky@jacky-desktop:~$
```

通过以上步骤安装好 traceroute 命令包后，其使用方法与在其他 Linux 发行版和 Windows 中使用该命令一样，如下所示：

```
jacky@jacky-desktop:~$ traceroute www.google.cn    //测试连接到 www.google.cn 的路由
traceroute to www.google.cn (203.208.39.104), 30 hops max, 40 byte packets
 1  192.168.44.2 (192.168.44.2)  4.979 ms  4.794 ms  8.794 ms
 2  bi-in-f104.1e100.net (203.208.39.104)  52.457 ms  53.547 ms  53.470 ms
```

10.7 课后练习

1. 简述 TCP/IP 协议簇的结构及各层主要协议。
2. 说明 IP 地址的分类及各类的分界线。
3. 子网掩码有什么意义？如何使用？
4. 简述 TCP 和 UDP 的区别与联系，并说明各自的适用范围。
5. 简述网络数据包的封装和拆解过程。
6. 说明 ARP/RARP 协议的作用。
7. 说明 ICMP 协议的作用，并说明 ping 命令的作用。

第11章 基本网络配置及管理

本章介绍 Ubuntu Linux 的网络配置方法、提供的常用服务器以及服务器管理工具等，使读者能够在后续章节中很快掌握 Ubuntu Linux 的服务器配置操作。

在第二章中已经介绍过 Ubuntu Linux 的网络适配器的配置方法，主要是网络环境的搭建，本章不再介绍此内容。

本章第 1 节介绍 Ubuntu Linux 中常用的网络配置文件。网络配置主要是在命令行下对相关的系统配置文件进行修改，因此，本节介绍大量常用的网络配置脚本文件。

第 2 节介绍 Ubuntu Linux 中常用的网络管理命令和工具，包括 ifconfig 命令、nslookup 域名解析测试工具、ping 命令、IP 网络配置工具、netstat 网络状态查看工具、tcpdump 工具、FTP 文件传输命令、router 路由设置等。

第 3 节介绍 Ubuntu Linux 中网络服务器的概念，并对常见的网络服务器作一个简单的介绍。

第 4 节介绍 Ubuntu Linux 防火墙的基本配置原理及操作，并用实例介绍定制防火墙的方法。

11.1 网络配置文件

Ubuntu Linux 为适应不同的需求,在进行网络访问时,需要配置网络配置文件,这些配置文件位于/etc 目录下。

11.1.1 /etc/network/interfaces 网络基本信息配置文件

Ubuntu Linux 与 Red Hat 及其他的 Linux 发行版不同。如 Red Hat 类的操作系统,在/etc/sysconfig/network-scripts 目录下有一堆的配置文件。而 Debian 系的 Linux,如 Ubuntu 则是通过文件/etc/network/interfaces 实现对 IP 地址的配置,以及多网卡的配置等。将诸多信息都放在这一个文件里,便于用户使用和配置。

读者可以通过以下命令查看该文件的内容:

```
jacky@jacky-desktop:~$ cat /etc/network/interfaces
1  auto lo                      // lo 接口信息
2  iface lo inet loopback
3
4  auto eth0                    //eth0 接口信息
5  iface eth0 inet dhcp
6  address 192.168.1.21
7  netmask 255.255.255.0
8  gateway 192.168.1.1
```

该文件的内容在默认状态下分为两段,前一段如第 1、2 行所示,表示 lo 接口的配置信息,后一段如第 4 行及以下几行所示,表示系统中的一块网卡 eth0 接口的配置信息。

该文件从上至下各行所表示的含义如下。

auto lo:系统开机时,自动启动 lo 接口。

iface lo inet loopback:设置 lo 接口的地址信息,此处设置为本地回环(loopback)。

auto eth0:系统开机时,自动启动 eth0 接口,该接口为系统默认的第一块网卡所在的接口。

iface eth0 inet dhcp:设置 eth0 接口的地址信息,此处设置为动态自动获取(dhcp)。

address 192.168.1.21:设置 eth0 接口的一个静态 IP 地址为 192.168.1.21。

netmask 255.255.255.0:设置 eth0 接口的子网掩码为 255.255.255.0。

gateway 192.168.1.1:设置 eth0 接口的静态网关地址为 192.168.1.1。

以上是一个网卡对应一个地址的基本配置方法的例子。在有的时候,需要同一个物理网卡设备上有多个地址,可以参考以下的例子进行配置:

```
11  auto eth0 eth0:1
12  iface eth0 inet static
13  address 192.168.1.100
14  netmask 255.255.255.0
15  gateway 192.168.1.1
16  iface eth0:1 inet static
17  address 192.168.1.200
18  netmask 255.255.255.0
19  gateway 192.168.1.1
```

这个例子所表示的/etc/network/interfaces 文件中,第 16 行到第 19 行表示在 eth0 接口上又配置了一个新的 IP 地址,这样可以使得 eth0 有两个 IP 地址,一个是 200,另一个是 100。这样的配置方式常用于一块网卡多个地址的配置，冒号后面的数字是任意写的，只要数字不重复就可以。

在不同接口上配置多个网卡的现象也很常见，可以参考以下的例子进行配置：

```
21    auto eth0 eth1
22    iface eth0 inet static
23    address 192.168.0.125
24    netmask 255.255.255.0
25    gateway 192.168.1.1
26    iface eth1 inet static
27    address 192.168.0.137
28    netmask 255.255.255.0
29    gateway 192.168.1.1
```

在这个例子中，系统启用了两个接口 eth0 和 eth1，这是两个独立的接口，分别表示两个独立的物理设备，eth0 的配置信息如第 22 行至第 25 行所示，eth1 的配置信息如第 26 行至第 29 行所示。

对于/etc/network/interfaces 的配置方式还有多种形式，针对不同的用户级别和网络需要可以灵活地配置，有兴趣的读者可以通过互联网获取更多的帮助信息。

11.1.2 其他网络相关配置文件

除了最基础、最常用的/etc/network/interfaces 文件，Ubuntu Linux 中还有其他几个常用的网络相关的配置文件，分别控制着不同的领域及信息。

1. /etc/hosts 主机名映射文件

为了在网络上实现域名和 IP 地址的映射，在 Ubuntu Linux 操作系统中可以采用两种方式：对于大量的域名解析采用 DNS 服务器，在小型网络中还可以使用/etc/hosts 文件提供解析。/etc/hosts 中包含了部分常用 IP 地址和主机名之间的映射，还包括主机名的别名。下面是一个修改/ect/hosts 文件前后操作的示例。

系统原始/etc/hosts 记录如下：

```
jacky@jacky-desktop:~$ cat /etc/hosts
127.0.0.1   localhost
127.0.1.1   jacky-desktop

# The following lines are desirable for IPv6 capable hosts
::1     ip6-localhost ip6-loopback
fe00::0 ip6-localnet
ff00::0 ip6-mcastprefix
ff02::1 ip6-allnodes
ff02::2 ip6-allrouters
ff02::3 ip6-allhosts
```

/etc/hosts 文件中没有 tom 主机信息记录，因此登录别名为 tom 的主机时，操作将失败。修改/etc/hosts 文件，添加 tom 记录：

```
jacky@jacky-desktop:~$ sudo vim /etc/hosts
127.0.0.1   localhost
127.0.1.1   jacky-desktop
192.168.1.93  netservice.webservice.bamms.com   tom      //添加别名为 tom 的信息
```

登录 computer 主机：

```
jacky@jacky-desktop:~$ ftp tom
------Welcome to Jacky Service Home------
......
```

/etc/hosts 文件通常含有主机名、localhost 和系统管理员经常使用的系统别名，有时 telnet 到 Linux 机器要等待很长的时间，在/etc/hosts 中加入客户机的 IP 地址和主机名的匹配项，就可以减少登录等待的时间。在没有域名服务器的情况下,系统上的所有网络程序都通过查询该文件来解析对应于某个主机名的 IP 地址。

2. /etc/host.conf 配置名称解析器

/etc/host.conf 文件指定解析主机名的方式,Ubuntu Linux 通过解析器库来获得主机名对应的 IP 地址。下面是系统安装后默认的/etc/host.conf 内容:

```
jacky@jacky-desktop:~$ cat /etc/host.conf
# The "order" line is only used by old versions of the C library.
order hosts,bind
multi on
```

"order"指定主机名查询顺序,其参数为用逗号隔开的查找方法。支持的查找方法为 bind 和 hosts,分别代表 DNS、/etc/hosts,这里规定先查询/etc/hosts 文件,然后再使用 DNS 来解析域名。

3. /etc/services 端口映射文件

/etc/services 中包含了所有服务和端口号之间的映射,许多网络程序要使用这个文件。下面是 Ubuntu 系统安装后默认的/etc/services 中的前几行:

```
jacky@jacky-desktop:~$ cat /etc/services
# Network services, Internet style
#
# Note that it is presently the policy of IANA to assign a single well-known
# port number for both TCP and UDP; hence, officially ports have two entries
# even if the protocol doesn't support UDP operations.
#
# Updated from http://www.iana.org/assignments/port-numbers and other
# sources like http://www.freebsd.org/cgi/cvsweb.cgi/src/etc/services .
# New ports will be added on request if they have been officially assigned
# by IANA and used in the real-world or are needed by a debian package.
# If you need a huge list of used numbers please install the nmap package.

tcpmux          1/tcp                           # TCP port service multiplexer
echo            7/tcp
echo            7/udp
discard         9/tcp           sink null
discard         9/udp           sink null
systat          11/tcp          users
daytime         13/tcp
daytime         13/udp
netstat         15/tcp
qotd            17/tcp          quote
msp             18/tcp                          # message send protocol
msp             18/udp
chargen         19/tcp          ttytst source
chargen         19/udp          ttytst source
ftp-data        20/tcp
ftp             21/tcp
fsp             21/udp          fspd
ssh             22/tcp                          # SSH Remote Login Protocol
......
```

在这个文件中,最左边的一列是主机服务名,中间一列是端口号,"/"后面是端口类型,可以是 TCP,也可以是 UDP,后面的列都是前面服务的别名(除了#注释行)。在这个文件中也存在别名,它们出现在端口号后面。sink 和 null 都是 discard 服务的别名,管理员可以通过修改此文件的端口,设置对应服务的访问端口(如将 telnet 的端口改为 1023,用户在使用 telnet 登录系统时所用的端口则为 1023,23 将失败)。

4. /etc/resolv.conf 配置 DNS 客户

文件/etc/resolv.conf 配置 DNS 客户,它包含了主机的域名搜索顺序和 DNS 服务器的地址,每一行包含一个关键字一个或多个由空格隔开的参数。示例如下：

```
jacky@jacky-desktop:~$ cat /etc/resolv.conf
search localdomain
nameserver 192.168.44.2
```

- search 指明域名查询顺序。当要查询没有域名的主机时，主机将在由 search 声明的域中分别查找。domain 和 search 不能共存，如果同时存在，则使用后面出现的。
- nameserver 表明 DNS 服务器的 IP 地址。可以有很多行的 nameserver，每一个都有一个 IP 地址。在查询时按 nameserver 在本文件中的顺序进行，且只有当第 1 个 nameserver 没有反应时，才查询下面的 nameserver。
- domain 声明主机的域名。很多程序会用到它，如邮件系统。当为没有域名的主机进行 DNS 查询时，也要用到它。如果没有域名，则使用主机名，删除所有第 1 个点（.）前面的内容。

11.2 常用网络管理工具

Ubuntu 及其他的 Linux 操作系统最为强大的功能之一是其在网络方面所体现的优越性。本节介绍 Ubuntu Linux 操作系统的网络管理工具（命令行工具），包括网络配置工具 IP、查看网络状态信息工具 netstat、登录 FTP 服务器工具 ftp、路由信息查看工具 route 以及电子邮件管理工具等。

11.2.1 配置网络地址信息 ifconfig

此命令对应 Windows 下的 ipconfig 命令。执行此命令，将显示或者临时配置当前主机某张网卡的 IP 信息。如下所示：

```
jacky@jacky-desktop:~$ ifconfig
eth0      Link encap:以太网  硬件地址 00:0c:29:22:04:9f          //第一张网卡信息
          inet 地址:192.168.44.128  广播:192.168.44.255  掩码:255.255.255.0
          inet6 地址: fe80::20c:29ff:fe22:49f/64 Scope:Link
          UP BROADCAST RUNNING MULTICAST  MTU:1500  跃点数:1
          接收数据包:711046 错误:0 丢弃:0 过载:0 帧数:0
          发送数据包:123722 错误:0 丢弃:0 过载:0 载波:0
          碰撞:0 发送队列长度:1000
          接收字节:196049324 (186.9 MB)  发送字节:29840125 (28.4 MB)
          中断:16 基本地址:0x2024

lo        Link encap:本地回环                              //本地回环信息
          inet 地址:127.0.0.1  掩码:255.0.0.0
          inet6 地址: ::1/128 Scope:Host
          UP LOOPBACK RUNNING  MTU:16436  跃点数:1
          接收数据包:1128 错误:0 丢弃:0 过载:0 帧数:0
          发送数据包:1128 错误:0 丢弃:0 过载:0 载波:0
          碰撞:0 发送队列长度:0
          接收字节:147602 (144.1 KB)  发送字节:147602 (144.1 KB)
```

在本书第三章已经介绍过此命令，故此处不再赘述，读者还可以利用 man ifconfig 阅读该命令的帮助文档。

11.2.2 域名解析测试 nslookup

nslookup 命令的功能是查询一台机器的 IP 地址和其对应的域名,使用权限为所有用户,它一般需要一台域名服务器来提供域名服务。如果用户已经设置好域名服务器,就可以用这个命令查看不同主机的 IP 地址对应的域名。其格式如下:

```
jacky@jacky-desktop:~$ nslookup [IP 地址/域名]
```

在本地计算机上使用 nslookup 命令的格式如下:

```
jacky@jacky-desktop:~$ nslookup
> 192.168.44.128
Server:         192.168.44.2
Address:        192.168.44.2#53

** server can't find 128.44.168.192.in-addr.arpa.: NXDOMAIN
>
```

在符号">"后面输入要查询的 IP 地址域名,回车即可。如果要退出该命令,输入"exit",回车即可。

11.2.3 测试网络状态 ping

此命令用来测试网络是否可达,例如要测试是否可达 192.168.47.128 这台主机,则可使用以下命令:

```
jacky@jacky-desktop:~$ ping www.google.cn -c 3        //-c 3 表示发送 3 个数据包来测试
PING www.google.cn (203.208.37.99) 56(84) bytes of data.
64 bytes from bg-in-f99.1e100.net (203.208.37.99): icmp_seq=1 ttl=128 time=48.5 ms
64 bytes from bg-in-f99.1e100.net (203.208.37.99): icmp_seq=2 ttl=128 time=44.5 ms
64 bytes from bg-in-f99.1e100.net (203.208.37.99): icmp_seq=3 ttl=128 time=42.5 ms

--- www.google.cn ping statistics ---
3 packets transmitted, 3 received, 0% packet loss, time 2002ms
rtt min/avg/max/mdev = 42.572/45.210/48.526/2.489 ms
```

如果是 Time out,则主机不可达。如果数据包丢失严重,则说明网络很不稳定。

11.2.4 网络配置工具 ip

IP 是 iproute2 软件包里面的一个强大的网络配置工具,它能够替代一些传统的网络管理工具,如 ifconfig、route 等,使用权限为超级用户。几乎所有的 Linux 发行版本都支持该命令。

ip 命令语法如下。

ip [OPTIONS] OBJECT [COMMAND [ARGUMENTS]]。

常用的 [OPTIONS] 参数如下。

- -V:打印 iproute 信息。
- -r:将 ip 地址转换成域名。
- -s:输出更为详细的结果,如果连续使用多个-s,则可得到更为详细的结果。

OBJECT 即为管理的对象。

- Link:网络接口设备,通常为网卡。
- Address:IP 地址。
- Neighbour:ARP 记录。
- Rule:路由策略。

- Maddress：多址广播地址。
- Mroute：多址路由规则。
- Tunnel：IP 通道。

[COMMAND] 指定对对象进行的操作。对不同的对象，可能有不一样的操作，常用的操作有以下几种。

- Add：添加。
- Delete：删除。
- Lis/show：列表。
- Help：帮助。

可以通过 help 操作查看某一对象的全部操作。如果没有指定对象的操作，则认为默认操作是 list；如果该对象没有 list 操作，就认为默认操作为 help。

[ARGUMENTS] 即为操作参数，对不同的对象和操作，其参数也可能不一样。但是一般只有两种类型的参数，即标志型和值型。

- 标志型参数一般就是一个关键字。
- 值型参数是指具有一个参数及其参数值。

在使用时可以不写全，如 link 可以写成 l 或 ln，只要能和其他对象区别即可，这与配置路由器相似。

以下是几个使用 ip 命令的示例。

（1）添加 IP 地址 192.168.44.122 到 eth0 网卡上。

```
jacky@jacky-desktop:~$ sudo ip addr add 192.168.44.122 dev eth0
```

（2）丢弃源地址属于 192.168.0.25 网络的所有数据包。

```
jacky@jacky-desktop:~$ sudo ip rule add from 192.168.0.25 prio 32777 reject
```

11.2.5 netstat 工具

netstat 命令用来显示活动的 TCP 连接、计算机侦听的端口、以太网统计信息、IP 路由表、IPv4 统计信息（对于 IP、ICMP、TCP 和 UDP 协议）以及 IPv6 统计信息（对于 IPv6、ICMPv6、通过 IPv6 的 TCP 以及通过 IPv6 的 UDP 协议）。

netstat 命令语法。

netstat [参数]。

使用时如果不带参数，netstat 则显示活动的 TCP 连接。

常用参数如下。

- -a：显示所有活动的 TCP 连接，以及计算机侦听的 TCP 和 UDP 端口。
- -e：显示以太网统计信息，如发送和接收的字节数、数据包数。该参数可以与 -s 结合使用。
- -n：显示活动的 TCP 连接，不过，只以数字形式表现地址和端口号，却不尝试确定名称。
- -o：显示活动的 TCP 连接，并包括每个连接的进程 PID。可以在 Windows 任务管理器中的"进程"选项卡上找到基于 PID 的应用程序。该参数可以与 -a、-n 和 -p 结合使用。
- -p Protocol：显示 Protocol 所指定的协议的连接。在这种情况下，Protocol 可以是 tcp、udp、tcpv6 或 udpv6。如果该参数与 -s 一起使用按协议显示统计信息，则 Protocol 可以是 tcp、

udp、icmp、ip、tcpv6、udpv6、icmpv6 或 IPv6。
- **-s**：按协议显示统计信息。默认情况下，显示 TCP、UDP、ICMP 和 IP 协议的统计信息。如果安装了 WindowsXP 的 IPv6 协议，就会显示有关 IPv6 上的 TCP、IPv6 上的 UDP、ICMPv6 和 IPv6 协议的统计信息。可以使用-p 参数指定协议集。
- **-r**：显示 IP 路由表的内容。该参数与 route print 命令等价。
- **Interval**：每隔 Interval 秒重新显示一次选定的信息，按"CTRL+C"组合健则停止重新显示统计信息。如果省略该参数，netstat 将只打印一次选定的信息。

以下对此指令输出内容进行分析，示例如下：

```
jacky@jacky-desktop:~$ netstat -p -tcp           //查看tcp协议类型的连接
(Not all processes could be identified, non-owned process info
 will not be shown, you would have to be root to see it all.)
激活Internet连接 (w/o 服务器)
Proto Recv-Q Send-Q Local Address      Foreign Address       State     PID/Program name
tcp6   0      0    192.168.44.128%1346:ssh 192.168.44.1%8191:1736 ESTABLISHED -
......
```

各部分分析如下。

（1）**Proto**。协议的名称（TCP 或 UDP）。

（2）**Local Address**。本地计算机的 IP 地址和正在使用的端口号。如果不指定-n 参数，就显示与 IP 地址和端口的名称对应的本地计算机名称。如果端口尚未建立，端口则以星号（*）显示。

（3）**Foreign Address**。连接该插槽的远程计算机的 IP 地址和端口号码。如果不指定-n 参数，就显示与 IP 地址和端口对应的名称。如果端口尚未建立，端口则以星号（*）显示。

（4）**state**。表明 TCP 连接的状态。可能的状态如下：

```
CLOSE_WAIT              //收到 FIN，准备结束
CLOSED                  //关闭
ESTABLISHED             //数据传递状态
FIN_WAIT_1              //发 FIN
FIN_WAIT_2              //收到 FIN 的 ACK
LAST_ACK                //被动关闭
LISTEN                  //监听
SYN_RECEIVED            //收到 syn
SYN_SEND                //发送 syn
TIMED_WAIT              //超时
```

以下是此指令基本的应用示例。

仅显示 TCP 和 UDP 协议的统计信息，键入下列命令：

```
jacky@jacky-desktop:~$ netstat -p -tcp -udp
(Not all processes could be identified, non-owned process info
 will not be shown, you would have to be root to see it all.)
激活Internet连接 (w/o 服务器)
Proto Recv-Q Send-Q Local Address      Foreign Address       State     PID/Program name
tcp    0     0 jacky-desktop.loc:40050 tz-in-f113.1e100.ne:www ESTABLISHED 8240/firefox
tcp6   0   148 192.168.44.128%1346:ssh 192.168.44.1%8191:1736 ESTABLISHED -
```

每 5 秒钟显示一次活动的 TCP 连接和进程 ID，键入下列命令：

```
jacky@jacky-desktop:~$ netstat -o 5
激活Internet连接 (w/o 服务器)
Proto Recv-Q Send-Q Local Address      Foreign Address       State     Timer
tcp   0    0 jacky-desktop.loc:43310 58.253.70.110:www     ESTABLISHED 关闭 (0.00/0/0)
tcp   0    0 jacky-desktop.loc:40050 tz-in-f113.1e100.ne:www ESTABLISHED 关闭 (0.00/0/0)
tcp6  0  148 192.168.44.128%1346:ssh 192.168.44.1%8191:1736 ESTABLISHED 打开 (0.33/0/0)
```

以数字形式显示活动的 TCP 连接和进程 ID，键入下列命令：

Ubuntu Linux 从入门到精通

```
jacky@jacky-desktop:~$ netstat -n Co
```
显示以太网统计信息和所有协议的统计信息,键入下列命令:
```
jacky@jacky-desktop:~$ netstat -e -s
```
显示处于监听状态的所有端口,使用-a 参数即可,示例如下:
```
jacky@jacky-desktop:~$ netstat -a
激活 Internet 连接 (服务器和已建立连接的)
Proto Recv-Q Send-Q Local Address          Foreign Address          State
tcp     0      0 *:51413                   *:*                      LISTEN
tcp     0      0 localhost:ipp             *:*                      LISTEN
tcp     0      0 jacky-desktop.loc:46580   58.253.70.110:www        ESTABLISHED
tcp6    0      0 [::]:ssh                  [::]:*                   LISTEN
tcp6    0      0 192.168.44.128%1346:ssh   192.168.44.1%8191:1736   ESTABLISHED
......
```
显示当前主机监听的所有端口使用-ln 参数,如下所示:
```
jacky@jacky-desktop:~$ netstat -ln
激活 Internet 连接 (仅服务器)
Proto Recv-Q Send-Q Local Address     Foreign Address      State
tcp     0      0 0.0.0.0:51413         0.0.0.0:*            LISTEN
tcp     0      0 127.0.0.1:631         0.0.0.0:*            LISTEN
tcp6    0      0 :::22                 :::*                 LISTEN
udp     0      0 0.0.0.0:68            0.0.0.0:*
udp     0      0 0.0.0.0:50775         0.0.0.0:*
udp     0      0 0.0.0.0:5353          0.0.0.0:*
活跃的 UNIX 域套接字 (仅服务器)
Proto RefCnt Flags      Type        State       I-Node  路径
UNIX   2     [ ACC ]    流          LISTENING   15040   /tmp/scim-socket-frontend-jacky
UNIX   2     [ ACC ]    流          LISTENING   15068   /tmp/scim-helper-manager-socket-jacky
UNIX   2     [ ACC ]    流          LISTENING   12409   @/var/run/hald/dbus-o3J3gBaAKg
UNIX   2     [ ACC ]    流          LISTENING   15072   /tmp/scim-panel-socket
```

11.2.6 tcpdump 工具

tcpdump 工具用来显示指定网络接口中与布尔表达式 expression 匹配的报头信息。tcpdump 采用命令行方式,命令格式如下:

```
tcpdump [-adeflnNOpqStvx][-c<数据包数目>][-dd][-ddd][-F<表达文件>][-i<网络界面>]
[-r<数据包文件>][-s<数据包大小>][-tt][-T<数据包类型>][-vv][-w<数据包文件>][输出数据栏位]
```

tcpdump 的常用选项如下。

- -a:将网络地址和广播地址转变成名字。
- -d:将匹配信息包的代码以人们能够理解的汇编格式给出。
- -dd:将匹配信息包的代码以 c 语言程序段的格式给出。
- -ddd:将匹配信息包的代码以十进制的形式给出。
- -e:在输出行打印出数据链路层的头部信息。
- -f:将外部的 Internet 地址以数字的形式打印出来。
- -l:使标准输出变为缓冲行形式。
- -n:不把网络地址转换成名字。
- -t:在输出的每一行不打印时间戳。
- -v:输出一个稍微详细的信息,如在 ip 包中可以包括 ttl 和服务类型的信息。
- -vv:输出详细的报文信息。
- -c:在收到指定的包的数目后,tcpdump 就会停止。
- -F:从指定的文件中读取表达式,忽略其他的表达式。

- **-i**：指定监听的网络接口。
- **-r**：从指定的文件中读取包（这些包一般是通过-w 选项产生）。
- **-w**：直接将包写入文件中，并不分析和打印出来。
- **-T**：将监听到的包直接解释为指定类型的报文，常见的类型有 rpc 和 snmp。

tcpdump 的表达式是一个正则表达式，tcpdump 利用它作为过滤报文的条件。如果一个报文满足表达式的条件，这个报文就会被捕获。如果没有给出任何条件，网络上所有的信息包就会被截获。

在表达式中一般有如下几种类型的关键字。

（1）第 1 类是关于类型的关键字，主要包括 host、net、port，例如：

```
host 220.200.48.2        //指明 220.200.48.2 是一台主机
net 220.0.0.0            //指明 202.0.0.0 是一个网络地址
port 38                  //指明端口号是 38
```

如果没有指定类型，则默认的类型是 host。

（2）第 2 类是确定传输方向的关键字，主要包括 src、dst、dst or src、dst and src，这些关键字指明了数据传输的方向。例如：

```
src 220.200.48.2         //指明 ip 包中的源地址是 220.200.48.2
dst net 202.0.0.0        //指明目的网络地址是 202.0.0.0
```

如果没有指明方向关键字，则默认是 src 或 dst 关键字。

（3）第 3 类是协议的关键字，主要包括 fddi、ip、arp、rarp、tcp、udp 等类型，指明监听的包的协议内容。如果没有指定任何协议，tcpdump 就会监听所有协议的信息包。

除了这 3 种类型的关键字之外，还有以下一些重要信息。

重要的关键字：gateway、broadcast、less、greater。

3 种逻辑运算，"取非"运算是 "not"、"!"，"与"运算是 "and"、"&&"，"或"运算是 "or"、"||"。这些关键字可以组合起来构成强大的组合条件来满足需要。

以下是几个应用示例。

（1）如果要想截获所有 220.200.148.1 的主机收到的和发出的所有的数据包，键入下列命令：

```
jacky@jacky-desktop:~$ tcpdump host 220.200.148.1
```

（2）如果要想截获主机 220.127.48.1 和主机 220.127.48.2 或 220.127.48.3 的通信，键入下列命令（在命令行中使用括号时，一定要有"\"）：

```
jacky@jacky-desktop:~$ tcpdump 220.127.48.1 and \ (220.127.48.2 or 220.127.48.3\)
```

（3）如果想要获取主机 220.127.48.1 除了和主机 220.127.48.2 之外所有主机通信的 ip 包，键入下列命令：

```
jacky@jacky-desktop:~$ tcpdump 220.127.48.1 and! 220.127.48.2
```

（4）如果想要获取主机 220.127.48.1 接收或发出的 telnet 包，键入下列命令：

```
jacky@jacky-desktop:~$ tcpdump tcp port 23 220.127.48.1
```

以下为 tcpdump 的输出结果分析。

（1）数据链路层头信息，使用如下命令：

```
jacky@jacky-desktop:~$ tcpdump --e host apple
```

apple 是一台装有 linux 的主机，MAC 地址是 0:90:27:58:AF:1A；A9 是一台装有 SOLARIS 的 SUN 工作站，它的 MAC 地址是 8:0:20:79:5B:46。上一条命令的输出结果如下：

```
10:13:12. 584152 eth0 < 8:0:20:79:5b:46 0:90:27:58:af:1a ip 60: a9.33357 > apple.telnet 0:0(0) ack 22535 win 8760 (DF)
```

内容分析如下：

- 10:13:12：显示的时间。
- 584152：ID 号。
- eth0 <：从网络接口 eth0 接收该数据包，eth0 >：表示从网络接口设备发送数据包。
- 8:0:20:79:5b:46：主机 A9 的 MAC 地址，它表明是从源地址 A9 发来的数据包。
- 0:90:27:58:af:1a：主机 APPLE 的 MAC 地址，表示该数据包的目的地址是 APPLE。
- ip：表明该数据包是 IP 数据包，60 是数据包的长度，h219.33357 > apple。
- telnet：该数据包是从主机 H219 的 33357 端口发往主机 ICE 的 TELNET（23）端口。
- ack 22535：对序列号是 222535 的包进行响应。
- win 8760：发送窗口的大小是 8760。

（2）ARP 包的 TCPDUMP 输出信息，使用如下命令：

```
jacky@jacky-desktop:~$ tcpdump arp
```

例如，得到的输出结果是：

```
12:40:42.125481 eth0 > arp who-has route tell apple (0:90:27:58:af:1a)12:40:42.802902
eth0 < arp reply route is-at 0:90:27:12:10:66 (0:90:27:58:af:1a)
```

内容分析如下。

- 12:40:42：时间戳。
- 125481：ID 号。
- eth0 >：表明从主机发出该数据包，arp 表明是 ARP 请求包。
- who-has route tell apple：表明是主机 APPLE 请求主机 ROUTE 的 MAC 地址。
- 0:90:27:58:af:1a：主机 APPLE 的 MAC 地址。

（3）TCP 包的输出信息。

使用 TCPDUMP 捕获的 TCP 包的一般输出信息如下：

```
src > dst: flags data-seqno ack window urgent options
```

内容分析如下。

- src > dst：表明从源地址到目的地址。
- flags：TCP 包中的标志信息。S 是 SYN 标志，F（FIN），P（PUSH），R（RST）"."（没有标记）。
- data-seqno：数据包中数据的顺序号。
- ack：下次期望的顺序号。
- window：接收缓存的窗口大小。
- urgent：表明数据包中是否有紧急指针。
- Options：选项。

（4）UDP 包的输出信息。

用 TCPDUMP 捕获的 UDP 包的一般输出信息如下：

```
route.port1 > ice.port2: udp lenth
```

UDP 十分简单，表明从主机 ROUTE 的 port1 端口发出一个 UDP 数据包到主机 ICE 的 port2 端口，类型是 UDP，包的长度是 lenth。

11.2.7 ftp 访问命令

ftp 命令用来进行远程文件传输，在 Ubuntu 及其他的 Linux 发行版命令行下访问 FTP 服务器时经常使用此命令。FTP 是 ARPANET 的标准文件传输协议，该网络就是当前 Internet 的前身，所以 ftp 既是协议，又是一个命令。其格式如下：

```
jacky@jacky-desktop:~$ftp [-dignv][主机名称IP地址]
```

常用参数如下。

- -d：详细显示指令执行过程，便于排错分析程序执行的情形。
- -g：关闭本地主机文件名称，支持特殊字符的扩充特性。
- -I：关闭互动模式，不询问任何问题。
- -n：不使用自动登录。
- -v：显示指令执行过程。

ftp 命令是标准的文件传输协议的用户接口，是在 TCP/IP 网络计算机之间传输文件的简单有效的方法，它允许用户传输 ASCⅡ文件和二进制文件。为了使用 ftp 传输文件，用户必须首先知道远程计算机上的合法用户名和口令，用以确认 ftp 会话，并用来确定用户对要传输的文件进行什么样的访问。另外，用户需要知道对其进行 ftp 会话的计算机的 IP 地址。用户可以通过使用 ftp 客户程序，连接到另一台计算机上；可以在目录中上下移动，列出目录内容；可以把文件从远程计算机复制到本地机上，还可以把文件从本地机传输到远程系统中。ftp 内部命令共有 72 个，下面列出几个主要的内部命令：

```
ftp>ls                  //列出远程机的当前目录
ftp>cd                  //在远程机上改变工作目录
ftp>lcd                 //在本地机上改变工作目录
ftp>close               //终止当前的 ftp 会话
ftp>hash                //每次传输完数据缓冲区中的数据后就显示一个#号
ftp>get (mget)          //从远程机传送指定文件到本地机
ftp>put (mput)          //从本地机传送指定文件到远程机
ftp>quit                //断开与远程机的连接，并退出 ftp
```

11.2.8 route 路由设置

route 命令用来手工产生、修改和查看路由表。其格式如下：

```
jacky@jacky-desktop:~$route [-add][-net|-host] targetaddress [-netmask Nm][dev]If]
jacky@jacky-desktop:~$route [-delete][-net|-host] targetaddress [gw Gw] [-netmask Nm]
[dev]If]
```

常用参数如下。

- -add：增加路由。
- -delete：删除路由。
- -net：路由到达的是一个网络，而不是一台主机。
- -host：路由到达的是一台主机。
- -netmask Nm：指定路由的子网掩码。
- gw：指定路由的网关。
- [dev]If：强迫路由链接指定接口。

route 命令用来查看和设置 Linux 系统的路由信息，以实现与其他网络的通信。要实现两个不同的子网之间的通信，需要一台连接两个网络的路由器，或者是同时位于两个网络的网关来实现。在 Linux 系统中，设置路由通常是为了解决以下问题：该 Linux 系统在一个局域网中，局域网中有一个网关，为使机器能够访问 Internet，就需要将这台机器的 IP 地址设置为 Linux 机器的默认路由。

11.3 系统网络服务器简介

Linux 最为突出的特点是其强大的网络功能，这是 Linux 操作系统得以快速发展的最重要的原因之一。无论是网络服务器上的应用，还是个人的网络应用，选择 Linux 操作系统最主要的原因之一是其强大的网络功能。同样，如果要在一个嵌入式设备上使用 Linux 操作系统，除了考虑可移植性之外，也是因为其强大的网络功能。而 Ubuntu 作为 Linux 的一个发行版，除了其良好的桌面应用性以外，其网络特性及功能也非常强大。

11.3.1 inetd 和 xinetd 服务介绍

在 Linux 系统的早期版本中，有一种称为 inetd 的网络服务管理程序，也称为"超级服务器"，是监视一些网络请求的守护进程，其根据网络请求来调用相应的服务进程来处理连接请求，主要用于网络数据量不太大的系统，inetd.conf 是 inetd 的配置文件，它指示 inetd 监听哪些网络端口，为相应端口启动哪个服务。在任何网络环境中使用 Linux 系统，应了解服务器到底要提供哪些服务，对不需要的那些服务应该禁止，这样可以减少黑客攻击系统的机会，因为服务越多，意味着遭受攻击的风险越大。

Ubuntu Linux 对于 inetd 和 xinetd 两种服务都是支持的，在很多时候，大多数服务是用 inetd 服务来进行管理。但也可以根据用户的需要选择安装 xinetd 服务，该服务比 inetd 更新，易用性也较强，配置和管理比较方便。

1. xinetd 服务介绍

Ubuntu 12.04-desktop 默认没有安装 xinetd，读者可以从新立得中找到并安装，也可以从命令行用 APT 工具下载并安装。如下所示：

```
jacky@jacky-desktop:~$ sudo apt-get install xinetd
[sudo] password for jacky:
正在读取软件包列表... 完成
正在分析软件包的依赖关系树
读取状态信息... 完成
下列【新】软件包将被安装：
  xinetd
共升级了 0 个软件包，新安装了 1 个软件包，要卸载 0 个软件包，有 273 个软件未被升级。
需要下载 137kB 的软件包。
操作完成后，会消耗掉 377kB 的额外磁盘空间。
获取：1 http://cn.archive.Ubuntu.com hardy/main xinetd 1:2.3.14-5 [137kB]
……
 * Stopping internet superserver xinetd                              [ OK ]
 * Starting internet superserver xinetd                              [ OK ]
```

安装完成，在/etc/目录下会生成 xinetd 管理的服务，位于/etc/xinetd.d 目录中，读者可以查看它们：

```
jacky@jacky-desktop:~$ ls /etc/xinetd.d
```

```
chargen    daytime    discard    echo    time
```
此外，/etc/xinetd.conf 文件是 xinetd 服务的配置文件，一个示例如下：
```
jacky@jacky-desktop:~$ cat /etc/xinetd.conf
# Simple configuration file for xinetd
#
# Some defaults, and include /etc/xinetd.d/

defaults
{

# Please note that you need a log_type line to be able to use log_on_success
# and log_on_failure. The default is the following :
# log_type = SYSLOG daemon info

}

includedir /etc/xinetd.d
```
从文件的最后一行中可以清楚地看到，/etc/xinetd.d 目录是存放各项网络服务的核心目录，因而系统管理员需要了解其中的配置文件。

一般情况下，在/etc/xinetd.d 的各个网络服务配置文件中，每一项应具有下列形式：
```
service service-name
{
Disabled            //表明是否禁用该服务
Flags               //可重用标志
Socket_type         //TCP/IP 数据流的类型，包括 stream、datagram、raw 等
Wait                //是否阻塞服务，即单线程或多线程
User                //服务进程的 uid
Server              //服务器守护进程的完整路径
log_on_failure      //登录错误日志记录
}
```
其中，service 是必需的关键字，且属性表必须用大括号括起来，其中每一项都定义了由 service-name 定义的服务。Service-name 是任意的，但通常是标准网络服务名。也可以增加其他非标准的服务，只要它们能通过网络请求激活，包括 localhost 自身发出的网络请求。

2．inetd 服务介绍

Ubuntu12.04-desktop 同样没有默认安装 inetd 服务所需的软件包，读者同样可以从新立得中安装，或从命令行通过 APT 工具下载并安装。首先安装 openbsd-inetd，如果之前的系统安装有 xinetd，将被卸载，因为 inetd 和 xinetd 不能并存于一个操作系统中。如下所示：
```
jacky@jacky-desktop:~$ sudo apt-get install openbsd-inetd
正在读取软件包列表... 完成
正在分析软件包的依赖关系树
读取状态信息... 完成
下列软件包将被【卸载】：
  xinetd
下列【新】软件包将被安装：
  openbsd-inetd
共升级了 0 个软件包，新安装了 1 个软件包，要卸载 1 个软件包，有 273 个软件未被升级。
需要下载 34.9kB 的软件包。
操作完成后，会释放 242kB 的磁盘空间。
您希望继续执行吗？[Y/n]Y
获取：1 http://cn.archive.Ubuntu.com hardy/main openbsd-inetd 0.20050402-6 [34.9kB]
下载 34.9kB，耗时 1min1s (566B/s)
(正在读取数据库 ... 系统当前总共安装有 100452 个文件和目录。)
正在删除 xinetd ...
 * Stopping internet superserver xinetd                                    [ OK ]
Note: all inetd services have been terminated.
```

Ubuntu Linux 从入门到精通

```
 * Stopping internet superserver xinetd                          [ OK ]
选中了曾被取消选择的软件包 openbsd-inetd。
(正在读取数据库 ... 系统当前总共安装有 100434 个文件和目录。)
正在解压缩 openbsd-inetd (从 .../openbsd-inetd_0.20050402-6_i386.deb) ...
正在设置 openbsd-inetd (0.20050402-6) ...
 * Stopping internet superserver inetd                           [ OK ]
 * Not starting internet superserver: no services enabled.
```

安装完成,可以查看 inetd 的配置文件/etc/inetd.conf,如下所示:

```
jacky@jacky-desktop:~$ cat /etc/inetd.conf
# /etc/inetd.conf: see inetd(8) for further informations.
#
# Internet superserver configuration database
#
#
# Lines starting with "#:LABEL:" or "#<off>#" should not
# be changed unless you know what you are doing!
#
# If you want to disable an entry so it isn't touched during
# package updates just comment it out with a single '#' character.
#
# Packages should modify this file by using update-inetd(8)
#
# <service_name> <sock_type> <proto> <flags> <user> <server_path> <args>
#
#:INTERNAL: Internal services
#discard         stream  tcp     nowait  root    internal
#discard         dgram   udp     wait    root    internal
#daytime         stream  tcp     nowait  root    internal
#time            stream  tcp     nowait  root    internal

#:STANDARD: These are standard services.

#:BSD: Shell, login, exec and talk are BSD protocols.

#:MAIL: Mail, news and uucp services.

#:INFO: Info services

#:BOOT: TFTP service is provided primarily for booting. Most sites
#       run this only on machines acting as "boot servers."

#:RPC: RPC based services

#:HAM-RADIO: amateur-radio services

#:OTHER: Other services
```

此外,还可以查看 man 的第 8 节关于 inetd 的描述,获取更多的信息,可以利用以下命令:

```
jacky@jacky-desktop:~$ man 8 inetd
```

11.3.2 普通服务介绍

Ubuntu Linux 操作系统除了由 inetd 或 xinetd 守候进程提供的服务外,还有大量其他的应用服务,主要位于/etc/init.d 文件夹下。

```
jacky@jacky-desktop:~$ ls -l /etc/init.d
总用量 436
-rwxr-xr-x 1 root root  2710 2008-04-19 12:19 acpid
-rwxr-xr-x 1 root root   762 2007-08-31 10:48 acpi-support
-rwxr-xr-x 1 root root  9708 2008-02-27 21:22 alsa-utils
-rwxr-xr-x 1 root root  1084 2007-03-05 14:38 anacron
-rwxr-xr-x 1 root root  1667 2007-05-23 20:59 apmd
-rwxr-xr-x 1 root root  2653 2008-05-03 04:41 apparmor
-rwxr-xr-x 1 root root  2181 2008-05-17 18:54 apport
```

```
-rwxr-xr-x 1 root root    969 2007-02-20 21:41 atd
-rwxr-xr-x 1 root root   2594 2008-03-21 18:38 avahi-daemon
-rwxr-xr-x 1 root root   6609 2008-04-21 15:34 bluetooth
-rwxr-xr-x 1 root root   3597 2008-04-19 13:05 bootclean
-rwxr-xr-x 1 root root   2121 2008-04-19 13:05 bootlogd
-rwxr-xr-x 1 root root   1768 2008-04-19 13:05 bootmisc.sh
-rwxr-xr-x 1 root root   1795 2008-03-28 07:23 brltty
-rwxr-xr-x 1 root root   3454 2008-04-19 13:05 checkfs.sh
-rwxr-xr-x 1 root root  10602 2008-04-19 13:05 checkroot.sh
-rwxr-xr-x 1 root root   6355 2007-05-30 20:29 console-screen.sh
-rwxr-xr-x 1 root root   1634 2008-01-29 01:49 console-setup
-rwxr-xr-x 1 root root   1761 2008-04-09 02:02 cron
-rwxr-xr-x 1 root root   2287 2008-04-22 04:15 cupsys
-rwxr-xr-x 1 root root   4546 2008-05-15 09:43 dbus
-rwxr-xr-x 1 root root   1506 2007-10-23 22:34 dhcdbd
-rwxr-xr-x 1 root root   1223 2007-06-22 12:55 dns-clean
-rwxr-xr-x 1 root root   3134 2008-05-21 22:48 gdm
-rwxr-xr-x 1 root root   7195 2008-04-05 07:38 glibc.sh
-rwxr-xr-x 1 root root   2301 2008-05-06 18:28 hal
-rwxr-xr-x 1 root root   1228 2008-04-19 13:05 halt
-rwxr-xr-x 1 root root    909 2008-04-19 13:05 hostname.sh
-rwxr-xr-x 1 root root   3576 2008-04-11 00:49 hotkey-setup
-rwxr-xr-x 1 root root   4528 2008-04-15 11:36 hwclockfirst.sh
-rwxr-xr-x 1 root root   4521 2008-04-15 11:36 hwclock.sh
-rwxr-xr-x 1 root root   1376 2008-01-29 01:49 keyboard-setup
-rwxr-xr-x 1 root root    944 2008-04-19 13:05 killprocs
-rwxr-xr-x 1 root root   1729 2007-11-23 17:06 klogd
-rwxr-xr-x 1 root root   2308 2007-12-12 07:00 laptop-mode
-rwxr-xr-x 1 root root    349 2008-06-27 08:17 linux-restricted-modules-common
-rwxr-xr-x 1 root root    748 2006-01-24 02:47 loopback
-rwxr-xr-x 1 root root   1399 2008-02-26 05:20 module-init-tools
-rwxr-xr-x 1 root root    596 2008-04-19 13:05 mountall-bootclean.sh
-rwxr-xr-x 1 root root   2430 2008-04-19 13:05 mountall.sh
-rwxr-xr-x 1 root root   1465 2008-04-19 13:05 mountdevsubfs.sh
-rwxr-xr-x 1 root root   1544 2008-04-19 13:05 mountkernfs.sh
-rwxr-xr-x 1 root root    594 2008-04-19 13:05 mountnfs-bootclean.sh
-rwxr-xr-x 1 root root   1244 2008-04-19 13:05 mountoverflowtmp
-rwxr-xr-x 1 root root   3123 2008-04-19 13:05 mtab.sh
-rwxr-xr-x 1 root root   1772 2007-12-04 04:50 networking
-rwxr-xr-x 1 root root    860 2007-11-22 02:31 nvidia-kernel
-rwxr-xr-x 1 root root   2324 2007-04-27 21:06 openbsd-inetd
-rwxr-xr-x 1 root root   2377 2007-10-24 01:03 pcmciautils
-rwxr-xr-x 1 root root    693 2008-04-19 12:42 policykit
-rwxr-xr-x 1 root root   4721 2008-03-09 08:24 powernowd
-rwxr-xr-x 1 root root    177 2008-03-09 08:24 powernowd.early
-rwxr-xr-x 1 root root    375 2007-10-05 03:56 pppd-dns
-rwxr-xr-x 1 root root   1261 2008-03-14 06:24 procps
-rwxr-xr-x 1 root root   1793 2008-04-07 09:18 pulseaudio
-rwxr-xr-x 1 root root   7891 2008-04-19 13:05 rc
-rwxr-xr-x 1 root root    522 2008-04-19 13:05 rc.local
-rwxr-xr-x 1 root root    117 2008-04-19 13:05 rcS
-rwxr-xr-x 1 root root   1492 2008-04-22 06:53 readahead
-rwxr-xr-x 1 root root   1957 2008-04-22 06:53 readahead-desktop
-rw-r--r-- 1 root root   1335 2008-04-19 13:05 README
-rwxr-xr-x 1 root root    692 2008-04-19 13:05 reboot
-rwxr-xr-x 1 root root   1000 2008-04-19 13:05 rmnologin
-rwxr-xr-x 1 root root   4945 2008-04-11 08:12 rsync
-rwxr-xr-x 1 root root    955 2007-10-24 00:01 screen-cleanup
-rwxr-xr-x 1 root root   1199 2008-04-19 13:05 sendsigs
-rwxr-xr-x 1 root root    585 2008-04-19 13:05 single
-rwxr-xr-x 1 root root   4215 2008-04-19 13:05 skeleton
-rwxr-xr-x 1 root root   3839 2008-05-14 22:35 ssh
-rwxr-xr-x 1 root root    510 2008-04-19 13:05 stop-bootlogd
-rwxr-xr-x 1 root root    647 2008-04-19 13:05 stop-bootlogd-single
-rwxr-xr-x 1 root root    864 2008-04-22 06:53 stop-readahead
-rwxr-xr-x 1 root root   3343 2007-11-23 17:06 sysklogd
```

```
-rwxr-xr-x 1 root root  2488 2008-04-11 20:21 udev
-rwxr-xr-x 1 root root   706 2008-04-11 20:21 udev-finish
-rwxr-xr-x 1 root root  6358 2008-06-05 17:25 ufw
-rwxr-xr-x 1 root root  4030 2008-04-19 13:05 umountfs
-rwxr-xr-x 1 root root  1833 2008-04-19 13:05 umountnfs.sh
-rwxr-xr-x 1 root root  1863 2008-04-19 13:05 umountroot
-rwxr-xr-x 1 root root  1815 2008-04-19 13:05 urandom
-rwxr-xr-x 1 root root  2814 2007-10-15 17:20 usplash
-rwxr-xr-x 1 root root   820 2008-04-14 15:51 vbesave
-r-xr-xr-x 1 root root 27730 2009-04-20 04:29 Vmware-tools
-rwxr-xr-x 1 root root  2445 2008-04-19 13:05 waitnfs.sh
-rwxr-xr-x 1 root root  1626 2008-03-13 05:27 wpa-ifupdown
-rwxr-xr-x 1 root root  1843 2008-05-14 08:10 x11-common
-rwxr-xr-x 1 root root  1896 2007-12-04 08:16 xinetd
-rwxr-xr-x 1 root root   568 2008-03-30 13:41 xserver-xorg-input-wacom
```

Ubuntu Linux 几乎覆盖了所有的网络服务，但也有些服务在 desktop 中是没有默认安装的。下面介绍一些常用的服务。

1．远程访问管理服务

Telnet、SSH 和 Webmin 都是远程登录服务器。用户可以利用个人计算机以 telnet 程序或 putty 软件连接主机。Ubuntu12.04-desktop 中默认安装了 SSH 服务。

2．NFS 网络文件系统服务

Network File System 是网络文件系统，它是在 Linux 操作系统之间共享文件的最方便的工具。用户可以将远程的 Linux 主机所共享的目录挂载到自己的系统下，这样使用时会更加方便，而且不占用任何磁盘空间。这一服务器在目前嵌入式 Linux 产品开发中的应用非常广泛。

3．FTP 文本传输服务

Wu-FTP、Proftpd、vsftpd、tftp 为 FTP 服务器。FTP 服务器的架设软件很多，Linux 提供有 Wu-FTP、Proftpd 和 vsftp 等 3 种 FTP 软件。用户可以通过客户端的 FTP 工具连接 Linux 的 FTP 服务器，进行文件的上传和下载。在 Ubuntu 中使用 ftp 服务，需要先安装其服务组件，它不是系统默认安装的。

4．DHCP 动态主机配置服务

Dynamic Host Configuration Protocol，动态主机配置协议。如果管理员所管理的局域网内有超过 10 台的个人计算机，那么使用 DHCP 主机来统一分配区域内所有个人计算机的 IP 地址以及相关的网络参数则非常方便。

5．DNS 域名解析服务

Domain Name System，域名解析系统。用户可以通过 Internet 上的任何一部 DNS 主机来完成主机名称（域名）与 IP 地址的对应。如果当前网络中需要管理多部主机，且这几部主机的主机名称需要自行掌控，则需要架设 DNS 服务器。

6．WWW 网页服务

Web Server，网页服务器。在 Linux 中使用 Apache 这个套件可以很方便地构建 Web 服务器。如果同时以 PHP 及 MySQL 来设定 WWW 服务器，则它将提供更为强大的网络功能。

7．SAMBA 文件服务器

在 Linux 操作系统之间共享文件，使用 NFS 方式，如果是在 Linux 与 Windows 系统之间分享文件，则采用 SAMBA 服务器。架设 SAMBA 之后，用户可以透过 Windows 系统的"网络邻居"来连接 Linux 主机分享资源。

8. Sendmail 服务

通过 Linux 主机来转发电子邮件，需要配置 Sendmail 服务器。目前几乎所有的邮件服务器原理都是以 Sendmail 为依据。

9. APT 套件升级服务

Advanced Package Tool，套件升级工具。使用于 Linux 客户机的软件包安装和升级。如果有一部 APT 服务器，那么所管理的所有 Linux 主机的升级就会相当的便利。

10. NAT 网络地址转换服务

Network Address Translation，网络地址转换。使用 Linux 主机的 NAT 服务器，可以实现内外部网络地址的转换，可实现多个主机使用一个公网 IP 地址上网的功能。

11. router 路由器

可以将 Linux 主机作为一台软路由器，在网络上实现两个不同网络之间的通信。

11.3.3 网络服务启动方法

Ubuntu Linux 系统的安全性极为重要，管理系统安全的方法之一是谨慎管理对系统服务的使用。管理对系统服务访问的方法有好几种。管理员可以根据服务、系统配置以及对 Linux 系统的掌握程度，来决定使用哪一种方法。不论是由 inetd 或 xinetd 管理的服务，还是在 /etc/init.d 层次中的服务，都可以根据不同的系统运行级别来配置其启动或停止，这也是本书后续章节介绍服务器配置中启动和关闭服务器的常用方法。本书在第九章介绍守候进程管理工具时已经做了简要介绍。

在 Ubuntu 中，控制服务的管理工具主要是 sysv-rc-conf，这不是系统默认安装的，在本书第九章已经介绍过其安装方法。

除了利用该工具，管理员还可以手动编辑 rcx.d（x 为数字）中的服务链接，也可以编辑 init.d 下对应的每个服务的配置文件，或者 inet.conf 或 xinetd.conf 文件。

1. Ubuntu Linux 系统运行级别

在配置服务的访问之前，必须理解 Ubuntu Linux 的运行级别。系统的一种运行级别就是一种系统状态，相应的，不同的运行状态启动的系统进程也就不一样，它由列在 /etc/rc<x>.d 目录中的服务来定义，其中<x>是运行级别的数字，总共为 0～6 个级别。Ubuntu Linux 使用下列运行级别。

- 0 级别：系统停机状态。
- 1 级别：单用户或系统维护状态。
- 2～5 级别：多用户模式。
- 6 级别：重新启动。

Ubunut 的运行级别与其他 Linux 发行版有点小区别，其他发行版中的 3 级别表示以文本模式启动，5 级别表示用图形界面启动。而 Ubuntu 的 2～5 级别都是一样的，并无区别。其他的发行版用 /etc/inittab 文件控制运行级别，而 Ubuntu 默认是没有该文件的，改为用 upstart 控制，但仍然保持了与 inittab 的良好兼容性。Ubuntu 创建了一种 Event 机制来控制系统的启动、初始化、服务等，它将这些动作都看作事件（event）。进入 /etc/event.d 目录，可以看到以下内容：

```
jacky@jacky-desktop:~$ ls /etc/event.d
control-alt-delete  rc1  rc4  rc-default    sulogin  tty3  tty6
logd                rc2  rc5  rcS           tty1     tty4
rc0                 rc3  rc6  rcS-sulogin   tty2     tty5
```

这其中有 3 种类型的文件，分别为 rc<X>、tty<X>以及 rc-default，该文件类似于大名鼎鼎的 inittab 文件。其内容示例如下：

```
jacky@jacky-desktop:~$ cat /etc/event.d/rc-default
# rc - runlevel compatibility
#
# This task guesses what the "default runlevel" should be and starts the
# appropriate script.

start on stopped rcS

script
     runlevel --reboot || true

     if grep -q -w -- "-s\|single\|S" /proc/cmdline; then
         telinit S
     elif [ -r /etc/inittab ]; then                           //检查/etc/inittab 文件
         RL="$(sed -n -e "/^id:[0-9]*:initdefault:/{s/^id:///;s/:.*///;p}" /etc/inittab || true)"
         if [ -n "$RL" ]; then
             telinit $RL
         else
             telinit 2
         fi
     else
         telinit 2
     fi
end script
```

该文件即为 Ubuntu 中设置运行级别用的，注意其中的一段：

```
elif [ -r /etc/inittab ]; then                           //检查/etc/inittab 文件
    RL="$(sed -n -e "/^id:[0-9]*:initdefault:/{s/^id:///;s/:.*///;p}" /etc/inittab || true)"
    if [ -n "$RL" ]; then
        telinit $RL
    else
        telinit 2                                        //系统运行级别
```

这里说明了 Ubuntu 系统仍然会去扫描/etc/inittab 文件，如果没有该文件的描述，将设置系统的运行级别为 2。读者可以更改下一句，以修改运行级别：

```
telinit 2           //系统运行级别为 2
```

因此，读者也可以自己创建一个/etc/inittab 文件，在该文件中用以下语法定义运行级别：

```
id:5:initdefault:   //系统运行级别为 5
```

其他的文件，如 rc<X>文件中就描述了系统运行在 X 级别时要做的事情。以 rc2 为例，如下所示：

```
jacky@jacky-desktop:~$ cat /etc/event.d/rc2
# rc2 - runlevel 2 compatibility
#
# This task runs the old sysv-rc runlevel 2 ("multi-user") scripts. It
# is usually started by the telinit compatibility wrapper.

start on runlevel 2

stop on runlevel [!2]

console output
script
     set $(runlevel --set 2 || true)
     if [ "$1" != "unknown" ]; then
         PREVLEVEL=$1
         RUNLEVEL=$2
         export PREVLEVEL RUNLEVEL
```

```
        fi

        exec /etc/init.d/rc 2
end script
```

其中的细节不用关注，重点是前两行和倒数第 2 行，即 exec /etc/init.d/rc 2，表明如果系统运行级别为 2 的话，系统启动运行时会给文件/etc/init.d/rc 传送一个 2 的信号，按该文件中相应的配置运行。

2．服务配置工具

Ubuntu 利用 sysv-rc-conf 工具来配置和管理服务。安装该工具后，可利用以下命令进入控制模式：

```
jacky@jacky-desktop:~$ sudo sysv-rc-conf
```

控制模式如图 11-1 所示。

```
 SysV Runlevel Config   -: stop service   =/+: start service   h: help   q: quit

 service       1      2      3      4      5      0      6      S
 ------------------------------------------------------------------------
 acpi-supp$   [ ]    [X]    [X]    [X]    [X]    [ ]    [ ]    [ ]
 acpid        [ ]    [X]    [X]    [X]    [X]    [ ]    [ ]    [ ]
 alsa-utils   [ ]    [ ]    [ ]    [ ]    [ ]    [ ]    [ ]    [ ]
 anacron      [ ]    [X]    [X]    [X]    [X]    [ ]    [ ]    [ ]
 apmd         [ ]    [X]    [X]    [X]    [X]    [ ]    [ ]    [ ]
 apparmor     [ ]    [ ]    [ ]    [ ]    [ ]    [ ]    [ ]    [X]
 apport       [ ]    [X]    [X]    [X]    [X]    [ ]    [ ]    [ ]
 atd          [ ]    [X]    [ ]    [X]    [ ]    [ ]    [ ]    [ ]
 avahi-dae$   [ ]    [X]    [X]    [X]    [X]    [ ]    [ ]    [ ]
 bluetooth    [ ]    [X]    [X]    [X]    [X]    [ ]    [ ]    [ ]
 bootclean    [ ]    [ ]    [ ]    [ ]    [ ]    [ ]    [ ]    [ ]
 bootlogd     [ ]    [ ]    [ ]    [ ]    [ ]    [ ]    [ ]    [ ]
 brltty       [ ]    [ ]    [ ]    [ ]    [ ]    [ ]    [ ]    [X]
```

图 11-1　sysv-rc-conf 工具界面

在该界面中，每个服务对应几个不同运行级别的状态，X 表示启动，空白项表示不启动。例如 atd 服务的状态如下：

```
service  1    2    3    4    5    0    6
atd      [ ]  [X ] [ ]  [X ] [ ]  [ ]  [ ]
```

这表示 atd 服务在运行级别为 2 和 4 时会在开机时启动，在其他级别不会自动启动。

sysv-rc-conf 工具是文本界面工具，在进入控制模式后，利用方向键移动到某服务的某个级别方框中，用空格键输入，来控制其是否启动。设置完成，按“q”键退出控制模式。

设置完成需要重新启动服务，可以使用以下命令：

```
jacky@jacky-desktop:~$ sudo sysv-rc-conf service on  //启动 service 服务
```

要停止某个服务，可以使用以下命令：

```
jacky@jacky-desktop:~$ sudo sysv-rc-conf service off  //关闭 service 服务
```

利用命令，也可以更改某个服务的启动级别，如下所示：

```
jacky@jacky-desktop:~$ sudo sysv-rc-conf --level 3 atd on     //在级别 3 启动 atd 服务
jacky@jacky-desktop:~$ sudo sysv-rc-conf --level 35 atd off   //在级别 3 和 5 关闭 atd 服务
jacky@jacky-desktop:~$ sudo sysv-rc-conf --list atd  //显示 atd 服务修改后的状态
atd      1:off    2:on    3:off    4:on    5:off
```

11.4 基本防火墙配置

计算机中的防火墙会试图防止计算机病毒进入系统中，同时还能防止未经授权的用户进入系统。防火墙存在于计算机和网络之间，它可以判定计算机上哪些服务可以被网络上的远程用户访问。虽然 Linux 不像 Windows 那样容易被各种各样的病毒攻击，但其安全性也不是百分之百，因此，配置正确的防火墙能够极大地增强系统安全性。

11.4.1 配置 iptables 服务

1. 激活 iptables 服务

防火墙规则只有在 iptables 服务运行时才能被激活。要手工启动，应使用以下命令：

```
jacky@jacky-desktop:~$ sudo sysv-rc-conf iptables on           //启动 iptables 服务
jacky@jacky-desktop:~$ sudo sysv-rc-conf --list iptables       //查看 iptables 服务状态
iptables    2:on    3:on    4:on    5:on
```

要确保它在系统引导时启动，可以使用以下命令：

```
jacky@jacky-desktop:~$ sudo sysv-rc-conf --level 2345 iptables
```

要查看本机的 iptables 配置情况，可以使用以下命令：

```
jacky@jacky-desktop:~$ sudo iptables -L -n
Chain INPUT (policy ACCEPT)
target     prot opt source               destination

Chain FORWARD (policy ACCEPT)
target     prot opt source               destination

Chain OUTPUT (policy ACCEPT)
target     prot opt source               destination
```

这个例子表示现在的 Ubuntu 系统中没有任何防火墙规则。

2. 设定预设规则

设置规则的语法如下：

```
jacky@jacky-desktop:~$ iptables -p [链接] [操作]
```

iptablesd 的 filter 链接有 3 种：分别为 INPUT、OUTPUT、FORWARD，操作的方式常用两种：放弃（DROP）和接受（ACCEPT）。

预设规则时，使用-P 参数，两个示例如下：

```
jacky@jacky-desktop:~$ sudo iptables -P INPUT DROP
jacky@jacky-desktop:~$ sudo iptables -P OUTPUT ACCEPT
```

第 1 个例子的含义是：如果输入的数据包超出了 iptables 的 filter 里 INPUT 链规则，将放弃该数据包。

第 2 个例子的含义是：如果输出的数据包超出了 iptables 的 filter 里 OUTPUT 链规则，将允许通信。

在一般的 Linux 操作系统中，默认 INPUT 和 FORWORD 链规则为 DROP，默认 OUTPUT 链规则为 ACCEPT。说明前两者对于系统的安全性影响很大，限制了某些数据包的通信，而使用 ACCEPT 动作的 OUTPUT 链是系统往外发的数据，通常不作限制。

3. 添加规则

添加 INPUT 链规则时，由于默认的动作是 DROP，表明要阻止哪些包，因此在添加该规则时，规则里所写的就是允许通过（ACCEPT）的包，除此之外都要放弃。在添加另外两个链规则的时候，也是同样的道理。

在添加规则时，可以使用-A 参数。例如要使用 SSH 服务，则需要开启 22 端口，如下所示：

```
jacky@jacky-desktop:~$ sudo iptables -A INPUT -p tcp --dport 22 -j ACCEPT
```

如果之前将 OUTPUT 设置为了 DROP，则还需要添加以下一句，才能正常启动 22 端口。如果将 OUTPUT 设置为 ACCEPT，则不需要。

```
jacky@jacky-desktop:~$ sudo iptables -A OUTPUT -p tcp --sport 22 -j ACCEPT
```

4．删除规则

由于网络中的攻击变化很大，因此防火墙的设置也可能经常更改。要删除原有的某个规则，可以使用-D 参数，示例如下：

```
jacky@jacky-desktop:~$ sudo iptables -D OUTPUT -p tcp --sport 22 -j DROP    //删除该规则
```

如果要清除所有的规则，可以使用以下命令：

```
jacky@jacky-desktop:~$ sudo iptables -F //清除 filter 中所有链的规则
jacky@jacky-desktop:~$ sudo iptables -X //清楚 filter 中所有自定义链的规则
```

11.4.2　iptables 配置实例

了解了以上原理后，本小节用一个实例来说明 iptables 配置防火墙策略，并用注释说明其中的含义。其中，带有 "//" 的部分为注释。

```
jacky@jacky-desktop:~$ iptables --list                      //查看系统中现有 iptables 规则
iptables v1.3.8: can't initialize iptables table `filter': Permission denied (you must be root)
Perhaps iptables or your kernel needs to be upgraded.
jacky@jacky-desktop:~$ sudo iptables --list
[sudo] password for jacky:
Chain INPUT (policy ACCEPT)                                 //默认为 ACCEPT
target     prot opt source               destination        //INPUT 链无规则

Chain FORWARD (policy ACCEPT)                               //默认为 ACCEPT
target     prot opt source               destination        //FORWARD 链无规则

Chain OUTPUT (policy ACCEPT)                                //默认为 ACCEPT
target     prot opt source               destination        //OUTPUT 链无规则
//以上内容说明当前系统中没有启用任何防火墙策略

jacky@jacky-desktop:~$ sudo iptables -P INPUT DROP     //设置 INPUT 链规则为 DROP
jacky@jacky-desktop:~$ sudo iptables -P FORWARD DROP   //设置 FORWARD 链规则为 DROP

jacky@jacky-desktop:~$ sudo iptables -A INPUT -p tcp --dport 22 -j ACCEPT   //添加 INPUT
规则，允许 SSH 通信
jacky@jacky-desktop:~$ sudo iptables -A INPUT -p tcp --dport 80 -j ACCEPT   //添加 INPUT
规则，允许 WEB 服务
jacky@jacky-desktop:~$ sudo iptables -A INPUT -p tcp --dport 25 -j ACCEPT   //添加 INPUT
规则，启动 25 端口
jacky@jacky-desktop:~$ sudo iptables -A INPUT -p tcp --dport 110 -j ACCEPT  //添加 INPUT
规则，启动 110 端口，25 和 110 端口的启动可以配置为邮件服务器
jacky@jacky-desktop:~$ sudo iptables -A INPUT -p tcp --dport 53 -j ACCEPT   //添加 INPUT
规则，允许 DNS 服务
jacky@jacky-desktop:~$ sudo iptables -A INPUT -p icmp -j ACCEPT       //添加 INTPUT 规则，
允许 ICMP 数据包通过，即允许 ping 命令使用
jacky@jacky-desktop:~$ sudo iptables -A OUTPUT -p tcp --sport 31337 -j DROP
jacky@jacky-desktop:~$ sudo iptables -A OUTPUT -p tcp --dport 31337 -j DROP   //添加 OUTPUT
规则，阻止 31337 端口通信，可以有效防止木马
jacky@jacky-desktop:~$ sudo iptables --list //查看当前系统中的 iptables 配置
Chain INPUT (policy DROP)                          //规则为 DROP
target     prot opt source               destination
ACCEPT     tcp  --  anywhere             anywhere            tcp dpt:ssh     //允许 SSH
ACCEPT     tcp  --  anywhere             anywhere            tcp dpt:www     //允许 WWW
ACCEPT     tcp  --  anywhere             anywhere            tcp dpt:domain  //允许 DNS
```

```
ACCEPT      icmp  -- anywhere          anywhere                                 //允许 ICMP
Chain FORWARD (policy ACCEPT)                    //规则为 ACCEPT
target     prot opt source             destination

Chain OUTPUT (policy ACCEPT)                     //规则为 ACCEPT
target     prot opt source             destination
DROP       tcp  -- anywhere            anywhere        tcp spt:31337 //阻止 31337 端口
DROP       tcp  -- anywhere            anywhere        tcp dpt:31337 //阻止 31337 端口
```

以上过程即为配置一个基本的防火墙实例,经过该配置的操作系统仅仅允许 SSH 服务、WWW 服务、DNS 服务、ICMP 数据包（ping），并阻止端口 31337 的通信。

11.5 课后练习

1. Ubuntu 的系统服务配置文件在哪个位置？与其他的 Linux 发行版有何区别？
2. 端口映射文件有什么作用？
3. 测试网络状态主要使用哪个工具？如何使用？
4. 如何配置多个网卡？如何在一张物理网卡上配置多个 IP 地址？
5. 怎样拦截某台主机的数据包？
6. 怎样修改路由表？
7. Ubuntu 中有哪些常用服务？
8. Ubuntu 的运行级别分为几种？如何配置系统运行级别？如何配置某个服务的级别？
9. 在自己的系统中配置 iptables，要求允许 ftp 服务、WWW 服务、SSH 服务、邮件服务、SAMBA 服务，并禁止与端口 31337～31340 通信。

第12章 Ubuntu Linux 远程登录及服务器配置

Linux 已被广泛地运用到各种服务器及工作站，但是，工作站及服务器一般都放置在远端机房，因此管理员一般是采用远程登录系统的方式来管理和维护 Linux 操作系统。在 Linux 早期版本中，一般采用的是 telnet 方式远程登录到远端的 Linux 服务器上，只要双方能够通过网络连接，管理员就可以在任何一种操作系统的客户机上登录到远端的 Linux 服务器上，将命令发送给远端的服务器，并将运行结果显示回来，从而实现远程命令的执行和反馈，采用这种方式非常方便。

本章第 1 节介绍传统的 Telnet 远程登录服务及应用。这是一种古老的远程管理方式，并没有考虑安全机制。

出于安全的考虑，为了保密账号和密码信息，Linux 提供有安全的 OpenSSH 访问方式。通过加密的方式来实现安全访问，在很大程度上提高了系统的安全性。

第 2 节介绍 OpenSSH 服务器的使用。关于 OpenSSH 的原理及配置方法，将在第 4 节中介绍。

随着 Linux 桌面应用的发展，出现了替代原来的文本远程访问服务器的方式，即远程桌面控制技术。

第 3 节介绍远程桌面控制技术中常用的 VNC 方式的配置及应用。

Ubuntu Linux 从入门到精通

12.1 Telnet 远程登录服务及应用

用 Telnet 方式远程登录服务器是一种古老的远程管理方式。本节介绍 Linux 远程管理的基本概念，以及如何配置 Linux 远程管理服务。

12.1.1 Ubuntu Linux 远程登录原理介绍

对于早期版本的 Linux 服务器来说，一般是采用远程登录的方式来登录系统，常见的远程登录方式为使用 telnet 远程登录工具。Linux 远程登录服务示意如图 12-1 所示。安装了 telnet 远程客户端登录工具的客户机使用 telnet 远程登录协议，通过 23 端口（默认，可以修改）连接到远程的 Linux 服务器上（要求提供 telnet 服务组件，并开放远程访问服务），通过 telnet 将远程客户机上管理员输入的命令传输到 Linux 服务器上并执行，然后将运行结果反馈到远程客户机上，从而实现 Linux 服务器的远程管理。

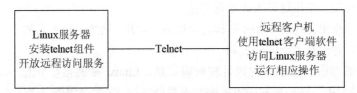

图 12-1　telnet 访问 Linux 示意图

Ubuntu 没有默认安装 Telnet 软件包，使用之前必须手动安装。在安装之前，应先确保安装 xinetd 服务或 inetd 服务。Ubuntu 没有 telnet 软件，而是包含在 inetutils-telnetd 软件包中，读者可以从新立得中安装 telnet 软件包，也可以用 APT 工具下载及安装，如下所示：

```
jacky@jacky-desktop:~$ sudo apt-get install inetutils-telnetd
正在读取软件包列表... 完成
正在分析软件包的依赖关系树
读取状态信息... 完成
将会安装下列额外的软件包：
  libshishi0 shishi-common
建议安装的软件包：
  shishi
下列【新】软件包将被安装：
  inetutils-telnetd libshishi0 shishi-common
共升级了 0 个软件包，新安装了 3 个软件包，要卸载 0 个软件包，有 273 个软件未被升级。
需要下载 286kB 的软件包。
操作完成后，会消耗掉 881kB 的额外磁盘空间。
您希望继续执行吗？[Y/n]Y
……
---------- IMPORTANT INFORMATION FOR XINETD USERS ----------
The following line will be added to your /etc/inetd.conf file:

#<off># telnet\tstream\ttcp\tnowait\troot\t/usr/sbin/telnetd\ttelnetd

If you are indeed using xinetd, you will have to convert the
```

```
above into /etc/xinetd.conf format, and add it manually. See
/usr/share/doc/xinetd/README.Debian for more information.
-------------------------------------------------------------


Processing triggers for libc6 ...
ldconfig deferred processing now taking place
```

12.1.2　Telnet 服务配置及应用

默认情况下，Ubuntu Linux 不会启动远程登录服务。本小节简单介绍如何配置启动 Ubuntu Linux 的 telnet 服务项，以及如何在 Windows 下登录远程 Ubuntu Linux 操作系统。

（1）创建 telnet 配置文件/etc/xinetd.d/telnet，并输入以下内容：

```
#default:off
#description:Telnet service which is the interface of remote access.
#This is the tcp version.I omited the UDP's.

service telnet
{
        socket_type = stream
        protocol = tcp
        wait = no
        user = root
        server = /usr/sbin/telnetd
        disable = no                       #此处设置 no 表示启用 telnet，设置为 yes 表示禁用此服务
}
```

（2）查看 telnet 端口，其端口默认为 23 端口，一般不作修改。可以查看文件/etc/services 中关于 telnet 的信息。如果需要从其他端口启动该服务，则可手动配置：

```
jacky@jacky-desktop:~$ cat /etc/services
……
telnet           23/tcp
……
```

（3）启动服务，可以使用以下命令：

```
jacky@jacky-desktop:~$ sudo /etc/init.d/xinetd restart          //重新启动 xinetd 服务
jacky@jacky-desktop:~$ sudo sysv-rc-conf telnet on              //启动 telnet 服务
jacky@jacky-desktop:~$ sudo sysv-rc-conf --list | grep telnet   //查看是否开启
telnet       2:on    3:on    4:on    5:on
jacky@jacky-desktop:~$ sudo netstat -ta|grep telnet             //查看 telnet 服务状态
tcp      0      0 *:telnet                   *:*                LISTEN
```

此示例表示 telnet 服务已经在 Ubuntu Linux 中启动了，之后可以进行远程登录。

（4）在另一台主机上，无论是 Linux 操作系统，还是 Windows 操作系统，都可以通过 telnet 登录该服务器。以在 Windows 上登录为例：

```
C:\>telnet 192.168.44.128 23    //后面的 23 是端口，默认就是 23，所以如果服务器上设置的端口是 23，
可以不用输入端口号，否则要手动指定端口号
```

连接成功后，会显示如下信息：

```
Linux 2.6.24-19-generic (192.168.44.1) (pts/2)
jacky-desktop
```

（5）安全性设置。

由于 telnet 是不安全的远程登录工具，因此可以通过限制访问的 IP 地址以及访问的时间段来

尽可能地提高安全性。用户只需要修改/etc/xinetd.d/telnet 文件，增加限制信息，然后重新启动 telnet 服务即可。示例如下：

```
jacky@jacky-desktop:~$sudo vim /etc/xinetd.d/telnet
#default:off
#description:Telnet service which is the interface of remote access.
#This is the tcp version.I omited the UDP's.

service telnet
{
        socket_type = stream
        protocol = tcp
        wait = no
        user = root
        server = /usr/sbin/telnetd
        disable = no                            #此处设置no表示启用telnet，设置为yes表示禁用此服务
        ind=192.168.44.100                      #考虑到服务器有多个IP，这里设置本地telnet服务器IP
        only_from=192.168.44.0/32               #只允许192.168.44.0~192.168.44.32网段进入
        access_times=8:00-12:00 20:00-23:59     #只允许在这两个时间段使用telnet服务
}
```

12.2 SSH 安全访问 Ubuntu

在使用 telnet 工具登录系统的过程中，网络上传输的用户名及密码都是以明文方式传送，这给系统安全性带来了很大的隐患。目前提供有加密的远程登录方式，即 SSH（Secure SHell），默认端口为 22。用户在 Windows 环境下可以使用专门的 SSH 登录工具登录，用户可以到相关的网站下载该工具。

Ubuntu Linux 默认安装有 SSH 相关的软件包。如果有的版本没有安装的话，可以使用以下命令安装：

```
jacky@jacky-desktop:~$ sudo apt-get install openssh-server openssh-client
```

12.2.1 启动 SSH 服务

在 Ubuntu Linux 中启动 SSH 服务，可以使用以下命令：

```
jacky@jacky-desktop:~$ sudo sysv-rc-conf ssh on                         //启动SSH服务
jacky@jacky-desktop:~$ sudo sysv-rc-conf --list |grep ssh               //查看SSH服务启动状态
ssh       1:off    2:on    3:on    4:on    5:on
jacky@jacky-desktop:~$ netstat -ta | grep ssh                           //查看SSH服务使用状态
tcp6      0     0 [::]:ssh             [::]:*                LISTEN
```

12.2.2 利用 SSH 远程访问 Ubuntu

这种方式通常用于 Windows 访问 Linux 服务器。在 Windows 中，可以使用专用工具 SSHSecureShellClient 登录，该软件可以到相关网站上下载。

启动该软件后，界面如图 12-2 所示。在该界面中单击"Quick Connect"按钮，打开如图 12-3 所示的对话框。

在图 12-3 中输入远程主机名或 IP 地址（Host name or IP address），再输入用户名（User Name），端口（Port），默认端口为 22，鉴权方式（Authentication Meth）有多种，此处选择默认方式即可。输入正确信息后，单击"Connect"按钮开始连接。

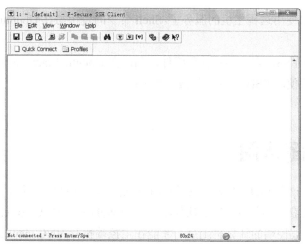
图 12-2　SSHSecureShellClient 启动界面

图 12-3　SSHSecureShellClient 登录界面

如果是第 1 次连接某个主机，会打开如图 12-4 所示的提示框，单击"Yes"按钮保存该主机信息，单击"No"按钮不保存该信息。如果信息正确，将打开如图 12-5 所示的对话框。

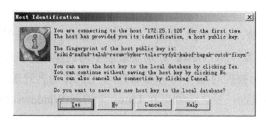
图 12-4　是否保存远程主机信息

图 12-5　输入用户密码

在图 12-5 中输入之前用户的密码，然后单击"OK"按钮，即可登录到远程 Ubuntu Linux 主机，并看见系统提示符，如图 12-6 所示。

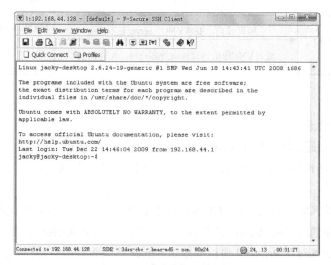
图 12-6　成功登录远程主机

此后，便可以在 SSHSecureShellClient 中使用远程主机的服务了。Shell 命令的使用与在 Ubuntu Linux 本机上使用相同。

另外，由于 Ubuntu Linux 提供有自己的 SSH 客户端软件包组件，因此在 Ubuntu Linux 操作系统下要登录其他的 Linux 主机系统，则可使用 SSH 命令，其格式如下：

jacky@jacky-desktop:~$ ssh 用户名@主机

12.3 VNC 远程桌面访问

VNC（Virtual Network Computing）是一套由 AT&T 实验室开发的可操控远程计算机的软件，其采用了 GPL 授权条款，任何人都可以免费获得该软件。VNC 软件主要由两部分组成：VNC server 及 VNC viewer。用户将 VNC server 安装在被控端的计算机上后，才能在主控端执行 VNC viewer 控制被控端。

使用 VNC 访问远程主机与 SSH 访问方式不同，它是访问图形界面，并且直接登录到图形界面的。

12.3.1 VNC 远程桌面原理

VNC server 与 VNC viewer 支持多种操作系统，如 UNIX 系列（UNIX、Linux、Solaris 等）以及 Windows 和 MacOS，因此可以将 VNC server 及 VNC viewer 分别安装在不同的操作系统中进行控制。如果一台 Linux 主机提供 VNC 服务（作为被控对象），一台 Windows 主机作为客户端（作为主控对象），则可在 Windows 下访问 Linux 的桌面；反之，则可在 Linux 下访问 Windows 的桌面。除此之外，如果目前操作的主控端计算机没有安装 VNC viewer，还可以通过一般的网页浏览器来控制被控端。VNC 远程桌面访问原理图如图 12-7 所示。

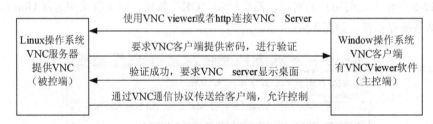

图 12-7　VNC 远程访问桌面原理

整个 VNC 访问流程如下：

（1）VNC 客户端通过浏览器或 VNC Viewer 连接至 VNC Server。

（2）VNC Server 传送一个对话窗口至客户端，要求输入连接密码，以及存取的 VNC Server 显示装置。

（3）在客户端输入联机密码后，VNC Server 验证客户端是否具有存取权限。

（4）若是客户端通过 VNC Server 的验证，客户端即要求 VNC Server 显示桌面环境。

（5）VNC Server 通过 X Protocol 协议要求 X Server 将画面显示控制权交由 VNC Server 负责。

（6）VNC Server 将来自 X Server 的桌面环境利用 VNC 通信协议送至客户端，并且允许客户

Ubuntu Linux 远程登录及服务器配置

端控制 VNC Server 的桌面环境及输入装置。

12.3.2 VNC 远程桌面配置及应用

（1）下载 VNC 服务端和客户端软件包。

要使用 VNC 管理 Ubuntu Linux 桌面，Ubuntu Linux 必须首先安装 VNC 服务端，提供 VNC 远程桌面服务。同时，在 Windows 下访问 Ubuntu Linux 桌面，读者的客户端（Windows 平台）必须有 VNC 客户端访问软件（也可以用 IE 访问）。本书在 Ubuntu Linux 中使用的 VNC 服务端版本为 vnc4server，可以在相应的网站获取，也可以通过新立得或 APT 获取。

Windows 安装的 VNC 客户端软件包为 vnc4.0，读者可以在相应的网站下载这一免费软件包。

（2）安装软件包。

在 Ubuntu Linux 中，可以通过 APT 工具下载并安装 VNC 服务端软件包，如下所示：

```
jacky@jacky-desktop:~$ sudo apt-get install vnc4-common vnc4server
正在读取软件包列表... 完成
正在分析软件包的依赖关系树
读取状态信息... 完成
建议安装的软件包：
  xvnc4viewer vncviewer vnc-java
下列【新】软件包将被安装：
  vnc4-common vnc4server
共升级了 0 个软件包，新安装了 2 个软件包，要卸载 0 个软件包，有 273 个软件未被升级。
需要下载 1107kB 的软件包。
操作完成后，会消耗掉 2634kB 的额外磁盘空间。
......
选中了曾被取消选择的软件包 vnc4-common。
(正在读取数据库 ... 系统当前总共安装有 100493 个文件和目录。)
正在解压缩 vnc4-common (从 .../vnc4-common_4.1.1+xorg1.0.2-0Ubuntu7_i386.deb) ...
选中了曾被取消选择的软件包 vnc4server。
正在解压缩 vnc4server (从 .../vnc4server_4.1.1+xorg1.0.2-0Ubuntu7_i386.deb) ...
正在设置 vnc4-common (4.1.1+xorg1.0.2-0Ubuntu7) ...

正在设置 vnc4server (4.1.1+xorg1.0.2-0Ubuntu7) ...

jacky@jacky-desktop:~$
```

在 Windows 中安装 VNC 客户端软件包的过程此处不再阐述，请读者自行安装。

（3）设置 VNC 密码。

客户端登录时，必须用密码鉴权，在服务端设置用户密码如下所示：

```
jacky@jacky-desktop:~$ vncpasswd
Password:
Verify:
```

（4）启动 VNC 服务端。

设置完密码后，可以使用以下命令启动 VNC 服务端：

```
jacky@jacky-desktop:~$ vncserver

New 'jacky-desktop:1 (jacky)' desktop is jacky-desktop:1       //1 号桌面，客户登录时需要
在地址后面加上:1

Creating default startup script /home/jacky/.vnc/xstartup      //配置文件路径为~/.vnc/
xstartup
Starting applications specified in /home/jacky/.vnc/xstartup
Log file is /home/jacky/.vnc/jacky-desktop:1.log               //日志文件路径为~/.vnc/
jacky-desktop:1.log
```

253

```
jacky@jacky-desktop:~$
```
（5）登录 VNC 远程桌面。

在 Windows 中安装好 VNC 客户端后，启动程序，打开如图 12-8 所示的对话框，在"服务器"文本框中输入服务器的地址，地址后面加冒号和 vncserver 的线程号（上一步启动 vncserver 时有显示），如此处输入"192.168.44.128:1"，单击"确定"按钮，打开如图 12-9 所示的对话框。

图 12-8　VNC 登录窗口

图 12-9　输入密码

在图 12-9 中输入之前设置的 VNC 登录密码，单击"确定"按钮，即可访问服务器桌面，如图 12-10 所示。

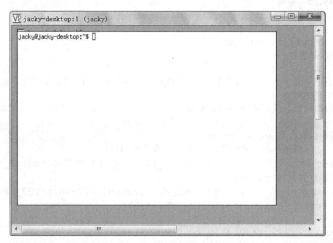
图 12-10　以默认方式登录远程桌面

（6）修改 vncserver 配置。

图 12-10 中的远程桌面使用默认的 twm 进行管理，看起来与常见的桌面不同，为此，可以修改 VNC 服务端的配置，具体如下所示：

```
jacky@jacky-desktop:~$ vim ~/.vnc/xstartup
#!/bin/sh

# Uncomment the following two lines for normal desktop:
# unset SESSION_MANAGER
# exec /etc/X11/xinit/xinitrc

[ -x /etc/vnc/xstartup ] && exec /etc/vnc/xstartup
[ -r $HOME/.Xresources ] && xrdb $HOME/.Xresources
xsetroot -solid grey
vncconfig -iconic &
xterm -geometry 80x24+10+10 -ls -title "$VNCDESKTOP Desktop" &
#twm &                    //将原有的这句前面加#注释
gnome-session &           //添加此句，以 gnome 方式登录远程桌面
```

保存该配置文件后，用以下命令结束之前的 vnc 线程：

```
jacky@jacky-desktop:~$ vncserver -kill :1
Killing Xvnc process ID 23593
```

重新启动 vncserver，如下所示：

```
jacky@jacky-desktop:~$ vncserver

New 'jacky-desktop:1 (jacky)' desktop is jacky-desktop:1

Starting applications specified in /home/jacky/.vnc/xstartup
Log file is /home/jacky/.vnc/jacky-desktop:1.log
```

再次按之前介绍的方法登录远程服务器桌面，这次用 gnome 方式管理桌面，效果如图 12-11 所示。

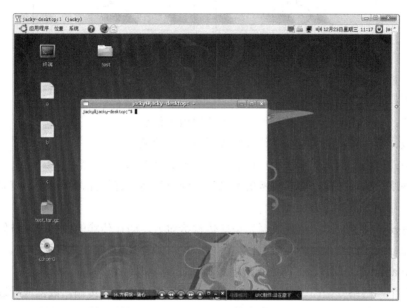

图 12-11 以 gnome 方式登录远程桌面

12.4 配置 OpenSSH 服务器

随着计算机技术的发展，网络安全问题越来越严峻，网络信息在传输的过程中所遇到的攻击及泄漏问题日益突出。但网络设计初期并没有考虑到这一问题，所以传统的 telnet 服务以及 FTP 服务都是以明文方式传输，即用户的用户名和密码信息都是以明文方式传输的。因此，网络上的其他用户都可以窃听到这一信息，在这种情况下网络就不再安全了。为了提高网络系统的安全性，目前通常是采用加密及数字签名等技术来实现网络信息的可靠性传输。本节介绍信息安全的基本概念，以及 Linux 下的 OpenSSH 服务配置原理。

12.4.1 信息安全基础

1．网络安全模型

在网络传输的过程中，信息可能受到的攻击模式如图 12-12 所示。

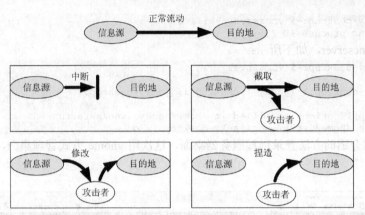

图 12-12 网络攻击模式

对正常的数据流来说，有可能受到以下的一些网络攻击：

- 中断：正在传输的信息被中止。
- 截获：在传输的过程中被其他窃听者获取敏感信息。
- 修改：正在传输的信息被其他人修改后再发送给接收方。
- 捏造：网络上的其他非法用户以真实用户的名义发送虚假信息。

因此在网络上传输数据，必须要考虑信息传输的可靠性、有效性、保密性。信息安全需要研究的问题主要包括以下 3 个方面：

- Integrity（完整性）：实现数据完整地传输给对方，即在传输的过程中不被修改。
- Confidentiality（保密性）：保证信息在传输的过程中不被其他人窃听获取。
- Availability（可用性）：网络上的服务器可以实时被利用。

一般情况下，网络安全模型如图 12-13 所示。为了保证信息的传输，数据应经过加密之后再传输出去，即传输的是密文信息。接收者收到数据后，首先对信息解密，从而得到明文。根据加密和解密过程中所使用的密钥的不同，可以将加密方式分为对称加密和非对称加密两种，即私钥加密和公钥加密。

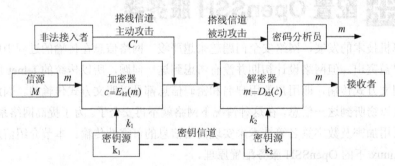

图 12-13 网络安全模型

2．对称加密原理

图 12-14 所示为对称加密模型。对称密码学又称单钥密码学，即用同一个密钥去加密和解密数据。发送方在发送信息前使用密钥（只有发送方和接收方知道）对数据进行加密，然后传输密

文给接收方，接收方使用同样的密钥来解密密文，从而得到明文信息。

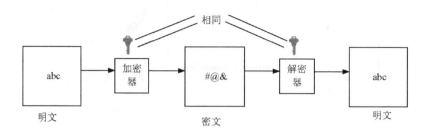

图 12-14 对称加密模型

采用对称加密的好处是加密算法成熟，易于实现，但存在密钥管理的问题，例如如何传输密钥给对方等。目前最常用的对称加密算法有 DES（data encryption standard）、3DES（3 重 DES）和 AES（高级加密标准）等。

3．非对称加密原理

图 12-15 所示为非对称加密模型。非对称密码学又称为双钥密码学，即加密和解密数据使用不同的密钥。发送方在发送信息前使用接收方的公钥（所有人都知道）进行加密，然后传输密文给接收方，接收方使用自己的私钥（只有接收方自己知道）来解密密文，从而得到明文信息。

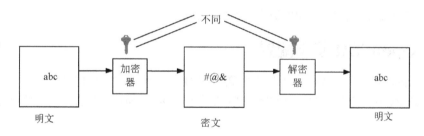

图 12-15 非对称加密模型

采用非对称加密的好处在于不需要进行密钥传输，发送方只要知道接收方的公钥即可，接收方完全按自己的解密算法利用私钥进行解密，不需要传输自己的私钥，这在很大程度上降低了密钥管理的风险。但目前非对称加密算法的实现还有一定难度，且速度较慢。目前公钥密码学算法主要有背包（knapsack）算法和 RSA 算法。

针对对称加密和非对称加密的各自特点，一般是使用非对称方式加密密钥进行数据传输，而使用传递的密钥来加密数据。

4．数字签名原理

随着信息传输的无纸化，签名问题越来越突出，任何人都可以伪造他人发送信息。数字签名主要用来解决以下问题。

- 发送方否认问题，即发送方否认发送过某一个消息。
- 接收方否认问题，即接收方否认接收到某一个消息。

图 12-16 所示为数字签名模型。常用的数字签名方法有以下几种：

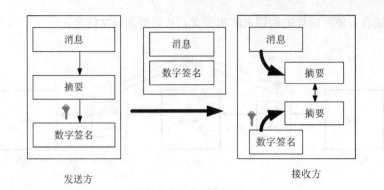

图 12-16 数字签名模型

- 消息加密：整个消息的密文作为认证符。
- 消息认证码：MAC 消息和密钥的公开函数，产生定长的值作为认证符。
- Hash 函数：将任意长的消息映射为定长的 hash 值的公开函数，以该 hash 值作为认证符。

目前主要使用的数字签名算法有以下几种：

- RSA 算法：是目前应用最广泛的数字签名，Linux 下的 OpenSSH 中即使用这一算法。
- DSA（Digital Signature Algorithm）算法：基于有限域上的离散对数问题，即 DSS（数字签名标准）。
- GOST 算法：俄罗斯采用的数字签名标准算法。

12.4.2 OpenSSH 基本配置

安装好 OpenSSH 软件包后，直接启动 OpenSSH 即可使用客户端程序登录服务器，这是因为 Ubuntu Linux 在安装时已经做了详细的默认设置。OpenSSH 配置的相关文件存储在 /etc/ssh 文件夹下：

```
jacky@jacky-desktop:~$ ls -l /etc/ssh
总用量 4208
-rw-r--r-- 1 root root 2064867 2008-05-13 20:36 blacklist.DSA-1024
-rw-r--r-- 1 root root 2064867 2008-05-13 20:36 blacklist.RSA-2048
-rw-r--r-- 1 root root  132777 2008-05-14 22:35 moduli
-rw-r--r-- 1 root root    1595 2008-05-14 22:35 ssh_config       //ssh-client 主配置文件
-rw-r--r-- 1 root root    1874 2009-03-25 02:45 sshd_config              //sshd 主配置文件
-rw------- 1 root root     668 2009-03-25 02:45 ssh_host_dsa_key         //版本 2 下 DSA 私钥
-rw-r--r-- 1 root root     608 2009-03-25 02:45 ssh_host_dsa_key.pub     //版本 2 下 DSA 公钥
-rw------- 1 root root    1675 2009-03-25 02:45 ssh_host_rsa_key         //版本 2 下 RSA 私钥
-rw-r--r-- 1 root root     400 2009-03-25 02:45 ssh_host_rsa_key.pub     //版本 2 下 RSA 公钥
```

OpenSSH 服务器的主要配置文件为 /etc/ssh/sshd_config，几乎所有的配置信息都包含在此文件中，默认情况下，系统已经做了相应的设置。下面以此文件为线索，介绍如何配置 Ubuntu Linux 下的 OpenSSH 服务器。该文件的内容如下：

```
jacky@jacky-desktop:~$ cat /etc/ssh/sshd_config
# Package generated configuration file
2 # See the sshd(8) manpage for details
3
4 # What ports, IPs and protocols we listen for
5 Port 22
6 # Use these options to restrict which interfaces/protocols sshd will bind to
7 #ListenAddress ::
```

```
 8 #ListenAddress 0.0.0.0
 9 Protocol 2
10 # HostKeys for protocol version 2
11 HostKey /etc/ssh/ssh_host_rsa_key
12 HostKey /etc/ssh/ssh_host_dsa_key
13 #Privilege Separation is turned on for security
14 UsePrivilegeSeparation yes
15
16 # Lifetime and size of ephemeral version 1 server key
17 KeyRegenerationInterval 3600
18 ServerKeyBits 768
19
20 # Logging
21 SyslogFacility AUTH
22 LogLevel INFO
23
24 # Authentication:
25 LoginGraceTime 120
26 PermitRootLogin yes
27 StrictModes yes
28
29 RSAAuthentication yes
30 PubkeyAuthentication yes
31 #AuthorizedKeysFile     %h/.ssh/authorized_keys
32
33 # Don't read the user's ~/.rhosts and ~/.shosts files
34 IgnoreRhosts yes
35 # For this to work you will also need host keys in /etc/ssh_known_hosts
36 RhostsRSAAuthentication no
37 # similar for protocol version 2
38 HostbasedAuthentication no
39 # Uncomment if you don't trust ~/.ssh/known_hosts for RhostsRSAAuthenticatio    n
40 #IgnoreUserKnownHosts yes
41
42 # To enable empty passwords, change to yes (NOT RECOMMENDED)
43 PermitEmptyPasswords no
44
45 # Change to yes to enable challenge-response passwords (beware issues with
46 # some PAM modules and threads)
47 ChallengeResponseAuthentication no
48
49 # Change to no to disable tunnelled clear text passwords
50 #PasswordAuthentication yes
51
52 # Kerberos options
53 #KerberosAuthentication no
54 #KerberosGetAFSToken no
55 #KerberosOrLocalPasswd yes
56 #KerberosTicketCleanup yes
57
58 # GSSAPI options
59 #GSSAPIAuthentication no
60 #GSSAPICleanupCredentials yes
61
62 X11Forwarding yes
63 X11DisplayOffset 10
64 PrintMotd no
65 PrintLastLog yes
66 TCPKeepAlive yes
67 #UseLogin no
68
69 #MaxStartups 10:30:60
70 #Banner /etc/issue.net
71
72 # Allow client to pass locale environment variables
73 AcceptEnv LANG LC_*
```

```
74
75  Subsystem sftp /usr/lib/openssh/sftp-server
76
77  UsePAM yes
```

1. 设置 OpenSSH 登录时的端口号及支持协议

OpenSSH 登录时的端口号设置语句如下（5 为行号）：

```
5   Port   22
```

登录端口号默认为 22，如果用户需要修改，直接修改 port 后面的数字为其他端口即可。

当前服务器支持的 SSH 版本由以下语句设置：

```
9   Protocol   2
```

该例子中的 SSH 服务器默认支持版本 2，用户可以修改为支持版本 1，或同时支持两个版本，在 Protocol 后面修改数字即可。要支持两个版本，两个版本号之间要用逗号隔开。

注意：修改该配置文件时，如果需要使某行的设置生效，则需要去掉该行前面的"#"号。

2. 设置服务器监听的地址

服务器监听 SSH 请求的地址语句为：

```
7   #ListenAddress ::
8   #ListenAddress 0.0.0.0
```

当服务器上有两个以上的 IP 地址时，即可以配置此项，默认所有的网络接口都监听 SSH。例如，当前主机有 192.168.1.1/24 和 211.95.165.1/24 两个 IP 地址，如果不做修改，可以使用这两个 IP 地址登录到服务器。如果设置为以下内容：

```
ListenAddress 192.168.1.1
```

则只有登录 IP 为 192.168.1.1 时才能登录。

3. 设置加密密钥文件信息

SSH 采用非对称（公钥）加密方式传输信息，因此本机需要指定自己的公钥和私钥。以下语句用以指定此信息：

```
10  # HostKeys for protocol version 2
11  HostKey /etc/ssh/ssh_host_rsa_key
12  HostKey /etc/ssh/ssh_host_dsa_key
```

在该例子中的 SSH 服务器配置文件中，没有支持 SSH 版本 1，只支持版本 2。因此默认情况下，SSH 版本 2 的密钥信息为/etc/ssh/ssh_host_rsa_key 和/etc/ssh/ssh_host_dsa_key。如果后面加上.pub，则表示对应的公钥。在版本 1 中，服务器使用的密钥会在某段时间后自动更新重新生成，以避免泄密，默认时间段为 3600s。以下语句用来指定更新时间：

```
16  # Lifetime and size of ephemeral version 1 server key
17  KeyRegenerationInterval 3600
```

版本 2 的密钥不存在该问题，因此该设置是针对版本 1 专用。另外，在 SSH 版本 1 中默认的密钥长度为 768，最小为 512。

```
18  ServerKeyBits 768
```

4. 允许 root 用户登录

默认情况下，SSH 认为当前通信是安全的，因此允许 root 用户直接登录，其配置语句如下：

```
26  PermitRootLogin yes
```

此项可以设置为以下几个选项。

- without-password：停止使用 root 账号的密码验证。
- yes：允许 root 用户登录。
- forced-commands-onlyy：允许用公钥法验证 root 账号登录。

- no：不允许以 root 账号登录。

5. 验证方式

OpenSSH 密钥验证方式语句如下：

```
29   RSAAuthentication yes              //是否允许使用 RSA 验证, 仅适用于 SSH 版本 1
30   PubkeyAuthentication yes           //是否允许使用公钥验证, 仅适用于 SSH 版本 2
31   #AuthorizedKeysFile     %h/.ssh/authorized_keys    //存取公钥的文件
32
33   # Don't read the user's ~/.rhosts and ~/.shosts files
34   IgnoreRhosts yes                   //是否忽略 Rhosts 验证
35   # For this to work you will also need host keys in /etc/ssh_known_hosts
36   RhostsRSAAuthentication no         //是否允许使用 RSA 和 rhosts 或/etc/hosts.equiv 验证
37   # similar for protocol version 2
38   HostbasedAuthentication no         //是否允许同时使用 rhosts 和/etc/hosts.equiv 验证
39   # Uncomment if you don't trust ~/.ssh/known_hosts for RhostsRSAAuthenticatio n
40   #IgnoreUserKnownHosts yes
41
42   # To enable empty passwords, change to yes (NOT RECOMMENDED)
43   PermitEmptyPasswords no            //是否允许空密码
44
45   # Change to yes to enable challenge-response passwords (beware issues with
46   # some PAM modules and threads)
47   ChallengeResponseAuthentication no
48
49   # Change to no to disable tunnelled clear text passwords
50   #PasswordAuthentication yes//是否允许密码验证
51       //以下是 Kerberos 验证的相关内容
52   # Kerberos options
53   #KerberosAuthentication no          //是否允许 Kerberos 验证
54   #KerberosGetAFSToken no
55   #KerberosOrLocalPasswd yes
56   #KerberosTicketCleanup yes
57       //以下是 GSSAPI 验证的相关内容
58   # GSSAPI options
59   #GSSAPIAuthentication no            //是否允许 GSSAPI 验证
60   #GSSAPICleanupCredentials yes
```

6. X11 显示设置

OpenSSH 关于 X11 的显示设置如下：

```
62   X11Forwarding yes              //是否允许 X11 传递
63   X11DisplayOffset 10            //指定 sshd X11 传递时第 1 个可供使用的编号
```

7. 登录后的项目设置

```
64   PrintMotd no                   //登录后是否显示登录方式
65   PrintLastLog yes               //登录后是否显示上一次登录的信息
66   TCPKeepAlive yes               //是否传递 TCPKeepAlive 信息给客户端
69   #MaxStartups 10:30:60          //同时允许尚未登录联机画面最大数
```

8. SFTP 安全传递服务设置

设置了此项后可以进行安全的文件传输。

```
75   Subsystem sftp /usr/lib/openssh/sftp-server
```

关于 OpenSSH 更多的设置，请用户参阅以下网站。

- OpenSSH 官方网站：http://www.openssh.com/。
- OpenSSL 官方网站：http://www.openssl.org/。
- putty 官方网站：http://www.chiark.greenend.org.uk/~sgtatham/putty/。
- putty 中文网站：http://beta.wsl.sinica.edu.tw/~ylchang/putty/。

12.4.3 OpenSSH 服务器配置实例

1. 服务配置需求

OpenSSH 的服务器模型如图 12-17 所示。用户可以使用 Linux 客户端（使用软件包 openssh-client-4.7，Ubuntu12.04 自带）和 Windows 客户端软件（SSHSecure ShellClient-5.4.exe）访问。

系统配置需求如下。

（1）以 8822 端口访问。

（2）当前主机有两个 IP 地址，分别为 192.168.1.20/24 和 192.168.1.21/24。只监听 192.168.1.20/24。

（3）不允许 root 用户登录。

（4）使用 OpenSSH V2 版本，密钥文件为 /etc/ssh/ssh_host_rsa_key。

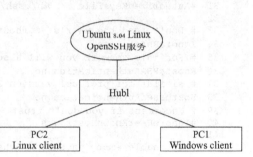

图 12-17 网络模型

（5）其他设置采用系统默认设置。

2. 配置文件参数

根据系统的需求，按以下方式配置。

（1）修改配置文件：

```
jacky@jacky-desktop:~$sudo  vim /etc/ssh/sshd_config
……
Port 8822                              //设置端口号
Protocol 2                             //设置协议内容
ListenAddress 192.168.1.20             //监听地址
……
HostKey /etc/ssh/ssh_host_rsa_key      //使用的公钥
……
PermitRootLogin no                     //允许 root 登录
……
```

（2）启动系统服务：

```
jacky@jacky-desktop:~$sudo /etc/init.d/ssh restart
* Restarting OpenBSD Secure Shell sever sshd     [OK]
```

（3）查看系统账号。

在服务器设置可以登录 SSH 的非根用户账号。

```
jacky@jacky-desktop:~$tail /etc/passwd
……
up:x:500:100:up:/home/up:/bin/bash        //并加入到 sshd 组
```

3. Windows 客户端测试

（1）SSH Shell 客户端登录。使用 Windows 下的 SSH Shell 客户端软件登录 SSH 服务器，打开如图 12-18 所示的 SSH Shell 客户端程序，回车打开如图 12-19 所示的登录界面。

在图 12-19 中要求用户输入相关信息，包括 "Host name" 主机名（IP 地址）、"User Name" 用户名（Linux 提供的 SSHD 用户的用户名）、"Port Number" 端口号（之前设置的 8822）及论证方式（默认设置），然后单击 "Connect" 按钮，打开如图 12-20 所示的密码输入界面。

在图 12-20 中输入用户密码，如果无误，按<Enter>键即可打开如图 12-21 所示的界面，从中用户即可运行所有可执行的命令。

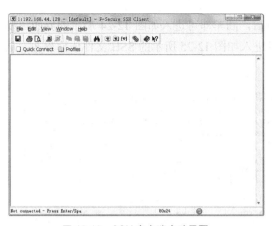

图 12-18　SSH 客户端启动界面

图 12-19　输入用户信息

图 12-20　输入密码

图 12-21　登录 SSH 服务器成功

（2）SSH 文件传输测试。使用 Windows 下的客户端 SSH 文件传输软件登录 SSH 服务器，打开如图 12-22 所示的 SSH 文件传输客户端程序，回车打开如图 12-23 所示的登录界面。

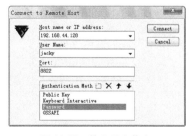

图 12-22　SSH FTP 客户端　　　　　　　　　　图 12-23　输入用户信息

按照同样的方法输入主机及用户名相关信息后，回车即可进入如图 12-24 所示的界面，要求用户输入密码，如果输入的密码无误，回车即可进入如图 12-25 所示的 SSH 文件传输界面，从中用户可以便捷地上传及下载文件。

图 12-24　输入密码

图 12-25　登录 SSH FTP 客户端成功

12.5 课后练习

1. 简述 Telnet、SSH、VNC 等 3 种远程访问 Ubuntu Linux 方式的优缺点。
2. 配置自己的 Ubuntu Linux Telnet 服务器，并从 Windows 访问。
3. 配置自己的 Ubuntu Linux VNC 服务器，并从 Windows 访问。
4. 配置自己的 Ubuntu Linux SSH 服务器，要求从 10022 端口访问，并通过 Windows 中的客户端访问，传递文件到 Ubuntu 中。
5. 网络信息安全有哪些保障机制？各自有何特点？
6. 简述对称加密和非对称加密的异同。

第13章 FTP 服务器配置及应用

FTP 是网络上进行数据传输的最佳方案之一。FTP 支持可靠数据传输，支持断点续传，而且传输速度快，在网络上得到了广泛运用。本章介绍 Ubuntu Linux 操作系统下常用 FTP 工具的配置方法。

本章第 1 节介绍 FTP 服务器的基本原理，包括 FTP 的主要功能、FTP 客户端和服务器进行网络通信的过程，另外，对 FTP 用户分类进行详细说明。

第 2 节介绍 Ubuntu Linux 下 VSFTPD 服务器的基本概念，重点介绍 vsftpd 服务器的配置过程。

第 3 节以 3 个实例重点介绍配置 VSFTPD 服务器的过程，包括最简单的 VSFTPD 服务器配置、针对实体用户的 VSFTPD，以及仅开放匿名用户的 VSFTPD 服务器配置过程。

第 4 节介绍 Ubuntu Linux 下 proftpd 服务器的基本概念，proftpd 服务器的安全性和可维护性都是其他类型的 FTP 所不能比拟的。

第 5 节介绍 proftpd 服务器的配置实例，包括最简单的 proftpd 服务器配置、针对实体用户的 proftpd，以及匿名用户的 proftpd 配置过程。

读者学完本章内容，对 Linux 下 FTP 的工作原理以及服务器配置过程可以有比较清楚的认识，能够独立完成 FTP 服务器的配置。

13.1 FTP 服务原理

文件传输协议（File Transfer Protocol）是一种传统的网络协议，主要功能是实现服务器端与客户端之间的文件传送。FTP 以 TCP 封装包的模式进行服务器与客户的连接，当连接建立后，使用者可以通过客户端程序连接服务器端，并进行文件的下载与上传。此外，还可以直接管理用户在服务器上的文件。

13.1.1 FTP 主要功能

FTP 主机除了单纯地进行文件的传输与管理之外，还提供以下几个主要的功能。

（1）不同等级的使用者。FTP 预设情况下可以提供 3 种主要的身份，分别是实体账号（real user）、访客（guest）和匿名登录者（anonymous）。分成 3 种身份可以提高主机管理的便利性。例如，实体用户可以进行的动作会比较多，而对匿名登录者，则仅提供一个下载功能。

（2）命令记录与登录文件记录。FTP 可以利用系统的 syslogd 进行数据的记录，而记录的数据包括了使用者曾经下达的命令与使用者传输的数据（传输时间、文件大小等）的记录。

（3）限制或解除使用者所在的根目录（change root，简称 chroot）。为了避免使用者进入到 Linux 系统的其他目录而使用的技术，这有利于提高系统的安全性。

13.1.2 FTP 通信过程

FTP 通信采用 3 次握手的可行传输，其通信过程如下。

（1）客户端主动向服务器端发送联机请求。为连接到服务器端，客户端将随机选取一个 1024 以上的端口主动链接到 FTP 主机提供的 FTP 端（通常为 21 端口），在连接数据包中会包含 SYN 标志。

（2）服务器端接收到信息后发出响应。当服务器接收到客户端的请求后，向客户端发出响应，同时服务器端建立等待连接的资源，将带有 SYN 与确认（Acknowledge）的封包送回客户端。

（3）客户端回应确认封包。客户端接收到来自服务器端的封包后，会再次发送一个确认封包给主机，此时，双方才正式地建立起联机的通道，即所谓的 Three-Way Handshake（3 次握手）。

以上建立链接的通道（通常是 21 端口）仅能执行 FTP 的命令，如果该指令涉及数据的传送，如上传或下载，就需要另外建立一条数据传输的信道才行。其步骤如下。

（1）客户端发送数据传输要求的命令给服务器。当需要进行数据传输时，客户端会启用另一个高于 1024 的端口准备链接（与前面所用的那个端口不一样）。同时客户端会主动利用指令信道（端口 21）发送一个命令给服务器，表示已经准备好一个数据传输的端口，请准备传输，此时客户端透过命令通道对服务器下达命令，而且已经通知了服务器要启用的端口。

（2）服务器端以 ftp-data 端口主动联机到客户。收到命令之后的服务会以 ftp-data 端口（一般为 20 端口）通知客户端那个高于 1024 的端口进行联机，因为是服务器端主动向客户端联机，所以该联机的 TCP 封包会带有一个 SYN 的标志。

（3）客户端响应主机端，完成 3 向交握。在收到服务器来的封包之后，客户机会响应一个带有 ACK 确认的封包，并继续完成另一个 3 次握手的程序，此时，数据传输的信道才正式建立。

由以上的链接过程来看，其用到的主要端口有以下两个。

（1）命令通道的 FTP（预设为端口 21），主要用于命令传输。

（2）数据传输的 ftp-data（预设为端口 20），主要用于数据传输。

13.1.3　FTP 用户分类

传输文件的用户需要经过验证才能登录网站。根据 FTP 服务器的服务对象可以将 FTP 分为以下 3 类用户。

（1）实体用户（Real user）。系统本机用户。Linux 系统一般不会针对实体用户进行限制，因此用户可以针对整个文件系统进行所有的工作。这是非常危险的，为禁止系统使用的账号登录，管理员可以在文件/etc/ftpusrs 中设定不允许登录的账号，如 root 是不允许登录 FTP 的。

（2）访客（Guest）。访客用户。只能进行文件传输的用户，即虚拟用户，访问服务器时仍然需要验证。

（3）匿名者（anonymous）。对于公共性质的服务器可以提供匿名用户访问（一般服务器很少使用），但应对其进行尽可能多的限制，包括以下一些内容。

- 允许的工作指令要减少很多。
- 限制文件传输的数量，尽量不要允许其上传数据。
- 设置匿名者同时登录的最大联机数量。

13.2　配置 Ubuntu Linux 下的 VSFTPD 服务器

Linux 操作系统下有 Wu ftp、proftpd 和 vsftpd 等 FTP 套件，其原理和配置方法各有特色。本节介绍 Ubuntu Linux 下 vsftpd 服务器的配置。

13.2.1　安装 VSFTPD 软件包

VSFTP（Very Secure FTP）是一个基于 GPL 发布的类 UNIX 系统上使用的 FTP 服务器软件，它有以下一些特点。

- 是一个安全、高速、稳定的 FTP 服务器。
- 可以做基于多个 IP 的虚拟 FTP 主机服务器。
- 匿名服务，便于设置。
- 匿名 FTP 的根目录，不需要任何特殊的目录结构。
- 不执行任何外部程序。
- 支持虚拟用户，且每个虚拟用户可以有独立的配置。
- 可以设置从 inetd 中启动，或者独立的 FTP 服务器两种运行方式。
- 支持两种认证方式（PAP 或 xinetd/tcp_wrappers）。
- 支持带宽限制。

Ubuntu12.04 没有默认安装 vsftpd 软件包，读者可以通过新立得安装，或者从命令行利用 APT

工具安装，如下所示：

```
jacky@jacky-desktop:~$ sudo apt-get install vsftpd
正在读取软件包列表... 完成
正在分析软件包的依赖关系树
读取状态信息... 完成
下列【新】软件包将被安装：
  vsftpd
共升级了 0 个软件包，新安装了 1 个软件包，要卸载 0 个软件包，有 273 个软件未被升级。
需要下载 97.0kB 的软件包。
操作完成后，会消耗掉 401kB 的额外磁盘空间。
……
正在解压缩 vsftpd (从 .../vsftpd_2.0.6-1Ubuntu1.1_i386.deb) ...
正在设置 vsftpd (2.0.6-1Ubuntu1.1) ...
正在添加系统用户 `ftp'(UID 113)...
正在将新用户 'ftp'(UID 113)添加到组'nogroup'...
 * Starting FTP server: vsftpd                                    [ OK ]
```

vsftpd 的主要相关文件有以下几个。

（1）/etc/vsftpd.conf。这是 vsftpd 的主要配置文件，文件中所有的设定项目都是以"参数=设定值"来设定的。

（2）/etc/pam.d/vsftpd。利用 pam 模块进行身份确认，可以查看该文件内容如下：

```
jacky@jacky-desktop:~$ cat /etc/pam.d/vsftpd
# Standard behaviour for ftpd(8).
auth    required    pam_listfile.so item=user sense=deny file=/etc/ftpusers onerr=succeed

# Note: vsftpd handles anonymous logins on its own. Do not enable
# pam_ftp.so.

# Standard blurb.
@include common-account
@include common-session

@include common-auth
auth    required    pam_shells.so
```

（3）/etc/ftpusers。用以限制使用 ftp 的用户列表，可以查看其内容如下：

```
jacky@jacky-desktop:~$ cat /etc/ftpusers
# /etc/ftpusers: list of users disallowed FTP access. See ftpusers(5).

root
daemon
bin
sys
sync
games
man
lp
mail
news
uucp
nobody
```

（4）/usr/sbin/vsftpd。vsftpd 的主要执行文件。

13.2.2 配置 Ubuntu Linux 下的 FTP 服务器

1. 默认设置

vsftpd.conf 是 VSFTPD 的主要配置文件。默认情况下，此文件的内容如下：

```
jacky@jacky-desktop:~$ cat /etc/vsftpd.conf
```

```
# Example config file /etc/vsftpd.conf
#
# The default compiled in settings are fairly paranoid. This sample file
# loosens things up a bit, to make the ftp daemon more usable.
# Please see vsftpd.conf.5 for all compiled in defaults.
#
# READ THIS: This example file is NOT an exhaustive list of vsftpd options.
# Please read the vsftpd.conf.5 manual page to get a full idea of vsftpd's
# capabilities.
#
#
# Run standalone?  vsftpd can run either from an inetd or as a standalone
# daemon started from an initscript.
listen=YES
#
# Run standalone with IPv6?
# Like the listen parameter, except vsftpd will listen on an IPv6 socket
# instead of an IPv4 one. This parameter and the listen parameter are mutually
# exclusive.
#listen_IPv6=YES
#
# Allow anonymous FTP? (Beware - allowed by default if you comment this out).
anonymous_enable=YES
#
# Uncomment this to allow local users to log in.
#local_enable=YES
#
# Uncomment this to enable any form of FTP write command.
#write_enable=YES
#
# Default umask for local users is 077. You may wish to change this to 022,
# if your users expect that (022 is used by most other ftpd's)
#local_umask=022
#
# Uncomment this to allow the anonymous FTP user to upload files. This only
# has an effect if the above global write enable is activated. Also, you will
# obviously need to create a directory writable by the FTP user.
#anon_upload_enable=YES
#
# Uncomment this if you want the anonymous FTP user to be able to create
# new directories.
#anon_mkdir_write_enable=YES
#
# Activate directory messages - messages given to remote users when they
# go into a certain directory.
dirmessage_enable=YES
#
# Activate logging of uploads/downloads.
xferlog_enable=YES
#
# Make sure PORT transfer connections originate from port 20 (ftp-data).
connect_from_port_20=YES
#
# If you want, you can arrange for uploaded anonymous files to be owned by
# a different user. Note! Using "root" for uploaded files is not
# recommended!
#chown_uploads=YES
#chown_username=whoever
#
# You may override where the log file goes if you like. The default is shown
# below.
#xferlog_file=/var/log/vsftpd.log
#
# If you want, you can have your log file in standard ftpd xferlog format
#xferlog_std_format=YES
```

```
#
# You may change the default value for timing out an idle session.
#idle_session_timeout=600
#
# You may change the default value for timing out a data connection.
#data_connection_timeout=120
#
# It is recommended that you define on your system a unique user which the
# ftp server can use as a totally isolated and unprivileged user.
#nopriv_user=ftpsecure
#
# Enable this and the server will recognise asynchronous ABOR requests. Not
# recommended for security (the code is non-trivial). Not enabling it,
# however, may confuse older FTP clients.
#async_abor_enable=YES
#
# By default the server will pretend to allow ASCII mode but in fact ignore
# the request. Turn on the below options to have the server actually do ASCII
# mangling on files when in ASCII mode.
# Beware that on some FTP servers, ASCII support allows a denial of service
# attack (DoS) via the command "SIZE /big/file" in ASCII mode. vsftpd
# predicted this attack and has always been safe, reporting the size of the
# raw file.
# ASCII mangling is a horrible feature of the protocol.
#ascii_upload_enable=YES
#ascii_download_enable=YES
#
# You may fully customise the login banner string:
#ftpd_banner=Welcome to blah FTP service.
#
# You may specify a file of disallowed anonymous e-mail addresses. Apparently
# useful for combatting certain DoS attacks.
#deny_email_enable=YES
# (default follows)
#banned_email_file=/etc/vsftpd.banned_emails
#
# You may restrict local users to their home directories.  See the FAQ for
# the possible risks in this before using chroot_local_user or
# chroot_list_enable below.
#chroot_local_user=YES
#
# You may specify an explicit list of local users to chroot() to their home
# directory. If chroot_local_user is YES, then this list becomes a list of
# users to NOT chroot().
#chroot_list_enable=YES
# (default follows)
#chroot_list_file=/etc/vsftpd.chroot_list
#
# You may activate the "-R" option to the builtin ls. This is disabled by
# default to avoid remote users being able to cause excessive I/O on large
# sites. However, some broken FTP clients such as "ncftp" and "mirror" assume
# the presence of the "-R" option, so there is a strong case for enabling it.
#ls_recurse_enable=YES
#
#
# Debian customization
#
# Some of vsftpd's settings don't fit the Debian filesystem layout by
# default.  These settings are more Debian-friendly.
#
# This option should be the name of a directory which is empty.  Also, the
# directory should not be writable by the ftp user. This directory is used
# as a secure chroot() jail at times vsftpd does not require filesystem
# access.
secure_chroot_dir=/var/run/vsftpd
```

```
#
# This string is the name of the PAM service vsftpd will use.
pam_service_name=vsftpd
#
# This option specifies the location of the RSA certificate to use for SSL
# encrypted connections.
rsa_cert_file=/etc/ssl/certs/ssl-cert-snakeoil.pem
# This option specifies the location of the RSA key to use for SSL
# encrypted connections.
rsa_private_key_file=/etc/ssl/private/ssl-cert-snakeoil.key
```

这个文件包含了主机的设定值、实体用户的设定值和匿名用户的设定值。

2. 关于主机的设置

在 vsftpd.conf 文件中，主机的设置值如下：

```
connect_from_port_20=YES            // ftp-data 启动主动联机的 port 20
listen_port=21                      //ftp 访问端口
dirmessage_enable=YES               //当使用者进入某个目录时，会显示该目录需要注意的内容，显示的文
件预设是.message
listen=YES                          //若设定为 YES，表示 vsftpd 是以独立方式启动，不受 inetd 管理
write_enable=YES                    //是否允许使用者具有写入的权限，包括删除与修改等功能
idle_session_timeout=600            //空闲会话的超时限制，默认为 600s，即空闲 600s 后自动断开连接
data_connection_timeout=120         //数据传输超时限制，默认为 120s，即如果 client 与 Server 间的
数据传送在 120s 内都无法传送成功，则自动断开连接
```

3. 实体用户登录者的设定值

实体用户登录者的设定参数如下：

```
local_enable=YES                    //这个设定值必须要为 YES 时，在/etc/passwd 内的账号才可以登录
local_umask=022                     //用户的权限
chroot_local_user=YES               //是否将使用者限制在自己的主目录之内
chroot_list_enable=YES              //是否启用将某些实体用户限制在主目录内
chroot_list_file=/etc/vsftpd.chroot_list         //被限制的实体用户主目录路径
```

4. 匿名用户登录者的设定值

匿名用户登录者的设定参数如下：

```
anonymous_enable=YES                     //设置允许匿名用户登录
anon_upload_enable=YES                   //是否允许匿名用户上传
anon_mkdir_write_enable=YES              //是否允许匿名用户创建文件夹
deny_email_enable=YES                    //拒绝某些特殊的 email 地址
banned_email_file=/etc/vsftpd.banned_emails     //被拒绝的 emial 地址写在该路径下的文件中
async_abor_enable=YES                    //是否认可异步的 ABOR 命令
xferlog_enable=YES                       //是否记录上传及下载日志
xferlog_file=/var/log/vsftpd.log         //上传和下载日志文件路径
xferlog_std_format=YES                   //是否设定为 wu ftp 相同的登录格式
nopriv_user=ftpsecure                    //以 nobody 作为此一服务执行者的权限，安全性较高
pam_service_name=vsftpd                  //pam 模块的名称
```

13.3 VSFTPD 服务配置实例

本节以 vsftpd.conf 文件的不同设置方式为基础，分别用 3 个不同的实例介绍 vsftpd 服务配置。

13.3.1 最简单的 vsftpd.conf 设置

本小节介绍最简单的 vsftpd.conf 配置设定，基本要求如下。

- 开放匿名用户与实体用户登录。

- 使用 port 20 作为主动联机时的 **ftp-data** 传送端口。
- 允许用户具有写文件操作权限。
- 设置 umask 掩码为 022。
- 当客户端上传/下载文件时,该信息会记录在/var/log/vsftpd.log 文件内。
- 其他的设定均按默认值规范。

配置过程如下。

（1）修改 vsftpd.conf 文件。

根据以上的要求,仅作部分修改,如下所示:

```
jacky@jacky-desktop:~$ sudo vim /etc/vsftpd.conf
……
anonymous_enable=YES              //允许匿名用户登录
dirmessage_enable=YES             //发送修改目录信息
write_enable=YES                  //允许用户进行写操作
xferlog_enable=YES                //登录记录
xferlog_std_format=YES            //标准登录记录
xferlog_file=/var/log/vsftpd.log  //上传/下载日志文件路径
connect_from_port_20=YES          //端口设定
local_enable=YES                  //允许本地实体用户登录
local_umask=022                   //掩码设置
……
```

其他项保持系统默认的设置,不作改动。

（2）重新启动 **vsftpd** 服务。

```
jacky@jacky-desktop:~$ sudo /etc/init.d/vsftpd restart
 * Stopping FTP server: vsftpd                                    [ OK ]
 * Starting FTP server: vsftpd                                    [ OK ]
```

（3）进行用户测试。

在 Windows 中以匿名用户登录示例如下:

```
C:\> ftp 192.168.44.128                     //输入 ftp 命令后写入服务器 ip 地址
Connected to 192.168.44.128.                //连接成功
220 (vsFTPd 2.0.6)
User (192.168.44.128:(none)): anonymous     //输入用户名为 anonymous
331 Please specify the password.
Password:                                   //输入密码为 anonymous
230 Login successful.                       //登录成功
ftp> ls                                     //ls 命令及结果
200 PORT command successful. Consider using PASV.
150 Here comes the directory listing.
226 Directory send OK.
ftp> bye                                    //登出服务器
221 Goodbye.
```

在 Windows 中以实体用户登录示例如下:

```
C:\>ftp 192.168.44.128                      //用 ftp 命令访问 192.168.44.128 服务器
Connected to 192.168.44.128.                //连接成功
220 (vsFTPd 2.0.6)
User (192.168.44.128:(none)): jacky         //输入实体用户名
331 Please specify the password.
Password:                                   //输入实体用户密码
230 Login successful.                       //登录成功
ftp> ls                                     //运行 ls 命令及结果
200 PORT command successful. Consider using PASV.
150 Here comes the directory listing.
Examples
Test
```

```
ftp> bye                                       //登出服务器
221 Goodbye.
```

13.3.2 仅开放实体用户登录的设置

开放匿名用户不安全,所以有必要将匿名用户的登录权限关闭,而仅让实体用户登录。系统的要求如下。

- 所有在/etc/passwd 内出现的实体账号均能登录 vsftpd 主机。但是 UID 小于 500 的系统账号(如 root)均不能使用 vsftpd。
- 将用户 tom 和 mark 这两个账号锁定在自己的主目录当中(chroot)。
- 当使用者进入/home 这个目录时,在客户端的屏幕上显示"Welcome to the home dictionary"的字样。
- 使用者可以进行上传、下载以及修改文件等操作。

(1)设定配置文件内容。

根据以上系统要求,设置 vsftpd.conf 文件,如下所示:
```
jacky@jacky-desktop:~$ sudo vim /etc/vsftpd.conf
……
anonymous_enable=NO                            //不允许匿名用户登录
local_enable=YES                               //允许实体用户登录
local_umask=022                                //设置掩码
chroot_list_enable=YES                         //允许锁定指定用户的主目录
chroot_list_file=/etc/vsftpd.chroot_list       //被锁定用户主目录的名单文件
dirmessage_enable=YES                          //显示修改目录信息
xferlog_enable=YES                             //登录记录
connect_from_port_20=YES                       //端口设置
pam_service_name=vsftpd                        //pam 模块名称
……
```
(2)限制实体用户在自己的主目录内设定文件。
```
jacky@jacky-desktop:~$ sudo touch /etc/vsftpd.chroot_list  //该文件需要手动创建
jacky@jacky-desktop:~$ sudo vim /etc/vsftpd.chroot_list    //编辑文件内容
tom
mark
#没有写到该文件中的用户,不被锁定到指定的主目录中,而可以随意切换目录
```
(3)以 PAM 模块限制某些账号无法登录主机的设定。
```
jacky@jacky-desktop:~$ sudo vim /etc/pam.d/vsftpd
……
auth    required    …… file=/etc/ftpusers ……   //限制文件以/etc/ftpusers 为准
jacky@jacky-desktop:~$ sudo vim /etc/ftpusers
#以下用户不能使用 ftp
root
daemon
bin
sys
sync
games
man
lp
mail
news
uucp
nobody
```
(4)以 vsftp.userl-list 文件限制某些账号的登录。
```
jacky@jacky-desktop:~$ sudo touch /etc/vsftp.user_list     //该文件需要手动创建
jacky@jacky-desktop:~$ sudo vim /etc/vsftp.user_list
```

Ubuntu Linux 从入门到精通

```
#这个功能与上面的 PAM 功能相似，只是 PAM 是外挂的，而此文件是 vsftpd 预设的
# 这个文件的设定与上面的/etc/vsftpd.ftpusers 相同即可
root
daemon
bin
sys
sync
games
man
lp
mail
news
uucp
nobody
```

（5）设定进入目录时显示的信息。

```
jacky@jacky-desktop:~$ sudo vim /home/.message      //这是个新文件
Welcome to the home dictionary                      //输入的内容
```

（6）重新启动 vsftpd 服务。

```
jacky@jacky-desktop:~$ sudo /etc/init.d/vsftpd restart
 * Stopping FTP server: vsftpd                                      [ OK ]
 * Starting FTP server: vsftpd                                      [ OK ]
```

（7）测试。

在 Windows 中以匿名用户登录示例如下：

```
C:\>ftp 192.168.44.128
Connected to 192.168.44.128.
220 (vsFTPd 2.0.6)
User (192.168.44.128:(none)): anonymous
331 Please specify the password.
Password:
530 Login incorrect.
Login failed.                          //登录失败
```

以实体用户为例的（非 tom 和 mark）测试过程如下：

```
C:\>ftp 192.168.44.128                 //用 ftp 命令访问 192.168.44.128 服务器
Connected to 192.168.44.128.           //连接成功
220 (vsFTPd 2.0.6)
User (192.168.44.128:(none)): jacky    //输入实体用户名
331 Please specify the password.
Password:                              //输入实体用户密码
230 Login successful.                  //登录成功
ftp> cd /
250 Directory successfully changed.    //可以切换目录，不被限制
ftp> bye                               //登出服务器
221 Goodbye.
```

以 tom 用户登录的测试过程如下：

```
C:\>ftp 192.168.44.128                 //用 ftp 命令访问 192.168.44.128 服务器
Connected to 192.168.44.128.           //连接成功
220 (vsFTPd 2.0.6)
User (192.168.44.128:(none)): tom      //输入 tom 用户名
331 Please specify the password.
Password:                              //输入 tom 用户密码
230 Login successful.                  //登录成功
ftp>pwd                                //被限制在自己的主目录中
257 "/"
ftp> ls                                //ls 命令及结果
200 PORT command successful. Consider using PASV.
150 Here comes the directory listing.
226 Directory send OK.
ftp> bye                               //登出服务器
221 Goodbye.
```

13.3.3 仅开放匿名用户登录的设置

以上介绍的都是实体用户登录系统。本例介绍只允许匿名用户可以登录的设置，系统要求如下。

- 仅开放匿名用户的登录。
- 允许匿名用户上传文件到 /var/ftpsecure/upload 目录，并且允许建立目录。
- 数据连接的过程（数据通道）中如果超过 120s 没有响应，就强制断线。
- 命令通道超过 2min 没有动作，就强制断线。
- 不允许以 mail.sohu.com 这个网址作为 email address 的密码。
- 不允许使用 ASCII 格式上传或下载文件。

设定过程如下。

（1）配置文件的基本设置。

根据以上系统要求，设置 vsftpd.conf 文件，如下所示：

```
jacky@jacky-desktop:~$ sudo vim /etc/vsftpd.conf
……
anonymous_enable=YES                    //允许匿名用户登录
local_enable=NO                         //不允许实体用户登录
local_umask=022                         //设置掩码
dirmessage_enable=YES                   //显示修改目录信息
xferlog_enable=YES                      //登录记录
xferlog_file=/var/log/vsftpd.log        //登录记录日志文件路径
connect_from_port_20=YES                //端口设置
anon_upload_enable=YES                  //允许用户上传文件
anon_mkdir_write_enable=YES             //允许用户创建目录
data_connection_timeout=120             //数据连接通道的超时时限
idle_session_timeout=120                //命令通道的空闲时限
nopriv_user=ftpsecure                   //以 nobody 作为此一服务执行者的权限，安全性较高
ascii_upload_enable=NO                  //不允许用 ascii 格式上传文件
ascii_download_enable=NO                //不允许用 ascii 格式下载文件
deny_email_enable=YES                   //拒绝某些特殊的 email 地址
banned_email_file=/etc/vsftpd.banned_emails  //被拒绝 email 地址的文件记录
……
```

（2）建立不允许登录的 email 地址文件：

```
jacky@jacky-desktop:~$ sudo touch /etc/vsftpd.banned_emails   //创建记录不允许的 eamil 地址的文件
jacky@jacky-desktop:~$ sudo vim /etc/vsftpd.banned_emails //编辑该文件内容
mail.sohu.com                           //不允许的 email 地址，一行写一个
```

（3）建立可以上传的目录。

因为 nopriv_user 设定为 ftp，所以上传的目录拥有者为 ftp，设定命令如下所示：

```
jacky@jacky-desktop:~$ sudo mkdir -p /var/ftpsecure/upload    //递归创建目录
jacky@jacky-desktop:~$ sudo chown ftp /var/ftpsecure/upload   //更改拥有者为 ftp
```

（4）重新启动 vsftpd 服务。

```
jacky@jacky-desktop:~$ sudo /etc/init.d/vsftpd restart
 * Stopping FTP server: vsftpd                                    [ OK ]
 * Starting FTP server: vsftpd                                    [ OK ]
```

（5）测试。

以实体用户在 Windows 中登录 ftp 服务器，如下所示：

```
C:\>ftp 192.168.44.128
Connected to 192.168.44.128.
```

```
220 (vsFTPd 1.1.3)
User (192.168.44.128:(none)): jacky          //实体用户不能登录
530 This FTP server is anonymous only.
Login failed.
```

以匿名用户在 Windows 中登录同一个 ftp 服务器，如下所示：

```
C:\>ftp 192.168.44.128
Connected to 192.168.44.128
220 (vsFTPd 1.1.3)
User (192.168.44.128:(none)): anonymous      //匿名用户登录
331 Please specify the password.
Password:                                     //输入匿名登录密码
230 Login successful.
ftp> ls
200 PORT command successful. Consider using PASV.
150 Here comes the directory listing.
test.txt
226 Directory send OK.
ftp: 收到 10 字节，用时 0.00Seconds 10000.00Kbytes/sec.
ftp> cd upload
250 Directory successfully changed.
ftp> put a.txt                                //上传文件
200 PORT command successful. Consider using PASV.
150 Ok to send data.
226 File receive OK.
ftp: 收到 10 字节，用时 0.00Seconds 10000.00Kbytes/sec
ftp> ls
200 PORT command successful. Consider using PASV.
150 Here comes the directory listing.
a.txt
226 Directory send OK.
ftp: 收到 63 字节，用时 0.00Seconds 10000.00Kbytes/sec
```

13.4 配置 Ubuntu Linux 下的 proftpd 服务器

proftpd 是一款开放源码的 FTP 服务器软件，它是原来世界上使用最广泛的 wu-ftpd 的改进版，修正了 wu-ftpd 的许多缺陷，其中一个重要的变化就是它使用了类似于 Apache 的配置方式，使 proftpd 的配置和管理更加简单易懂。本节介绍该软件包在 Ubuntu Linux 中最基本的安装和配置。

13.4.1 软件包的安装

Ubuntu12.04 没有默认安装 proftpd 软件包，读者可以通过新立得安装，或者从命令行利用 APT 工具安装，如下所示：

```
jacky@jacky-desktop:~$ sudo apt-get install proftpd
正在读取软件包列表... 完成
正在分析软件包的依赖关系树
读取状态信息... 完成
将会安装下列额外的软件包：
  libmysqlclient15off libpq5 mysql-common
建议安装的软件包：
  proftpd-doc
下列【新】软件包将被安装：
  libmysqlclient15off libpq5 mysql-common proftpd
共升级了 0 个软件包，新安装了 4 个软件包，要卸载 0 个软件包，有 261 个软件包未被升级。
需要下载 3106kB 的软件包。
操作完成后，会消耗掉 7639kB 的额外磁盘空间。
您希望继续执行吗？[Y/n]Y
```

......
正在预设定软件包 ...

下载完成，会打开如图 13-1 所示的软件包设置窗口，从中可以设置 proftpd 的启动及管理方式，一种是从 inetd 中启动，另一种是以独立形态启动，即 standalone 模式。

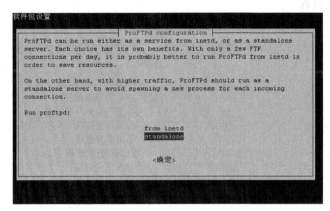

图 13-1　proftpd 软件包设置

选中 standalone 模式后，回车确认。确认后，APT 会自动完成以下配置过程：

```
正在设置 proftpd (1.3.1-6Ubuntu1) ...
grep: /etc/inetd.conf: 没有该文件或目录
正在添加系统用户 `proftpd'(UID 114)...
正在将新用户 'proftpd'(UID 114)添加到组'nogroup'...
无法创建主目录 '/var/run/proftpd'
正在添加系统用户 `ftp'(UID 115)...
正在将新用户 'ftp'(UID 115)添加到组'nogroup'...
创建主目录 '/home/ftp'...
"/usr/share/proftpd/templates/welcome.msg" -> "/home/ftp/welcome.msg.proftpd-new"
 * Starting ftp server proftpd                                    [ OK ]

Processing triggers for libc6 ...
ldconfig deferred processing now taking place
```

13.4.2　proftpd.conf 基本配置

Proftpd 安装成功，会创建/etc/proftpd/目录，并在该目录下创建 proftpd.conf 文件，该文件就是 proftpd 的配置文件，其中规定了大量关于 proftpd 的系统参数。该文件主要包括主机参数设定部分、某些目录的权限设定部分，以及 Anonymous 的目录与权限设定部分，其结构如下所示：

```
//关于主机相关的设定
设定项目一    参数内容
设定项目二    参数内容
......
//关于某些目录的权限设定
<Directory "完整目录名称">
......
......
</Directory>
//关于 Anonymous 的目录与权限设定
<Anonymous "匿名登录时候的匿名者根目录">
......
......
```

```
<Limit 一些动作>
……
……
</Limit>
</Anonymous>
```

1. 主机有关的设置

proftpd.conf 文件中主机的主要参数设置如下：

```
UseIPv6                        on                  //是否使用 IPv6
ServerName                     "Debian"            //服务器名称
ServerType                     standalone          //服务器工作方式，可以为 standalone 或 inetd
DeferWelcome                   off                 //是否显示欢迎词
DefaultServer                  on                  //是否用虚拟 FTP
ShowSymlinks                   on                  //是否显示符号连接
TimeoutNoTransfer              600                 //无数据传输的时限，如果该时间段内无数据传输，则自
                                                   动断开连接
TimeoutStalled                 600                 //网络连接的时限
TimeoutIdle                    1200                //发呆的时限
DisplayLogin                   welcome.msg         //显示登录欢迎词，定义在 welcome.msg 文件内
DisplayChdir                   .message true       //显示切换目录信息，定义在 .message 内
ListOptions                    "-l"                //显示目录信息时的默认参数
Port                           21                  //FTP 通信端口
MaxInstances                   30                  //最大连接请求数
Umask                          022                 //掩码
User                           proftpd             //以哪个用户的身份运行
Group                          nogroup             //以哪个用户组的身份运行
PassivePorts                   49152 65534         //被动模式的端口
```

2. 目录有关的设置

proftpd.conf 文件中目录的主要参数设置如下：

```
TransferLog    /var/log/proftpd/xferlog            //传输日志路径
SystemLog      /var/log/proftpd/proftpd.log        //系统临时日志路径
WRITE                                              //可写权限
READ                                               //可读权限
STOR                                               //从客户端上传到服务端的权限
CMD                                                //更改目录的权限
MKD                                                //创建目录的权限
DELE                                               //删除的权限
RETR                                               //从服务端下载到客户端的权限
```

针对上面代码中权限所应用的对象，还包括以下范围：

```
AllowUser                                          //针对某个用户允许的 Limit
DenyUser                                           //针对某个用户禁止的 Limit
AllowGroup                                         //针对某个用户组允许的 Limit
DenyGroup                                          //针对某个用户组禁止的 Limit
AllowAll                                           //针对所有用户允许的 Limit
DenyAll                                            //针对所有用户禁止的 Limit
```

3. 匿名用户的有关设置

proftpd.conf 文件中关于匿名用户设置的示例如下所示：

```
# <Anonymous ~ftp>
#   User                          ftp              //用户名
#   Group                         nogroup          //用户组名
#   # We want clients to be able to login with "anonymous" as well as "ftp"
#   UserAlias                     anonymous ftp    //用户别名
#   # Cosmetic changes, all files belongs to ftp user
#   DirFakeUser on ftp
#   DirFakeGroup on ftp
#
```

```
#     RequireValidShell              off
#
#     # Limit the maximum number of anonymous logins
#     MaxClients                     10                      //客户端连接最大数
#
#     # We want 'welcome.msg' displayed at login, and '.message' displayed
#     # in each newly chdired directory.
#     DisplayLogin                   welcome.msg     //显示登录信息文件位置
#     DisplayFirstChdir              .message
#
#     # Limit WRITE everywhere in the anonymous chroot
#     <Directory *>                                          //禁止所有用户对所有目录具有可写权限
#       <Limit WRITE>
#         DenyAll
#       </Limit>
#     </Directory>
#
#     # Uncomment this if you're brave.
#   # <Directory incoming>
#   #   # Umask 022 is a good standard umask to prevent new files and dirs
#   #   # (second parm) from being group and world writable.
#   #   Umask                        022  022                //掩码
#   #         <Limit READ WRITE>                             //禁止所有用户有可读写权限
#   #           DenyAll
#   #         </Limit>
#   #         <Limit STOR>                                   //允许所有用户具有上传文件的权限
#   #           AllowAll
#   #         </Limit>
#   # </Directory>
#
# </Anonymous>
```

4．示例文件

在 Ubuntu12.04 中安装 proftpd 后，默认的配置文件示例如下所示：

```
jacky@jacky-desktop:~$cat /etc/proftpd/proftpd.conf
# /etc/proftpd/proftpd.conf -- This is a basic ProFTPD configuration file.
# To really apply changes reload proftpd after modifications.
#

# Includes DSO modules
Include /etc/proftpd/modules.conf

# Set off to disable IPv6 support which is annoying on IPv4 only boxes.
UseIPv6                         on

ServerName                      "Debian"
ServerType                      standalone
DeferWelcome                    off

MultilineRFC2228                on
DefaultServer                   on
ShowSymlinks                    on

TimeoutNoTransfer               600
TimeoutStalled                  600
TimeoutIdle                     1200

DisplayLogin                    welcome.msg
DisplayChdir                    .message true
ListOptions                     "-l"

DenyFilter                      \*.*/

# Use this to jail all users in their homes
# DefaultRoot                   ~
```

```
# Users require a valid shell listed in /etc/shells to login.
# Use this directive to release that constrain.
# RequireValidShell              off

# Port 21 is the standard FTP port.
Port                            21

# In some cases you have to specify passive ports range to by-pass
# firewall limitations. Ephemeral ports can be used for that, but
# feel free to use a more narrow range.
# PassivePorts                  49152 65534

# If your host was NATted, this option is useful in order to
# allow passive tranfers to work. You have to use your public
# address and opening the passive ports used on your firewall as well.
# MasqueradeAddress             1.2.3.4

# To prevent DoS attacks, set the maximum number of child processes
# to 30. If you need to allow more than 30 concurrent connections
# at once, simply increase this value.  Note that this ONLY works
# in standalone mode, in inetd mode you should use an inetd server
# that allows you to limit maximum number of processes per service
# (such as xinetd)
MaxInstances                    30

# Set the user and group that the server normally runs at.
User                            proftpd
Group                           nogroup

# Umask 022 is a good standard umask to prevent new files and dirs
# (second parm) from being group and world writable.
Umask                           022 022
# Normally, we want files to be overwriteable.
AllowOverwrite                  on

# Uncomment this if you are using NIS or LDAP via NSS to retrieve passwords:
# PersistentPasswd              off

# This is required to use both PAM-based authentication and local passwords
# AuthOrder                     *mod_auth_pam.c mod_auth_UNIX.c

# Be warned: use of this directive impacts CPU average load!
# Uncomment this if you like to see progress and transfer rate with ftpwho
# in downloads. That is not needed for uploads rates.
#
# UseSendFile                   off

# Choose a SQL backend among MySQL or PostgreSQL.
# Both modules are loaded in default configuration, so you have to specify the backend
# or comment out the unused module in /etc/proftpd/modules.conf.
# Use 'mysql' or 'postgres' as possible values.
#
#<IfModule mod_sql.c>
# SQLBackend                    mysql
#</IfModule>

TransferLog /var/log/proftpd/xferlog
SystemLog   /var/log/proftpd/proftpd.log

<IfModule mod_quotatab.c>
QuotaEngine off
</IfModule>

<IfModule mod_ratio.c>
Ratios off
```

```
</IfModule>


# Delay engine reduces impact of the so-called Timing Attack described in
# http://security.lss.hr/index.php?page=details&ID=LSS-2004-10-02
# It is on by default.
<IfModule mod_delay.c>
DelayEngine on
</IfModule>

<IfModule mod_ctrls.c>
ControlsEngine        off
ControlsMaxClients    2
ControlsLog           /var/log/proftpd/controls.log
ControlsInterval      5
ControlsSocket        /var/run/proftpd/proftpd.sock
</IfModule>

<IfModule mod_ctrls_admin.c>
AdminControlsEngine off
</IfModule>

#
# Alternative authentication frameworks
#
#Include /etc/proftpd/ldap.conf
#Include /etc/proftpd/sql.conf


#
# This is used for FTPS connections
#
#Include /etc/proftpd/tls.conf

# A basic anonymous configuration, no upload directories.

# <Anonymous ~ftp>
#   User                           ftp
#   Group                          nogroup
#   # We want clients to be able to login with "anonymous" as well as "ftp"
#   UserAlias                      anonymous ftp
#   # Cosmetic changes, all files belongs to ftp user
#   DirFakeUser on ftp
#   DirFakeGroup on ftp
#
#   RequireValidShell              off
#
#   # Limit the maximum number of anonymous logins
#   MaxClients                     10
#
#   # We want 'welcome.msg' displayed at login, and '.message' displayed
#   # in each newly chdired directory.
#   DisplayLogin                   welcome.msg
#   DisplayFirstChdir              .message
#
#   # Limit WRITE everywhere in the anonymous chroot
#   <Directory *>
#     <Limit WRITE>
#       DenyAll
#     </Limit>
#   </Directory>
#
#   # Uncomment this if you're brave.
#   # <Directory incoming>
#   #   # Umask 022 is a good standard umask to prevent new files and dirs
#   #   # (second parm) from being group and world writable.
#   #   Umask                        022 022
```

```
#    #              <Limit READ WRITE>
#    #                DenyAll
#    #              </Limit>
#    #              <Limit STOR>
#    #                AllowAll
#    #              </Limit>
#    # </Directory>
#
# </Anonymous>
```

13.5 proftpd 服务器配置实例

13.5.1 最简单的 proftpd 服务器配置

本小节介绍配置最简单的允许实体用户和匿名用户登录的 proftpd 服务器的配置过程。

1. 修改 proftpd.conf 配置文件

```
jacky@jacky-desktop:~$sudo vim /etc/proftpd/proftpd.conf
//找到以下参数
ServerType                  standalone
Group                       nogroup
# PersistentPasswd          off
```

因为系统预设并没有 nogroup 这个群组，所以必须将其改为系统里已有的群组才可以。如添加一个名为 proftpdgroup 的组，如下所示：

```
jacky@jacky-desktop:~$ sudo addgroup proftpdgroup
[sudo] password for jacky:
正在添加组 'proftpdgroup' (GID 1002)...
完成。
```

修改 proftpd.conf 中相应参数 Group 的设置，如下所示：

```
Group                       proftpdgroup
PersistentPasswd            off                    //去掉该设置前面的#号，令其生效
```

而服务器启动的方式有 standalone、inetd 和 xinetd，本处保持为 standalone 模式。

匿名用户登录有关的设置如下：

```
<Anonymous ~ftp>
    User                    ftp                    //用户名
    Group                   proftpdgroup           //用户组
    UserAlias               anonymous ftp          //别名，anonymous 和 ftp 具有相同含义
    RequireValidShell       off
</Anonymous>
```

2. 重新启动 proftpd 服务

```
jacky@jacky-desktop:~$ sudo /etc/init.d/proftpd restart
 * Stopping ftp server proftpd                                      [ OK ]
 * Starting ftp server proftpd                                      [ OK ]
```

3. 在 Windows 中测试

可以在 Windows 操作系统下使用 ftp 命令测试此服务器是否配置成功。用户也可以使用 Linux 操作系统测试。以匿名用户访问的测试过程如下：

```
C:\>ftp 192.168.132.128                                            //访问 ftp 服务器
Connected to 192.168.132.128.                                      //连接 ftp 服务器成功
220 ProFTPD 1.3.1 Server (Debian) [::ffff:192.168.132.128]         //版本信息
User (192.168.132.128:(none)): anonymous                           //输入用户名 anonymous
331 Anonymous login ok, send your complete email address as your password
Password:       //直接回车（设定了 RequireValidShell 的值为 off）
```

```
230-Welcome, archive user anonymous@::ffff:192.168.132.1 !    //欢迎信息
230-
230-The local time is: Wed Jan  6 03:47:19 2010    //日期及时间信息
230-
230-This is an experimental FTP server. If you have any unusual problems,
230-please report them via e-mail to <root@jacky-desktop>.
230-
230 Anonymous access granted, restrictions apply
ftp> ls                                             //执行 ls 命令及其显示结果
200 PORT command successful
150 Opening ASCII mode data connection for file list
welcome.msg
226 Transfer complete
ftp: 收到 13 字节，用时 0.00Seconds 13000.00Kbytes/sec.
```

以实体用户访问的测试过程如下：

```
C:\>ftp 192.168.132.128
Connected to 192.168.132.128.
220 ProFTPD 1.3.1 Server (Debian) [::ffff:192.168.132.128]
User (192.168.132.128:(none)): jacky
331 Password required for jacky
Password:
230 User jacky logged in                            //登录成功
ftp> pwd                                            //查看当前路径
257 "/home/jacky" is the current directory
ftp> cd ..                                          //切换工作路径
250 CWD command successful                          //切换路径成功
ftp> pwd
257 "/home" is the current directory
ftp> dir                                            //执行 dir 命令及其显示结果
200 PORT command successful
150 Opening ASCII mode data connection for file list
drwxr-xr-x    2 abc      abc          4096 Mar 26  2009 abc
drwxr-xr-x    2 ftp      nogroup      4096 Dec 29 06:58 ftp
drwxr-xr-x   35 jacky    jacky        4096 Jan  6 03:53 jacky
drwxr-xr-x    2 xyz      nogroup      4096 Mar 26  2009 xyz
226 Transfer complete
ftp: 收到 242 字节，用时 0.02Seconds 15.13Kbytes/sec.
```

13.5.2　修改实体用户设定的示例

proftpd 服务器设定后，实体用户即可正常访问此 FTP。为了限制普通实体用户的权限，本小节用一个具体实例介绍配置实体用户参数的过程。服务器端的基本要求如下：

（1）当前系统主机最多允许 30 个联机（下载），且最多允许 50 个使用者上线（查看）。

（2）FTP 主机名为 Jacky's Ubuntu FTP Server。

（3）同一个 IP 地址最多同时有两个 FTP 线程。

（4）主机不允许根用户 root 登录系统，建立一个名为 ftp_guest 的群组，该群组内的所有使用者都不能离开自己的主目录（chroot）。在 ftp_guest 这个群组中，名为 noftp_guest 的使用者能够使用 ftp，但是无法使用 ssh 连到主机。

（5）在公开的目录/home/ftp/pub 中，所有人均有读取权限，但没有写入权限。

（6）启动方式为 standalone。

（7）允许续传，被动模式的端口范围为 65536～65540。

设置过程如下：

```
jacky@jacky-desktop:~$ sudo groupadd ftp_guest                    //添加用户组
jacky@jacky-desktop:~$ sudo useradd -g ftp_guest -m -s /bin/false noftp_guest
```

```
//添加用户 noftp_guest，能使用 ftp，但无法使用 ssh
jacky@jacky-desktop:~$ sudo vim /etc/proftpd/proftpd.conf //修改 proftpd 配置文件
//FTP 主机的设置
ServerName                      "Jacky's Ubuntu FTP Server"
ServerType                      standalone
DefaultServer                   on
Port                            21
User                            noftp_guest
Group                           ftp_guest
MaxInstances                    30                      //最多 30 个联机
MaxClients                      50                      //最多 50 个连接者上线
AllowStoreRestart               on                      //允许用户续传
PassivePorts                    65536  65540            //被动模式端口的范围
//与实体用户相关的设置
Umask                           022  022                //掩码设置
RootLogin                       off                     //禁止 root 用户登录
RequireValidShell               off
DefaultRoot                     ~  ftp_guest            //~代表主目录，DefaultRoot 后面接的是群组，即
ftp_guest 为群组，而不是使用者。因此，不属于 ftp_guest 这个群组的 User 就可以离开自己的主目录。
<Directory /tmp>
AllowOverwrite                  on                      //在 tmp 目录中具有可读写权限
</Directory>
<Directory /home/ftp/pub>                               //在/home/ftp/pub 目录中
<Limit WRITE>
Denyall                                                 //禁止所有用户具有可写权限
</Limit>
</Directory>
```

重新启动 proftpd 服务后，则可在 Windows 中进行测试，过程略过。

13.5.3　针对匿名用户的配置

为了便于管理匿名用户，本小节介绍关于匿名用户的相关权限设定。主要参数设定如下。

（1）主机环境设置与上一小节实体用户的需求相同。
（2）匿名用户的主目录为/var/ftp。
（3）匿名用户登录后取得的 PID 在系统内的权限为 **ftp_guest:ftp** 用户。
（4）当匿名用户登录 FTP 之后，在客户端的 FTP 软件显示一些欢迎信息。
（5）最多允许 30 个匿名用户同时登录。
（6）限制上传/下载速度分别为 100kbit/s 和 50kbit/s。
（7）在/var/ftp/里面，除/var/ftp/upload 之外，其他的目录均不可写入。
（8）在/var/ftp/upload 目录中可以写入，但不能下载；并且使用者进入这个目录后，会显示一些相关的信息。
（9）将实体用户 noftp_guest 权限降级为匿名用户权限。

1．设置 proftpd.conf 文件

```
jacky@jacky-desktop:~$ sudo vim /etc/proftpd/proftpd.conf
                                //FTP 主机的设置，与上一小节一致
ServerName                      "Jacky's Ubuntu FTP Server"
ServerType                      standalone
DefaultServer                   on
Port                            21
User                            noftp_guest
Group                           ftp_guest
MaxInstances                    30                      //最多 30 个联机
MaxClients                      50                      //最多 50 个连接者上线
AllowStoreRestart               on                      //允许用户续传
```

```
PassivePorts                 65536  65540  //被动模式端口的范围
//关于 anonymous 用户的设置
<Anonymous /var/ftp>
  User                       ftp
  Group                      ftp_guest
  UserAlias                   anonymous ftp
  UserAlias                   noftp_guest ftp       //将用户 noftp_guest 降级为匿名用户权限
  DisplayLogin                welcome.msg           //显示登录欢迎信息
  DisplayFirstChdir           .message
  RequireValidShell           off
  MaxClients                 30
  TransferRate STOR           100    user anonymous_ftp     //上传速率限制
  TransferRate RETR           50     user anonymous_ftp     //下载速率限制
//限制文件权限的设置
  <Limit WRITE>
    DenyAll                                //在/var/ftp/目录中，禁止任何用户拥有可写权限
  </Limit>
  <Directory /var/ftp/upload>              //在/var/ftp/upload/目录中，任何用户具有可写权限，但不
//具备下载权限
    <Limit WRITE>
      AllowAll
    </Limit>
    <Limit RETR>
      DenyAll
    </Limit>
  </Directory>
</Anonymous>
```

2．设置欢迎信息

因为匿名用户的根目录为/var/ftp，所以欢迎信息就必须放置在/var/ftp/welcome.msg 文件中。首先需要创建目录，然后再编辑相关的文件内容：

```
jacky@jacky-desktop:~$ sudo mkdir /var/ftp                      //创建主目录
jacky@jacky-desktop:~$ sodu vim /var/ftp/welcome.msg            //创建并编辑 welcome.msg 文件
Welcome,this is Jacky's Ubuntu FTP Server!
myhost:%L
time:%T
max client:%M
current client:%N
your host:%R
your name:%U
current directory:%C
```

3．建立注意事项

根据需求，应该在/var/ftp/upload 中建立相应的信息。

```
jacky@jacky-desktop:~$ sudo mkdir /var/ftp/upload
jacky@jacky-desktop:~$ sudo vim /var/ftp/upload/.message
this directory can be upload,but deny to download.
your name is anonymous
```

4．更改/var/ftp/upload 的权限

```
jacky@jacky-desktop:~$ sudo chown ftp /var/ftp/upload
jacky@jacky-desktop:~$ sudo chmod 755 /var/ftp/upload
```

5．重新启动 proftpd 服务

```
jacky@jacky-desktop:~$ sudo /etc/init.d/proftpd restart
 * Stopping ftp server proftpd                                         [ OK ]
 * Starting ftp server proftpd                                         [ OK ]
```

6．在 Windows 上进行测试

以匿名用户 anonymous 登录的测试信息如下：

```
C:\>ftp 192.168.132.128
Connected to 192.168.132.128.
```

```
220 ProFTPD 1.3.1 Server (Jacky's Ubuntu FTP Server) [::ffff:192.168.132.128]
User (192.168.132.128:(none)): ftp
331 Anonymous login ok, send your complete email address as your password
Password:
230-Welcome, this is the Jacky's FTP server!
230-myhost: jacky-desktop
230-time: Fri Jan  8 09:11:47 2010
230-max client: 30
230-current client: 30
230-your host: ::ffff:192.168.132.1
230-your name: ftp
230-current directory: /
230 Anonymous access granted, restrictions apply
ftp> dir
200 PORT command successful
150 Opening ASCII mode data connection for file list
drwxr-xr-x   2 ftp      root         4096 Jan  8 09:00 upload
-rw-r--r--   1 root     root          145 Jan  8 08:57 welcome.msg
226 Transfer complete
ftp: 收到 131 字节,用时 0.00Seconds 131000.00Kbytes/sec.
ftp> cd upload
250-this directory can be upload,but deny to download.
250-your name is anonymous
250 CWD command successful
```

以用户 noftp_guest 登录的测试信息如下:

```
C:\>ftp 192.168.132.128
Connected to 192.168.132.128.
220 ProFTPD 1.3.1 Server (Jacky's Ubuntu FTP Server) [::ffff:192.168.132.128]
User (192.168.132.128:(none)): noftp_guest              //用户为 noftp_guest
331 Anonymous login ok, send your complete email address as your password
Password:
230-Welcome, this is the Jacky's FTP server!
230-myhost: jacky-desktop
230-time: Fri Jan  8 09:18:11 2010
230-max client: 30
230-current client: 30
230-your host: ::ffff:192.168.132.1
230-your name: noftp_guest
230-current directory: /
230 Anonymous access granted, restrictions apply    //已经降级为匿名用户
ftp> dir
200 PORT command successful
150 Opening ASCII mode data connection for file list
drwxr-xr-x   2 ftp      root         4096 Jan  8 09:00 upload
-rw-r--r--   1 root     root          145 Jan  8 08:57 welcome.msg
226 Transfer complete
ftp: 收到 131 字节,用时 0.02Seconds 8.19Kbytes/sec.
```

13.6 课后练习

1. 简述 FTP 服务的原理。
2. 简述 FTP 通信的过程。
3. 说明在 Ubuntu Linux 中用 vsftpd 配置 FTP 服务器的主要流程。
4. 说明在 Ubuntu Linux 中用 proftpd 配置 FTP 服务器的主要流程。
5. 对比 vsftpd 和 proftpd 的特点及使用的区别。
6. 任选一种方式配置自己的 FTP 服务器。

第 14 章 NFS 服务器配置及应用

NFS 是 Network File System（网络文件系统）的缩写，最早是由 Sun 公司开发。它最大的功能是可以透过网络，让不同的机器、不同的操作系统可以彼此分享其他用户的文件（share file，共享文件），所以，用户也可以简单地将它看作是一个文件系统服务，在一定程度上相当于 Windows 环境下的共享文件夹。

NFS 客户端用户的 PC 将网络远程的 NFS 主机分享的目录挂载到本地端的机器中，可以运行相应的程序，共享相应的文件，但不占用当前系统资源，所以在本地端的机器看起来，远程主机的目录就好像是自己的一个磁盘一样。在嵌入式开发中，由于嵌入式 Linux 硬件系统资源有局限性，因此在嵌入式 Linux 系统上挂载主机 NFS 文件系统进行开发这种模式很常见。

本章第 1 节介绍 NFS 服务器的工作原理，包括 NFS 网络文件系统访问原理、RPC 远程调用原理以及 NFS 启动后的管理进程。

第 2 节介绍如何配置 Ubuntu Linux 下的 NFS 服务器，包括 NFS 服务器配置文件说明、配置过程，以及如何访问远程主机。

第 3 节用一个具体的实例介绍 NFS 服务器的配置过程。对照这一实例，读者可以自己配置符合当前要求的 NFS 服务器。

第 4 节介绍 NFS 的其他挂载方法，主要涉及用/etc/fstab、autofs 等方式。利用这些方式，可以实现自动挂载 NFS 的目的。

14.1 NFS 服务原理

NFS 是一种 Linux 操作系统下的特殊文件系统，使用这一文件系统，当前主机可以加载其他提供 NFS 服务的 Linux 主机，从而可以便捷地实现 Linux 主机之间文件的互相访问。由于 NFS 文件系统仅占用系统挂载点，因此在嵌入式程序开发中，很多开发者都使用 NFS 服务器来实现宿主机和目标机之间的资源共享。

14.1.1 NFS（网络文件系统）原理

NFS 网络文件系统挂载的原理如图 14-1 所示。其中，NFS 服务器设定好了分享出来的 /home/shares（可以是其他目录）这个目录后，其他的客户端就可以将这个目录挂载到自己系统上的 /mnt/nfs 挂载点（挂载点可以自定），只要在 PC1 系统中进入 /mnt/nfs 目录内，就可以看到 NFS 服务器系统内的 /home/shares 目录下的所有数据（要有相应的权限），/home/shares 就好像自己 PC 中的一个分区（但不占用磁盘空间）。用户可以使用 cp、cd、mv、rm 等磁盘或文件相关的指令进行操作。

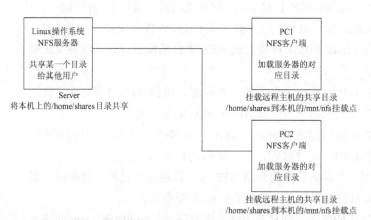

图 14-1 NFS 文件共享示意图

虽然 NFS 有属于自己的协议和端口号，但是在传送数据或其他相关信息时，NFS 使用的是远程过程调用（Remote Procedure Call，RPC）协议来协助 NFS 本身的运作。

14.1.2 RPC 远程进程调用

RPC 即远程进程调用。当使用某些服务来进行远程联机的时候，主机的 IP 地址、服务的端口号及对应到的服务 PID 等信息都需要管理与对应，管理端口的对应与服务相关性的工作就是 RPC 的任务。

NFS 本身的服务并没有提供数据传递的协议，因此 NFS 使用 RPC 来实现网络传输功能。NFS 本身就是一个使用 RPC 的程序，换句话说，NFS 就是 RPC 服务器。当然，不但运行 NFS 的服务器需要启动 RPC 的服务，要挂载 NFS 文件系统的客户端，也需要同步启动 RPC，这样服务器端与客户端才能由 RPC 的协议进行程序端口的对应，Linux 系统默认启动这一服务。下面是一些介绍 NFS 的网址：

```
http://www.faqs.org/rfcs/rfc1094.html
http://www.tldp.org/HOWTO/NFS-HOWTO/index.html
```

14.1.3 NFS 启动的后台进程

NFS 服务器需要启用至少两个后台进程，一个管理客户机是否可以登录的问题，另一个管理登录主机后的客户机能够使用的文件权限。如果还要管理磁盘定额的话，那么 NFS 还会自动地再加载其他相关的 RPC 程序。

- rpc.nfsd 这个后台进程主要的功能是管理客户机是否有登录主机的权限，其中还包含对这个登录者 ID 的判别。
- rpc.mountd 的功能是管理 NFS 的文件系统，当客户机端顺利地通过 rpc.nfsd 登录主机之后，在使用 NFS 服务器提供的文件之前，还需要经过文件使用权限的认证。系统会读取 NFS 的配置文件/etc/exports 来对比客户机的权限，通过检测后，客户机就可以取得使用 NFS 文件的权限。

14.2 配置 Ubuntu Linux 下的 NFS 服务器

Ubuntu Linux 没有默认安装 NFS 的相关软件包，读者可以通过新立得软件包管理器或 APT 工具下载和安装。NFS 的配置过程比较简单，经过简单的设置即可。本节讲解 NFS 在 Ubuntu Linux 中的安装及配置过程。

14.2.1 Ubuntu Linux 下的 NFS 软件组件介绍

在 Ubuntu Linux 下想要使用 NFS 服务，必要的软件组件包括 nfs 服务端和 portmap 两个套件。Ubuntu Linux 中的 nfs 服务端是 nfs-kernel-server，在其他的 Linux 发行版，如 Red Hat 中为 nfs-utils，它们的主要功能都是提供 NFS 的主要套件与后台进程相关的软件包。

要启动任何一个 RPC 服务程序，都需要做好 port 的对应（mapping）工作。即在启动任何一个 RPC 服务器之前，都需要启动 portmap 才行，其功能就是作为 port 的映射。当客户机端尝试使用 RPC 服务器所提供的服务时，由于客户机需要取得一个可以连接的 port 才能够使用 RPC 服务器所提供的服务，因此客户机首先需要向 portmap 提出请求，请求一个端口号。此时 portmap 就会自动地将自己管理的 port mapping 告知客户机，让客户端可以连接上服务器。

Ubuntu Linux 中用 APT 工具安装 NFS 软件包时，会在解决依赖关系时附带安装 NFS 的客户端 nsf-common 以及 portmap 等。过程如下所示：

```
jacky@jacky-desktop:~$ sudo apt-get install nfs-kernel-server
正在读取软件包列表... 完成
正在分析软件包的依赖关系树
读取状态信息... 完成
将会安装下列额外的软件包:
  libevent1 libgssglue1 libnfsidmap2 librpcsecgss3 nfs-common portmap
下列【新】软件包将被安装:
  libevent1 libgssglue1 libnfsidmap2 librpcsecgss3 nfs-common
```

Ubuntu Linux 从入门到精通

```
     nfs-kernel-server portmap
共升级了 0 个软件包，新安装了 7 个软件包，要卸载 0 个软件包，有 336 个软件未被升级
            //安装过程中会附带安装 NFS 客户端 nfs-common 和 portmap
需要下载 493kB 的软件包
操作完成后，会消耗掉 1495kB 的额外磁盘空间。
您希望继续执行吗？[Y/n]
……
正在预设定软件包 ...
选中了曾被取消选择的软件包 libevent1。
(正在读取数据库 ... 系统当前总共安装有 100497 个文件和目录。)
正在解压缩 libevent1 (从 .../libevent1_1.3e-1_i386.deb) ...
选中了曾被取消选择的软件包 libgssglue1。
正在解压缩 libgssglue1 (从 .../libgssglue1_0.1-1_i386.deb) ...
选中了曾被取消选择的软件包 libnfsidmap2。
正在解压缩 libnfsidmap2 (从 .../libnfsidmap2_0.20-0build1_i386.deb) ...
选中了曾被取消选择的软件包 librpcsecgss3。
正在解压缩 librpcsecgss3 (从 .../librpcsecgss3_0.17-1ubuntu2_i386.deb) ...
选中了曾被取消选择的软件包 portmap。
正在解压缩 portmap (从 .../portmap_6.0-4_i386.deb) ...
选中了曾被取消选择的软件包 nfs-common。
正在解压缩 nfs-common (从 .../nfs-common_1%3a1.1.2-2ubuntu2.2_i386.deb) ...
选中了曾被取消选择的软件包 nfs-kernel-server。
正在解压缩 nfs-kernel-server (从 .../nfs-kernel-server_1%3a1.1.2-2ubuntu2.2_i386.deb) ...
正在设置 libevent1 (1.3e-1) ...

正在设置 libgssglue1 (0.1-1) ...

正在设置 libnfsidmap2 (0.20-0build1) ...

正在设置 librpcsecgss3 (0.17-1ubuntu2) ...

正在设置 portmap (6.0-4) ...
 * Starting portmap daemon...                                        [ OK ]

正在设置 nfs-common (1:1.1.2-2ubuntu2.2) ...

Creating config file /etc/idmapd.conf with new version

Creating config file /etc/default/nfs-common with new version
正在添加系统用户 `statd'(UID 116)...
正在将新用户 'statd'(UID 116)添加到组'nogroup'...
无法创建主目录 '/var/lib/nfs'
 * Starting NFS common utilities                                     [ OK ]

正在设置 nfs-kernel-server (1:1.1.2-2ubuntu2.2) ...

Creating config file /etc/exports with new version

Creating config file /etc/default/nfs-kernel-server with new version
 * Starting NFS common utilities                                     [ OK ]
 * Exporting directories for NFS kernel daemon...                    [ OK ]
 * Starting NFS kernel daemon                                        [ OK ]

Processing triggers for libc6 ...
ldconfig deferred processing now taking place
```

14.2.2 NFS 服务器的相关配置应用

NFS 主要涉及到以下一些文件。

- /etc/exports：NFS 的主要配置文件，系统没有默认值，所以该文件不一定会存在，或者

存在，但没有实际内容，用户可以使用 vi 或 vim 编辑这个文件。
- /usr/sbin/exportfs：维护 NFS 共享资源的指令，可以利用这个指令重新共享/etc/exports 变更的目录资源，将 NFS 服务器分享的目录卸载或重新共享。
- /sbin/showmount：另一个重要的 NFS 指令。Showmount 命令可以用来查看 NFS 分享出来的目录资源。
- /var/lib/nfs/xtab：主要的 NFS 日志文件。当 NFS 分享出目录资源时，所有客户机端中曾经连接上 NFS 主机的信息都将记录到此日志文件中。
- /etc/default/portmap：portmap 负责映射所有的 RPC 服务端口，该文件的内容很简单。

设定 NFS 服务器的常用配置如下。
- 修改/etc/exports，设定权限问题。
- 启动 portmap 和 nfsd 服务。
- exportfs 检验目录。
- 查看/var/lib/nfs/xtab 文档。
- Showmount 查看共享信息。
- 观察启动的端口号。

14.2.3 Ubuntu Linux 中配置 NFS 服务器

1．配置/etc/exports 文件，设置访问权限

Ubuntu Linux 在安装了 NFS 软件包后，一个默认的/etc/exports 示例如下：

```
jacky@jacky-desktop:~$ sudo vim /etc/exports
# /etc/exports: the access control list for filesystems which may be exported
#               to NFS clients.  See exports(5).
#
# Example for NFSv2 and NFSv3:
# /srv/homes       hostname1(rw,sync) hostname2(ro,sync)
#
# Example for NFSv4:
# /srv/nfs4        gss/krb5i(rw,sync,fsid=0,crossmnt)
# /srv/nfs4/homes  gss/krb5i(rw,sync)
#
```

该文件中的文件目录权限格式如下：

[欲共享的目录]　　[主机名称1或者 IP1（参数1）（参数2）…]　　[主机名称2或者 IP1（参数3）（参数4）…]

[欲共享的目录]是要共享给［主机名称1］及［主机名称2］的目录，但是提供给这两者的权限不一样，其中，给［主机名称1］的权限是参数1和参数2，给［主机名称2］的权限是参数3和参数4。

主要参数如下。
- rw：可擦写的权限。
- ro：只读的权限。
- no_root_squash：登录 NFS 主机使用分享目录的使用者。如果是根用户，那么对于这个分享的目录，它就具有根用户的权限。
- root_squash：登录 NFS 主机使用分享目录的使用者是根用户时，这个使用者的权限将被压缩成为匿名使用者，通常它的 UID 与 GID 都会变成 nobody 系统账号的身份。
- all_squash：无论登录 NFS 的使用者的身份是什么，它的身份都会被压缩成为匿名使用

者，通常是 nobody。
- anonuid：前面*_squash 介绍的匿名使用者的 UID 设定值。通常为 nobody，但是管理员可以自行设定这个 UID 的值，这个 UID 必须要存在于/etc/passwd 文件中。
- anongid：意义同 anonuid，只是为 group ID。
- sync：数据同步写入到内存与硬盘当中。
- async：数据先暂存于内存当中，而不直接写入硬盘。
- subtree_check：在设置共享目录时，检查子目录。
- no_subtree_check：在设置共享目录时，不检查子目录。

注意：在 Ubuntu Linux 12.04 中，因为 nfs 服务端用的是 nfs-kernel-server，而非传统的 nfs-utils，因此在设置目录共享时，需要使用 subtree_check 或 no_subtree_check 两个参数其中之一，否则，在使用 exportfs 命令或重新启动 nfs 服务时会给出警告。

以下是几个/etc/exports 的设置实例。

例 1　将/tmp/template 共享。由于这个目录是所有用户都可以读写的，因此允许所有的用户存取。另外，root 写入的文件还应具有 root 的权限：

```
jacky@jacky-desktop:~$ sudo vim /etc/exports
/tmp/template   *(rw,no_root_squash,no_subtree_check)
```

所有主机都可以使用/tmp/template 这个目录。注意，*（rw，no_root_squash）中间没有空格，而/tmp/template 与*（rw，no_root_squash）则是用空格隔开的。

本例中，客户机端以根用户身份登录 Linux 主机，共享这部主机的/tmp/template 之后，在该目录当中，此客户机端将具有根用户的权限。

例 2　将一个公共的目录/home/public 公开，但只允许局域网络内 192.168.1.0/24 这个网域的用户读写，其他人只能读取，设置如下：

```
jacky@jacky-desktop:~$ sudo vim /etc/exports
/tmp/template   *(rw,no_root_squash,no_subtree_check)
/home/public    192.168.1.*(rw,no_subtree_check) *(ro,no_subtree_check)
/home/public    192.168.1.0/24(rw,no_subtree_check) *(ro,no_subtree_check)
```

在本例中，当 IP 地址在 192.168.1.0/24 这个网段内时，在客户机端挂载了 Server 端的/home/public 后，针对这个被挂载的目录，客户机端就具有读写的权限。如果不是这个网段之内的用户，则只能读取数据。

例 3　将一个私人的目录/home/test 开放给 192.168.1.100 这个客户机端的机器使用：

```
jacky@jacky-desktop:~$ sudo vim /etc/exports
/tmp/template   *(rw,no_root_squash,no_subtree_check)
/home/public    192.168.1.*(rw,no_subtree_check) *(ro,no_subtree_check)
/home/public    192.168.1.0/24(rw,no_subtree_check) *(ro,no_subtree_check)
/home/test      192.168.1.100(rw,no_subtree_check)
```

例 4　设置 www.*.jacky.com 网域的主机登录 NFS 主机，并且可以存取/home/jacky，但在他们存数据时，将他们的 UID 与 GID 都变成 40 这个身份的使用者：

```
jacky@jacky-desktop:~$ sudo vim /etc/exports
/tmp/template   *(rw,no_root_squash,no_subtree_check)
/home/public    192.168.1.*(rw,no_subtree_check) *(ro,no_subtree_check)
/home/public    192.168.1.0/24(rw,no_subtree_check) *(ro,no_subtree_check)
/home/test      192.168.1.100(rw,no_subtree_check)
/home/jacky     www.*.jacky.com(rw,all_squash,anonuid=40,anongid=40,no_subtree_check)
```

在本例中，当 www.test.jacky.com 登录这部 NFS 主机，并在/home/jacky 写入文件时，该文件的所有用户与所有群组，就会变成/etc/passwd 里面对应的 UID 为 40 的那个身份的使用者。

2. 配置并启动 portmap 服务和 nfs-kernel-server 服务

Portmap 负责映射 RPC 端口，一个 Ubuntu Linux 在安装了该服务后的配置文件示例如下：

```
jacky@jacky-desktop:~$ cat /etc/default/portmap
# Portmap configuration file
#
# Note: if you manually edit this configuration file,
# portmap configuration scripts will avoid modifying it
# (for example, by running 'dpkg-reconfigure portmap').

# If you want portmap to listen only to the loopback
# interface, uncomment the following line (it will be
# uncommented automatically if you configure this
# through debconf).
#OPTIONS="-i 127.0.0.1"
```

配置 portmap 服务很简单，只需要禁止绑定本地回环地址（127.0.0.1）即可，可以在上述配置文件上删除以下内容：

```
-i 127.0.0.1
```

另一种方法是用 dpkg 工具来修改配置，命令如下：

```
jacky@jacky-desktop:~$ sudo dpkg-reconfigure portmap
```

运行该命令后，进入工具界面，如图 14-2 所示。在该界面的底部会有一句提示"Should portmap be bound to the loopback address?"，在下面的选择框中选定为"否"即可。

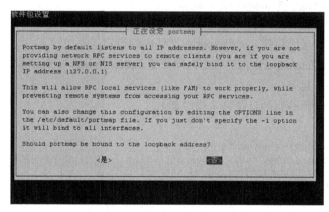

图 14-2　用 dpkg 工具配置 portmap

配置信息过程如下：

```
* Stopping portmap daemon...                              [ OK ]
 * Starting portmap daemon...                             [ OK ]
 * Restoring old RPC service information...               [ OK ]
There are RPC services which were registered with the portmapper
before the configuration was changed.
You need to manually restart them in order for the changes to take effect.
Current registered services:
-------------------------------------------------
   100024    1   udp   58855   status
   100024    1   tcp   41287   status
   100003    2   udp    2049   nfs
   100003    3   udp    2049   nfs
   100003    4   udp    2049   nfs
   100021    1   udp   49800   nlockmgr
   100021    3   udp   49800   nlockmgr
   100021    4   udp   49800   nlockmgr
```

```
100003     2    tcp    2049    nfs
100003     3    tcp    2049    nfs
100003     4    tcp    2049    nfs
100021     1    tcp   42108    nlockmgr
100021     3    tcp   42108    nlockmgr
100021     4    tcp   42108    nlockmgr
100005     1    udp   34051    mountd
100005     1    tcp   59946    mountd
100005     2    udp   34051    mountd
100005     2    tcp   59946    mountd
100005     3    udp   34051    mountd
100005     3    tcp   59946    mountd
```

启动 portmap 和 nfs-kernel-server 服务的过程如下：

```
jacky@jacky-desktop:~$ sudo /etc/init.d/portmap restart        //重新启动 portmap 服务
 * Stopping portmap daemon...                                               [ OK ]
 * Starting portmap daemon...                                               [ OK ]
jacky@jacky-desktop:~$ sudo /etc/init.d/nfs-kernel-server restart  //重新启动 nfs-kernel-server 服务
 * Stopping NFS kernel daemon                                               [ OK ]
 * Unexporting directories for NFS kernel daemon...                         [ OK ]
 * Exporting directories for NFS kernel daemon...                           [ OK ]
 * Starting NFS kernel daemon                                               [ OK ]
```

3．生效目录权限

如果重新配置了/etc/exports 文件，并不需要重新启动 NFS 服务器，使用 exportfs 命令即可。
此命令的语法结构如下：

```
jacky@jacky-desktop:~$ exportfs [-aruv]
```

主要参数如下。

- -a：全部挂载（或卸载）/etc/exports 文件内的设定。
- -r：重新挂载/etc/exports 内的设定，同步更新/etc/exports 及/var/lib/nfs/xtab 的内容。
- -u：卸载某一目录。
- -v：在输出时将分享的目录显示到屏幕上。

示例如下：

```
jacky@jacky-desktop:~$ exportfs -a
exportfs: Warning: /home/public does not exist         //文件夹不存在
exportfs: Warning: /home/public does not exist
exportfs: Warning: /tmp/template does not exist
```

注意：在使配置生效之前，必须确保挂载点路径是存在的。

4．查看共享信息

showmount 命令用于查看有没有可以共享目录的指令，其语法结构如下：

```
jacky@jacky-desktop:~$ showmount [-ae] hostname
```

主要参数如下：

- -a：在屏幕上显示目前主机与客户机连接以后的使用目录状态。
- -e：显示 hostname 这部机器/etc/exports 内的分享目录。

示例如下：

```
jacky@jacky-desktop:~$ showmount -e jacky-desktop          //用主机名
Export list for jacky-desktop:
/tmp/template *
/home/jacky    www.*.jacky.com
```

```
/home/test      192.168.1.100
/home/public    (everyone)
jacky@jacky-desktop:~$ showmount -e 192.168.132.128          //用 ip 地址
Export list for 192.168.132.128:
/tmp/template *
/home/jacky      www.*.jacky.com
/home/test      192.168.1.100
/home/public    (everyone)
```

5. RPC 服务器的相关指令

常用命令为 rpcinfo，使用该命令可以查看 RPC 的各个端口的具体功能，示例如下：

```
jacky@jacky-desktop:~$ rpcinfo -p jacky-desktop
   program vers proto   port
    100000    2   tcp    111  portmapper
    100024    1   udp  58855  status
    100024    1   tcp  41287  status
    100000    2   udp    111  portmapper
    100003    2   udp   2049  nfs
    100003    3   udp   2049  nfs
    100003    4   udp   2049  nfs
    100021    1   udp  47888  nlockmgr
    100021    3   udp  47888  nlockmgr
    100021    4   udp  47888  nlockmgr
    100003    2   tcp   2049  nfs
    100003    3   tcp   2049  nfs
    100003    4   tcp   2049  nfs
    100021    1   tcp  38855  nlockmgr
    100021    3   tcp  38855  nlockmgr
    100021    4   tcp  38855  nlockmgr
    100005    1   udp  45931  mountd
    100005    1   tcp  58457  mountd
    100005    2   udp  45931  mountd
    100005    2   tcp  58457  mountd
    100005    3   udp  45931  mountd
    100005    3   tcp  58457  mountd
```

14.2.4 客户端挂载远程主机

作为客户端，要挂载远程主机的 NFS 目录到本机的操作过程如下。

（1）查看远程主机共享目录信息，确定是否有足够的访问权限：

```
jacky@jacky-desktop:~$ showmount -e 192.168.132.128
Export list for 192.168.132.128:
/tmp/template *
/home/jacky      www.*.jacky.com
/home/test      192.168.1.100
/home/public    (everyone)
```

（2）创建本机挂载点：

```
jacky@jacky-desktop:~$ sudo mkdir /mnt/nfs
jacky@jacky-desktop:~$ ls /mnt
hgfs  nfs  tmp
```

（3）将远程主机共享目录挂载到本机：

```
jacky@jacky-desktop:~$ sudo mount -t nfs 192.168.132.128:/home/public /mnt/nfs
```

其中，-t 表示文件系统类型，本处为 nfs 格式，192.168.132.128:/home/public 为远程主机及共享目录，/mnt/nfs/ 是本机挂载位置。

（4）查看挂载是否成功：

```
jacky@jacky-desktop:~$ ls /mnt/nfs
public.cpp
```

14.2.5 常见故障分析及处理

1. 使用者权限不满足要求

例如，某服务器的 /home/public 文件夹只能提供给 192.168.1.0/24 这个网域，因此，在 IP 地址为该网段以外的主机上挂载此服务器 /home/public 目录时，就会无法挂载。出现这一问题的信息提示为：

```
mount.nfs: access denied by server while mounting 192.168.132.128:/home/public
```

如果出现该信息，表示以当前主机不能够进入该目录。如果确定 IP 地址没有错误，则需要重新修改 /etc/exports 文件。

2. 没有启动 portmap

如果没有启动 portmap 服务，mount 则会提示以下信息：

```
mount.nfs: internal error
```

或：

```
mount: RPC: Port mapper failure - RPC: Unable to receive
```

或：

```
mount: RPC: Program not registered
```

那么就需要启动 portmap，启动方式如下：

```
jacky@jacky-desktop:~$ sudo /etc/init.d/portmap start
 * Starting portmap daemon...                                         [ OK ]
```

14.3 NFS 服务器配置实例

本节用一个具体实例介绍如何配置 Ubuntu Linux 12.04 下的 NFS 服务器，以及客户端如何加载服务器共享的 NFS 文件夹。

14.3.1 网络模型及系统要求

网络模型如图 14-3 所示。

图 14-3 NFS 服务器实例示意图

在图 14-3 中，服务器共享相应的目录，由客户端将该共享目录挂载到本地。

- 服务器提供 NFS 服务器操作系统为 Ubuntu Linux，其 IP 地址为 192.168.0.238，网络地址在 192.168.0.* 的网段内的所有主机共享 /home 主目录，此处用户的权限为只读，并将所有的远程用户作为匿名用户处理。
- 客户机的远程客户端也是 Linux 操作系统，采用 Redhat Linux 作为测试用操作系统，其 IP 地址为 192.168.0.228，将服务器的共享目录挂载到 /mnt/nfs 文件夹下。

14.3.2 配置过程及参数实现

1. 服务器配置过程

```
jacky@jacky-desktop:~$ sudo vim /etc/exports                    //修改/etc/exports 文件
/home    192.168.0.*(ro,all_squash,no_subtree_check)
//其中，/home 表示共享目录，192.168.0.*表示可以访问该服务器的 IP 段，ro 表示只读，all_squash 表示
//将所有的用户都作为匿名用户处理
jacky@jacky-desktop:~$ sudo /etc/init.d/portmap restart          //重新启动 portmap 服务
 * Stopping portmap daemon...                                    [ OK ]
 * Starting portmap daemon...                                    [ OK ]
jacky@jacky-desktop:~$ sudo /etc/init.d/nfs-kernel-server restart //重新启动 nfs 服务
 * Stopping NFS kernel daemon                                    [ OK ]
 * Unexporting directories for NFS kernel daemon...              [ OK ]
 * Exporting directories for NFS kernel daemon...                [ OK ]
 * Starting NFS kernel daemon                                    [ OK ]
```

2. 客户端操作过程

```
[root@localhost ~]# showmount -e 192.168.0.238                  //查看远程主机共享情况
Export list for 192.168.0.238:
/home 192.168.0.*
[root@localhost ~]# mkdir /mnt/nfs                              //创建挂载点
[root@localhost ~]# mount -t nfs -o ro 192.168.0.238:/home /mnt/nfs/   //远程挂载
[root@localhost ~]# ls -l /mnt/nfs                              //查看挂载结果
总计 28
drwxr-xr-x  2 1001       1001       4096 03-26 21:11 abc
drwxr-xr-x  2 115        nfsnobody  4096 2009-12-29 ftp
drwxr-xr-x 35 1000       1000       4096 2010-01-13 jacky
drwxr-xr-x  2 1002       1003       4096 2010-01-07 noftp_guest
drwxr-xr-x  2 root       root       4096 2010-01-12 public
drwxr-xr-x  2 root       root       4096 2010-01-12 test
drwxr-xr-x  2 113        nfsnobody  4096 03-26 19:18 xyz
```

14.4 其他方式挂载 NFS 文件系统

除了之前介绍的用 mount 命令的挂载方式以外，Linux 还支持用其他一些方式来挂载 NFS 文件系统。本节介绍两种常用的方式。

14.4.1 用/etc/fstab 挂载 NFS

通过修改/etc/fstab 文件，可以实现挂载服务器上的 NFS 文件系统，并且可以实现开机自动挂载。在该文件中添加一行，在这一行中必须声明 NFS 服务器的主机名、要挂载的服务器目录，以及要挂载 NFS 共享的本地机器目录。必须具有超级管理员用户权限才能修改/etc/fstab 文件。

/etc/fstab 中每行的一般语法如下：

```
server:/home/test      /test   nfs    ......
```

挂载点/test 在客户端机器上必须存在。在客户端系统的/etc/fstab 文件中添加这一行后，在 shell 提示下键入命令 mount，将会从服务器中共享的目录挂载到挂载点/test。

例如，服务端用 Ubuntu Linux 操作系统（192.168.0.238），共享/home/test 目录，挂载点为/mnt/nfs，客户端用 Redhat Linux 操作系统（192.168.0.228），创建/mnt/nfs 目录，然后修改相应的/etc/fstab 文件。实现 NFS 文件系统挂载的过程如下。

1. 服务端操作

```
jacky@jacky-desktop:~$ sudo vim /etc/exports                    //设置目录权限
```

Ubuntu Linux 从入门到精通

```
/home/test *(ro,all_squash,no_subtree_check)              //共享/home/test 目录
jacky@jacky-desktop:~$ sudo /etc/init.d/portmap restart   //重启 portmap 服务
 * Stopping portmap daemon...                                          [ OK ]
 * Starting portmap daemon...                                          [ OK ]
jacky@jacky-desktop:~$ sudo /etc/init.d/nfs-kernel-server restart      //重启 nfs 服务
 * Stopping NFS kernel daemon                                          [ OK ]
 * Unexporting directories for NFS kernel daemon...                    [ OK ]
 * Exporting directories for NFS kernel daemon...                      [ OK ]
 * Starting NFS kernel daemon                                          [ OK ]
jacky@jacky-desktop:~$ ls /home/test            //显示/home/test 目录下的内容
test.c
```

2. 客户端操作

```
[root@localhost ~]# showmount -e 192.168.0.238     //查看 192.168.0.238 上的共享信息
Export list for 192.168.0.238:
/home/test *
[root@localhost ~]# mkdir /mnt/nfs                 //创建/mnt/nfs 目录
[root@localhost ~]# vim /etc/fstab                 //编辑/etc/fstab 文件
......
//在文件末尾添加以下一行，表示将 192.168.0.238 上的/home/test 目录以 nfs 方式挂载到本地的/mnt/nfs 目录
192.168.0.238:/home/test   /mnt/nfs    nfs    defaults   0  0
[root@localhost ~]# mount -a        //挂载/etc/fstab 文件中的所有可挂载目录或块
[root@localhost ~]# ls /mnt/nfs     //查看挂载点/mnt/nfs 的目录信息，与服务器共享目录信息一致
test.c
```

14.4.2 用 autofs 挂载 NFS

挂载 NFS 共享的另一种方法是使用 autofs，它使用 automount 守护进程来管理挂载点，只在文件系统被访问时才动态地挂载。这种方式和用/etc/fstab 的区别是，它不一定会在开机时自动挂载，而只在需要的时候自动挂载。

1. 获取 autofs 软件包

Ubuntu 没有默认安装 autofs 软件包，读者可以通过新立得软件包管理器获取，或在命令行利用 APT 工具获取并安装。过程如下：

```
jacky@jacky-desktop:~$ sudo apt-get install autofs
正在读取软件包列表... 完成
正在分析软件包的依赖关系树
读取状态信息... 完成
下列【新】软件包将被安装：
  autofs
共升级了 0 个软件包，新安装了 1 个软件包，要卸载 0 个软件包，有 336 个软件未被升级。
需要下载 114kB 的软件包。
操作完成后，会消耗掉 487kB 的额外磁盘空间
......
正在设置 autofs (4.1.4+debian-2.1ubuntu1) ...
Creating config file /etc/auto.master with new version
Creating config file /etc/auto.misc with new version
Creating config file /etc/auto.net with new version
Creating config file /etc/auto.smb with new version
Creating config file /etc/default/autofs with new version
Starting automounter: loading autofs4 kernel module, no automount maps defined.
```

2. autofs 映射文件

autofs 软件包安装完成，会自动生成主映射配置文件/etc/auto.master，autofs 通过访问该文件来决定要定义哪些挂载点，然后使用适用于各个挂载点的参数来启动 automount 守护进程。主映射配置中的每一行都定义一个挂载点，对应一个从映射文件，一个分开的映射文件定义在该挂载点下要挂载的文件系统。如/etc/auto.misc 文件可能会定义/misc 目录中的挂载点，这种关系在

/etc/auto.master 文件中会被定义。

```
Ubuntu Linux12.04 安装 autofs 后，一个默认的/etc/auto.master 文件示例如下：
jacky@jacky-desktop:~$ cat /etc/auto.master
#
# $Id: auto.master,v 1.4 2005/01/04 14:36:54 raven Exp $
#
# Sample auto.master file
# This is an automounter map and it has the following format
# key [ -mount-options-separated-by-comma ] location
# For details of the format look at autofs(5).
#/misc    /etc/auto.misc --timeout=60
#/smb     /etc/auto.smb
#/misc    /etc/auto.misc
#/net     /etc/auto.net
```

/etc/auto.master 文件中的每个项目都有 3 个字段，第 1 个字段是挂载点；第 2 个字段是映射文件的位置；第 3 个字段可选，可以包括超时数值之类的信息。

例如，要在机器上的/misc/test 挂载点上挂载远程机 www.jacky.com 中的/jacky 目录，在/etc/auto.master 文件中添加以下行：

```
/misc    /etc/auto.misc
```

在/etc/auto.misc 文件中添加以下行：

```
test    [arguments]    www.jacky.com:/jacky
```

/etc/auto.misc 中的第 1 个字段是/misc 子目录的名称，该目录被 automount 动态地创建，它不应该在客户端机器上实际存在；第 2 个字段［arguments］包括挂载选项，如 rw 代表读写权限，ro 代表只读权限；第 3 个字段是要挂载的 NFS 服务器的位置，包括主机名和目录。

autofs 是一种系统服务，安装后由 init.d 管理，其操作命令与其他的系统服务类似，常用命令如下：

```
jacky@jacky-desktop:~$ sudo /etc/init.d/autofs start        //启动 autofs 服务
jacky@jacky-desktop:~$ sudo /etc/init.d/autofs stop         //停止 autofs 服务
jacky@jacky-desktop:~$ sudo /etc/init.d/autofs restart      //重新启动 autofs 服务
jacky@jacky-desktop:~$ sudo /etc/init.d/autofs status       //查看活跃的挂载状态信息
```

如果在 autofs 运行时修改了/etc/auto.master 配置文件，则必须通知 automount 守护进程重新载入配置文件，命令如下：

```
jacky@jacky-desktop:~$ sudo /etc/init.d/autofs reload //重新载入 auto.master 文件配置信息
```

3. autofs 挂载 NFS 实例

用两台装有 Ubuntu Linux12.04 操作系统的电脑作为服务端和客户端，并保持物理网络连接畅通，服务端共享/tmp/jackytest 目录。服务端利用 autofs 实现自动挂载，将服务器的共享目录挂载到/mnt/nfstest 目录下，在访问该目录时自动挂载。

服务端操作过程如下：

```
jacky@jacky-desktop:~$ sudo mkdir /tmp/jackytest                       //创建共享目录
jacky@jacky-desktop:~$ sudo touch /tmp/jackytest/jacky.test            //创建文件
jacky@jacky-desktop:~$ sudo vim /etc/exports                //修改nfs共享目录权限
/tmp/jackytest *(ro,all_squash,no_subtree_check)            //共享/tmp/jackytest 目录
jacky@jacky-desktop:~$ sudo /etc/init.d/portmap restart                //重启 portmap 服务
 * Stopping portmap daemon...                                    [ OK ]
 * Starting portmap daemon...                                    [ OK ]
jacky@jacky-desktop:~$ sudo /etc/init.d/nfs-kernel-server restart    //重启 nfs 服务
 * Stopping NFS kernel daemon                                    [ OK ]
 * Unexporting directories for NFS kernel daemon...              [ OK ]
 * Exporting directories for NFS kernel daemon...                [ OK ]
 * Starting NFS kernel daemon                                    [ OK ]
```

Ubuntu Linux 从入门到精通

客户端操作过程如下：

```
jacky@jacky-desktop:~$ sudo vim /etc/auto.master  //编辑主映射文件
/mnt     /etc/auto.mnt                            //设置/mnt 挂载点
jacky@jacky-desktop:~$ sudo vim /etc/auto.mnt     //编辑从映射文件
nfstest          -ro,rsize=8192,wsize=8192        192.168.0.238:/tmp/jackytest
jacky@jacky-desktop:/$ sudo /etc/init.d/autofs restart    //重启 automount 服务
Stopping automounter: done.
Starting automounter: done.
jacky@jacky-desktop:/$ ls /mnt/nfstest            //访问本地挂载点，自动挂载 nfs 文件系统
jacky.test
```

14.5 课后练习

1. 简述 NFS 服务原理。
2. NFS 本身带有数据传输协议吗？如果有，是什么协议？如果没有，它需要依靠什么来传输数据？
3. Ubuntu Linux 中的 NFS 服务端程序是什么？怎样启动？
4. 简述 Ubuntu Linux 中配置 NFS 服务器的步骤。
5. 在 NFS 服务使用的过程中，常见故障有哪些？怎样处理？
6. 常用的自动挂载 NFS 文件系统的方式有哪些？各自有何特点？
7. 配置自己的 NFS 文件服务器，并用另一种 Linux 发行版作为客户端与之实现共享。

第 15 章 SAMBA 服务器配置及应用

SAMBA 服务器用于实现 Windows 主机和 Linux 主机共享资源互访的功能，即在 Windows 下通过"网上邻居"可以访问 Linux 操作系统中 SAMBA 服务器共享的文件夹，Linux 主机同样可以使用 SAMBA 客户端访问软件访问 Windows 共享的文件夹，当然，Linux 操作系统之间同样可以使用 SAMBA 互相访问共享资源。这对 Windows 操作系统与 Linux 操作系统并存的局域网系统很有帮助。

本章第 1 节介绍 SAMBA 服务器的基本原理，包括 SAMBA 服务器的功能以及特点，同时对 SAMBA 启动的后台进程作简要介绍。

第 2 节介绍如何配置 SAMBA 服务器，包括图形界面下的配置方法以及命令行下的配置方法，同时对客户端访问作介绍。

第 3 节用一个实例（一个 Linux 服务器、一个 Windows 主机、一个 Linux 客户机）介绍如何在局域网内配置 SAMBA 服务器，以及互相访问的配置过程和应用过程。

15.1 SAMBA 服务原理

15.1.1 SAMBA 功能及原理

SAMBA 服务器的访问示意如图 15-1 所示。使用 SAMBA 服务器可以实现 Windows 环境与 Linux 环境，以及 Linux 环境之间的文件共享，Windows 主机可以通过"网上邻居"访问 Linux 下 SAMBA 服务器共享的文件资源，同时，Linux 也可以通过 SAMBA 客户端访问 Windows 共享的系统资源及其他 Linux 系统的 SAMBA 服务器资源，从而实现便捷的文件共享功能。

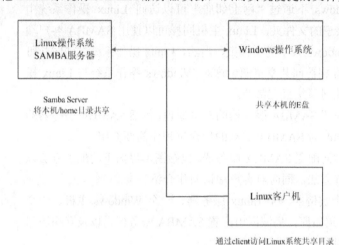

图 15-1　SAMBA 服务器访问示意图

SAMBA 服务器的主要功能如下。
- 共享文件与打印机服务。
- 可以提供使用者登录 SAMBA 主机时的身份认证，从而不同的用户可以访问不同的资源。
- 可以进行 Windows 网络上的主机名称解析（NetBIOS name）。
- 可以进行设备的共享。

SAMBA 这个文件共享服务器系统是架设在 NetBIOS（Network Basic Input/Output System. NetBIOS）通讯协议上开发的。NetBIOS 最早由 IBM 开发，目的只是为了实现局域网络内少数计算机进行的网络连接，所考虑的角度并不是大型网络，因此 NetBIOS 无法跨路由器实现大型网络的连接。但是，NetBIOS 在局域网络（LAN）内有许多优点，因此，Windows 操作系统中的"网上邻居"就是基于这一通信协议。SAMBA 发展的早期是为了让 Linux 系统可以加入 Windows 系统来彼此共享文件，所以，SAMBA 是架构在 NetBIOS 协议之上的。

15.1.2 SAMBA 启动的后台进程

使用 SAMBA 服务器的主要目的是让 Linux 主机加入到 Windows 的网络系统当中，从而来分

SAMBA 服务器配置及应用

享使用彼此的数据。而 Windows 共享网络使用的是 NetBIOS 通信协议，所以，SAMBA 服务器主要使用 NetBIOS over TCP/IP 技术。

当登录某个 Windows 主机，使用该主机所提供的数据时，必须要加入该 Windows 主机的群组（Workgroup），并且当前主机也必须要设定一个主机名称（这个主机名称不同于 Linux 系统中的 Hostname，因为这个主机名称是架构在 NetBIOS 协议上的，名称为 NetBIOS Name。在同一个群组当中，NetBIOS Name 必须是独一无二的）。

当用户登录到该主机之后，能否使用主机所提供的数据还取决于 Windows 主机有没有提供当前主机的文件共享权限。所以，并不是登录到该 Windows 主机就可以无限制地使用该主机的资源。也就是说，如果对方主机允许登录，但是却没有开放任何资源，登录主机也无法查看对方硬盘里面的数据。

SAMBA 主机使用两个 daemons 来管理这两项不同的服务。

- **smbd**：该守候进程用来管理 SAMBA 主机分享的目录、文件与打印机等内容。
- **nmbd**：该守候进程用来管理群组、NetBIOS 名称。

SAMBA 服务器每次启动至少需要这两个后台服务。启动了 SAMBA 之后，主机系统就会启动 137、138、139 等 3 个端口，且同时会提供 UDP/TCP 的监听服务。

15.1.3 SAMBA 连接方式

SAMBA 主机的应用相当广泛，可以依照不同的网域联机与使用者账号、密码的控管方式来区分不同的应用类别，例如最常见的 Workgroup（组）及 Domain（域）两种方式的联机模式。

1. Workgroup 模式

该模式又称为 peer/peer 模式，peer 的意思表示为同等，即各主机之间是平等关系。局域网络里面的所有 PC 均可在自己的计算机上面管理自己的账号与密码，同时每一部计算机也都具有独立运行各项软件的能力，只是由网络将各个 PC 连结在一起，所以每一部机器都是可以独立运作的。

在这样的架构下，如果有两部计算机，名称假设为 PC1 与 PC2，那么要在 PC2 主机使用 PC1 的资源时，就必须知道登录 PC1 的使用者名称与密码才能够登录使用。如果想由 PC1 经过网络联机到 PC2 来使用 PC2 的资源，则必须要知道 PC2 的账号与密码才可以顺利地登录 PC2。这样的架构在小型办公室里面是最常见的，但如果要在大型网络中实现共享，则需要记录大量的用户名和密码，从而造成管理不便，因此该模式的架构比较适合小型的网域。

2. Domain 模式

假设当前办公室有 50 台计算机，但是有 70 个员工，即这 70 个员工轮流使用这 50 部计算机。如果每部计算机都有 Workgroup 模式的架构，则每部计算机都需要输入这 70 个员工的账号与密码来提供登录。因此，如果有员工想要变更自己的密码，就需要到 50 台计算机上逐一进行密码变更，否则他就必须要记住这 50 部计算机里面的密码。在这种情况下，使用 Workgroup 架构并不合适，这时需要由 domain 模式来管理。

domain 模式将所有的账号与密码都放置在一部主控计算机（Primary Domain Controller，PDC）上面，在当前网域中，任何人想要使用任何计算机都需要输入账号与密码，然后通过 PDC 主机的辨识后，才给予相应的使用权限，这种处理方式比较适合较大型的网络。

15.2 配置 Ubuntu Linux 12.04 下的 SAMBA 服务器

15.2.1 Ubuntu Linux 12.04 下的 SAMBA 软件包组件

1. SAMBA 组件说明

- samba：该套件主要包含 SAMBA 的主要进程管理文档（smbd 和 nmbd）、SAMBA 的说明文件，以及其他与 SAMBA 相关的设定文件和开机预设选项等。
- samba-common：该套件主要提供 SAMBA 的主要配置文件 smb.conf 及 smb.conf 语法检验的测试程序 testparm 等。
- smbfs：这是一种文件系统，它支持 SMB/CIFS 协议，该协议用于 Windows 工作组（Workgroup）、Windows NT 和 Lan Manager 或 NetBIOS 之间的通信。Smbfs 源于 Andrew Tridgell 写的 samba 程序。
- smbclient：该套件提供当 Linux 作为 SAMBA 客户机时所需要的工具指令，如挂载 SAMBA 文件格式的命令 smbmount。
- system-config-samba：配置 samba 服务器的图形化操作界面。

查看当前系统是否安装以上套件的命令如下：

```
jacky@jacky-desktop:~$ dpkg -l | grep samba
ii  samba-common                  3.0.28a-1ubuntu4.4
Samba common files used by both the server a
```

通常情况下，Ubuntu 没有默认安装 samba 软件包和 smbfs，可以通过新立得软件包管理器或 APT 工具下载及安装。为了使用和测试方便，这里下载服务端和客户端，使用 APT 工具。

```
jacky@jacky-desktop:~$ sudo apt-get install samba smbfs smbclient
正在读取软件包列表... 完成
正在分析软件包的依赖关系树
读取状态信息... 完成
将会安装下列额外的软件包：
    samba-common smbclient
建议安装的软件包：
    openbsd-inetd inet-superserver smbldap-tools
下列【新】软件包将被安装：
    samba smbfs
下列的软件包将被升级：
    samba-common smbclient
共升级了 2 个软件包，新安装了 2 个软件包，要卸载 0 个软件包，有 334 个软件未被升级。
需要下载 11.9MB 的软件包。
操作完成后，会消耗掉 10.4MB 的额外磁盘空间。
您希望继续执行吗？[Y/n]Y
……
正在添加组 'sambashare' (GID 126)...
完成。
添加用户 jacky 到组 sambashare ...
正在将用户"jacky"加入到"sambashare"组中
完成。
 * Starting Samba daemons                                          [ OK ]
```

2. SAMBA 配置文件

在 Ubuntu Linux 中，samba 组件安装后，会自动生成/etc/samba 目录，在该目录下存放了关于 SAMBA 的主要配置文件。

（1）/etc/samba/smb.conf：这是 SAMBA 服务器最主要的配置文件。如果是在较简单的 SAMBA 服务器配置方式中，则只需要设置此文件。另外，此配置文件本身有丰富的说明内容。这个配置文件主要有两项配置，分别是 global 和共享属性设置，Global 主要设置主机基本参数。

（2）/etc/samba/smbpasswd：这个文件预设并不存在。它是 SAMBA 服务器预设的使用者密码对应表。当设定 SAMBA 服务器需要使用者输入账号与密码后才能登录时，使用者的密码预设值就放置在这个文件中（管理员可以自行在 smb.conf 配置文件中指定设定密码放置的位置及密码文件名）。

（3）/etc/samba/lmhosts：此文件的主要目的在于对应 NetBIOS name 与该主机名称的 IP 地址。此文件的功能类似于/etc/hosts 文件的功能，但此文件对应的主机名称是 NetBIOS name。由于目前 SAMBA 服务器的功能越来越强大，所以通常只要启动 SAMBA 服务，系统就可以自己捕捉到 LAN 里面的相关计算机的 NetBIOS name 对应的 IP 地址信息，因此，这个文件通常不用设定。

3. SAMBA 常用命令

SAMBA 常用命令分为服务端和客户端两种。

- 服务端命令：testparm、smbd、nmbd 和 smbpasswd。
- 客户端命令：smbmount 和 smbclient。

（1）smbd 和 nmbd 命令。这两个执行命令为 SAMBA 开启守候进程命令。每次启动 SAMBA 服务器时都会用到这两个执行文件。

（2）testparm 命令。当设定完成 smb.conf 这一主要配置文件之后，如果想要查看 SAMBA 服务器所有的设定参数与 smb.conf 的设定项目是否正确时，可以使用 testparm 命令。每次修改完 smb.conf 之后，都需要使用 testparm 来查看是否有设定错误。

（3）smbpasswd 命令。如果 SAMBA 服务器需要规定使用者的账号与密码，那么密码文件需要使用 smbpasswd 命令来建立，此命令用来指定 SAMBA 用户的密码。

（4）smbmount 命令。Windows 操作系统可以设定"网络磁盘驱动器"来连接到共享目录，在 Linux 系统上可以使用 smbmount 命令将远程主机分享的文件与目录挂载到自己的 Linux 主机上面（也可以直接使用 mount 命令）。

（5）smbclient 命令。当 Linux 主机作为客户端要查看其他 Linux（或 Windows）主机共享的目录时，就需要使用 smbclient 命令。

4. SAMBA 相关目录

（1）/usr/share/doc/samba 目录。此目录包含与 SAMBA 相关的所有技术手册。

（2）/var/log/samba 目录。这是 SAMBA 预设的登录文件存放路径。

（3）/usr/share/samba 目录。这是 SAMBA 设定的用户目录，包括个性化的配置文件副本、内码兼容等。

（4）/etc/samba 目录。SAMBA 配置文件路径。

15.2.2 文本界面下配置SAMBA服务器

1. [global] 全局设置

SAMBA服务器最重要的配置文件是/etc/samba/smb.conf，它可分为两个部分。

- [homes]：共享目录设置。
- [global]……[homes]文件中关于[global]全局设置的示例如下：

```
#======================= Global Settings =======================
[global]

## Browsing/Identification ###                          //浏览/鉴权设置

# Change this to the workgroup/NT-domain name your Samba server will part of
   workgroup = WORKGROUP                                //工作组或NT域名

# server string is the equivalent of the NT Description field
   server string = %h server (Samba, Ubuntu)            //服务器描述信息

# Windows Internet Name Serving Support Section:
# WINS Support - Tells the NMBD component of Samba to enable its WINS Server
;  wins support = no                                    //WINS（Windows网络名称）服务支持

# WINS Server - Tells the NMBD components of Samba to be a WINS Client
# Note: Samba can be either a WINS Server, or a WINS Client, but NOT both
;  wins server = w.x.y.z                                //WINS服务器地址，客户端使用

# This will prevent nmbd to search for NetBIOS names through DNS.
   dns proxy = no                                       //是否通过DNS搜索NetBIOS名

# What naming service and in what order should we use to resolve host names
# to IP addresses
;  name resolve order = lmhosts host wins bcast //lmhost对应名称及IP关系

#### Networking ####                                    //网络设置

# The specific set of interfaces / networks to bind to
# This can be either the interface name or an IP address/netmask;
# interface names are normally preferred
;   interfaces = 127.0.0.0/8 eth0                       //接口名称或IP地址

# Only bind to the named interfaces and/or networks; you must use the
# 'interfaces' option above to use this.
# It is recommended that you enable this feature if your Samba machine is
# not protected by a firewall or is a firewall itself.  However, this
# option cannot handle dynamic or non-broadcast interfaces correctly.
;   bind interfaces only = true                         //是否只绑定上述接口

#### Debugging/Accounting ####                          //调试/统计设置

# This tells Samba to use a separate log file for each machine
# that connects
   log file = /var/log/samba/log.%m                     //SAMBA日志存放路径，m%表示已联机的NetBIOS名称

# Cap the size of the individual log files (in KiB).
   max log size = 1000                                  //日志文件的最大容量，单位为KB

# If you want Samba to only log through syslog then set the following
# parameter to 'yes'.
;   syslog only = no                                    //是否只通过系统日志记录

# We want Samba to log a minimum amount of information to syslog. Everything
```

```
# should go to /var/log/samba/log.{smbd,nmbd} instead. If you want to log
# through syslog you should set the following parameter to something higher.
   syslog = 0                                   //设置系统日志记录级别

# Do something sensible when Samba crashes: mail the admin a backtrace
   panic action = /usr/share/samba/panic-action %d     //回溯操作定义文件的路径（SAMBA 崩溃
//时，通过邮件向管理员回溯）

####### Authentication #######                //安全认证设置

# "security = user" is always a good idea. This will require a Unix account
# in this server for every user accessing the server. See
# /usr/share/doc/samba-doc/htmldocs/Samba3-HOWTO/ServerType.html
# in the samba-doc package for details.
;   security = user                            //安全等级设置
                                               //安全登级包括:
                                               //Share:不安全登录，无账号和密码
                                               //User:以主机的密码作为登录密码
                                               //Domain:让 SAMBA 作为 PDC
# You may wish to use password encryption. See the section on
# 'encrypt passwords' in the smb.conf(5) manpage before enabling.
   encrypt passwords = true                    //是否用密码加密

# If you are using encrypted passwords, Samba will need to know what
# password database type you are using.
   passdb backend = tdbsam                     //密码数据库后端

   obey pam restrictions = yes                 //从 PAM 限制服务的管理限制

;   guest account = nobody                     //来宾用户身份
   invalid users = root                        //无效的用户

# This boolean parameter controls whether Samba attempts to sync the Unix
# password with the SMB password when the encrypted SMB password in the
# passdb is changed.
   unix password sync = yes                    // UNIX 密码是否同步

# For Unix password sync to work on a Debian GNU/Linux system, the following
# parameters must be set (thanks to Ian Kahan <<kahan@informatik.tu-muenchen.de> for
# sending the correct chat script for the passwd program in Debian Sarge).
   passwd program = /usr/bin/passwd %u         //密码文件路径
   passwd chat = *Enter\snew\s*\spassword:* %n\n *Retype\snew\s*\spassword:*  %n\n
*password\supdated\ssuccessfully* .            //密码对应的环境变量

# This boolean controls whether PAM will be used for password changes
# when requested by an SMB client instead of the program listed in
# 'passwd program'. The default is 'no'.
   pam password change = yes                   //是否允许更改 PAM 管理限制的密码

# This option controls how nsuccessful authentication attempts are mapped
# to anonymous connections
map to guest = bad user                        //鉴权失败后的映射用户

########## Domains ###########                 //域名设置

# Is this machine able to authenticate users. Both PDC and BDC
# must have this setting enabled. If you are the BDC you must
# change the 'domain master' setting to no
#
;   domain logons = yes                        //是否允许域名登录
#
# The following setting only takes effect if 'domain logons' is set
# It specifies the location of the user's profile directory
```

```
# from the client point of view)
# The following required a [profiles] share to be setup on the
# samba server (see below)
;   logon path = \\%N\profiles\%U                //登录文件路径
# Another common choice is storing the profile in the user's home directory
;   logon path = \\%N\%U\profile                 //另一个登录文件路径

# The following setting only takes effect if 'domain logons' is set
# It specifies the location of a user's home directory (from the client
# point of view)
;   logon drive = H:                             //在域名登录模式下，登录的磁盘分区
;   logon home = \\%N\%U                         //登录后的用户目录

# The following setting only takes effect if 'domain logons' is set
# It specifies the script to run during logon. The script must be stored
# in the [netlogon] share
# NOTE: Must be store in 'DOS' file format convention
;   logon script = logon.cmd                     //登录脚本文件

# This allows Unix users to be created on the domain controller via the SAMR
# RPC pipe.  The example command creates a user account with a disabled Unix
# password; please adapt to your needs
; add user script = /usr/sbin/adduser --quiet --disabled-password --gecos "" %u
//添加用户脚本

########## Printing ##########                   //打印设置

# If you want to automatically load your printer list rather
# than setting them up individually then you'll need this
;   load printers = yes                          //允许远程打印

# lpr(ng) printing. You may wish to override the location of the
# printcap file
;   printing = bsd                               //重写printcap文件的方式
;   printcap name = /etc/printcap                //重写printcap文件的路径

# CUPS printing.  See also the cupsaddsmb(8) manpage in the
# cupsys-client package.
;   printing = cups                              //CUPS模式共享打印
;   printcap name = cups

############ Misc ############

# Using the following line enables you to customise your configuration
# on a per machine basis. The %m gets replaced with the netbios name
# of the machine that is connecting
;   include = /home/samba/etc/smb.conf.%m        //自定义配置文件的路径

# Most people will find that this option gives better performance.
# See smb.conf(5) and /usr/share/doc/samba-doc/htmldocs/Samba3-HOWTO/speed.html
# for details
# You may want to add the following on a Linux system:
#         SO_RCVBUF=8192 SO_SNDBUF=8192
   socket options = TCP_NODELAY                  //socket操作模式

# The following parameter is useful only if you have the linpopup package
# installed. The samba maintainer and the linpopup maintainer are
# working to ease installation and configuration of linpopup and samba.
;   message command = /bin/sh -c '/usr/bin/linpopup "%f" "%m" %s; rm %s' &   //消息命令参数

# Domain Master specifies Samba to be the Domain Master Browser. If this
# machine will be configured as a BDC (a secondary logon server), you
# must set this to 'no'; otherwise, the default behavior is recommended.
;   domain master = auto                         //域名管理模式
```

```
# Some defaults for winbind (make sure you're not using the ranges
# for something else.)
;   idmap uid = 10000-20000                //IDMP 用户 UID 范围
;   idmap gid = 10000-20000                //IDMP 用户组 GID 范围
;   template shell = /bin/bash             //IDMP 的 shell 版本

# The following was the default behaviour in sarge,
# but samba upstream reverted the default because it might induce
# performance issues in large organizations.
# See Debian bug #368251 for some of the consequences of *not*
# having this setting and smb.conf(5) for details.
;   winbind enum groups = yes              //WINBIND 的用户组
;   winbind enum users = yes               //WINBIND 的用户

# Setup usershare options to enable non-root users to share folders
# with the net usershare command.

# Maximum number of usershare. 0 (default) means that usershare is disabled.
;   usershare max shares = 100             //最大用户共享数

# Allow users who've been granted usershare privileges to create
# public shares, not just authenticated ones
    usershare allow guests = yes           //是否允许来宾用户 guests 共享
```

2. 共享目录设置

文件/etc/samba/smb.conf 中关于共享目录的设置都具有相同的格式，如下所示：

```
[目录名]
参数1＝值
参数2＝值
……
参数N＝值
```

在 Ubuntu Linux 安装了 samba 后的一个默认示例文件如下所示：

```
#======================= Share Definitions =======================

# Un-comment the following (and tweak the other settings below to suit)
# to enable the default home directory shares.  This will share each
# user's home directory as \\server\username
;[homes]
;   comment = Home Directories             //目录描述信息，说明信息
;   browseable = no                        //是否允许用户浏览其他用户的主目录

# By default, the home directories are exported read-only. Change the
# next parameter to 'no' if you want to be able to write to them.
;   read only = yes                        //只读权限控制

# File creation mask is set to 0700 for security reasons. If you want to
# create files with group=rw permissions, set next parameter to 0775.
;   create mask = 0700                     //创建文件的掩码

# Directory creation mask is set to 0700 for security reasons. If you want to
# create dirs. with group=rw permissions, set next parameter to 0775.
;   directory mask = 0700                  //创建文件夹的掩码

# By default, \\server\username shares can be connected to by anyone
# with access to the samba server. Un-comment the following parameter
# to make sure that only "username" can connect to \\server\username
# This might need tweaking when using external authentication schemes
;   valid users = %S                       //可以使用该目录的账号

# Un-comment the following and create the netlogon directory for Domain Logons
# (you need to configure Samba to act as a domain controller too.)
;[netlogon]
```

```
;   comment = Network Logon Service       //目录描述信息
;   path = /home/samba/netlogon            //路径
;   guest ok = yes                         //guest用户访问权限
;   read only = yes                        //只读权限控制
;   share modes = no                       //共享模式

# Un-comment the following and create the profiles directory to store
# users profiles (see the "logon path" option above)
# (you need to configure Samba to act as a domain controller too.)
# The path below should be writable by all users so that their
# profile directory may be created the first time they log on
;[profiles]
;   comment = Users profiles
;   path = /home/samba/profiles
;   guest ok = no
;   browseable = no
;   create mask = 0600
;   directory mask = 0700

[printers]
   comment = All Printers
   browseable = no
   path = /var/spool/samba
   printable = yes                         //是否共享打印权限
   guest ok = no
   read only = yes
   create mask = 0700

# Windows clients look for this share name as a source of downloadable
# printer drivers
[print$]
   comment = Printer Drivers
   path = /var/lib/samba/printers
   browseable = yes
   read only = yes
   guest ok = no
# Uncomment to allow remote administration of Windows print drivers.
# Replace 'ntadmin' with the name of the group your admin users are
# members of.
;   write list = root, @ntadmin             //远程管理Windows的打印驱动程序

# A sample share for sharing your CD-ROM with others.
;[cdrom]
;   comment = Samba server's CD-ROM
;   read only = yes
;   locking = no
;   path = /cdrom
;   guest ok = yes

# The next two parameters show how to auto-mount a CD-ROM when the
#     cdrom share is accesed. For this to work /etc/fstab must contain
#     an entry like this:
#
#     /dev/scd0   /cdrom   iso9660 defaults,noauto,ro,user   0 0
#
# The CD-ROM gets unmounted automatically after the connection to the
#
# If you don't want to use auto-mounting/unmounting make sure the CD
#     is mounted on /cdrom
#
;   preexec = /bin/mount /cdrom             //挂载光驱
;   postexec = /bin/umount /cdrom           //卸载光驱
```

3. 无权限的 SAMBA 服务器配置

此例介绍启用一个 SAMBA Server，设定分享的目录，但是完全没有权限设置，即任何人都

可以登录这个系统（比较危险，少用）。说明如下。

- 在整个 LAN 里面的工作群组为 workgroup。
- Linux 主机的 IP 地址为 192.168.44.128。
- 安全设定为非限制 share。
- 共享服务器的/tmp 文件夹。

配置步骤如下。

（1）修改/etc/samba/smb.conf 配置文件：

```
jacky@jacky-desktop:~$ sudo vim /etc/samba/smb.conf
workgroup = workgroup
interfaces = 192.168.44.128
dns proxy = no
security = share
log file = /var/log/samba/log.%m
max log size = 1000

[tmp]
        comment = Samba test server's dirctory
        read only = yes
        path = /tmp
```

（2）重新启动 SAMBA 服务器：

```
jacky@jacky-desktop:~$ sudo /etc/init.d/samba restart
 * Stopping Samba daemons                                    [ OK ]
 * Starting Samba daemons                                    [ OK ]
```

（3）客户端测试。

根据服务器配置的要求，利用该网段内另一台带有 SAMBA 客户端的 Linux 主机作为客户端来测试。示例如下：

```
jacky@jacky-desktop:~$ smbclient -L 192.168.44.128
Password:                           //直接回车
Anonymous login successful          //匿名用户登录成功
Domain=[WORKGROUP] OS=[Unix] Server=[Samba 3.0.28a]

        Sharename       Type      Comment
        ---------       ----      -------
        print$          Disk      Printer Drivers
        tmp             Disk      Samba test server's dirctory
        IPC$            IPC       IPC Service (jacky-desktop server (Samba, Ubuntu))
        PDF             Printer   PDF
Anonymous login successful
Domain=[WORKGROUP] OS=[Unix] Server=[Samba 3.0.28a]

        Server               Comment
        ---------            -------
        JACKY-DESKTOP        jacky-desktop server (Samba, Ubuntu)

        Workgroup            Master
        ---------            -------
        WORKGROUP
```

4．设置需要使用者登录

此例介绍登录到需要用户访问权限的 SAMBA 服务器的具体步骤。服务器的配置要求如下。

- 在整个局域网里面的工作群组为 jackygroup。
- Linux 主机的 IP 地址为 192.168.0.238。
- 安全设定工作群组类型为 user。
- 分享主目录与特定目录/home/samba 给所有的使用者使用。

配置过程如下。

（1）修改/etc/samba/smb.conf 配置文件：

```
jacky@jacky-desktop:~$ sudo vim /etc/samba/smb.conf
workgroup = jackygroup
interfaces = 192.168.132.128
server string = %h server (Samba, Ubuntu)
log file = /var/log/samba/log.%m
max log size = 1000
security = user
encrypt passwords = true
smb passwd file = /etc/samba/smbpasswd

[public]
        comment = Public directory
        path = /home/samba
        read only = no
        printable = no
        public = yes
```

修改完配置文件，因为共享目录/home/samba 不存在，故需要手动创建。

```
jacky@jacky-desktop:~$ sudo mkdir /home/samba
```

（2）设定用户权限。

SAMBA 主机所提供的能够登录的账号必须在/etc/passwd 里面（即此用户本身是一个系统用户）。但是，并不是所有的/etc/passwd 文件里面的账号都可以登录 SAMBA 主机，而只有 SAMBA 密码设定文件内的系统账号才可以使用 SAMBA 登录。密码文件的路径为/etc/samba/smbpasswd，需要手动创建该文件，并用 smbpasswd 命令映射系统用户。

设置过程如下所示：

```
jacky@jacky-desktop:~$ sudo useradd jackytest -d /home/jackytest    //添加用户 jackytest
jacky@jacky-desktop:~$ sudo passwd jackytest                         //为新用户设置密码
输入新的 UNIX 口令：
重新输入新的 UNIX 口令：
passwd: 已成功更新密码
jacky@jacky-desktop:~$ sudo touch /etc/samba/smbpasswd    //创建 samba 密码文件
jacky@jacky-desktop:~$ sudo smbpasswd -a jackytest //设置 jackytest 用户的 SAMBA 访问密码
New SMB password:
Retype new SMB password:
Added user jackytest.                                     //成功添加用户到密码文件中
```

smbpasswd 命令的部分参数说明如下。

- -a：新增一个使用者。
- -d：禁止一个使用者。
- -e：恢复使用者。
- -m：该 username 为机器代码，使用 SAMBA 作为 PDC 主机时使用。
- -x：从 smbpasswd 中删除使用者。

（3）重新启动 SAMBA 服务：

```
jacky@jacky-desktop:~$ sudo /etc/init.d/samba restart
 * Stopping Samba daemons                                           [ OK ]
 * Starting Samba daemons                                           [ OK ]
```

（4）Linux 客户端测试。

根据服务器配置的要求，利用该网段内另一台带有 SAMBA 客户端的 Linux 主机作为客户端来测试。

用匿名用户登录示例如下所示：

```
jacky@jacky-desktop:~$ smbclient -L 192.168.0.238
Password:                                         //直接回车
Anonymous login successful
Domain=[JACKYGROUP] OS=[Unix] Server=[Samba 3.0.28a]

        Sharename       Type      Comment
        ---------       ----      -------
        print$          Disk      Printer Drivers
        public          Disk      Public directory
        IPC$            IPC       IPC Service (jacky-desktop server (Samba, Ubuntu))
        PDF             Printer   PDF
Anonymous login successful
Domain=[JACKYGROUP] OS=[Unix] Server=[Samba 3.0.28a]

        Server              Comment
        ---------           -------
        JACKY-DESKTOP       jacky-desktop server (Samba, Ubuntu)

        Workgroup           Master
        ---------           ------
        JACKYGROUP
```

用之前创建的测试用户 jackytest 登录示例如下所示：

```
jacky@jacky-desktop:~$ smbclient -L 192.168.0.238
Password:                                         //输入之前配置的密码
Domain=[JACKYGROUP] OS=[Unix] Server=[Samba 3.0.28a]
Sharename       Type      Comment
---------       ----      -------
public          Disk      Public directory
IPC$            IPC       IPC Service (Samba Server)
ADMIN$          Disk      IPC Service (Samba Server)
Server              Comment
---------           -------
JACKY               Samba Server
Workgroup           Master
```

（5）Windows 客户端测试。

为了提高访问的速度，用户可以在 Windows 环境下采用运行命令的方式访问，执行命令"开始-运行"，打开如图 15-2 所示的"运行"对话框，输入"\\主机 IP 地址"，然后回车，即可打开输入用户名和密码的提示对话框，输入前面设置的 SAMBA 用户的用户名和密码，回车后即可打开如图 15-3 所示的对话框，其中有 SAMBA Server 共享目录，用户可以看到自己的主目录，即图中显示的主目录。

图 15-2　访问 SAMBA 服务器　　　　　　图 15-3　服务器目录信息

15.2.3 图形界面下配置 Samba 服务器

为了配合桌面管理，Ubuntu Linux 和其他的 Linux 发行版一样，提供有图形化配置服务的工具，该类工具的命名规则为：system-config-Service，其中 Service 表示具体的服务名称。Ubuntu12.04 没有默认安装 system-config-samba 软件包，通过 APT 工具下载并安装的过程如下：

```
jacky@jacky-desktop:~$ sudo apt-get install system-config-samba
正在读取软件包列表... 完成
正在分析软件包的依赖关系树
读取状态信息... 完成
将会安装下列额外的软件包:
  libuser1 python-libuser
下列【新】软件包将被安装:
  libuser1 python-libuser system-config-samba
共升级了 0 个软件包，新安装了 3 个软件包，要卸载 0 个软件包，有 334 个软件未被升级。
需要下载 366kB 的软件包。
操作完成后，会消耗掉 2212kB 的额外磁盘空间。
您希望继续执行吗？[Y/n]Y
下载 336kB，耗时 10min1s (559B/s)
选中了曾被取消选择的软件包 libuser1。
(正在读取数据库 ... 系统当前总共安装有 100737 个文件和目录。)
正在解压缩 libuser1 (从 .../libuser1_1%3a0.56.7-1ubuntu1_i386.deb) ...
选中了曾被取消选择的软件包 python-libuser。
正在解压缩 python-libuser (从 .../python-libuser_1%3a0.56.7-1ubuntu1_i386.deb) ...
选中了曾被取消选择的软件包 system-config-samba。
正在解压缩 system-config-samba (从 .../system-config-samba_1.2.50-0ubuntu2.2_all.deb) ...
正在设置 libuser1 (1:0.56.7-1ubuntu1) ...

正在设置 python-libuser (1:0.56.7-1ubuntu1) ...

正在设置 system-config-samba (1.2.50-0ubuntu2.2) ...

Processing triggers for libc6 ...
ldconfig deferred processing now taking place
```

安装完成，输入以下命令启动配置工具，配置工具界面如图 15-4 所示：

```
jacky@jacky-desktop:~$ sudo system-config-samba
```

图 15-4 "Samba 服务器配置"界面

1. 创建 Samba 用户

在图 15-4 中选择菜单命令"首选项-samba 用户",打开如图 15-5 所示的"Samba 用户"对话框,单击"添加用户"按钮,打开如图 15-6 所示的"创建新 Samba 用户"对话框。

图 15-5 "Samba 用户"对话框

图 15-6 "创建新 samba 用户"对话框

在"UNIX 用户名"列表中选择系统中已有的某个用户,在"Windows 用户名"文本框中输入从 Windows 访问该 Samba 服务器时的用户名,在"Samba 口令"文本框中输入用户对应的登录密码。

2. 设置系统全局参数

在图 15-4 中选择菜单命令"首选项-服务器设置",打开如图 15-7 所示的"服务器设置"对话框。在"基本"标签页中,"工作组"文本框用来输入共享用户组的名称,相当于 /etc/samba/smb.conf 文件中的 workgroup 参数;"描述"为对该服务器的简单描述,相当于 /etc/samba/smb.conf 文件中的 server string 参数。

"安全性"标签页如图 15-8 所示。

图 15-7 服务器设置-基本

图 15-8 服务器设置-安全性

"验证模式"列表中包括 Samba 所支持的验证方式(用户、共享、服务器、域、ADS),相当于 /etc/samba/smb.conf 文件中的 security 参数,"验证服务器"文本框用于在 server 验证模式下输入验证服务器的地址,"Kerberos 域"文本框用于在 domain 验证模式下输入验证域的名称,"加密口令"选择框用来控制是否需要登录密码,"来宾账号"选择框用于设置允许登录 Samba 服务器的来宾用户。

3. 设置共享路径

在图 15-4 中选择菜单命令"文件-添加共享"或单击"添加共享"按钮，打开如图 15-9 所示的"创建 samba 共享"对话框。"目录"文本框用于输入共享目录的路径，"共享名"文本框用于输入共享目录的别名，"描述"文本框用于输入简要描述。

基本信息设置完毕，单击"访问"标签页，打开如图 15-10 所示的对话框。在该对话框中，主要是对共享目录的访问权限进行设置，包括设置某个用户或某些用户具有访问权限，或设置所有用户都具有访问权限。

图 15-9　创建 Samba 共享-基本

图 15-10　创建 Samba 共享-访问

设置完所有的参数，需要重新启动 Samba 服务器以适应新的参数。

15.2.4　客户端挂载远程主机

客户端挂载远程主机的命令为 smbclient，主要用来存取 SMB/CIFS 服务器的用户端程序。其结构如下：

```
smbclient [网络资源][密码][-EhLN][-B ][-d<排错层级>][-i<范围>][-I ][-l<记录文件>][-M ]
[-n ][-O<连接槽选项>][-p ][-R<名称解析顺序>][-s<目录>][-t<服务器字码>][-T ][-U<用户名称>][-W<工作群组>]
```

其主要参数说明如下。

- [网络资源]：格式为//服务器名称/资源分享名称。
- [密码]：输入存取网络资源所需的密码。
- -B：传送广播数据包时所用的 IP 地址。
- -d<排错层级>：指定记录文件所记载事件的详细程度。
- -E：将信息送到标准错误输出设备。
- -I：指定服务器的 IP 地址。
- -l<记录文件>：指定记录文件的名称。
- -L：显示服务器端所分享出来的所有资源。
- -M：可利用 WinPopup 协议，将信息送给选项中所指定的主机。
- -n：指定用户端所要使用的 NetBIOS 名称。
- -N：不用询问密码。
- -O<连接槽选项>：设置用户端 TCP 连接槽的选项。
- -p：指定服务器端 TCP 连接端口编号。

- -R<名称解析顺序>：设置 NetBIOS 名称解析的顺序。
- -s<目录>：指定 smb.conf 所在的目录。
- -t<服务器字码>：设置用何种字符码来解析服务器端的文件名称。
- -T：备份服务器端分享的全部文件，并打包成 tar 格式的文件。
- -U<用户名称>：指定用户名称。
- -W<工作群组>：指定工作群组名称。

Smbclient 命令的示例如下：

```
jacky@jacky-desktop:~$ smbclient -L 192.168.44.128
Password:
Anonymous login successful
Domain=[WORKGROUP] OS=[Unix] Server=[Samba 3.0.28a]

        Sharename       Type        Comment
        ---------       ----        -------
        print$          Disk        Printer Drivers
        tmp             Disk        Samba test server's dirctory
        IPC$            IPC         IPC Service (jacky-desktop server (Samba, Ubuntu))
        PDF             Printer     PDF
Anonymous login successful
Domain=[WORKGROUP] OS=[Unix] Server=[Samba 3.0.28a]

        Server          Comment
        ---------       -------
        JACKY-DESKTOP      jacky-desktop server (Samba, Ubuntu)

        Workgroup       Master
        ---------       -------
        WORKGROUP
```

15.3 SAMBA 服务配置实例

15.3.1 网络模型及系统要求

本实例完成 Windows 和 Linux 操作系统之间文件的共享配置，其系统结构如图 15-11 所示。

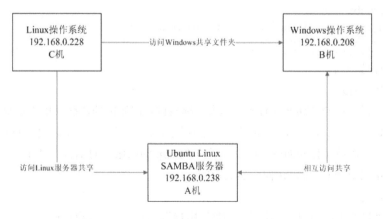

图 15-11　网络结构图

Ubuntu Linux 从入门到精通

A 机 IP 地址为 192.168.0.238，其操作系统为 Ubuntu Linux12.04 操作系统，此机作为 Linux 下的 SAMBA 服务器主机，其共享参数如下。

- 工作组为 testcomputer。
- 将 /home/jacky 目录共享给用户 jacky，并设置登录密码访问，即其他用户不能访问。

15.3.2 配置过程及参数实现

1．A 主机配置内容

（1）修改 /etc/samba/smb.conf 配置文件。

```
jacky@jacky-desktop:~$ sudo vim /etc/samba/smb.conf
[gloab]
workgroup = testcomputer
server string = %h server (Samba, Ubuntu)
dns proxy = no
interfaces = 192.168.0.238
log file = /var/log/samba/log.%m
max log size = 1000
security = user
encrypt passwords = true
passdb backend = tdbsam
passwd program = /usr/bin/passwd %u
socket options = TCP_NODELAY SO_RCVBUF=8192 SO_SNDBUF=8192

[home]
        comment = Home directory
        browseable = yes
        path = /home/jacky
        create mask = 0644
        directory mask = 0755
        read only = no
        printable = no
```

（2）添加 Samba 用户。

由于当前 Ubuntu Linux 中已经有 jacky 这个用户，所以只需要将该用户添加到 samba 用户中即可。命令及过程如下：

```
jacky@jacky-desktop:~$ sudo smbpasswd -a jacky         //设置jacky用户的SAMBA访问密码
New SMB password:
Retype new SMB password:
Added user jacky.                                      //成功添加用户到SAMBA用户中
```

（3）启动 Samba 服务。

```
jacky@jacky-desktop:~$ sudo /etc/init.d/samba restart
 * Stopping Samba daemons                                              [ OK ]
 * Starting Samba daemons                                              [ OK ]
```

2．B 主机配置内容

（1）设置共享目录。

在本机查找到目录 D:\Temp 文件夹，单击鼠标右键，在弹出的快捷菜单中选择"共享和安全"菜单项，打开如图 15-12 所示的"temp 属性"对话框，选中"共享该文件夹"单选按钮，然后单击下方的"权限"按钮，打开如图 15-13 所示的"temp 的权限"对话框，从中设置可以访问的用户，添加"Administrator"可以访问，然后返回。

（2）启动来宾账号。

右键单击"我的电脑-管理-本地用户和组-用户"，启动来宾账户访问。

SAMBA 服务器配置及应用

图 15-12 "temp 属性"对话框

图 15-13 "temp 的权限"对话框

3. 客户端访问过程

（1）在 C 机 Linux 下访问 A 机 Samba 服务器。

```
[root@~ root]# smbclient //192.168.0.238/jacky -U jacky
Password:
Domain=[TESTCOMPUTER] OS=[Unix] Server=[Samba 3.0.28a]
smb: \> pwd
Current directory is \\jacky-desktop\jacky\jacky
smb:\>quit
```

（2）在 B 机 Window 主机上访问 Linux 主机共享。

在 Windows 环境下单击"开始-运行"，打开如图 15-14 所示的"运行"对话框，在"打开"文件框中输入"\\192.168.0.238"，单击"确定"按钮，系统将弹出输入用户名及密码对话框，从中输入 Samba 服务的用户名 jacky 及密码，打开如图 15-15 所示的对话框，其中有 jacky 目录（或上一级目录）。

图 15-14 输入共享路径

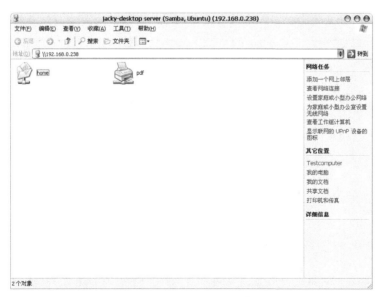

图 15-15 共享文件夹内容

（3）在 C 机访问 B 机 Windows 共享文件夹。

```
[root@~ root]# smbclient //192.168.0.208/temp -U administrator
Password:
Domain=[WORKGROUP] OS=[Windows XP] Server=[ Windows XP]
smb:\>pwd
Current directory is\\1192.168.0.208\temp\
smb:\>ls
  ..
  Testtemp         A   1024  Fri Jan 22 18:04:14 2010
smb:\>quit
[root@~ root]#
```

15.4 课后练习

1. 简述 Samba 功能与服务原理，它与 FTP、NFS 有何区别？
2. 简述 Samba 两种连接方式的联系和区别。
3. Ubuntu Linux 中的 Samba 组件有哪些？
4. 简述配置 Linux 下的 Samba 服务器的步骤。
5. Ubuntu Linux 下的图形化配置工具是什么？怎样使用？
6. 搭建自己的 Samba 服务器，并与 Windows 实现文件共享。

第 16 章 DHCP 服务器配置及应用

DHCP（Dynamic Host Configuration Protocol，动态主机配置协议），主要为局域网内的主机提供主机网络信息配置功能，配置成 DHCP 服务器的主机将自动向网络上的 DHCP 客户机分配网络信息，主要包括动态分配 IP 地址、设定子网掩码、默认网关、DNS 服务器等一系列网络信息。采用 DHCP 方式管理大量的网络主机很方便，管理员不再需要手工设置各个客户机的网络信息。

本章第 1 节介绍 DHCP 的工作原理，即客户机与服务器是如何进行 IP 地址分配的，并对整个通信过程作介绍。

第 2 节介绍如何实现 Ubuntu Linux 操作系统下的 DHCP 服务器配置，各配置文件的主要功能以及配置过程。

第 3 节用一个具体实例（Windows 操作系统与 Linux 操作系统并存的网络）介绍如何在网络上配置 DHCP 服务器，以及在各操作系统下如何配置客户端。

读者通过本章的学习，能够独立完成 DHCP 服务器的配置，并掌握 DHCP 服务器的基本原理及功能。

16.1 DHCP 服务原理

16.1.1 DHCP 功能简介

一台 Linux 操作系统的主机要能够连接到 Internet，必须拥有 IP 地址、netmask 子网掩码、network 网络号、broadcast 广播地址、gateway 默认网关以及 DNS 服务器。以上各项在/etc/network/interfaces 文件中设定，DNS 服务器将在/etc/resolv.conf 文件中设定：

```
jacky@jacky-desktop:~$ cat /etc/network/interfaces
auto lo
iface lo inet loopback

iface eth0 inet static
address 192.168.1.21
netmask 255.255.255.0
gateway 192.168.1.1

auto eth0
jacky@jacky-desktop:~$ cat /etc/resolv.conf
search localdomain
nameserver 192.168.44.2
```

当网络上有大量的主机需要获得 IP 地址以及其他信息时，如果采用手动方式设置，会耗费大量的时间，而且管理不方便。使用 DHCP 方式可以解决这一问题，只要在网络上建立一个 DHCP 主机，网络上的其他客户端计算机在系统开机时就可以从 DHCP 服务器分得相应的网络参数，包括 IP 地址、子网掩码（netmask）、网络号（network）、网关（gateway）与 DNS 服务器的地址，从而可避免进行大量的手工操作及出现网络 IP 地址冲突的情况。

16.1.2 DHCP 的运作方式

如果在同一网段内有一台 DHCP 服务器，则客户端可以通过软件广播的方式相互通信。客户端与服务器端相互通信过程的示意如图 16-1 所示。

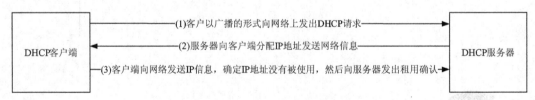

图 16-1　DHCP 服务器与客户端通信过程

（1）客户端发出 DHCP 请求。如果客户端设定了使用 DHCP 方式获得网络参数，则客户端计算机在开机或者重新启动网卡设备时，会自动发出 DHCP 客户端请求给网域中的每部计算机，所发出的信息希望网络上的每部计算机都可以接收，所以该信息除了当前主机 MAC 地址不变外，信息的源 IP 地址被设定为 0.0.0.0，而目的地址则为 255.255.255.255（Linux 主机会自动设定）。此时网络上的所有主机都会收到这一消息，但是所有的没有提供 DHCP 服务的计算机会自动地将该信息丢弃。

（2）DHCP 主机响应信息。如果网络上存在 DHCP 服务器，则 DHCP 主机在收到此客户端的 DHCP 请求后，DHCP 主机则根据信息中的 MAC 与本身的设定值进行比对，如果 DHCP 主机的设定针对该 MAC 提供静态 IP 地址（每次都给予一个固定的 IP 地址），则将提供客户端相关的固定 IP 地址与网络参数；如果该信息的 MAC 并不在 DHCP 主机的设定 IP 地址之内，则 DHCP 主机会选取目前网域内没有使用的 IP 地址（这个 IP 地址与设定值有关）发送给客户端使用，这条信息无法指定目的 IP 地址，因此仍然以广播的形式发送。另外，DHCP 主机发放给客户端的信息中会附带一个"租约期限"的信息，告诉客户端这个 IP 地址可以使用的期限。

（3）客户端接受来自 DHCP 主机的网络参数，并设定客户端网络环境。当客户端接受响应的信息后，ARP 封包在网域内发出信息，以确定来自 DHCP 主机发放的 IP 地址并没有被占用；如果该 IP 地址已经被占用，那么客户拒绝接受这次的 DHCP 信息，而将再次向网域内发出 DHCP 请求；若该 IP 地址没有被占用，则客户端可以接受 DHCP 主机所给的网络的参数，同时客户端也会对 DHCP 主机发出确认封包，告诉 DHCP 服务器已经确认，而服务器也会将该信息记录下来。

16.2 配置 Ubuntu Linux 下的 DHCP 服务器

16.2.1 Ubuntu Linux 下的 DHCP 软件包组成

Ubuntu Linux 下的 DHCP 最主要的软件包是 dhcp3-server，另有依赖关系的包 dhcp3-common，客户端所用的软件包为 dhcp3-client，这些软件包没有在系统内默认安装，读者可以通过新立得软件包管理器或 APT 工具获取并安装。安装过程如下：

```
jacky@jacky-desktop:~$ sudo apt-get install dhcp3-server
[sudo] password for jacky:
正在读取软件包列表... 完成
正在分析软件包的依赖关系树
读取状态信息... 完成
将会安装下列额外的软件包:
  dhcp3-client dhcp3-common
建议安装的软件包:
  resolvconf
下列【新】软件包将被安装:
  dhcp3-server
下列的软件包将被升级:
  dhcp3-client dhcp3-common
共升级了 2 个软件包，新安装了 1 个软件包，要卸载 0 个软件包，有 890 个软件未被升级。
需要下载 937kB 的软件包。
操作完成后，会消耗掉 1016kB 的额外磁盘空间。
您希望继续执行吗？[Y/n]Y
……
正在设置 dhcp3-server (3.1.1-1ubuntu2.1) ...
Generating /etc/default/dhcp3-server...
 * Starting DHCP server dhcpd3
 * check syslog for diagnostics.
                                                                    [OK]
```

安装成功，系统中会产生以下几个与 DHCP 相关的主要文件。

（1）/etc/dhcp3/dhcpd.conf。这是 DHCP 的主配置文件。

（2）/etc/default/dhcp3-server。这是 DHCP 在默认情况下设置网络设备的配置文件。

(3) /etc/dhcp3/dhclient.conf。这是 DHCP 客户端的配置文件。

(4) /usr/sbin/dhcpd3。这是 DHCP 的执行文件。

(5) /etc/init.d/dhcp3-server。这是由 DHCP 的服务文件，用于启动或停止服务。

16.2.2　文本界面下配置 DHCP 服务器

配置 DHCP 服务器，主要需要针对两个配置文件进行设置，一个是主配置文件/etc/dhcp3/dhcpd.conf，另一个是/etc/default/dhcp3-server。

（1）进行网络设备绑定的配置。

配置文件/etc/default/dhcp3-server 的主要功能是设置网络设备（网卡），绑定 DHCP 至某个网卡上。在 Ubuntu Linux 中安装 dhcp3-server 后，该文件的默认示例如下：

```
jacky@jacky-desktop:~$ sudo vim /etc/default/dhcp3-server
# Defaults for dhcp initscript
# sourced by /etc/init.d/dhcp
# installed at /etc/default/dhcp3-server by the maintainer scripts
#

#
# This is a POSIX shell fragment
#

# On what interfaces should the DHCP server (dhcpd) serve DHCP requests?
#       Separate multiple interfaces with spaces, e.g. "eth0 eth1".
INTERFACES=""
```

在该文件中，仅需对最后一行进行设置，设置方式如下：

```
INTERFACES="eth0"                          //将 eth0 设备作为 DHCP 绑定的对象
```

其中，eth0 表示系统中的第 1 张网卡，依次类推。如果是有多张网卡的计算机，其命名规则为 eth1、eth2、……、eth[n]等。

（2）修改主配置文件。

DHCP 主配置文件/etc/dhcp3/dhcpd.conf 主要是针对服务器的各项功能参数进行设定，在 Ubuntu Linux 中安装 dhcp3-server 后，该文件的默认示例如下：

```
jacky@jacky-desktop:~$ sudo vim /etc/dhcp3/dhcpd.conf
#
# Sample configuration file for ISC dhcpd for Debian
#
# Attention: If /etc/ltsp/dhcpd.conf exists, that will be used as
# configuration file instead of this file.
#
# $Id: dhcpd.conf,v 1.1.1.1 2002/05/21 00:07:44 peloy Exp $
#

# The ddns-updates-style parameter controls whether or not the server will
# attempt to do a DNS update when a lease is confirmed. We default to the
# behavior of the version 2 packages ('none', since DHCP v2 didn't
# have support for DDNS.)
ddns-update-style none;                              //支持的 DNS 动态更新类型

# option definitions common to all supported networks...
option domain-name "example.org";                    //设置 DNS 域名，如果主机名为 jacky,
//则域名为 jacky.example.org
option domain-name-servers ns1.example.org, ns2.example.org;  //指定 DNS 服务器

default-lease-time 600;                              //默认租约期限，单位为秒
max-lease-time 7200;                                 //最大租约期限
```

DHCP 服务器配置及应用

```
# If this DHCP server is the official DHCP server for the local
# network, the authoritative directive should be uncommented.
#authoritative;

# Use this to send dhcp log messages to a different log file (you also
# have to hack syslog.conf to complete the redirection).
log-facility local7;                                    //切换 DHCP 日志记录路径

# No service will be given on this subnet, but declaring it helps the
# DHCP server to understand the network topology.

#subnet 10.152.187.0 netmask 255.255.255.0 {            //IP 作用域，子网 ID 及子网掩码
#}

# This is a very basic subnet declaration.

#subnet 10.254.239.0 netmask 255.255.255.224 {
#  range 10.254.239.10 10.254.239.20;                   //地址池，即可分配的 IP 地址范围
#  option routers rtr-239-0-1.example.org, rtr-239-0-2.example.org;   //路由信息
#}

# This declaration allows BOOTP clients to get dynamic addresses,
# which we don't really recommend.

#subnet 10.254.239.32 netmask 255.255.255.224 {         //IP 作用域
#  range dynamic-bootp 10.254.239.40 10.254.239.60;     //地址池范围
#  option broadcast-address 10.254.239.31;              //广播地址
#  option routers rtr-239-32-1.example.org;             //路由信息
#}

# A slightly different configuration for an internal subnet.
#subnet 10.5.5.0 netmask 255.255.255.224 {
#  range 10.5.5.26 10.5.5.30;
#  option domain-name-servers ns1.internal.example.org;
#  option domain-name "internal.example.org";
#  option routers 10.5.5.1;
#  option broadcast-address 10.5.5.31;
#  default-lease-time 600;
#  max-lease-time 7200;
#}

# Hosts which require special configuration options can be listed in
# host statements.   If no address is specified, the address will be
# allocated dynamically (if possible), but the host-specific information
# will still come from the host declaration.

//使用 host 语句，可以静态分配 IP，保留特定的 IP 地址，
#host passacaglia {
#  hardware ethernet 0:0:c0:5d:bd:95;                   //MAC 地址
#  filename "vmunix.passacaglia";                       //文件名
#  server-name "toccata.fugue.com";                     //服务名
#}

# Fixed IP addresses can also be specified for hosts.   These addresses
# should not also be listed as being available for dynamic assignment.
# Hosts for which fixed IP addresses have been specified can boot using
# BOOTP or DHCP.   Hosts for which no fixed address is specified can only
# be booted with DHCP, unless there is an address range on the subnet
# to which a BOOTP client is connected which has the dynamic-bootp flag
# set.
#host fantasia {
#  hardware ethernet 08:00:07:26:c0:a5;
#  fixed-address fantasia.fugue.com;                    //客户端固定 IP 地址
#}
```

```
# You can declare a class of clients and then do address allocation
# based on that.   The example below shows a case where all clients
# in a certain class get addresses on the 10.17.224/24 subnet, and all
# other clients get addresses on the 10.0.29/24 subnet.

//批量处理客户,放入class中
#class "foo" {
#  match if substring (option vendor-class-identifier, 0, 4) = "SUNW";
#}

//共享网络的设置
#shared-network 224-29 {
#  subnet 10.17.224.0 netmask 255.255.255.0 {
#    option routers rtr-224.example.org;
#  }
#  subnet 10.0.29.0 netmask 255.255.255.0 {
#    option routers rtr-29.example.org;
#  }
#  pool {
#    allow members of "foo";
#    range 10.17.224.10 10.17.224.250;
#  }
#  pool {
#    deny members of "foo";
#    range 10.0.29.10 10.0.29.230;
#  }
#}
```

需要说明的是,DHCP 服务器本身需要一个固定的 IP 地址,即 DHCP 服务器的 IP 地址是人工指定的。

(3)启动 DHCP 服务。

dhcp3 在 Ubuntu Linux 中由 init.d 管理,其命令文件位于/etc/init.d/dhcpd3。常用命令如下:

```
jacky@jacky-desktop:~$ sudo /etc/init.d/dhcpd3 stop         //停止服务
jacky@jacky-desktop:~$ sudo /etc/init.d/dhcpd3 start        //启动服务
jacky@jacky-desktop:~$ sudo /etc/init.d/dhcpd3 restart      //重新启动服务
```

16.2.3 客户端申请 IP 地址

1. Windows 操作系统下的配置

将 Windows 操作系统配置成为 DHCP 客户端非常简单,取消自动设置的 IP 地址即可。如果要重新获得 IP 地址,可以使用以下命令:

```
C:\>ipconfig /renew                    //重新获得 IP 地址
C:\>ipconfig /all
PPP adapter 宽带连接:

    Connection-specific DNS Suffix  . :
    Description . . . . . . . . . . . : WAN (PPP/SLIP) Interface
    Physical Address. . . . . . . . . : 00-53-45-00-00-00
    Dhcp Enabled. . . . . . . . . . . : No           //是否允许 DHCP
    IP Address. . . . . . . . . . . . : 10.250.61.235   //客户机 IP
    Subnet Mask . . . . . . . . . . . : 255.255.255.25  //子网掩码
    Default Gateway . . . . . . . . . : 10.250.61.235   //默认网关
    DNS Servers . . . . . . . . . . . : 172.18.0.6      //域名服务器
    NetBIOS over Tcpip. . . . . . . . : Disabled        //是否用 NetBIOS 覆盖 TcpIP
```

2. Linux 操作系统下的客户端配置

修改文件/etc/network/interfaces 为从 DHCP 服务器获得 IP 地址,重新激活网络设置即可。该文件的配置示例如下:

DHCP 服务器配置及应用

```
jacky@jacky-desktop:~$ sudo vim /etc/network/interfaces    //编辑网络接口配置文件
//本地回环的设置，loopback
auto lo
iface lo inet loopback

//eth0 的设置
iface ppp0 inet ppp            //连接模式，有很多种
provider ppp0                  //映射关系

auto ppp0                      //开机自动激活 ppp0

iface eth0 inet dhcp           //eth0 的网络连接模式

auto eth0                      //开机自动激活 eth0 网络设置
Ubuntu Linux 目前没有提供图形化工具来配置 DHCP 服务。
```

16.3 DHCP 服务配置实例

16.3.1 网络模型及系统要求

图 16-2 为本例网络模型，当前系统要求如下。

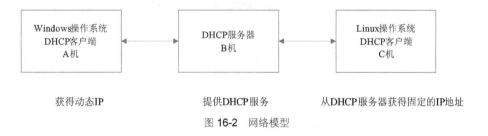

图 16-2　网络模型

（1）A 机。作为 DHCP 客户机，操作系统为 Windows，将从 B 机动态地获得一个 IP 地址。

（2）B 机。提供 DHCP 服务，操作系统为 Linux，IP 地址为 172.25.1.126，将给客户机提供的 DHCP 服务特点如下。

- IP 地址所在的网段为 192.168.0.0。
- 子网掩码为 255.255.254.0。
- 默认网关为 192.168.0.1。
- DNS 服务器为 61.139.2.69。
- 租约时间为 6 小时（合计为 21600s）。
- 最长租约时间为 12h（合计为 43200s）。

（3）C 机。作为 DHCP 客户机，操作系统为 Linux，MAC 地址为 00:0C:29:70:F4:14，将自动从 DHCP 服务器获得固定 IP 地址 192.168.0.228。

16.3.2 配置参数及实现过程

1．B 机配置过程

（1）修改配置文件/etc/dhcp3/dhcpd.conf：

```
jacky@jacky-desktop:~$ sudo vim /etc/dhcp3/dhcpd.conf
ddns-update-style none;
subnet 192.168.0.0 netmask 255.255.254.0 {            //网段信息
#--default gateway
        option routers          192.168.0.1;          //网关
        option subnet-mask          255.255.254.0;    //子网掩码
        option domain-name-servers  61.139.2.6;       //域名服务器
        option time-offset      -18000;

        #配置动态分配IP的范围
        range dynamic-bootp 192.168.0.0 192.168.0.255;
        default-lease-time 21600;
        max-lease-time 43200;

        #配置固定IP对应的客户机
        host ns{
                hardware ethernet 00:0C:29:70:F4:14;
                fixed-address 192.168.0.238;
        }
}
```

（2）重新启动 DHCP 服务：

```
[jacky@localhost ~]$ sudo /etc/init.d/dhcp3-server restart
*Stopping DHCP server dhcpd3                                  [OK]
*Starting DHCP server dhcpd3                                  [OK]
```

2. C 机配置过程

该主机采用其他发行版的 Linux，如 Red Hat Linux，配置过程如下：

```
[root@~ root]# vim /etc/sysconfig/network
NETWORKING=yes                                               //设置为 yes
HOSTNAME=localhost.localdomain
[root@~ root]#vim /etc/sysconfig/network-scripts/ifcfg-eth0
DEVICE=eth0                                                  //设备为 etho
BOOTPROTO=dhcp                                               //为 DHCP 方式
ONBOOT=yes                                                   //开机启动
USERCTL=no
PEERDNS=no
TYPE=Ethernet
```

设置完成，重新获得 IP 地址：

```
[root@~ root]# ifconfig
eth0      Link encap:Ethernet  HWaddr  00:0C:29:70:F4:14     //MAC 地址
          inet addr:192.168.0.228 Bcast:192.168.0.255 Mask:255.255.254.0  //分配的固定 IP 地址
          UP BROADCAST RUNNING MULTICAST  MTU:1500  Metric:1
          RX packets:141298 errors:0 dropped:0 overruns:0 frame:0
          TX packets:3094 errors:0 dropped:0 overruns:0 carrier:0
          collisions:0 txqueuelen:0
          RX bytes:13118502 (12.5 MiB)  TX bytes:344114 (336.0 KiB)
```

3. A 机设置过程

```
C:\>ipconfig /release          //释放现有 IP 信息
C:\>ipconfig /renew            //重新申请 IP 地址
C:\>ipconfig /all              //查看网络信息
Ethernet adapter 本地连接:
    Connection-specific DNS Suffix . :
    Description . . . . . . . : Intel(R) PRO/100 VE Network Connection
    Physical Address. . . . . : 00-0E-7B-01-C9-19
    DHCP Enabled. . . . . . . : Yes                          //采用 DHCP 方式
    Autoconfiguration Enabled . : Yes
    IP Address. . . . . . . . : 192.168.0.208                //IP 地址
    Subnet Mask . . . . . . . : 255.255.254.0                //子网掩码
    Default Gateway . . . . . : 192.168.0.1                  //默认网关
    DHCP Server . . . . . . . : 192.168.0.238                //DHCP 服务器地址
```

```
   DNS Servers . . . . . .     : 61.139.2.69              //DNS 服务器地址
   Lease Obtained. . . .       : 2010 年 1 月 21 日 10:01:23   //租约时间为 6h
   Lease Expires . . . .       : 2010 年 1 月 21 日 22:01:23   //最长租约时间为 18h
```

16.4 课后练习

1. 简述 DHCP 服务的功能及应用领域。
2. 简述 DHCP 服务的运作方式。
3. 简述 Ubuntu Linux 下配置 DHCP 所涉及的各个文件及意义。
4. 简述 Ubuntu Linux 下配置 DHCP 服务器的步骤。
5. 配置自己的 DHCP 服务器,并为局域网内的其他机器分配 IP 地址。

第 17 章　DNS 服务器配置及应用

在物理上采用 MAC 地址（数据链路层）惟一标识一台主机，但 MAC 地址不便于管理，因此，在逻辑上一般采用 IP 地址（网络层）来唯一标识一台主机。IP 地址便于数据传输，所有的网络数据包都采用 IP 寻址的方式查找目的地址。IP 地址由 32 位二进制组成，虽然采用点分十进制法便于识别，但对于用户来说，要详细记住所有访问的 IP 地址同样不方便。因此，为了便于人们记忆，则使用主机名来标识相应的主机，这个主机名就是该主机的域名。为了实现通过域名访问相应的主机，需要将域名解析成对应的 IP 地址，这一工作即由 DNS 服务器来完成。同时，DNS 服务器还提供反向解析功能，即可将 IP 地址解析成对应的域名。

本章第 1 节介绍 DNS 服务的基本功能以及 Linux 下域名解析的基本流程。

第 2 节用实例介绍 Ubuntu Linux 下 DNS 服务器的配置过程，包括在图形界面配置 DNS 服务器，在文本界面配置简单的前向 DNS 服务器，文本界面配置 DNS 服务器的过程及各配置文件参数说明。

第 3 节介绍一个综合 DNS 服务器及 FTP 服务器的配置实例，使用户能将 DNS 服务器应用到实践中。

17.1 DNS 服务基本原理

17.1.1 DNS 功能介绍

DNS 是 Domain Name System 的缩写，它实际上是一个包含主机信息的分布式数据库，将整个网络按照组织结构或管理范围划分成一个层次结构。所有的信息在网络中通过客户和服务器模式可以任意存取。图 17-1 所示为一个 DNS 域分布图。其中根域是 DNS 域的最顶端层级，可以用符号"."来表示，根域下由 com、edu、gov、mil、org 及以国家为分类的域组成第 2 层网域，以下是相应的子域，子域中有大量的主机，如图 17-1 所示的 ftp.scu.edu.cn 即为一个主机。这种管理方式即为 DNS 系统的阶层式管理模式。

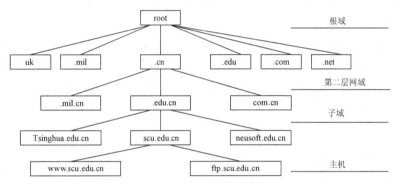

图 17-1 DNS 服务分布图

在阶层式的管理模式中，每一级 DNS 服务器只管理其相邻的下一级 DNS，例如，.cn 就只记录底下那一层的这几个主要的 domain 的主机，不再关心再下一级的域。例如，scu.edu.cn 就直接授权给 edu.cn 管理。也就是说每个上一层的 DNS 主机所记录的信息，只有其下一层的主机名称，至于再下一层，则直接授权给下层的某部主机来管理。

采用这种管理方式，每部机器管理的只有下一层的主机对应的 IP 地址，所以减小了管理上的复杂度。而下层客户端如果有问题，只要询问上一层的 DNS 服务器即可，不需要跨越到上层。

17.1.2 Linux 中的域名解析过程

DNS 由名字服务器和解析器组成。

- 名字服务器（Name Server）是一个安装在计算机中的程序，包含数据库中本地部分的信息，并接受解析器的访问。
- 解析器（Resolvers）是创建查询并通过网络将查询发送给名字服务器的程序，接受服务器的查询结果。

在介绍 DNS 服务器配置之前，先介绍以下几个基本概念。

- 正向解析：要求名字服务器给出从域名到 IP 地址的转换。
- 反向解析：要求名字服务器给出从 IP 地址到域名的转换。

- Zone 区域：一个正解或反解的设定就是一个 zone。例如，要规范 jacky.com 这个域的设定内容，那么它就是一个 zone，通常一个设定档就是一个 zone。如果以 jacky.com 这个例子来说，在 jacky.com.cn 这部主机里至少需要知道 root（或具备 root 权限的用户）以及自身的设定，所以这个域的 DNS 设定档里面必须有以下内容。
- hint（root）的设定。
- jacky.com 这个域的正解设定。
- jacky.com 这个域的反解设定。
- localhost 的正解设定（非必要）。
- localhost 的反解设定（非必要）。

Linux 操作系统对域名的解析除了采用 DNS 的方式外，还可以使用 /etc/hosts 文件进行简单的解析，解析中采用的顺序由文件 /etc/host.conf 决定。

```
jacky@jacky-desktop:~$ cat /etc/host.conf
# The "order" line is only used by old versions of the C library.
order hosts,bind
multi on
```

以上文件说明本主机先使用 /etc/hosts 配置文件进行简单解析，如果没有查找到匹配对象，再使用 DNS 服务器进行解析。/etc/hosts 文件可以自行添加，它不仅可以进行简单的域名解析，还可以设置主机别名，当然，这种手工添加的方式不适合大型网络。其内容如下：

```
jacky@jacky-desktop:~$ cat /etc/hosts
127.0.0.1 localhost
127.0.1.1 jacky-desktop

# The following lines are desirable for IPv6 capable hosts
::1 ip6-localhost ip6-loopback
fe00::0 ip6-localnet
ff00::0 ip6-mcastprefix
ff02::1 ip6-allnodes
ff02::2 ip6-allrouters
ff02::3 ip6-allhosts
```

/etc/resolv.conf 文件用来设置当前主机的 DNS 服务器，如果用户采用固定 IP 地址，则需要手工添加此文件中的 DNS 服务器 IP 地址。如果采用 DHCP 方式获取 IP 地址，系统将自动修改此文件内容。示例如下：

```
jacky@jacky-desktop:~$ cat /etc/resolv.conf
search localdomain
nameserver 61.139.2.69
```

17.2 配置 Ubuntu Linux 下的 DNS 服务器

17.2.1 Ubuntu Linux 中的 DNS 软件包组件介绍

在 Linux 及 UNIX 系统中常用 BIND（Berkeley Internet Name Domain）来实现域名解析，它是 DNS 实现中最流行的一个域名系统。

- BIND 的客户端为解析器，用来产生发往服务器的域名信息的查询。
- BIND 的服务器端为 named 守护进程。

DNS 服务器配置及应用

Ubuntu Linux12.04 使用 bind9 组件，需要手动获取并安装。利用 APT 工具获取并安装的过程如下：

```
jacky@jacky-desktop:~$ sudo apt-get install bind9
正在读取软件包列表... 完成
正在分析软件包的依赖关系树
读取状态信息... 完成
将会安装下列额外的软件包：
  libbind9-30 libdns36 libisc35 libisccc30 libisccfg30 liblwres30
建议安装的软件包：
  bind9-doc resolvconf
下列【新】软件包将被安装：
  bind9 libdns36 libisc35
下列的软件包将被升级：
  libbind9-30 libisccc30 libisccfg30 liblwres30
共升级了 4 个软件包，新安装了 3 个软件包，要卸载 0 个软件包，有 328 个软件未被升级。
需要下载 1022kB 的软件包。
操作完成后，会消耗掉 2413kB 的额外磁盘空间。
您希望继续执行吗？[Y/n]Y
......
wrote key file "/etc/bind/rndc.key"
Reloading AppArmor profiles : done.
 * Starting domain name service... bind                       [ OK ]

Processing triggers for libc6 ...
ldconfig deferred processing now taking place
```

Ubuntu Linux 和其他的 Linux 发行版不同（其他发行版是默认将配置文件放在/etc/bind 中，或位于/etc/namd.conf 文件中，数据文件放于/var/named 或/var/bind 中），是将配置文件和数据文件都放置在/etc/bind 目录下。

主要配置文件如下。

- /etc/bind/named.conf：启动配置文件，设置通用 named 参数，给出该服务器所有的域数据库信息源，即指定域名数据库文件名及位置。
- /etc/bind/named.conf.local 和/etc/bind/named.conf.options：其他 Linux 系统中没有该文件，是 Ubuntu 特有的，分开管理主配置文件的各个部分。

该目录下的其他文件为数据文件，数据文件里的几个资源记录的含义如下。

- SOA 记录：指示该区域的权威。
- NS 记录：列出该区的一个名字服务器。
- A 记录：名字到地址的映射（正向解析）。
- PTR 记录：地址到名字的映射（反向解析）。
- CNAME：规范名字（别名记录）。

17.2.2 DNS 客户端配置

在 Windows 或 Linux 操作系统下，如果用户采用的是手动获得 IP 地址，则 DNS 也需要手动设置。如果采用 DHCP 方式获得 IP 地址，一般情况下，DHCP 服务器会一同提供 DNS 服务器的地址。即使是自动获得 IP 地址，读者同样可以手工指定当前主机的 DNS 服务器地址。下面介绍如何设置 Windows 和 Linux 操作系统的 DNS 客户端。

1. Windows 的设置

在 Windows 桌面上，鼠标右键单击"网上邻居"，在弹出的快捷菜单中选择"属性"菜单项，然后选择需要设置的网络硬件（如果是以太网，选择本地连接的以太网网卡），再次单击鼠标右键，在弹出的快捷菜单中选择"属性"菜单项，打开如图 17-2 所示的界面，双击"Internet 协议（TCP/IP）"选项，打开如图 17-3 所示的设置界面，选中"使用下面的 DNS 服务器地址"单选按钮，此时下方的 DNS 服务器地址栏将变为可用，然后输入相应的 DNS 服务器即可。因此，读者如果要测试自己的 DNS 服务器，需要在此指定当前客户端的 DNS 服务器为自己配置的 DNS 主机。

图 17-2　本地连接-属性设置

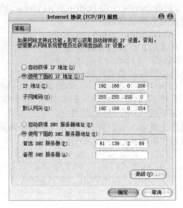

图 17-3　TCP/IP 属性设置

设置完成，需要在 Windows 下测试 DNS 服务器，可以使用 nslookup 命令，示例如下（读者可以使用此命令进行测试）：

```
C:\Documents and Settings\Administrator>nslookup         //输入 nslookup 命令
Default Server:  ns.sc.cninfo.net
Address:  61.139.2.69

> www.wiki.com                                           //通过域名查询
Server:  ns.sc.cninfo.net
Address:  61.139.2.69

Non-authoritative answer:
Name:    www.wiki.com
Address:  70.35.23.23

> 69.134.4.25                                            //通过 IP 地址查询
Server:  ns.sc.cninfo.net
Address:  61.139.2.69

Name:    cpe-069-134-004-025.nc.res.rr.com
Address:  69.134.4.25
```

2．Linux 的设置

在 Ubuntu Linux 中设置 DNS 客户端的方法有两种，一种是通过图形化工具设置，另一种是通过修改配置文件的内容设置。

单击 Ubuntu 的面板命令"系统-系统管理-网络"，打开网络设置对话框，解锁后选择如图 17-4 所示的"DNS"标签，在"DNS 服务器"文本框中可以看到当前使用的 DNS 服务器地址，单击"添加"按钮，对话框变成如图 17-5 所示，在文本框中的"输入地址"处输入欲设置的 DNS 服务器主机 IP 地址即可。对于已经失效或不再使用的 DNS 服务器地址，选中后，可以单击"删除"按钮清除。

DNS 服务器配置及应用

图 17-4　网络设置-DNS

图 17-5　添加 DNS 服务器地址

修改配置文件/etc/resolv.conf 的内容，也可以达到修改 DNS 服务器地址的目的：

```
jacky@jacky-desktop:~$ sudo vim /etc/resolv.conf
search localdomain                              //搜索域
nameserver 192.168.132.2                        //DNS 服务器地址
#可以自己添加 DNS 服务器地址，每行一个，以 nameserver 开头
```

在 Linux 操作系统下，测试同样可以使用 nslookup 命令，其用法同 Windows 下没有太大的差异，另外还可以使用 host 命令。两个命令的示例如下所示：

```
jacky@jacky-desktop:~$ nslookup                 //nslookup 命令
> www.163.com
Server:         192.168.132.2
Address:        192.168.132.2#53

Non-authoritative answer:
www.163.com     canonical name = www.cache.gslb.netease.com.
Name:   www.cache.gslb.netease.com
Address: 220.181.28.212
Name:   www.cache.gslb.netease.com
Address: 220.181.28.50
Name:   www.cache.gslb.netease.com
Address: 220.181.28.51
Name:   www.cache.gslb.netease.com
Address: 220.181.28.52
Name:   www.cache.gslb.netease.com
Address: 220.181.28.53
Name:   www.cache.gslb.netease.com
Address: 220.181.28.54
jacky@jacky-desktop:~$ host www.163.com         //host 命令
www.163.com is an alias for www.cache.gslb.netease.com.
www.cache.gslb.netease.com has address 220.181.28.50
www.cache.gslb.netease.com has address 220.181.28.51
www.cache.gslb.netease.com has address 220.181.28.52
www.cache.gslb.netease.com has address 220.181.28.53
www.cache.gslb.netease.com has address 220.181.28.54
www.cache.gslb.netease.com has address 220.181.28.212
```

17.2.3　前向 DNS 服务器配置

Forward DNS 即 cache-only DNS server，这个 DNS server 只有 cache 的功能，本身并没有主机名称与 IP 正反解的记录文件，完全是由对外的查询来提供其数据来源，因此也就没有 zone 的记录文件，它必须连上一部合法的 DNS。cache-only 的 DNS 只是一个中间传递数据的 DNS 主机。

在某些领域或场合里，为了限制局域网内用户的网络权限，网络管理人员都会针对 Internet 的联机作比较严格的限制。因此，DNS 服务器所使用的 53 端口也需挡在防火墙之外，这时就可以在防火墙上加装一个 cache-only 的 DNS 服务，其作用在于利用自己防火墙主机上的 DNS 服务进行 DNS 解析。防火墙主机可以设定允许自己的 DNS 功能，只要客户端设定该防火墙 IP 地址为 DNS 主机的 IP 地址即可。

1. 前向 DNS 服务器配置流程

修改 DNS 的配置文件/etc/bind/named.conf.options 内容如下：

```
jacky@jacky-desktop:~$ sudo vim /etc/bind/named.conf.options
options {
        directory "/var/cache/bind";
        pid-file "/var/run/bind/run/named.pid";
        forward only;
        forwarders {
                61.139.2.69;
         };
};
```

各参数含义如下。

- **pid-file**：指的是每一个服务器记录自己的 PID（Process ID）配置文件，这个配置文件通常在重新启动或者重新载入整个服务器时使用。
- **forwarders**：设定向前寻找的合法的 DNS 服务器，每个 forward 的主机 IP 都需要有";"作为结尾。
- **forward only**：设定可以让当前的 DNS 主机进行 forward，这是 Forward DNS 主机最常见的设定。

2. 启动 DNS 服务

（1）重新启动 DNS 服务的命令如下：

```
jacky@jacky-desktop:~$ sudo /etc/init.d/bind9 restart
 * Stopping domain name service... bind                           [OK]
 * Starting domain name service... bind                           [OK]
```

（2）检查端口 53 是否处于监听状态的命令如下：

```
jacky@jacky-desktop:/etc/bind$ netstat -ultn | grep 53
tcp        0      0 192.168.132.128:53      0.0.0.0:*               LISTEN      //53 端口
tcp        0      0 127.0.0.1:53            0.0.0.0:*               LISTEN      //53 端口
tcp6       0      0 :::53                   :::*                    LISTEN
udp        0      0 192.168.132.128:53      0.0.0.0:*
udp        0      0 127.0.0.1:53            0.0.0.0:*
udp        0      0 0.0.0.0:5353            0.0.0.0:*
udp6       0      0 :::53                   :::*
```

3. 在 Windows 中测试

将 Windows 客户机的 DNS 服务器地址设置为先前配置的 DNS 服务器 IP 地址，然后在 DOS 命令行下使用 nslookup 测试：

```
C:\>nslookup
Default Server: UnKnown
Address:  192.168.132.128          //DNS 主机地址
> www.jacky.com                    //测试主机域名
Server:  UnKnown
Address:  192.168.132.128
```

17.2.4 Ubuntu Linux 中 DNS 服务器详细配置

本小节用一个具体实例介绍文本模式下 DNS 服务器的详细配置过程。在此例中，所选用的主机信息如表 17-1 所示。

表 17-1 各主机信息

IP 地址	名 称	操作系统	备 注
192.168.132.128	ubuntu.jacky.com	Ubuntu12.04	主要的 DNS 主机
192.168.132.208	windows.jacky.com	Windows xp	被记录在 DNS 主机中的 Windows 操作系统主机
192.168.132.129	redhat.jacky.com	Redhat 9	被记录在 DNS 服务器中的 Linux 操作系统主机

1. 修改配置文件 /etc/bind/named.conf.local 内容

该文件在 Ubuntu Linux 安装 bind9 后默认为空白的，需要手动添加信息：

```
jacky@jacky-desktop:~$ sudo vim /etc/bind/named.conf.local
//
// Do any local configuration here
//

// Consider adding the 1918 zones here, if they are not used in your
// organization
//include "/etc/bind/zones.rfc1918";

zone "132.168.192.in-addr.arpa"{          //192.168.132.0 网段反向解析，手动添加
        type master;
        file "/etc/bind/db.192.168.132";  //配置文件
};

zone "jacky.com"{                          //jacky.com 域正向解析，手动添加
        type master;
        file "/etc/bind/db.jacky.com";    //配置文件
};
```

2. 查看主配置文件 /etc/bind/named.conf 信息

设置各个从配置文件的内容后，会由主配置文件读取，默认的 /etc/bind/named.conf 文件内容如下：

```
jacky@jacky-desktop:~$ cat /etc/bind/named.conf
// This is the primary configuration file for the BIND DNS server named.
//
// Please read /usr/share/doc/bind9/README.Debian.gz for information on the
// structure of BIND configuration files in Debian, *BEFORE* you customize
// this configuration file.
//
// If you are just adding zones, please do that in /etc/bind/named.conf.local

include "/etc/bind/named.conf.options";        //包含 /etc/bind/named.conf.options 文件内容

// prime the server with knowledge of the root servers
zone "." {                                      //. 域正向解析
        type hint;
        file "/etc/bind/db.root";              //配置文件
};

// be authoritative for the localhost forward and reverse zones, and for
// broadcast zones as per RFC 1912

zone "localhost" {                              //localhost 域正向解析
        type master;
```

```
        file "/etc/bind/db.local";         //配置文件
};

zone "127.in-addr.arpa" {                  //127.0.0.0网段反向解析
        type master;
        file "/etc/bind/db.127";           //配置文件
};

zone "0.in-addr.arpa" {                    //0.0.0.0网段反向解析
        type master;
        file "/etc/bind/db.0";             //配置文件
};

zone "255.in-addr.arpa" {                  //255.0.0.0网段反向解析
        type master;
        file "/etc/bind/db.255";           //配置文件
};

include "/etc/bind/named.conf.local";      //包含/etc/bind/named.conf.local 文件内容
```

修改了/etc/bind/named.conf.local 文件内容后，必须要确保/etc/bind/named.conf 主配置文件中有以下这条语句，并且有效：

```
include "/etc/bind/named.conf.local";      //包含/etc/bind/named.conf.local 文件内容
```

3．查看本地数据文件示例

在/etc/bind 目录中，以 db 开头的文件为数据文件，作正向解析或反向解析之用。以/etc/bind/db.local 文件为例，其内容如下：

```
jacky@jacky-desktop:~$ cat /etc/bind/db.local
;
; BIND data file for local loopback interface
;
$TTL    604800
@       IN      SOA     localhost. root.localhost. (
                              2         ; Serial
                         604800         ; Refresh
                          86400         ; Retry
                        2419200         ; Expire
                         604800 )       ; Negative Cache TTL
;
@       IN      NS      localhost.
@       IN      A       127.0.0.1
@       IN      AAAA    ::1
```

其中主要参数的说明如下。

（1）$TTL：定义向外查询的数据可以记录在 DNS 的 cache 中的时间（单位为秒），这个数字不能太大。例如，时间为一天（86400）时，如果别人更改了其 DNS 信息，当前 DNS 在一天之内不会更新，但查询到的信息可能不准确。但是也不能太小，因为这样会增大负荷。

（2）@：代表 localhost。

（3）SOA：即 Start of Authority。SOA 后面的内容如下。

- 主机名称 localhost.，代表一个完整的 hostname+domain name；如果没有加上小数点，则仅为 hostname。
- 管理员的 E-mail，因为不能使用@（已经是特殊符号），所以这里也同样以小数点取代。
- 用括号括起的数字，分别为：Serial，这个数字用来作为 master 与 slave 之间的 update 参考值 Refresh，命令 slave 进行主动更新的时间 Retry，如果到了 Refresh 的时间，但是 slave

却无法连接到 master 时，确定多久之后 slave 再次联机 Expire，如果 slave 一直无法与 master 连接上，规定经过多久的时间之后，命令 slave 不要再连接 master。

（4）NS：name server，这个表示前面的 domain 是由后面的这个主机所管理的。@ IN NS localhost. 表示@（zone，亦即是 localhost 这个 domain）管理的 Name Server 为 localhost 这部主机。

（5）A：这是正解的符号，即 localhost.所对应的 IP 地址为 127.0.0.1。

（6）PTR：地址到名字的映射（反向解析）。

（7）CNAME：规范名字（别名记录）。

4．创建并修改正向解析文件

由于本例所设定的域 jacky.com 没有默认出现在操作系统中，故需要手动创建该数据文件，如下所示：

```
jacky@jacky-desktop:~$ sudo touch /etc/bind/db.jacky.com    //创建文件
jacky@jacky-desktop:~$ sudo vim /etc/bind/db.jacky.com      //修改文件内容
; db.jacky.com
;
$ TTL 604800
@ IN SOA ubuntu.jacky.com. root.ubuntu.jacky.com.(
        1;
        604800;
        86400;
        2419200;
        604800);
@ IN NS ubuntu.jacky.com
ubuntu IN A 192.168.132.128
windows IN A 192.168.132.208
redhat IN A 192.168.132.129
www IN CHAME ubuntu
```

5．创建并修改反向解析文件

同理，对反向解析文件也需要手动创建并添加内容，如下所示：

```
jacky@jacky-desktop:~$ sudo touch /etc/bind/db.192.168.132      //创建文件
jacky@jacky-desktop:~$ sudo vim /etc/bind/db.192.168.132        //编辑文件内容
; db.192.168.132
;
$ TTL 604800
@ IN SOA ubuntu.jacky.com. root.ubuntu.jacky.com.(
        1;serial
        604800;refresh
        86400;retry
        2419200;expire
        604800);negative cache ttl;
@ IN NS ubuntu.jacky.com
128 IN PTR ubuntu.jacky.com
208 IN PTR windows.jacky.com
129 IN PTR redhat.jacky.com
```

6．重新启动 DNS 服务器

```
jacky@jacky-desktop:~$ sudo /etc/init.d/bind9 restart
 * Stopping domain name service... bind                    [ OK ]
 * Starting domain name service... bind                    [OK]
```

7．测试

分别用 windows 和 redhat linux 主机测试，可使用 nslookup 命令。

在 Windows 中，将 DNS 改为之前配置好的 Ubuntu 下的 DNS 主机的 IP 地址，即 192.168.132.128，然后用 nslookup 命令测试，如下所示：

```
C:\>nslookup
```

```
> ubuntu.jacky.com                //测试主机域名
Server:    ubuntu.jacky.com
Address:   192.168.132.128#53

Non-authoritative answer:
Name:   ubuntu.jacky.com
Address: 192.168.132.128
```

同理,在另一台 linux 主机中,将 DNS 改为 192.168.132.128 后,用 **nslookup** 命令测试,如下所示:

```
[root@localhost ~]# nslookup
> 192.168.132.129
Server:         192.168.132.128
Address:        192.168.132.128#53

Non-authoritative answer:
Name:   redhat.jacky.com
Address: 192.168.132.129
```

17.3 DNS 服务配置实例

本节介绍一个综合 DNS 服务器及 FTP 服务器的配置实例,使用户能够将 DNS 服务器应用到具体实践中。

17.3.1 网络模型及系统要求

图 17-6 所示为此网络模型。在此局域网内部,各主机信息如下。

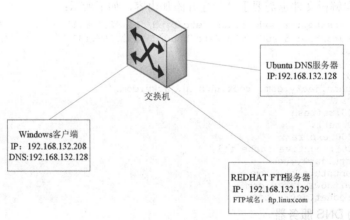

图 17-6 网络模型

- 一台 DNS 服务器,其 IP 地址为 192.168.132.128,安装 Ubuntu Linux12.04,作为 DNS 服务器使用。
- 一台服务器,可用域名为 ftp.linux.com,IP 地址为 192.168.132.129,安装操作系统为 RedHat Linux 9,采用的 FTP 软件为 VSFTP。
- 一台 PC 机,操作系统为 Windows,其 IP 地址为 192.168.132.208。

DNS 服务器配置及应用

要求配置 DNS 服务器和 FTP 服务器,在 PC 机的 Windows 系统下所选用的 DNS 服务器为 192.168.132.128,能够通过域名 ftp.linux.com 访问 FTP 服务器。

17.3.2 配置过程及参数实现

本小节介绍使用文本模型配置此 DNS 服务器和 FTP 服务器的过程。

1. 修改 /etc/bind/named.conf.loacl 文件内容

在 DNS 服务器 192.168.132.128 中,编写该文件内 DNS 正向及反向解析相关的信息,如下所示:

```
jacky@jacky-desktop:~$ sudo vim /etc/bind/named.conf.loacl
//
// Do any local configuration here
//
// Consider adding the 1918 zones here, if they are not used in your
// organization
//include "/etc/bind/zones.rfc1918";

zone "132.168.192.in-addr.arpa"{              //192.168.132.0 网段反向解析,手动添加
        type master;
        file "/etc/bind/db.192.168.132";      //配置文件
};

zone "linux.com"{                              //linux.com 域正向解析,手动添加
        type master;
        file "/etc/bind/db.linux.com";         //配置文件
};
```

2. 创建并修改正向解析文件

由于本例所设定的域 linux.com 没有默认出现在操作系统中,故需要手动创建该数据文件,如下所示:

```
jacky@jacky-desktop:~$ sudo touch /etc/bind/db.jacky.com    //创建文件
jacky@jacky-desktop:~$ sudo vim /etc/bind/db.jacky.com      //修改文件内容
; db.jacky.com
;
$ TTL 604800
@ IN SOA ubuntu.jacky.com. root.ubuntu.jacky.com.(
        1;
        604800;
        86400;
        2419200;
        604800);
@ IN NS ubuntu.jacky.com
dns IN A 192.168.132.128                                    //添加 DNS 记录
ftp IN A 192.168.132.129                                    //添加 FTP 记录
```

3. 创建并修改反向解析文件

同理,对反向解析文件也需要手动创建并添加内容,如下所示:

```
jacky@jacky-desktop:~$ sudo touch /etc/bind/db.192.168.132     //创建文件
jacky@jacky-desktop:~$ sudo vim /etc/bind/db.192.168.132       //编辑文件内容
; db.192.168.132
;
$ TTL 604800
@ IN SOA ubuntu.jacky.com. root.ubuntu.jacky.com.(
        1;serial
        604800;refresh
        86400;retry
        2419200;expire
        604800);negative cache ttl;
```

```
@ IN NS ubuntu.jacky.com
128 IN PTR ubuntu.jacky.com
129 IN PTR ftp.linux.com                    //添加反向记录，指定为 FTP 服务器地址及域名
```

4. 重新启动 DNS 服务器

```
jacky@jacky-desktop:~$ sudo /etc/init.d/bind9 restart
 * Stopping domain name service... bind                              [ OK ]
 * Starting domain name service... bind                              [OK]
```

5. 测试 DNS 服务器

以下是在 Windows 客户机上进行测试的过程。在测试之前，需要设置 Windows 客户机的 DNS 服务器。其配置过程如下。

在桌面上右键单击"网上邻居"，在弹出的快捷菜单中选择"属性"菜单项，将列出当前网络可用设备，右键单击"本地连接"，在弹出的快捷菜单中选择"属性"菜单项，打开如图 17-7 所示的对话框，双击配置列表中的"Internet 协议（TCP/IP）"选项，打开如图 17-8 所示的对话框，设置 DNS 服务器为当前配置的 Linux 下的 DNS 服务器地址（192.168.132.128），然后逐步返回即可。

图 17-7 本地连接-属性

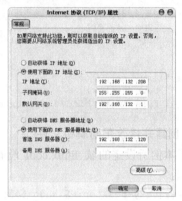

图 17-8 TCP/IP 属性-修改 DNS

完成配置，进入 Windows 命令行提示符，首先测试 DNS 服务器是否配置成功：

```
C:\>nslookup
> 192.168.132.129            //测试 FTP 主机 IP
Server:  UnKnown
Address:  192.168.132.128

Non-authoritative answer:
Name:    ftp.linux.com
Address:  192.168.132.129
> ftp.linux.com              //测试 FTP 主机域名
Server:  UnKnown
Address:  192.168.132.128

Non-authoritative answer:
Name:    ftp.linux.com
Address:  192.168.132.129
```

6. 配置 Red Hat Linux 的 FTP 服务器

Red Hat Linux 默认安装了 VSFTP 软件包，重新启动 FTP 服务器。

```
[root@~ root]# /etc/rc.d/init.d/vsftpd restart              //重新启动
```

7. 客户端配置

如果用户使用 Windows 客户机，如图 17-9 所示，打开 IE 浏览器，在地址栏输入"ftp://

ftp.linux.com"即可访问此 FTP。如果读者设置 FTP 为非匿名访问，则需要输入用户名和密码信息。

图 17-9　FTP 访问测试

至此，使用 DNS 服务器实现域名访问 FTP 服务器的配置全部完成。

17.4　课后练习

1．简述 DNS 服务的功能。
2．什么是正向解析？什么是反向解析？简述 Linux 中的域名解析过程。
3．在 Ubuntu Linux 中使用什么软件包来配置 DNS 服务？
4．掌握在 Ubuntu Linux 中设置 DNS 的方法。
5．在 Ubuntu Linux 中配置 DNS 服务时，主要会用到哪些文件？各自有何意义？
6．简述 Ubuntu Linux 中配置 DNS 服务器的步骤。
7．将自己的电脑配置为 Ubuntu Linux 中的 DNS 服务器，并为局域网中的其他主机提供服务，如 SAMBA 服务、NFS 等。

第 18 章　Web 服务器配置及应用

Web 服务器是互联网最基本的服务之一，几乎所有的公司都拥有自己的主页，以方便客户浏览和查看公司信息。同时，交互式的 Web 还可以提供与客户之间的信息交互，提高公司的影响及业务能力。

Ubuntu Linux 虽然是 Linux 家族一个新兴的分支，但它对 Apache 提供丰富的软件支持，非常适合用作 Web 服务器。本章介绍 Ubuntu Linux 下 Web 服务器的基本原理及其配置方法。

本章第 1 节介绍 Web 服务的工作原理，客户端和服务器是如何交互的，当前 Internet 中主流的 Web 服务器应用软件及其各自的特点，最后，对 Ubuntu Linux 下应用最为广泛的 Web 服务器软件 Apache 作介绍。

第 2 节介绍如何配置 Ubuntu Linux 下的 Apache 服务器，包括图形界面下和文本模式下的配置过程。

第 3 节用一个具体实例介绍如何配置 Ubuntu Linux 下的 Apache 服务器。按照这一过程，读者可以一步步地完成一个 Apache 的配置。

18.1 Web 服务工作原理

18.1.1 基本概念

1．资源设定

图 18-1 所示为 Web 浏览的 C/S 工作模型。WWW 服务器提供一些重要数据，这些数据需要在客户端的浏览器中支持显示。服务器启动 Web 服务，拥有可供浏览的资源，客户端使用可解析服务器信息的浏览器查看资源，同时向服务器端请求需要的资源，服务器和客户端即通过这一方式实现信息的交互。

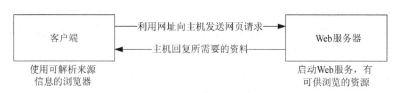

图 18-1　Web 工作原理

服务器所提供的资源其实就是一些文件，因此，管理员必须在服务器端先将数据文件写好，并放置在某个特殊的目录底下，这个目录就是整个网站的首页位置。另外，客户端必须在浏览器的"网址栏"输入所需要的网址才行。这个网址的格式如下：

`<协议>://<主机地址或主机名称>[:port]/<目录资源>`

这就是经常使用的 URL（Uniform Resource Locator），其包括以下几个部分。

- 协议：常见的协议有 http、https、ftp 和 telnet 等。此协议告知浏览器"请使用此协议连接到主机"。
- 主机地址或主机名称：就是主机在因特网所在的 IP 位置（可以使用可解析的域名）。
- 端口：客户端的请求在服务器上的端口位置。一般来说，一个服务默认配置要启动一个系统端口，如 Web 默认为 80，FTP 默认为 21。如果使用 http 协议，且服务器默认的使用端口是 80，就可以不输入此端口号。但如果是其他端口，如 8080，则需要输入端口号。
- 目录资源：首页目录下的相对位置就是目录资源。

2．Web 服务器分类

WWW 服务器的类型有 WWW 平台和网页程序语言与数据库（LAMP）。而目前 WWW 服务器软件主要有 Apache 与 IIS，Apache 是自由软件，可以在任何操作系统上安装；IIS 是 Windows 下的，仅能在 Windows 操作系统上安装与执行。目前 Internet 提供 WWW 数据的主机大致上可以分为以下两种。

（1）仅提供使用者浏览的静态网页。这种类型的网站大多是静态网页，最多加一些动画图示，即仅提供浏览，服务器不需要与客户端互动，用户可以浏览数据，但无法进行信息交互，如数据的上传。

（2）提供使用者互动接口的动态网站。这种类型的网站可以让服务器与使用者互动，常见的有讨论区论坛与留言板。此类型的网站基于网页程序语言来实现与使用者互动的行为，常见的有 PHP 网页程序语言，配合 MySQL 数据库系统来进行数据的读、写。一个动态网站必须包括以下一些内容。

- 支持的操作系统。所需要的软件都能够安装执行。
- 可运作的 WWW 服务器。如 Apache 与 IIS。
- 网页程序语言。如 perl、PHP、Java、CGI、ASP 等。
- 数据储存之数据库系统。包括 MySQL、MSSQL、以及 Oracle 等。

在整个平台设计中，目前常见的有两大系统，一个是 Linux 操作系统平台下的，由 Apache+MySQL+PHP 组成，这个系统被称为 LAMP；另一个则是微软的 IIS+SQL+ASP（.NET）服务器。

3. SSL 及 CA

HTTP 传输协议传输数据是以明文方式传送的，所以用户的任何数据封包都可能被监听窃取。为了提高系统的安全性，就需要用到 https 协议，这种方式采用了 SSL（Secure Socket Layer）加密的机制。

Secure Socket Layer 利用非配对的 key pair（Public + Private key）来组成密钥，然后使用公钥加密后传输，目标主机再以私钥解密，这样，在 Internet 上传输的数据为密文。相对来说，这些数据就比较安全，SSL 就是在 WWW 广泛使用的加密方式。

要使用安全协议，WWW 服务器必须要启动 https 传输协议，而浏览器则必须在网址列输入 https://开头的网址，两者才能够进行沟通与联机。

Certificate Authorities（CA）是一个公认的公正单位，用户可以向其注册一个 public key，客户端浏览器在浏览资源时，会主动地向 CA 单位确认该 public key 是否为合法注册过的（从而避免第三方欺骗行为）。如果是的话，该次联机才会建立；如果不是，浏览器就会发出警告信息，告知使用者应避免建立联机。SSL 和 CA 的更多信息可参阅以下网站：

```
SSL: http://www.modssl.org/
CA: https://digitalid.verisign.com/server/apacheNotice.htm
```

18.1.2 Apache 简介

Apache 是世界使用排名第一的 Web 服务器软件，它可以运行在几乎所有的广泛使用的计算机平台上。由于其跨平台和安全性被广泛使用，因此是最流行的 Web 服务器端软件之一。

1. Apache 服务

Apache 源于 NCSAhttpd 服务器，经过多次修改，已成为世界上最流行的 Web 服务器软件之一。Apache 取自 "a patchy server" 的读音，意思是充满补丁的服务器，因为它是自由软件，所以不断地有人来为它开发新的功能、新的特性、修改原来的缺陷。Apache 的特点是简单、速度快、性能稳定，并可做代理服务器使用。

本来它只用于小型或试验 Internet 网络，后来逐步扩充到各种 Unix 系统中，尤其对 Linux 的支持相当完美。Apache 有多种产品，可以支持 SSL 技术，支持多个虚拟主机。Apache 是以进程为基础的结构，进程要比线程消耗更多的系统开支，不太适合于多处理器环境，因此在一个 Apache Web 站点扩容时，通常是增加服务器或扩充群集节点，而不是增加处理器。到目前为止，Apache

仍然是世界上用得最多的 Web 服务器，市场占有率达 60%左右。世界上很多著名的网站，如 Amazon.com、Yahoo!、W3 Consortium、Financial Times 等都是 Apache 的产物，它的成功之处主要在于它的源代码开放、有一支开放的开发队伍、支持跨平台的应用（可以运行在几乎所有的 Unix、Windows、Linux 系统平台上）以及它的可移植性等方面。

2．Apache Web 服务器软件的特性
- 支持最新的 HTTP/1.1 通信协议。
- 拥有简单而强有力的基于文件的配置过程。
- 支持通用网关接口。
- 支持基于 IP 和基于域名的虚拟主机。
- 支持多种方式的 HTTP 认证。
- 集成 Perl 处理模块。
- 集成代理服务器模块。
- 支持实时监视服务器状态和定制服务器日志。
- 支持服务器端包含指令（SSI）。
- 支持安全 Socket 层（SSL）。
- 提供用户会话过程的跟踪。
- 支持 FastCGI。
- 通过第三方模块可以支持 Java Servlets。

18.1.3 Apache 2.0 的新特性

1．核心的增强

（1）新的编译系统：重写了原来的编译系统，现在是基于 autoconf 和 libtool 的，使得 Apache 的配置系统与其他软件包更加相似。

（2）多协议支持：Apache 现在已经拥有了能够支持多协议的底层构造。

（3）对非 UNIX 平台更好的支持：Apache 2.0 在诸如 BeOS、OS/2 和 Windows 等非 UNIX 平台上有了更好的速度和稳定性。随着平台特定的 multi-processing modules（MPMs）和 Apache Portable Runtime（APR）的引入，Apache 在这些平台上的指令由它们本地的 API 指令实现，杜绝了以往使用 POSIX 模拟层造成的漏洞和性能低下现象。

（4）新的 Apache API：2.0 中模块的 API 有了重大改变。很多在 1.3 中模块排序/模块优先级的问题已经不复存在。2.0 自动处理了很多这样的问题。模块排序现在用 per-hook 的方法进行，从而拥有了更多的灵活性。另外，增加了新的调用以提高模块的性能，而无需修改 Apache 服务器核心。

（5）IPv6 支持：在所有能够由 Apache Portable Runtime 库提供 IPv6 支持的系统上，Apache 默认获得 IPv6 侦听套接字。另外，Listen、NameVirtualHost 和 VirtualHost 指令支持 IPv6 的数字地址串（如"Listen [fe80::1]:8080"）。

（6）过滤：Apache 的模块现在可以写成过滤器的形式，当内容流经它到服务器或从服务器到达的时候进行处理。例如，可以用 mod_include 中的 Includes 过滤器将 CGI 脚本的输出解析为服务器端包含指令。mod_ext_filter 允许外部程序充当过滤器的角色，就像用 CGI 程序做处理器一样。

（7）多语种错误回报：返回给浏览器的错误信息现在已经用 SSI 文档实现了多语种化。管理员可以利用此功能进行定制，以达到观感的一致。

（8）简化了的配置：很多易混淆的配置项已经进行了简化。经常产生混淆的 Port 和 BindAddress 配置项已经取消了，用于绑定 IP 地址的只有 Listen 指令，ServerName 指令中指定的服务器名和端口仅用于复位和虚拟主机的识别。

（9）本地 Windows NT Unicode 支持：Apache 2.0 在 Windows NT 上的文件名全部使用 utf-8 编码。这个操作直接转换成底层的 Unicode 文件系统，由此为所有以 Windows NT（包括 Windows 2000 和 Windows XP）为基础的安装提供了多语言支持。这一支持目前尚未涵盖 Windows 95/98/ME 系统，因为它们仍使用机器本地的代码页进行文件系统的操作。

（10）正则表达式库更新：Apache 2.0 包含了兼容 Perl 的正则表达式库（PCRE）。所有的正则表达式现在都使用了更为强大的 Perl 5 的语法。

（11）UNIX 线程：在支持 POSIX 线程的 UNIX 系统方面，现在 Apache 能在混合多进程、多线程模式下运行，使得很多（但不是全部的）配置的可扩缩性得到了改善。

2．模块的增强

（1）mod_ssl。Apache 2.0 的新模块。此模块是一个面向 OpenSSL 提供的 SSL/TLS 加密协议的一个接口。

（2）mod_dav。Apache 2.0 中的新模块。此模块继承了 HTTP 分布式发布和版本控制规范，用于发布和维护 web 内容。

（3）mod_deflate。Apache 2.0 中的新模块。此模块允许支持此功能的浏览器请求页面内容在发送前进行压缩，以节省网络带宽。

（4）mod_auth_ldap。Apache 2.0.41 中的新模块。此模块允许使用 LDAP 数据库存储 HTTP 基本认证所需的信息。随之而来的另一个模块 mod_ldap 则提供了连接池和结果的缓冲。

（5）mod_auth_digest。利用共享内存实现了对跨进程的 session 缓冲的额外支持。

（6）mod_charset_lite。Apache 2.0 中的新模块。这个试验模块允许针对字符集的转换和重新编码。

（7）mod_file_cache。Apache 2.0 中的新模块。这个模块包含了 Apache 1.3 中 mod_mmap_static 模块的功能，另外还进一步增强了缓冲能力。

（8）mod_headers。此模块在 Apache 2.0 中更具灵活性。现在，它可以更改 mod_proxy 使用的请求头信息，并且可以有条件地设置回复头信息。

（9）mod_proxy。代理模块已经被完全重写，以充分利用新的过滤器结构的优势，从而实现一个更为可靠的兼容 HTTP/1.1 的代理模块。另外，新的<Proxy>指令提供了更具可读性（而且更快）的代理站点控制；同时，已经不再支持重载<Directory "proxy...">指令的方法。这个模块现在依照协议支持分为 proxy_connect、proxy_ftp 和 proxy_http 3 部分。

（10）mod_negotiation。新的 ForceLanguagePriority 指令可以确保在所有情况下客户端都收到单一的一个文档，以取代不可接受或多选择的回应。另外，negotiation 和 MultiViews 算法已经进行了优化，以提供更完美的结果，并提供了包括文档内容的新型类型表。

（11）mod_autoindex。经自动索引后的目录列表现配置为使用 HTML 表格，从而使格式更清晰，而且允许更为细化的排序控制，包括版本排序和通配符过滤目录列表。

（12）mod_include。新的指令集允许修改默认的 SSI 元素的开始和结束标签，而且允许以主配置文件里的错误提示和时间格式的配置取代 SSI 文档中的相应部分。正则表达式（现在已基于 Perl 的正则表达式语法）的解析和分组结果可以用 mod_include 的变量$0 .. $9 获得。

（13）mod_auth_dbm。现在可以使用 AuthDBMType 支持多种类似 DBM 的数据库。

18.2 配置 Ubuntu Linux 下的 Apache 服务器

18.2.1 Ubuntu Linux 下 Apache 软件包介绍

在 Ubuntu Linux 中，常采用 APACHE2 作为配置 WEB 服务器所用的主要软件包。但 Ubuntu 8.04 没有默认安装该软件包，读者可以利用新立得软件包管理器或 APT 工具获取并安装。在安装过程中，会额外安装一些其他的必要工具，如 MySql 数据库。

利用 APT 工具安装 APACHE2 软件包的过程如下：

```
jacky@jacky-desktop:/var$ sudo apt-get install apache2
正在读取软件包列表... 完成
正在分析软件包的依赖关系树
读取状态信息... 完成
将会安装下列额外的软件包：
  apache2-mpm-worker apache2-utils apache2.2-common libapr1 libaprutil1
  libmysqlclient15off libpq5 mysql-common
建议安装的软件包：
  apache2-doc apache2-suexec apache2-suexec-custom
下列【新】软件包将被安装：
  apache2 apache2-mpm-worker apache2-utils apache2.2-common libapr1
  libaprutil1 libmysqlclient15off libpq5 mysql-common
共升级了 0 个软件包，新安装了 9 个软件包，要卸载 0 个软件包，有 890 个软件未被升级。
需要下载 3607kB 的软件包。
操作完成后，会消耗掉 10.3MB 的额外磁盘空间。
您希望继续执行吗？[Y/n]Y
......
正在设置 apache2-mpm-worker (2.2.9-7ubuntu3.5) ...
 * Starting web server apache2   apache2: Could not reliably determine the server's fully
qualified domain name, using 127.0.1.1 for ServerName
                                                                         [ OK ]

正在设置 apache2 (2.2.9-7ubuntu3.5) ...
正在处理用于 libc6 的触发器...
ldconfig deferred processing now taking place
```

安装完成，系统会创建两个目录/etc/apache2 和/var/www，前者主要存放 Apache 2 相关的配置文件，后者即为系统默认的网站首页的存放路径：

```
jacky@jacky-desktop:~$ ls -l /etc/apache2
总用量 40
-rw-r--r-- 1 root root 10104 2009-11-14 05:54 apache2.conf
drwxr-xr-x 2 root root  4096 2010-01-24 00:49 conf.d
-rw-r--r-- 1 root root   378 2009-11-14 05:54 envvars
-rw-r--r-- 1 root root     0 2010-01-24 00:49 httpd.conf
drwxr-xr-x 2 root root  4096 2010-01-24 00:49 mods-available
drwxr-xr-x 2 root root  4096 2010-01-24 00:49 mods-enabled
-rw-r--r-- 1 root root   351 2009-11-14 05:54 ports.conf
drwxr-xr-x 2 root root  4096 2010-01-24 00:49 sites-available
drwxr-xr-x 2 root root  4096 2010-01-24 00:49 sites-enabled
```

Apache2 的主要配置文件及说明如下。

- /etc/apache2/apache2.conf：这是 Apache2 的主配置文件。
- /etc/apache2/conf.d：该文件夹下默认有两个文件，其中 charset 设置字符集，security 设置加密信息等。
- /etc/apache2/envvars：Apache2 所涉及的环境变量设置。
- /etc/apache2/httpd.conf：用户配置文件，默认为空文件。
- /etc/apache2/ports.conf：设置 Web 服务的端口信息。
- /etc/apache2/mods-available：Apache2 所有可支持、可用的模块。
- /etc/apache2/mods-enabled：Apache2 服务启动时会从这个路径寻找当前可用模块。该文件夹中的文件实质上都是 link 链接，指向/etc/apache2/mods-lavailable 文件夹中的某项内容。
- /etc/apache2/sites-available：关于虚拟主机的配置文件路径。
- /etc/apache2/sites-enabled：关于虚拟主机的配置文件读取路径。服务进程会从该目录中搜索配置，但文件的实质仍然是 link 链接，指向/etc/apache2/site-avaiable 中的某项内容。

Ubuntu 中默认安装的目录结构与其他的 Linux 发行版有一点不同。在 Ubuntu 中，module 和 virtual host 的配置都有两个目录，一个是 available，另一个是 enabled，available 目录是存放有效的内容，但不起作用，只有用 ln 连到 enabled 才可以起作用。对调试和使用都很方便，但是如果事先不知道，找起来也有点麻烦。

其他还有一些文件路径需要了解，如下所示。

- /var/www：Apache2 服务器共享网站的首页存放路径。
- /var/log/apache2：存放了 Apache2 服务的各种日志文件。
- /var/log/apache2/access.log：关键性日志，包含访问网站的动作记录。
- /var/log/apache2/error.log：错误性事件日志。
- /var/log/apache2/other_vhosts_access.log：其他虚拟主机的访问日志。

18.2.2 Ubuntu Linux 中 Apache2 的配置

1．字符集及编码设置

在访问各种网站，尤其是其他地区的网站时，语言显示的兼容性是要考虑的首要问题。为了不在用户访问服务器页面时出现乱码，在配置服务器之前，应先设置好字符集及编码。

设置字符集的文件为/etc/apache2/conf.d/charset，其示例如下：

```
jacky@jacky-desktop:~$ sudo vim /etc/apache2/conf.d/charset
# Read the documentation before enabling AddDefaultCharset.
# In general, it is only a good idea if you know that all your files
# have this encoding. It will override any encoding given in the files
# in meta http-equiv or xml encoding tags.

#AddDefaultCharset UTF-8
```

Ubuntu Linux8.04 在安装 APACHE2 后的默认字符集为 UTF-8，在设置时，需要删除上述文件内容中最后一行前面的#号，令其生效。

字符集是指文字与符号的总称，包括文字、图形符号、数学符号等。字符集常常和一种具体的语言文字对应起来，该文字中的所有字符或者大部分常用字符就构成了该文字的字符集，例如英文字符集。一组有共同特征的字符也可以组成字符集，例如繁体汉字字符集、日文汉字字符集等。

计算机要处理各种字符，就需要将字符和二进制内码对应起来，这种对应关系就是字符编码（Encoding）。

制定编码首先要确定字符集，并对字符集内的字符排序，然后和二进制数字对应起来。根据字符集内字符的多少，会确定用几个字节来编码。每一种编码都限定了一个明确的字符集合，叫做被编码过的字符集（Coded Character Set），这是字符集的另外一个含义。通常所说的字符集大多是这个含义。

常见字符集说明如下。

- ASCII：American Standard Code for Information Interchange，美国信息交换标准码。目前计算机中用得最广泛的字符集及其编码，由美国国家标准局（ANSI）制定。ASCII 字符集由控制字符和图形字符组成。
- ISO 8859-1：全称 ISO/IEC 8859，是国际标准化组织（ISO）及国际电工委员会（IEC）联合制定的一系列 8 位字符集的标准，现时定义了 15 个字符集。
- UCS：通用字符集（Universal Character Set，UCS），是由 ISO 制定的 ISO 10646（或称 ISO/IEC 10646）标准所定义的字符编码方式，采用 4 字节编码。UCS 包含了已知语言的所有字符。
- Unicode：一种在计算机上使用的字符编码。它为每一种语言中的每个字符设定了统一并且唯一的二进制编码，以满足跨语言、跨平台进行文本转换、处理的要求。
- UTF：Unicode 的实现方式称为 Unicode 转换格式（Unicode Translation Format，简称 UTF）。

UTF-8：8bit 变长编码，对于大多数常用字符集（ASCII 中的 0～127 字符）只使用单字节，而对其他常用字符（特别是朝鲜和汉语会意文字）则使用 3 字节。

UTF-16：16bit 编码，是变长码，大致相当于 20 位编码，值在 0 到 0x10FFFF 之间，基本上就是 unicode 编码的实现，与 CPU 字序有关。

常见字符编码方式及说明如下。

- GB2312：简体字集，全称为 GB2312（80）字集，共包括国标简体汉字 6763 个。
- BIG5：台湾繁体字集，共包括国标繁体汉字 13053 个。
- GBK：简繁字集，包括 GB 字集、BIG5 字集和一些符号，共包括 21003 个字符。
- GB18030：国家制定的一个强制性大字集标准，全称为 GB18030-2000，它的推出使汉字集有了一个"大一统"的标准。

2. 主配置文件设置

APACHE2 的主配置文件在 Ubuntu Linux 中位于/etc/apache2/apache2.conf，该文件在普通使用的过程中基本上不用修改。

该文件的参数设置主要包含两个方面，一个是全局参数，另一个是主机相关参数。

全局参数的设置示例如下：

```
#......
### Section 1: Global Environment            //全局参数设置
#......
ServerRoot "/etc/apache2"                    //服务器根目录，所有配置信息位于该目录下
```

```
LockFile /var/lock/apache2/accept.lock        //锁定文件

PidFile ${APACHE_PID_FILE}                    //APACHE2 运行时的 PidFile 的路径，从环境变量中获取

Timeout 300                                   //设置超时，该时间段内无响应，便断开连接

KeepAlive On                                  //是否允许保持连接

MaxKeepAliveRequests 100                      //客户端一次连接内，能够响应的最大请求数

KeepAliveTimeout 15                           //在保持连接时的超时限制
##
## Server-Pool Size Regulation (MPM specific) //服务器池大小规则（多路处理模块 MPM）
##

# prefork MPM                                 //预派生 MPM 设置（非线程的）
<IfModule mpm_prefork_module>
    StartServers          5                   //启动时运行的进程数
    MinSpareServers       5                   //最小空闲进程数
    MaxSpareServers      10                   //最大空闲进程数
    MaxClients          150                   //同一时间最大连接数
    MaxRequestsPerChild   0                   //每个子进程在结束处理请求前能处理的连接数
</IfModule>

# worker MPM                                  //运行 MPM 设置（多线程）
<IfModule mpm_worker_module>
    StartServers          2                   //启动时运行的进程数
    MaxClients          150                   //同一时间最大连接数
    MinSpareThreads      25                   //最小空闲进程数
    MaxSpareThreads      75                   //最大空闲进程数
    ThreadsPerChild      25                   //每个子进程建立的常驻的执行线程数
    MaxRequestsPerChild   0                   //每个子进程在结束处理请求前能处理的连接数
</IfModule>
```

主机相关参数的设置示例如下：

```
###Section2:'Main'server configuration        //主机参数设置
# These need to be set in /etc/apache2/envvars //环境变量获取，来自于/etc/apache2/ envvars
User ${APACHE_RUN_USER}                       //用户
Group ${APACHE_RUN_GROUP}                     //用户组

AccessFileName .htaccess                      //保护目录配置文件的名称

<Files ~ "^\.ht">                             //拒绝访问的文件名称
    Order allow,deny
    Deny from all
</Files>

DefaultType text/plain                        //默认的 MIME 文件类型


HostnameLookups Off                           //是否记录访问者的 IP 和主机名
ErrorLog /var/log/apache2/error.log           //错误性事件日志路径

LogLevel warn                                 //日志记录等级

# Include module configuration:               //模块信息设置路径
Include /etc/apache2/mods-enabled/*.load      //包含于/etc/apache2/mods-enabled/*.load
Include /etc/apache2/mods-enabled/*.conf      //包含于/etc/apache2/mods-enabled/*.conf
```

Web 服务器配置及应用

```
# Include all the user configurations:         //用户信息设置路径
Include /etc/apache2/httpd.conf                //包含于/etc/apache2/httpd.conf 路径

# Include ports listing                        //端口信息设置路径
Include /etc/apache2/ports.conf                //包含于/etc/apache2/ports.conf

#
# The following directives define some format nicknames for use with    //日志文件的格式
LogFormat "%v:%p %h %l %u %t \"%r\" %>s %b \"%{Referer}i\" \"%{User-Agent}i\""
vhost_combined
LogFormat "%h %l %u %t \"%r\" %>s %b \"%{Referer}i\" \"%{User-Agent}i\"" combined
LogFormat "%h %l %u %t \"%r\" %>s %b" common
LogFormat "%{Referer}i -> %U" referer
LogFormat "%{User-agent}i" agent
# Define an access log for VirtualHosts that don't define their own logfile
CustomLog /var/log/apache2/other_vhosts_access.log vhost_combined //用户访问日志路径

......
#    Alias /error/ "/usr/share/apache2/error/"
#    //路径权限设置
#    <Directory "/usr/share/apache2/error">
#        AllowOverride None
#        Options IncludesNoExec
#        AddOutputFilter Includes html
#        AddHandler type-map var
#        Order allow,deny
#        Allow from all
#        LanguagePriority en cs de es fr it nl sv pt-br ro
#        ForceLanguagePriority Prefer Fallback
#    </Directory>

#    //错误页面信息
#    ErrorDocument 400 /error/HTTP_BAD_REQUEST.html.var
#    ErrorDocument 401 /error/HTTP_UNAUTHORIZED.html.var
#    ErrorDocument 403 /error/HTTP_FORBIDDEN.html.var
#    ErrorDocument 404 /error/HTTP_NOT_FOUND.html.var
#    ErrorDocument 405 /error/HTTP_METHOD_NOT_ALLOWED.html.var
#    ErrorDocument 408 /error/HTTP_REQUEST_TIME_OUT.html.var
#    ErrorDocument 410 /error/HTTP_GONE.html.var
#    ErrorDocument 411 /error/HTTP_LENGTH_REQUIRED.html.var
#    ErrorDocument 412 /error/HTTP_PRECONDITION_FAILED.html.var
#    ErrorDocument 413 /error/HTTP_REQUEST_ENTITY_TOO_LARGE.html.var
#    ErrorDocument 414 /error/HTTP_REQUEST_URI_TOO_LARGE.html.var
#    ErrorDocument 415 /error/HTTP_UNSUPPORTED_MEDIA_TYPE.html.var
#    ErrorDocument 500 /error/HTTP_INTERNAL_SERVER_ERROR.html.var
#    ErrorDocument 501 /error/HTTP_NOT_IMPLEMENTED.html.var
#    ErrorDocument 502 /error/HTTP_BAD_GATEWAY.html.var
#    ErrorDocument 503 /error/HTTP_SERVICE_UNAVAILABLE.html.var
#    ErrorDocument 506 /error/HTTP_VARIANT_ALSO_VARIES.html.var

# Include of directories ignores editors' and dpkg's backup files,
# see README.Debian for details.

# Include generic snippets of statements
Include /etc/apache2/conf.d/                   //通用信息描述设置路径/etc/apache2/conf.d

# Include the virtual host configurations:
Include /etc/apache2/sites-enabled/            //虚拟主机设置路径/etc/apache2/sites-enabled
```

3. 环境变量设置

关于 Apache2 的环境变量，在 /etc/apache2/envvars 中进行设置，一个默认的示例如下所示：

```
jacky@jacky-desktop:~$ sudo vim /etc/apache2/envvars
# envvars - default environment variables for apache2ctl
```

```
# Since there is no sane way to get the parsed apache2 config in scripts, some
# settings are defined via environment variables and then used in apache2ctl,
# /etc/init.d/apache2, /etc/logrotate.d/apache2, etc.
export APACHE_RUN_USER=www-data                //用户
export APACHE_RUN_GROUP=www-data               //用户组
export APACHE_PID_FILE=/var/run/apache2.pid    //PidFile 路径
```

4. 端口设置

Apache2 所需要使用的端口,定义在/etc/apache2/ports.conf 文件中,一个默认的示例如下所示:

```
jacky@jacky-desktop:~$ sudo vim /etc/apache2/ports.conf
Listen 80                             //默认监听 80 端口

<IfModule mod_ssl.c>
    Listen 443                        //如果在 SSL 模块中,默认监听 443 端口
</IfModule>
```

Http 服务的默认端口是 80 端口,但用户也可以根据需要改用其他的端口,常用的端口还有 8080、8081 或其他的大号端口。

5. 虚拟主机设置

在 Ubuntu Linux 中通过 Apache2 设置虚拟主机与其他操作系统不太一样,服务启动时,会默认从/etc/apache2/sites-enabled 中读取信息,这是因为主配置文件中有以下一句:

```
# Include the virtual host configurations:
Include /etc/apache2/sites-enabled/
```

读者也可以更改主配置文件的设置,来重新定位虚拟主机的设置文件。

进入该目录,可以看到默认情况下只有一个文件 000-default,并且是个 link 文件,它指向 /etc/apache2/sites-available 文件夹中的 default 文件,如下所示:

```
jacky@jacky-desktop:~$ ls -l /etc/apache2/sites-enabled
总用量 0
lrwxrwxrwx 1 root root 36 2010-02-01 14:10 000-default -> /etc/apache2/sites-available/default
```

由此可知,APACHE2 在设置虚拟主机时,实际方式为先扫描/etc/apache2/sites-enabled 中的 link 文件,再寻找实际读取的文件/etc/apache2/sites-available/default。

该文件的示例如下:

```
jacky@jacky-desktop:~$ sudo vim /etc/apache2/sites-available/default
NameVirtualHost *                                        //虚拟主机 IP 地址,*号表示未指定
<VirtualHost *>
    ServerAdmin webmaster@localhost                      //服务器管理员的邮件地址
    ServerName localhost                                 //服务器的域名
    DocumentRoot /var/www/                               //主目录默认路径
    <Directory />                                        //设置根目录权限
        Options FollowSymLinks
        AllowOverride None                               //不允许覆盖符号链接
    </Directory>
    <Directory /var/www/>                                //设置主目录/var/www 的权限
        Options Indexes FollowSymLinks MultiViews
        AllowOverride None
        Order allow,deny
        allow from all
    </Directory>

    ScriptAlias /cgi-bin/ /usr/lib/cgi-bin/              //脚本文件权限配置
    <Directory "/usr/lib/cgi-bin">
        AllowOverride None
        Options +ExecCGI -MultiViews +SymLinksIfOwnerMatch
        Order allow,deny
        Allow from all
```

```
        </Directory>

        ErrorLog /var/log/apache2/error.log        //错误信息日志路径

        # Possible values include: debug, info, notice, warn, error, crit,
        # alert, emerg.
        LogLevel warn                              //错误信息记录等级

        CustomLog /var/log/apache2/access.log combined    //设置该主机的访问信息
        ServerSignature On

        Alias /doc/ "/usr/share/doc/"              //文档权限设置
        <Directory "/usr/share/doc/">
            Options Indexes MultiViews FollowSymLinks
            AllowOverride None
            Order deny,allow
            Deny from all
            Allow from 127.0.0.0/255.0.0.0 ::1/128
        </Directory>

</VirtualHost>
```

从该配置文件的第 1 行可以看出，由于没有指定具体的 IP，所以该文件是个通用配置文件，在实际使用时必须修改。

要完成服务配置，读者还需要向相应的目录添加可浏览资源，重新启动服务后，客户端才能正常访问服务器并浏览系统资源。

18.3 Apache 服务器配置实例

18.3.1 系统要求

在同一台安装 Ubuntu Linux 8.04 的主机上配置两个基于域名的 Web 服务器，域名分别为 test.jacky.com 和 web.jacky.com，使用这个域名访问本机（192.168.132.128）目录/var/www/html 内主页文件 index.html 和目录 var/www/html2 内主页文件 index.html。域名服务器为 192.168.132.128，它进行域名的解析工作。因为本域名并没有在公网上注册，因此，读者需要将客户端的 DNS 服务器设置成 192.168.132.128。

18.3.2 配置流程

1．创建根目录并添加网页文件

Web 服务器最主要的功能就是向用户提供可供浏览的资源文件，因此，用户在配置服务器之前，应确保当前系统存在主页的根目录及文件信息。

创建文件夹如下所示：
```
jacky@jacky-desktop:~$ sudo mkdir /var/www/html        //创建 test.jacky.com 的根目录
jacky@jacky-desktop:~$ sudo mkdir /var/www/html2       //创建 web.jacky.com 的根目录
```
将任意的两个网页文件保存在上述路径中，如下所示：
```
jacky@jacky-desktop:~$ ls /var/www/html
index_files  index.html
jacky@jacky-desktop:~$ ls /var/www/html2
index_files  index.html
```

2. 添加虚拟主机并设置

将 Web 服务器都部署成虚拟主机，主要需要修改与虚拟主机相关的配置。

先备份 /etc/apache2/sites-available/default 文件为 default.bak，然后 VIM 对 default 文件进行编辑，过程及配置参数如下。

（1）添加 test.jacky.com 信息：

```
jacky@jacky-desktop:~$ cd /etc/apache2/sites-available
jacky@jacky-desktop:/etc/apache2/sites-available$ ls
default
jacky@jacky-desktop:/etc/apache2/sites-available$ sudo cp default default.bak    //备份文件
jacky@jacky-desktop:/etc/apache2/sites-available$ sudo vim default               //编辑配置文件
NameVirtualHost 192.168.132.128                                                  //指定IP
<VirtualHost 192.168.132.128>
        ServerAdmin webmaster@localhost
        ServerName  test.jacky.com                       //服务器域名
        DocumentRoot /var/www/html                       //主页根目录
        <Directory />
            Options FollowSymLinks
            AllowOverride None
        </Directory>
        <Directory /var/www/html>                        //主页根目录属性设置
            Options Indexes FollowSymLinks MultiViews
            AllowOverride None
            Order allow,deny
            allow from all
        </Directory>

        ScriptAlias /cgi-bin/ /usr/lib/cgi-bin/
        <Directory "/usr/lib/cgi-bin">
            AllowOverride None
            Options +ExecCGI -MultiViews +SymLinksIfOwnerMatch
            Order allow,deny
            Allow from all
        </Directory>

        ErrorLog /var/log/apache2/error.log

        # Possible values include: debug, info, notice, warn, error, crit,
        # alert, emerg.
        LogLevel warn

        CustomLog /var/log/apache2/access.log combined
        ServerSignature On

    Alias /doc/ "/usr/share/doc/"
    <Directory "/usr/share/doc/">
        Options Indexes MultiViews FollowSymLinks
        AllowOverride None
        Order deny,allow
        Deny from all
        Allow from 127.0.0.0/255.0.0.0 ::1/128
    </Directory>

</VirtualHost>
```

（2）添加 web.jacky.com 信息。

同理，在 /etc/apache2/sites-available/default 文件中，复制 test.jacky.com 的所有配置信息，并粘贴在文件末尾，然后修改以下几行即可：

```
ServerName  web.jacky.com                   //服务器域名
DocumentRoot /var/www/html2                 //主页根目录
<Directory /var/www/html2>                  //主页根目录属性设置
```

Web 服务器配置及应用

在主配置文件/etc/apache2/apache2.conf 的末尾添加以下信息：
```
#Server Name
ServerName test.jacky.com
```
其他配置文件保持不变。

3．配置域名服务

由于最终需要通过域名访问 Web 服务器，因此需要配置 DNS，配置过程如下。

（1）添加 jacky.com 域及 192 网段：
```
jacky@jacky-desktop:~$ sudo vim /etc/bind/named.conf.local    //编辑配置文件
……
zone "192.in-addr.arpa"{                                       //添加 192 网段
        type master;
        file "/etc/bind/db.192";                               //指定数据文件路径
};
zone "jacky.com"{                                              //添加 jacky.com 域
        type master;
        file "/etc/bind/db.jacky.com";                         //指定数据文件路径
};
```

（2）编辑正向数据文件：
```
jacky@jacky-desktop:~$ sudo vim /etc/bind/db.192               //创建并配置正向解析数据文件
; db.192
;
$TTL 604800
@ IN SOA test.jacky.com. root.test.jacky.com. (
        1;              serial
        604800;         refresh
        86400;          retry
        2419200;        expire
        604800) ;       negative cache ttl;
@ IN NS test.jacky.com
128.132.168 IN PTR test.jacky.com                              //指定 192.168.132.128 对应域名 1
128.132.168 IN PTR web.jacky.com                               //指定 192.168.132.128 对应域名 2
```

（3）编辑反向数据文件：
```
jacky@jacky-desktop:~$ sudo vim /etc/bind/db.jacky.com         //创建并配置反向解析数据文件
; db.jacky.com
;
$TTL 604800
@ IN SOA test.jacky.com. root.test.jacky.com. (
        1;
        604800;
        86400;
        2419200;
        604800) ;
@ IN NS test.jacky.com
test IN A 192.168.132.128                                      //指定域名 test.jacky.com 对应 IP
web IN A 192.168.132.128                                       //指定域名 web.jacky.com 对应 IP
```

（4）重启域名服务：
```
jacky@jacky-desktop:~$ sudo /etc/init.d/bind9 restart
 * Stopping domain name service... bind                        [ OK ]
 * Starting domain name service... bind                        [OK]
```

4．重新启动 Apache2 服务
```
jacky@jacky-desktop:~$ sudo /etc/init.d/apache2 restart
 * Restarting web server apache2                               [ OK ]
```

18.3.3　测试

首先测试域名服务器，将客户端机器的域名服务器设置为 192.168.132.128，然后用 nslookup

命令测试正向及反向解析，测试过程及结果如下：

```
jacky@jacky-desktop:~$ nslookup
> 192.168.132.128                              //测试 IP
Server:         192.168.132.128
Address:        192.168.132.128#53

128.132.168.192.in-addr.arpa    name = test.jacky.com.192.in-addr.arpa.
128.132.168.192.in-addr.arpa    name = web.jacky.com.192.in-addr.arpa.
> test.jacky.com                               //测试域名 test.jacky.com
Server:         192.168.132.128
Address:        192.168.132.128#53

Name:   test.jacky.com
Address: 192.168.132.128
> web.jacky.com                                //测试域名 web.jacky.com
Server:         192.168.132.128
Address:        192.168.132.128#53

Name:   web.jacky.com
Address: 192.168.132.128
```

在客户端主机的 FireFox 浏览器的地址栏输入域名信息 test.jacky.com/index.html，结果如图 18-2 所示。输入域名信息 web.jacky.com/index.html，结果如图 18-3 所示。

图 18-2 test.jacky.com 测试结果

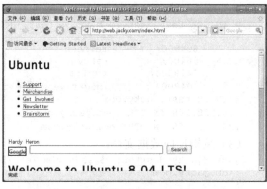

图 18-3 web.jacky.com 测试结果

18.4 课后练习

1. 简述 Web 服务原理。
2. Web 服务器有哪几种类型？各自有何特点？
3. 简述 SSL 及 CA 的概念和原理。
4. 简述 Apache 服务概念及其特点。
5. 简述 Ubuntu Linux 环境下配置 Apache2 服务器的步骤。
6. 在自己的机器上配置 Web 服务器，用默认的根目录路径，采用 8081 端口运行该服务器。

第 19 章 Mail 服务器配置及应用

电子邮件服务器是当今网络中应用最为广泛的网络服务之一,几乎所有的现代企业和公司、政府机构都已经实现了无纸化办公,电子邮件办公已经在很多方面取代了传统的办公方式。本章介绍 Ubuntu Linux 下电子邮件传送的基本过程及基本原理,同时介绍 Ubuntu Linux 下的电子邮件服务器的配置。

本章第 1 节介绍电子邮件传输的基本原理,邮件系统的结构,邮件系统各部分功能,邮件系统的成员 MUA(Mail User Agent,邮件用户代理)、MSA(Mail Submission Agent,邮件提交代理)、MTA(Mail Transfer Agent,邮件传输代理)、MDA(Mail Delivery Agent,邮件投递代理)和 MAA(Mail Access Agent,邮件访问代理),同时,对邮件传送的过程进行深入的讨论。

第 2 节介绍 Ubuntu Linux 下电子邮件服务器组件的基本组成。基本参数设置以及各相关配置文档的作用,介绍如何有效地编译这些文件,最终完成电子邮件服务器的配置。

第 3 节结合 DNS 服务器,用一个具体的实例介绍配置电子邮件服务器的全部流程,邮件客户端的测试过程。读者按照这一过程进行设置,就能够成功配置可直接使用的电子邮件服务器。

19.1 E-Mail 服务原理

19.1.1 Mail 系统介绍

1. 邮件系统结构

图 19-1 所示为邮件系统基本结构，可以看出，邮件系统由 MUA（Mail User Agent，邮件用户代理）、MSA（Mail Submission Agent，邮件提交代理）、MTA（Mail Transfer Agent，邮件传输代理）、MDA（Mail Delivery Agent，邮件投递代理）和 MAA（Mail Access Agent，邮件访问代理）等组成。

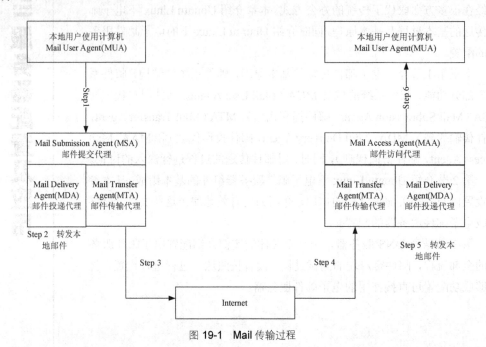

图 19-1 Mail 传输过程

- MUA（Mail User Agent）：邮件用户代理。MUA 是一个邮件系统的客户端程序，提供阅读、发送和接收电子邮件的用户接口，是邮件系统中与用户直接交互的程序。在 Windows 下，常用的 MUA 有 Microsoft 的 Outlook，国产的 Foxmail；在 Linux 下，常用的有 Evolution 以及 Firefox 等软件包。
- MSA（Mail Submission Agent）：邮件提交代理。MSA 负责消息由 MTA 发送之前完成所有的准备工作以及错误检测工作，检测发送邮件的正确性。随着 RFC2476 的引入，MSA 的工作已由 MTA 完成，即 MTA 包含了 MSA 的工作。
- MTA（Mail Transfer Agent）：邮件传输代理。MTA 负责邮件的存储和转发，监视用户请求，根据电子邮件的目标地址找到对应的邮件服务器，在服务器之间传输信件，并且缓冲接收到的邮件。因此，MTA 是 MUA 的接口，另外还负责在各个邮件系统之间传递消息。在 Linux 下，常用的 MTA 有 Sendmail、Qmail 以及 Postfix 等。

- MDA（Mail Delivery Agent）：邮件投递代理。主要的功能就是将 MTA 接收的信件依照信件的流向（送到哪里）放置到本机账户下的邮件文件中（收件箱），或者再经由 MTA 将信件送到下个 MTA。如果信件的流向是到本机，这个邮件代理不仅将由 MTA 传来的邮件放置到每个用户的收件箱，还具有邮件过滤（filtering）与其他的相关功能，通常 MDA 也称为本地投递代理（Local Delivery Agent）。在 Linux 下，常用的 MDA 有 mail.local、procmail 等。
- MAA（Mail Access Agent）：邮件访问代理。MAA 用于将用户连接到系统邮件库，使用 POP 或者 IMAP 协议接收邮件。Linux 下常用的 MAA 有 UW-IMAP、Cyrus-IMAP 等。

上面各部分软件之间没有必然的依赖关系，因此，每部分所选用的软件包相互独立，可以随意选择。在 Linux 操作系统下要构建一个完整的邮件系统，至少需要以下一些组件。

- 一个用户端程序。用于完成用户的交互操作，完成 MUA 功能。如果是 Windows 下的用户，可以选择 Foxmail 或 OutLook。如果是 Linux 下的用户，可以选择 Evolution。
- 一个邮件服务器软件包。用于完成 MTA 和 MSA 的功能。选用 Sendmail、Qmail 以及 Postfix 中的一种即可。
- 一个本地投递工具。用来完成 MDA 功能，如常用的 procmail。
- 一种 MAA。用来传送邮件给终端用户，如 Linux 下常用的 imap。

2．邮件系统所涉及的协议

- SMTP（Simple Mail Transfer Protocol）：简单邮件传输通信协议。SMTP 只负责电子邮件的传送（接收为 POP），其使用的端口是 25。它是目前 Internet 上传输电子邮件的标准协议。
- POP（Post Office Protocol）：邮局协议。目前的版本为 3，是关于接收电子邮件的客户机/服务器协议。客户端程序连接到服务器的 110 端口，通过执行 POP 命令下载服务器上的邮件到本地磁盘阅读。
- IMAP（Internet Message Access Protocol）：网际消息访问协议。目前为第 4 版本，它像 POP 协议一样提供方便的邮件下载服务，支持 POP 的全部功能。除此之外，IMAP 还可以提供其他一些功能。

3．电子邮件与 DNS 的关系

当邮件服务器程序收到一封待发的邮件时，它首先需要根据目标地址确定将信息投递给哪一个服务器，这是通过 DNS 服务器实现的。因此，在配置 Mail 服务器之前，读者需确保自己的 DNS 服务器工作正常，以便能够解析 Mail 中使用的主机信息。

另外，当邮件目的地址不是当前系统时，将发生中继。例如，test@jacky.com 发送邮件给 jacky@163.com，在此过程中，jacky.com 邮件服务器就得把邮件中继转发给 163.com 服务器，此时，jacky.com 就完成了一个中继功能。

19.1.2 Mail 传输流程

一个简单的电子邮件传输示意如图 19-2 所示。在此示意图中，本地用户 test@jacky.com 将邮件传送给远端用户 jacky@163.com，其流程如下。

（1）用户利用 MUA 寄信到 MTA。通常使用 MUA（如 Windows 中的 Foxmail、Outlook Express，

Linux 中的 Evolution）写信时，需要注明以下两点。

- 发信人与发信服务器　必须有这个信息。发信服务器就是接收用户所发信件的 MTA。
- 收信人与收信服务器　以 account@e-mail.server 的形式给出，其中，account 就是该服务器 e-mail.server 里的账号。

（2）MTA 收到信件，交由 MDA 发送到该账号的 MailBox 中。如果在第 1 步收到的信件中，E-mail.server 就是 MTA 自己，此时 MTA 会将该信件交由 MDA 处理，将信件放置在收信者的信箱中。如果收件人并不是 MTA 的内部账号（如图 19-2 中的 jacky@ 163.com），那么就将该信件转送出去，这一功能就是中继功能。

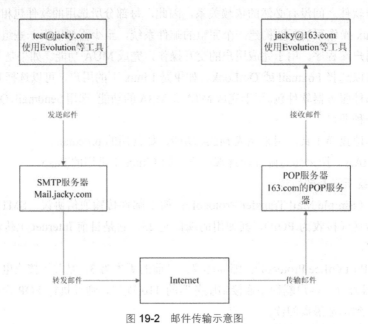

图 19-2　邮件传输示意图

（3）远程 MTA（163.com 的邮件服务器）收到本地 MTA（mail.yangzd.com）发出的邮件，将该信件交给它的 MDA 处理，此时，信件会存放在远程 MTA 上，等待用户登录读取或下载。

（4）远程客户端通过 POP 等方式登录到 MTA（163.com 的邮件服务器），通过 POP 命令将信息下载到本地，从而阅读该信件。

19.2　配置 Ubuntu Linux 下的 Mail 服务器

19.2.1　Ubuntu Linux 下的 Mail 软件包介绍

要使 Linux 中的邮件服务器正常工作，需要具备多个软件包，包括 MTA、MDA、MAA 等类型的软件包。常用的 MTA 软件包有 Sendmail、Postfix 等，本节主要介绍以 Sendmail 作为 MTA 构建 Mail 服务器时所需要的软件包。

Ubuntu Linux 没有默认安装 Sendmail 软件包，读者可以使用以下命令查询：

Mail 服务器配置及应用

```
jacky@jacky-desktop:~$ sudo dpkg --list | grep sendmail
```

1. 软件包组件

利用新立得软件包管理器可以获取该软件包，也可以利用 APT 组件从命令行获取并安装，过程如下所示：

```
jacky@jacky-desktop:~$ sudo apt-get install sendmail
正在读取软件包列表... 完成
正在分析软件包的依赖关系树
读取状态信息... 完成
将会安装下列额外的软件包：
  liblockfile1 m4 procmail sendmail-base sendmail-bin sendmail-cf sensible-mda
建议安装的软件包：
  rmail sendmail-doc logcheck resolvconf sasl2-bin
推荐安装的软件包：
  postfix mail-transport-agent fetchmail
下列【新】软件包将被安装：
  liblockfile1 m4 procmail sendmail sendmail-base sendmail-bin sendmail-cf
  sensible-mda
共升级了 0 个软件包，新安装了 8 个软件包，要卸载 0 个软件包，有 337 个软件未被升级。
需要下载 1909kB 的软件包。
操作完成后，会消耗掉 5927kB 的额外磁盘空间。
您希望继续执行吗？[Y/n]Y
......
 * Starting Mail Transport Agent (MTA) sendmail                    [ OK ]

正在设置 sensible-mda (8.14.2-2build1) ...
正在设置 sendmail (8.14.2-2build1) ...
```

安装完成，Sendmail 服务会被启动，读者可以查看相应的进程信息，如下所示：

```
jacky@jacky-desktop:~$ ps aux | grep sendmail
root     29476  0.0  0.1  1772   584 ?        S    14:58   0:00 /bin/sh /etc/init.d/sendmail
purgestat now
root     29490  0.0  0.4  7592  2328 ?        S    14:58   0:00 /usr/sbin/sendmail-mta -Am -bH -O
Timeout.hoststatus=1s
root     29495  0.0  0.3  8284  1696 ?        Ss   14:58   0:00 sendmail: MTA: accepting
connections              //Sendmail 正在运行
jacky    29529  0.0  0.1  3224   792 pts/1    S+   14:59   0:00 grep sendmail
```

Sendmail 仅仅是 MTA，有此服务，可以进行邮件的发送。如果需要支持从邮件服务器上收取邮件，还需要安装 MAA，常用的如 IMAP、POP。Ubuntu Linux 12.04 没有默认安装这些软件包，手动安装 courier-pop 的过程如下所示：

```
jacky@jacky-desktop:/etc/alternatives$ sudo apt-get install courier-pop
正在读取软件包列表... 完成
正在分析软件包的依赖关系树
读取状态信息... 完成
将会安装下列额外的软件包：
  courier-authdaemon courier-authlib courier-authlib-userdb courier-base
  expect tcl8.4
建议安装的软件包：
  courier-doc courier-pop-ssl expectk tclreadline
下列【新】软件包将被安装：
  courier-authdaemon courier-authlib courier-authlib-userdb courier-base
  courier-pop expect tcl8.4
共升级了 0 个软件包，新安装了 7 个软件包，要卸载 0 个软件包，有 337 个软件未被升级。
需要下载 1867kB 的软件包。
操作完成后，会消耗掉 5145kB 的额外磁盘空间。
您希望继续执行吗？[Y/n]Y
......
Processing triggers for libc6 ...
ldconfig deferred processing now taking place
```

2. 主要配置文件

Sendmail 几乎所有的配置文件都放置在/etc/mail 文件夹内，主要文件包括以下几种。

（1）/etc/mail/sendmail.cf：这个文件是 Sendmail 的主要配置文件，所有的参数都由它管理。但是，这个配置文件不太容易看懂。一般采用 m4 指令来完成修改，m4 可以为一些简单的环境设定参数，重新以内定的函式库或者函式定义来创建 sendmail.cf 文件。Sendmail 预设的 sendmail.cf 文件放置在/etc/mail/sendmail.cf 内。

（2）/etc/mail/sendmail.mc：由于 sendmail.cf 这个配置文件不应手动修改，所以需要使用 m4 程序，由一个后缀名为 mc 的文件编译生成。该文件负责生成 sendmail.cf 时的参数及环境配置，并负责 SMTP 的验证，相应的环境配置文件是 sendmail-cf 这个软件包提供的。

（3）/etc/mail/sendmail.conf：这个文件主要是配置 sendmail 的启动和运行参数的，该服务可以用 inet 控制，也可以用 crontab 控制，还可以以单独的模式运行。

（4）/etc/mail/local-host-names：这个配置文件主要用来处理一个主机同时拥有多个主机名称时的收发信件主机名称问题。当主机拥有多个主机名时，如主机名称为 test1.your.domain 以及 test2.your.domain，而且这两个 hostname 都希望可以用于收发电子邮件，则需要将这两个名字都写入 local-host-names 这个配置文件当中，一个主机名字占用一行。

（5）/etc/mail/access.db：这个文件规定使用本邮件服务器的数据库，要转成这个数据库，需要 makemap 以及/etc/mail/access 文件的配合。这个配置文件是 Sendmail 里面重要的"使用者权限管理"的数据。

（6）/etc/mail/aliases.db：aliases.db 用来设定信箱别名，用户可以由这个档案的设定来规范，其还需要由 aliases 及 newaliases 来生成这个配置文件。

3. 主要执行文件

（1）/usr/sbin/sendmail：读取 sendmail.cf 这个档案的设定内容，在发送信件时使用这个程序。预设的启用端口为 25。

（2）/usr/sbin/pop3d：pop3d 用来处理客户端的收信问题。如果当前的邮件服务器希望为客户端提供使用 Netscape 或 OutLook express 来收信，就需要提供这个服务。这个服务的设定档为/etc/inetd.d/courier-pop。

（3）/usr/sbin/makemap：主要负责将 access 转成 access.db 的执行文件。

（4）/usr/sbin/mailstats：将/etc/mail/statistics 配置文件读出来的执行文档。可以查看到目前为止 Sendmail 工作共传送接收了多少邮件。

（5）/usr/sbin/newaliases：将/etc/mail/aliases 转成/etc/mail/aliases.db 的执行文件。

（6）/usr/bin/mailq：用来观察/var/spool/mqueue 这个邮件暂存目录的数据情况的指令。

（7）/usr/bin/m4：将*.mc 配置文件转成*.cf 配置文件的主要配置文件。需要搭配 Sendmail 原始码或 sendmail-cf 这个配置文件才行。

4. 邮件相关目录

（1）/var/mail：每个使用者信件放置的目录，一个账号使用一个档案。

（2）/var/spool/mqueue：当邮件由于对方主机的问题，或者是网络的问题而无法送出去时，邮件会暂时存放在这个目录下，然后主机会每隔 30~60min 重新尝试传送一遍，通常设定为若 5 天内该封信件还未寄出，就退给原发信者。

19.2.2 邮件服务器与 DNS 的联系

一般情况下，电子邮件服务器为某域下的一台主机，例如，当前域（jacky.com）下有一台邮件服务器（mail.jacky.com），在此邮件服务器上，有一个用户名为 jacky。一般情况下，需要使用 jacky@mail.jacky.com 的地址登录发送和接收邮件。但是为了便于记忆，一般都使用 jacky@jacky.com 进行邮件传输，这种方式需要在 DNS 服务器中加入邮件交换（Mail Exchange）来实现。DNS 服务器的一个配置示例如下：

```
jacky@jacky-desktop:~$ sudo vim /etc/bind/named.conf.local
zone "jacky.com"{
      type master;
      file "/etc/bind/db.jacky.com";
};
jacky@jacky-desktop:~$ sudo vim /etc/bind/db.jacky.com
$TTL 604800
@ IN SOA dns.jacky.com. root.test.jacky.com. (
      1;              serial
      604800;         refresh
      86400;          retry
      2419200;        expire
      604800);        negative cache ttl;
@ IN NS  192.168.132.128            //本机即为邮件服务器
  IN MX 5 dns.jacky.com              //5 为优先级, dns.jacky.com 为域名
```

如果不是本地主机，则使用以下方式：

```
jacky.com.    IN MX  5  mail.jacky.com.      //即 mail.jacky.com 为 jacky.com.域的邮件服
务器,此时即可以使用 user@jacky.com.登录系统。
jacky.com.    IN MX  10 mailback.jacky.com. //此主机为备份邮件服务器,优先级为 10,在主邮件
服务器 down 掉后可以进行临时邮件信息的存储。
```

因此在配置邮件服务器时，如果希望以域的方式访问，就需要在 DNS 服务器添加此项记录。

19.2.3 文本界面下配置 Mail 服务器

1. 修改 sendmail.mc 文件

因为 Sendmail 的主配置文件 sendmail.cf 由 mc 文件生成，因此配置 MAIL 服务器，主要就是配置 sendmail.mc 文件。

主要进行以下修改：

```
jacky@jacky-desktop:~ $cd /etc/mail
jacky@jacky-desktop:/etc/mail$ sudo cp sendmail.mc sendmail.mc.bak     //备份原有的默认mc 文件
jacky@jacky-desktop:/etc/mail$ sudo vim sendmail.mc
//找到以下一行
DAEMON_OPTIONS(`Family=inet, Name=MTA-v4, Port=smtp, Addr=127.0.0.1')
//改为以下一行
DAEMON_OPTIONS(`Family=inet,Name=MTA-v4,Port=smtp,Addr=0.0.0.0')  //开放所有 IP
//添加验证参数
TRUST_AUTH_MECH('EXTERNAL DIGEST-MD5 CRAM-MD5 LOGIN PLAIN')dnl
define('confAUTH_MECHANISMS', 'EXTERNAL GSSAPI DIGEST-MD5 CRAM-MD5 LOGIN PLAIN')
```

设置完成，保存文件即可。

2. 生成 sendmail.cf 文件

在生成 sendmail.cf 文件之前，先备份系统原有的 sendmail.cf 文件，如下所示：

```
jacky@jacky-desktop:~ $cd /etc/mail
jacky@jacky-desktop:/etc/mail$ sudo mv sendmail.cf sendmail.cf.bak
```

使用 m4 工具生成所需要的 sendmail.cf，本处首先将其命令为 mysend.cf 文件，生成需要的配

置文件后，备份系统原有的配置文件，然后再将生成的 mysend.cf 文件重命名为 sendmail.cf 文件。
操作过程如下：

```
jacky@jacky-desktop:~$ cd /etc/mail                                //切换到相应路径
jacky@jacky-desktop:/etc/mail$ sudo touch mysend.cf                //创建临时的 cf 文件
jacky@jacky-desktop:/etc/mail$ ls -l mysend.cf
-rw-r--r-- 1 root smmsp 0 2010-02-05 11:27 mysend.cf
jacky@jacky-desktop:/etc/mail$ sudo chown jacky mysend.cf          //修改文件拥有者，避免访问权限不足
jacky@jacky-desktop:/etc/mail$ ls -l mysend.cf
-rw-r--r-- 1 jacky smmsp 0 2010-02-05 11:27 mysend.cf
jacky@jacky-desktop:/etc/mail$ sudo m4 sendmail.mc > mysend.cf     //生成 mysend.cf 文件
jacky@jacky-desktop:/etc/mail$ sudo chown root mysend.cf           //将权限改回去
jacky@jacky-desktop:/etc/mail$ sudo mv sendmail.cf sendmail.cf.bak //备份系统原有文件
jacky@jacky-desktop:/etc/mail$ sudo mv mysend.cf sendmail.cf       //将生成的 mysend.cf
```
文件重命名为系统默认的 sendmail.cf

m4 是一个宏处理器，将输入拷贝到输出，同时将宏展开。宏可以是内嵌的，也可以是用户定义的。除了可以展开宏，m4 还有一些内建的函数，用来引用文件、执行命令、整数运算、文本操作、循环等。m4 既可以作为编译器的前端，也可以单独作为一个宏处理器，在 Linux 程序开发中用得比较多。更多的介绍，读者可以参阅 http://www.gnu.org/software/m4/manual/index.html 相关内容。

3. 修改 sendmail.cf 文件

修改 /etc/mail/sendmail.cf，使得可以使用域访问方式，例如，邮件服务器主机为 mail.jacky.com，用户名为 jacky，则可使用 jacky@jacky.com 和 jacky@mail.jacky.com 收发邮件。

```
jacky@jacky-desktop:/etc/mail$ sudo vim sendmail.cf
......
//找到以下一行
Cwlocalhost
将其改为：
Cw mail.jacky.com jacky.com
```

4. 重新启动 sendmail 服务

重新启动该服务与启动其他服务类似，如下所示：

```
jacky@jacky-desktop:/etc/mail$ sudo /etc/init.d/sendmail restart
 * Restarting Mail Transport Agent (MTA) sendmail                  [OK]
```

5. 启动 POP3 服务

为了使系统能够支持远程邮件访问，需要启动 POP3 协议，POP3 协议主要用于接收电子邮件。

```
jacky@jacky-desktop:~$ sudo /etc/init.d/courier-pop restart
 * Stopping Courier POP3 server...                                 [OK]
 * Starting Courier POP3 server...                                 [OK]
```

6. 修改主机名

local-host-names 这一配置文件主要用来处理一个主机同时拥有多个主机名称时收发信件主机名称问题。当主机拥有多个主机名时，例如，主机名称为 test.your.domain 以及 test2.your.domain，而且这两个 hostname 都希望可以用于收发电子邮件，则需要将这两个名字都写入 local-host-names 这个配置文件当中，一个主机名字占用一行。如果仅有一个主机名，可以不写或者只写一行。

```
jacky@jacky-desktop:/etc/mail$ sudo vim local-host-names
jacky.com
mail.jacky.com
```

7. 设定邮件使用权限

修改文件 /etc/mail/access，用来规定 Mail 服务器转发邮件的网段。其文件格式如下：

规定的范围	规定可以在 Sendmail 上面的动作

Mail 服务器配置及应用

IP/不完整 IP/主机名称/E-mail	RELAY/DISCARD/REJECT

可以执行的动作有以下 3 种选项。

- **RELAY**：允许该来源主机所传送过来的邮件被接受，然后再进行 RELAY 的动作。
- **REJECT**：若来源主机的主机名称或 IP 地址被拒绝，邮件服务器就不会接受对方的邮件内容，并且会回传一个错误或警告信息给原发信端。
- **DISCARD**：与被拒绝的情况相似，亦即关闭规定范围内的计算机主机的 RELAY 功能，不过，Sendmail 会直接将该信件丢弃而不会退回。

另外，access 不支持域的写法，即以下方式不被支持：

```
192.168.0.0/24
192.168.0.0/255.255.255.0
```

在本例中，该文件如下配置：

```
jacky@jacky-desktop:/etc/mail$ sudo vim access
……
localhost.loacldomain       RELAY
localhost                   RELAY
127.0.0.1                   RELAY
jacky.com                   RELAY           //允许域名
mail.jacky.com              RELAY
192.168                     RELAY           //允许 192.168 网段
```

编辑完成，使用 makemap 命令将此文件转换成 Sendmail 可以辨认的文件格式，其命令如下：

```
jacky@jacky-desktop:/etc/mail$ sudo makemap hash /etc/mail/access</etc/mail/access
```

19.2.4 测试邮件服务

本小节在本机上简单地测试一下邮件的收发情况。如果仅本机使用 Sendmail 进行信息交互（在服务器上或者有用户采用 telnet 方式登录到服务器上的情况），那么只需要简单地启动 Sendmail 服务器即可。发送邮件时需要用到 MUA，如简单的 mailx。以下是使用 Sendmial 进行本机信息交互的示例。

（1）安装 mailx：

```
jacky@jacky-desktop:~$ sudo apt-get install mailx
正在读取软件包列表... 完成
正在分析软件包的依赖关系树
读取状态信息... 完成
下列【新】软件包将被安装:
  mailx
共升级了 0 个软件包，新安装了 1 个软件包，要卸载 0 个软件包，有 337 个软件未被升级。
需要下载 157kB 的软件包。
操作完成后，会消耗掉 299kB 的额外磁盘空间。
获取：1 http://cn.archive.ubuntu.com hardy/main mailx 1:8.1.2-0.20071017cvs-2 [157kB]
下载 157kB, 耗时 1s (79.6kB/s)
选中了曾被取消选择的软件包 mailx.
(正在读取数据库 ... 系统当前总共安装有 102247 个文件和目录。)
正在解压缩 mailx (从 .../mailx_1%3a8.1.2-0.20071017cvs-2_i386.deb) ...
正在设置 mailx (1:8.1.2-0.20071017cvs-2) ...
```

（2）用户 jacky 发送邮件：

```
jacky@jacky-desktop:~$ mail abc              //给 abc 用户发送邮件
Subject: hello                               //邮件主题
This is a mail from jacky!                   //邮件内容，完成后按 Ctrl+D
Cc:                                          //邮件抄送地址，如不需要，按 Ctrl+D 或 Enter
```

（3）用户 abc 接收邮件：

```
jacky@jacky-desktop:~$ sudo su abc
```

```
abc@jacky-desktop:/home/jacky$ whoami          //查看自己的用户名
abc
abc@jacky-desktop:/home/jacky$ mail
Mail version 8.1.2 01/15/2001.  Type ? for help.
"/var/mail/abc": 1 message 1 new               //有1封邮件，1封新邮件
>N  1 jacky@jacky-deskt  Fri Feb  5 13:18   16/600  hello  //新邮件
& 1                                            //输入编号，查看邮件1的内容
Message 1:
From jacky@jacky-desktop  Fri Feb  5 13:18:10 2010   //邮件简明信息
Date: Fri, 5 Feb 2010 13:18:10 +0800                 //日期及时间
From: Jacky <jacky@jacky-desktop>                    //发件人
To: abc@jacky-desktop                                //收件人
Subject: hello                                       //邮件主题

This is a mail from jacky!                           //邮件正文内容

& r                                                  //输入r，回复该邮件
To: abc@jacky-desktop jacky@jacky-desktop
Subject: Re: hello                                   //回复邮件的主题
I have receive the mail,thank you.                   //回复邮件的内容
Cc:                                                  //抄送地址

& d                                                  //删除邮件
& h                                                  //显示邮件列表
>  1 jacky@jacky-deskt  Fri Feb  5 13:18   16/600  hello
& q                                                  //退出邮箱
```

在正常使用Sendmail服务之前，用户一定要确认已经有DNS服务器为当前的邮件域提供DNS解析，例如，以上示例中的mail.jacky.com有相应的DNS解析IP地址。另外，测试服务器主机和客户机的DNS服务器，同样需要能够解析发送邮件地址中的邮件服务器域名。

如果需要以域的方式访问，如user@jacky.com访问，则需要在DNS服务器中添加MX记录。

19.3 结合DNS配置Mail服务器实例

本节介绍在DNS服务器的支持下，使用Sendmail软件包组件在Ubuntu Linux 12.04主机上配置一个有效的电子邮件服务器的过程。

19.3.1 网络模型及系统要求

当前测试服务器模型如图19-3所示。在整个网络中，有一台Linux主机充当Linux下的DNS服务器和Mail服务器，另外有两台PC机为测试使用。同时，为了测试与Internet邮件服务器是否连接成功，选择了一台Internet邮件服务器用于测试。

Linux服务器提供DNS解析和Sendmail邮件交换，其本机固定IP地址为192.168.132.128（非公网IP地址，仅做测试使用）。相关需求如下。

（1）DNS服务器要求。添加jacky.com域，此域中由dns.jacky.com提供域名解析，邮件服务器域名为mail.jacky.com。

（2）Mail服务器要求。用户test@jacky.com在指定本机域名为以上配置的DNS服务器的情况下（因为域jacky.com未注册，因此不能在公网上被解析），能够用客户端软件互相发送邮件。另外，如果当前主机能够访问Internet，则用户test@jacky.com能够向公网邮件服务器

mail.ccniit.com 发送邮件。用户 t_a_o1445@163.com 能够在本地用客户端软件接收邮件。因为 jacky.com 域未能注册，故本例中不能实现 t_a_o1445@163.com 向 test@jacky.com 回复邮件。

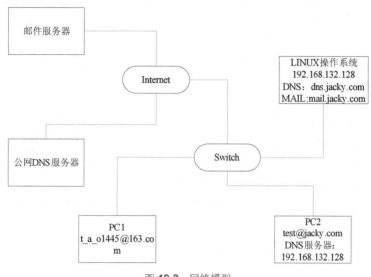

图 19-3　网络模型

（3）测试主机信息。测试主机 PC2 作为客户端主机，安装客户端软件 mailx 接收邮件，PC2 对应用户为 test@jacky.com。因为要解析 jacky.com 域，因此其 DNS 服务器指定 Linux 下的 DNS 服务器地址为 192.168.132.128。

（4）公网信息要求。如果需要测试与公网的联通性，则可使用一台公网的邮件服务器，此邮件服务器地址能够被公网主机找到。图 19-3 中使用的为 pop.163.com 主机，其用户 t_a_o1445@163.com 能够接收到由 test@jacky.com 发送的邮件。

19.3.2　配置过程及参数实现

本小节介绍 Ubuntu Linux 下的 DNS 服务器和 Mail 服务器的配置过程以及邮件传输测试过程。读者按照这个步骤操作，结合网络的实际情况，可以成功配置一台 Ubuntu Linux 下的邮件服务器。

1. 配置 DNS 服务器

（1）修改/etc/bind/named.conf.local 文件，添加 jacky.com 域及相应的网段信息：

```
jacky@jacky-desktop:~$ sudo vim /etc/bind/named.conf.local
//
// Do any local configuration here
//

// Consider adding the 1918 zones here, if they are not used in your
// organization
//include "/etc/bind/zones.rfc1918";

zone "192.in-addr.arpa"{                          //添加192.0.0.0网段信息
        type master;
        file "/etc/bind/db.192";                  //配置文件
};

zone "jacky.com"{                                 //添加jacky.com域
        type master;
```

```
        file "/etc/bind/db.jacky.com";                //配置文件
};
```

（2）创建并编辑 /etc/bind/db.jacky.com 文件，添加正向解析信息：

```
jacky@jacky-desktop:~$ sudo vim /etc/bind/db.jacky.com    //创建并编辑文件
; db.jacky.com
;
$TTL 604800
@   IN  SOA dns.jacky.com. root.dns.jacky.com.(
         1;              Serial
         604800;         Refresh
         86400;          Retry
         2419200;        Expire
         604800);        Negative Cache TTL
@   IN  NS  test.jacky.com
jacky.com.     IN MX 5 mail.jacky.com.           //添加邮件交换主机
dns    IN A 192.168.132.128                      //DNS 服务器地址
mail   IN A 192.168.132.12                       //mail.jacky.com 主机信息
```

（3）创建并编辑 /etc/bind/db.192 文件，添加反向解析信息：

```
jacky@jacky-desktop:~$ sudo vim /etc/bind/db.192    //创建并编辑文件
; db.192
;
$TTL 604800
@   IN  SOA dns.jacky.com. root.dns.jacky.com.(
         1;              serial
         604800;         refresh
         86400;          retry
         2419200;        expire
         604800);        negative cache ttl;
@   IN  NS  192.168.132.128
jacky.com.  IN MX 5 192.168.132.128              //添加邮件交换主机
128.132.168 IN PTR dns.jacky.com                 //DNS 服务器域名
128.132.168 IN PTR mail.jacky.com                //mail.jacky.com 主机信息
```

（4）重新启动 DNS 服务，使配置生效：

```
jacky@jacky-desktop:~$ sudo /etc/init.d/bind9 restart
 * Stopping domain name service... bind                               [OK]
 * Starting domain name service... bind                               [OK]
```

（5）测试 DNS 服务：

在测试之前，先将测试主机，如 PC2 的 DNS 设置为之前配置好的 DNS 服务器地址 192.168.132.128。PC2 的主机信息如下：

```
[root@localhost ~]# ifconfig eth0
eth0    Link encap:Ethernet  HWaddr 00:0C:29:70:F4:14
        inet addr:192.168.132.129  Bcast:192.168.132.255  Mask:255.255.255.0
        inet6 addr: fe80::20c:29ff:fe70:f414/64 Scope:Link
        UP BROADCAST RUNNING MULTICAST  MTU:1500  Metric:1
        RX packets:635 errors:0 dropped:0 overruns:0 frame:0
        TX packets:400 errors:0 dropped:0 overruns:0 carrier:0
        collisions:0 txqueuelen:0
        RX bytes:71578 (69.9 KiB)  TX bytes:59409 (58.0 KiB)
[root@localhost ~]# cat /etc/resolv.conf            //查看域名服务器配置文件
; generated by /sbin/dhclient-script
search localdomain
nameserver 192.168.132.128                          //主域名服务器地址
```

使用 nslookup 命令测试主机 IP 及域名，过程及结果如下：

```
[root@localhost ~]# nslookup
> 192.168.132.128                                   //测试 DNS 服务器 IP
Server:         192.168.132.128
Address:        192.168.132.128#53

128.132.168.192.in-addr.arpa    name = mail.jacky.com.192.in-addr.arpa.
```

```
128.132.168.192.in-addr.arpa     name = dns.jacky.com.192.in-addr.arpa.
> mail.jacky.com                                    //测试mail.jacky.com 域名
Server:         192.168.132.128
Address:        192.168.132.128#53

Name:   mail.jacky.com
Address: 192.168.132.128
> dns.jacky.com                                     //测试dns.jacky.com 域名
Server:         192.168.132.128
Address:        192.168.132.128#53

Name:   dns.jacky.com
Address: 192.168.132.128
```

2. 配置 Sendmail 服务

(1) 修改 sendmail.mc 文件。

因为 Sendmail 的主配置文件 sendmail.cf 由 mc 文件生成，因此配置 MAIL 服务器，主要就是配置 sendmail.mc 文件。

主要进行以下修改：

```
jacky@jacky-desktop:~ $cd /etc/mail
jacky@jacky-desktop:/etc/mail$ sudo cp sendmail.mc sendmail.mc.bak     //备份原有
的默认 mc 文件
jacky@jacky-desktop:/etc/mail$ sudo vim sendmail.mc
//找到以下一行
DAEMON_OPTIONS(`Family=inet, Name=MTA-v4, Port=smtp, Addr=127.0.0.1')
//改为以下一行
DAEMON_OPTIONS(`Family=inet,Name=MTA-v4,Port=smtp, Addr=0.0.0.0')  //开放所有网段的 IP
//添加验证参数
TRUST_AUTH_MECH('EXTERNAL DIGEST-MD5 CRAM-MD5 LOGIN PLAIN')dnl
define('confAUTH_MECHANISMS', 'EXTERNAL GSSAPI DIGEST-MD5 CRAM-MD5 LOGIN PLAIN')
```

(2) 生成 sendmail.cf 文件。

在生成 sendmail.cf 文件之前，先备份系统原有的 sendmail.cf 文件，如下所示：

```
jacky@jacky-desktop:~ $cd /etc/mail
jacky@jacky-desktop:/etc/mail$ sudo mv sendmail.cf sendmail.cf.bak
```

使用 m4 工具生成需要的 sendmail.cf，本处首先将其命名为 mysend.cf 文件，生成需要的配置文件后，备份系统原有的配置文件，然后再将生成的 mysend.cf 文件重命名为 sendmial.cf 文件。操作过程如下：

```
jacky@jacky-desktop:~$ cd /etc/mail                          //切换到相应路径
jacky@jacky-desktop:/etc/mail$ sudo touch mysend.cf          //创建临时的 cf 文件
jacky@jacky-desktop:/etc/mail$ ls -l mysend.cf
-rw-r--r-- 1 root smmsp 0 2010-02-05 11:27 mysend.cf
jacky@jacky-desktop:/etc/mail$ sudo chown jacky mysend.cf    //修改文件拥有者，避免访问权限不足
jacky@jacky-desktop:/etc/mail$ ls -l mysend.cf
-rw-r--r-- 1 jacky smmsp 0 2010-02-05 11:27 mysend.cf
jacky@jacky-desktop:/etc/mail$ sudo m4 sendmail.mc > mysend.cf    //生成 mysend.cf 文件
jacky@jacky-desktop:/etc/mail$ sudo chown root mysend.cf          //将权限改回去
jacky@jacky-desktop:/etc/mail$ sudo mv sendmail.cf sendmail.cf.bak //备份系统原有文件
jacky@jacky-desktop:/etc/mail$ sudo mv mysend.cf sendmail.cf      //将生成的 mysend.cf
//文件重命名为系统默认的 sendmail.cf
```

(3) 修改 sendmail.cf 文件。

修改 /etc/mail/sendmail.cf，使得可以使用域访问方式。操作过程如下：

```
jacky@jacky-desktop:/etc/mail$ sudo vim sendmail.cf
......
//找到以下一行
```

```
Cwlocalhost
```
将其改为：
```
Cw mail.jacky.com jacky.com
```

（4）启动 POP3 服务。

为了使系统能够支持远程邮件访问，需要启动 POP3 协议，POP3 协议主要用于接收电子邮件：

```
jacky@jacky-desktop:~$ sudo /etc/init.d/courier-pop restart
 * Stopping Courier POP3 server...                              [ OK ]
 * Starting Courier POP3 server...                              [ OK ]
```

启动后，可以使用以下命令查询服务状态：

```
jacky@jacky-desktop:/etc/mail$ netstat -tl
tcp        0      0 *:pop3              *:*                     LISTEN
tcp        0      0 *:smtp              *:*                     LISTEN
```

（5）修改主机名。

local-host-names 这一配置文件主要用来处理一个主机同时拥有多个主机名称时收发信件主机名称问题。

```
jacky@jacky-desktop:/etc/mail$ sudo vim local-host-names
jacky.com
mail.jacky.com
```

（6）设定邮件使用权限。

修改 /etc/mail/access 文件，操作过程如下：

```
jacky@jacky-desktop:/etc/mail$ sudo vim access
……
localhost.loacldomain    RELAY
localhost                RELAY
127.0.0.1                RELAY
jacky.com                RELAY           //允许域名
mail.jacky.com           RELAY
192.168                  RELAY           //允许 192.168 网段
```

编辑完成，使用 makemap 命令将此文件转换成 Sendmail 可以辨认的文件格式，其命令如下：

```
jacky@jacky-desktop:/etc/mail$ sudo makemap hash /etc/mail/access</etc/mail/access
```

（7）重新启动 sendmail 服务：

```
jacky@jacky-desktop:/etc/mail$ sudo /etc/init.d/sendmail restart
 * Restarting Mail Transport Agent (MTA) sendmail               [ OK ]
```

3．添加邮件用户

为了使用户访问 mail 服务器，需要在 Ubuntu Linux 服务器上添加邮件用户，此处添加的一个用户名是 test，分配为 mail 组的用户，其基本信息如下：

```
jacky@jacky-desktop:/home$ sudo adduser --ingroup mail test    //添加用户 test 到 mail 组
正在添加用户 test...
正在添加新用户 'test' (1004) 到组 'mail'...
创建主目录 '/home/test'...
正在从 /etc/skel 复制文件...
输入新的 UNIX 口令：
重新输入新的 UNIX 口令：
passwd: 已成功更新密码
正在改变 test 的用户信息
请输入新值，或直接敲回车键以使用默认值
        全名 []: test
        房间号码 []: 123
        工作电话 []: 1
        家庭电话 []: 2
        其他 []: 3
这些信息正确吗？[y/N] y
```

Mail 服务器配置及应用

4．测试邮件发送情况

（1）确保安装 mailx 或其他邮件发送工具软件。mailx 的安装可参考 19.2.4 小节。

（2）用户 test 在 PC2 上发送邮件，分别发送给邮件服务器上的 jacky 用户和公网用户 t_a_o1445@163.com，操作过程如下：

```
[root@localhost home]# su test
[test@localhost home]$ whoami
test
[test@localhost home]$ mail jacky@mail.jacky.com        //发送邮件给 jacky@mail.jacky.com
Subject: Hi
This is a mail from test.
Cc: t_a_o1445@163.com                                   //抄送给 t_a_o1445@163.com
```

（3）服务器上的用户 jacky 接收邮件：

```
jacky@jacky-desktop:/home$ mail
Mail version 8.1.2 01/15/2001.  Type ? for help.
"/var/mail/jacky": 1 message 1 new              //有一封邮件
>N  1 test@mail.jacky.com  Mon Feb  8 13:37   16/614   Hi
& 1                                             //查看编号为 1 的邮件
Message 1:
From test@mail.jacky.com  Mon Feb  8 13:37:13 2010
Date: Mon, 8 Feb 2010 13:37:12 +0800
From: test <test@mail.jacky.com>                //来自 test 用户
To: jacky@mail.jacky.com
Subject: Hi

This is a mail from test.                       //邮件正文
```

（4）公网用户 t_a_o1445@163.com 接收邮件：

```
t_a_o1445@~:/home$ mail
Mail version 8.1.2 01/15/2001.  Type ? for help.
"/var/mail/jacky": 1 message 1 new              //有一封邮件
>N  1 test@mail.jacky.com  Mon Feb  8 13:37   16/614   Hi
& 1                                             //查看编号为 1 的邮件
Message 1:
From test@jacky-desktop  Mon Feb  8 13:37:13 2010
Date: Mon, 8 Feb 2010 13:37:12 +0800
From: test <test@mail.jacky.com>                //来自 test 用户
To: t_a_o@163.com
Subject: Hi

This is a mail from test.                       //邮件正文
```

19.4 课后练习

1．简述 MAIL 系统结构的主要组成及各部分功能。
2．E-MAIL 服务中有哪些常用的协议？分别实现什么功能？
3．简述电子邮件与 DNS 的关系。
4．简述电子邮件的传输过程。
5．简述 Ubuntu Linux 平台中常用 MAIL 服务所需的软件包，包括 MTA 和 MUA。
6．简述 Ubuntu Linux 平台中用 Sendmail 搭建 MAIL 服务器的步骤。
7．在一台能够访问公网的 Ubuntu Linux 系统中，部署自己的 MAIL 服务器，并给自己的公网邮箱发送一封邮件。

第20章 路由配置及应用

路由是指把数据从一个地方传送到另一个地方的行为和动作,而路由器则是执行这种行为动作的机器,其英文名称为 Router,是一种连接多个不同类型网络或不同网段的网络互联设备。它能对不同网络或网段之间的数据信息进行"翻译"或者转换,以使它们能够相互"读懂"对方的数据,从而构成一个更大的网络。本章介绍路由器的基本概念、基本原理,以及 Ubuntu Linux 下路由器的配置。

本章第 1 节介绍路由基本知识,包括路由的基本概念、基本模型、静态路由、动态路由的基本概念及原理,为用户进行后续内容的学习打下基础。

第 2 节介绍 Ubuntu Linux 下路由配置的基本操作,包括如何添加路由表内容、如何删除路由表内容等,另外介绍静态路由配置的基本操作。

第 3 节用一个具体的实例介绍如何将 Ubuntu Linux 主机配置成为一个简单的静态路由器,以加深用户对路由基本概念的印象,提高基本配置能力。

读者学完本章内容,能够对路由的基本概念、基本操作有比较深入的了解。

20.1 路由配置基本概念

本节介绍路由配置的基本概念，包括什么是路由器，路由转发模型、路由表，以及常用的路由协议 RIP、OSPF 等。

20.1.1 基本概念

1．路由器

路由器是一种用于连接多个网络或网段的网络设备。这些网络可以是几个使用不同协议和体系结构的网络（如互联网与局域网），也可以是几个不同网段的网络（如大型互联网中不同部门的网络），当数据信息从一个部门网络传输到另外一个部门网络时，可以用路由器完成这一功能。简单地讲，路由器主要有以下几种功能。

（1）网络互连。支持各种局域网和广域网接口，主要用于互连局域网和广域网，实现不同网络之间的互相通信。

（2）数据处理。提供包括分组过滤、分组转发、优先级、复用、加密、压缩和防火墙等功能。

（3）网络管理。提供配置管理、性能管理、容错管理和流量控制等功能。

路由器产品按照不同的划分标准有多种类型。

按性能档次分为高、中、低档路由器。通常将路由器吞吐量大于 40Gbit/s 的路由器称为高档路由器，吞吐量在 25Gbit/s～40Gbit/s 的路由器称为中档路由器，而低于 25Gbit/s 的则为低档路由器。当然这只是一种宏观上的划分，各厂家的划分并不完全一致，实际上路由器档次的划分不仅仅是以吞吐量为依据的，还有一个综合指标。以市场占有率最大的 Cisco 公司为例，12000 系列为高端路由器，7500 以下系列路由器为中低端路由器。

从结构上，可将路由器分为"模块化路由器"和"非模块化路由器"。使用模块化结构可以灵活地配置路由器，以适应企业不断增长的业务需求，非模块化的就只能提供固定的端口。通常中高端路由器为模块化结构，低端路由器为非模块化结构。

从功能上划分，可将路由器分为"骨干级路由器"、"企业级路由器"和"接入级路由器"。"骨干级路由器"是实现企业级网络互连的关键设备，它的数据吞吐量较大，非常重要。对"骨干级路由器"的基本性能要求是高速度和高可靠性。为了获得高可靠性，网络系统普遍采用诸如热备份、双电源、双数据通路等传统的冗余技术，从而可使"骨干级路由器"的可靠性极高。"企业级路由器"连接许多终端系统，连接对象较多，但系统相对简单，且数据流量较小，对这类路由器的要求是以尽量简单的方法实现尽可能多的端点互连，同时还要求能够支持不同的服务质量。"接入级路由器"主要应用于连接家庭或 ISP 内的小型企业客户群体。

按所处网络位置划分，通常把路由器分为"边界路由器"和"中间节点路由器"。"边界路由器"处于网络边缘，用于不同网络路由器的连接。而"中间节点路由器"则处于网络的中间，通常用于连接不同的网络，起到一个数据转发的桥梁作用。由于各自所处的网络位置有所不同，因此其主要性能也就有相应的侧重，如"中间节点路由器"因为要面对各种各样的网络，识别这些网络中的节点靠的是这些中间节点路由器的 MAC 地址记忆功能。基于上述原因，选择"中间节点路由器"时就需要对 MAC 地址记忆功能更加注重，也就是要求选择缓存更大、MAC 地址记忆能力较强的路由器。"边界路由器"由于可能要同时接收来自许多不同网络路由器发来的数据，所以要求这种路由器的背板带宽要足够宽，这由"边界路由器"所处的网络环境而定。

从性能上划分，可分为"线速路由器"和"非线速路由器"。所谓"线速路由器"，就是完全可以按传输介质带宽进行通畅传输，基本上没有间断和延时，通常"线速路由器"是高端路由器，具有非常高的端口带宽和数据转发能力，能以媒体速率转发数据包。中低端路由器是"非线速路由器"，但是一些新的宽带接入路由器也有线速转发能力。

目前，国外生产路由器的厂商主要有 CISCO（思科）公司、北电网络等，国内主要有华为等通信设备生产商。

2．路由模型

一个路由器连接的网络结构如图 20-1 所示。以下介绍网络 10.120.2.0/24 的主机与 172.16.1.0/24 进行通信的过程。

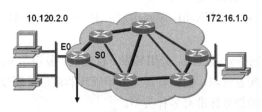

图 20-1 路由模型

现假定 10.120.2.0/24 其中一台主机的 IP 地址为 10.120.2.1，172.16.1.0/24 其中一台主机的 IP 地址为 172.16.1.1。它们之间通信的过程如下。

（1）10.120.2.1 主机将目的主机 172.16.1.1 的地址 172.16.1.1 连同数据信息以数据帧的形式通过集线器或交换机以广播的形式发送给同一网络中的所有节点，当路由器 E0 端口侦听到这个地址后，分析得知所发目的节点不是本网段的，需要路由转发，就把数据帧接收下来。

（2）路由器 E0 端口接收到 10.120.2.1 主机的数据帧后，先从报头中取出目的用户 172.16.1.1 的 IP 地址，并根据路由表计算出发往用户 C3 的最佳路径，其中 S0 是必经路径。

（3）路由器的 S0 端口再次取出目的用户 172.16.1.1 的 IP 地址，找出 C3 的 IP 地址中的主机 ID 号，根据路由表中的下一跳地址信息将其发送到下一跳地址。

（4）上述情况依次进行，如果已经到达目的网络，在当前网络中有交换机，则可先发给交换机，由交换机根据 MAC 地址表找出具体的网络节点位置；如果没有交换机设备，则可根据其 IP 地址中的主机 ID 直接把数据帧发送给用户 C3，这样一个完整的数据通信转发过程就完成了。

3．路由表

为了完成路由选择工作，在路由器中保存着各种传输路径的相关数据，即路由表（Routing Table），供路由选择时使用。路由表中保存着子网的标志信息、网上路由器的个数和下一个路由器的名字等内容。路由表可以是由系统管理员固定设置好的（静态路由），也可以由系统动态修改（动态路由），可以由路由器自动调整，也可以由主机控制。在路由器中会涉及两个有关地址的名字概念——静态路由表和动态路由表。

由系统管理员事先设置好固定的路由表称之为静态（static）路由表，一般是在系统安装时根据网络的配置情况预先设定的，它不会随未来网络结构的改变而改变。

动态（dynamic）路由表是路由器根据网络系统的运行情况而自动调整的路由表。路由器根据路由选择协议（Routing Protocol）提供的功能，自动学习和记忆网络运行情况，在需要时自动计算数据传输的最佳路径。

4．路由协议

在介绍路由协议之前，应清楚路由协议和可路由协议的区别，Routed Protocol（可路由协议）和 Routing Protocol（路由协议）经常被混淆。

可路由协议（Routed Protocol）由路由协议（Routing Protocol）传输，前者亦称为网络协议，这些网络协议提供在源与目的设备间通信所需的各种功能。网络协议发生在 OSI 参考模型的上 4 层：传输层、会话层、表示层和应用层。routed protocol 在网络中被路由，如 IP、DECnet、AppleTalk、Novell NetWare、OSI、Banyan VINES 和 Xerox Network System（XNS）。

路由协议（routing protocol）是实现路由算法的协议，简单地说，它给网络协议做导向，如 IGRP（Interior Gateway Routing Protocol）、EIGRP（Enhanced Interior Gateway Routing Protocol）、OSPF（Open Shortest-Path First）、EGP、BGP（Border Gateway Protocol）、IS-IS 及 RIP（Routing Information Protocol）等。

目前的路由协议很多都是在对网络拓扑及网络规模的不同假定前提下发展起来的。不同的协议适合不同的应用场合，这就需要网络管理员对路由协议有一个全面的了解，根据实际情况选择合适的路由协议。

路由协议根据数据流的类型，可分成单播路由协议（Unicast Routing Protocol）和多播路由协议（Multicast Routing Protocol）。单播路由协议包括 RIP、OSPF、IGRP、BGP、IS-IS 等，多播路由协议包括 DVMRP、PIM-SM、PIM-DM 等。

根据网络规模大小，单播路由协议可分为域内路由协议（IGP）和域外路由协议（EGP）。其中 IGP 有 RIP、OSPF、IGRP、EIGRP、IS-IS，EGP 目前只流行 BGP。

根据寻径算法，单播路由协议可分成距离矢量协议（Distance-Vector）和链接状态协议（Link-State）。距离矢量协议包括 RIP、IGRP、EIGRP、BGP，其中 BGP 是距离矢量协议变种，是一种路径矢量协议，链接状态协议包括 OSPF、IS-IS。

从 IGP 和 EGP 的定义可知，EGP 适用于大型网络自治区域和自治区域之间，IGP 适用于小型网络自治区域内部。自治系统（Autonomous System）是指一个管理机构维护下的路由器集合，这些路由器之间使用一个 IGP 路由协议和统一的度量,用 EGP 路由协议来计算与其他自治系统的路由。随着协议的发展，自治系统内部并不局限于使用一个 IGP，可以是几个不同的 IGP，只要这个系统对外呈现出一种统一的路由机制。

IGP 之间也有区别，RIP 适合于小型网络或网络拓扑结构简单的网络，而 OSPF 由于引入了层次结构而适合于中型网络或网络拓扑复杂的网络，BGP 适用于骨干网络 ISP 和大型企业网。

距离矢量协议和链接状态协议的主要区别在于它们传送的内容。距离矢量协议直接传送各自的路由表，各个路由器根据收到的路由表更新自己的路由表，每个路由器对整个网络拓扑不了解，它们只知道邻近的情况。而链接状态协议传送路由器之间的链接状态，这样每个路由器就都知道整个网络拓扑结构。路由根据 Open-Short-Path 算法得出距离矢量协议，无论是实现还是管理都比较简单，但是它的收敛速度慢，报文量大，会占用较多的网络开销，并且为避免路由环路需要做各种特殊处理。链接状态协议比较复杂，难管理，但是它收敛快，报文量少，占用的网络开销较少，且不会出现路由环路。

20.1.2 路由策略

1. 静态路由

静态路由是一种特殊的路由，它由网络管理员采用手工方法在路由器中配置而成。通过静态路由的配置，建立一个完整的网络。这种方法的问题在于一个网络故障发生后，静态路由不会自动地改变，而必须有网络管理员的介入，因此这个方法对保证网络不间断运行存在一定的局限性。然而对一个平滑操作的网络，静态路由在许多地方是必要的。实际上，仔细地设置和使用静态路由可以改进网络的性能，为重要的应用保留带宽。以下推荐的两种情况下通常使用静态路由。

在稳固的网络中使用静态路由，减少路由选择问题和路由选择数据流的过载。例如，在只有一条通路有效的 stub 网络中使用静态路由，某些时候可以通过备份中心提供多条通路，由备份中心来检测网络拓扑结构，以便当一条网络链路出现故障时，通过路由的切换来实现数据业务在不同通路间的切换。

在构筑非常大型的网络时使用静态路由，各大区域通过一到两条主链路连接，静态路由的隔离特征能够有助于减少整个网络中路由选择协议的开销，限制路由选择发生改变和出现问题的范围。

一条静态路由有以下几个要素。

（1）目的地址用来标识 IP 包的目标地址或目标网络。

（2）网络掩码和目标地址一起来标识目标网络，把目标地址和网络掩码逻辑与即可得到目标网络。

（3）接口说明，IP 包从哪个接口出去。

（4）下一跳 IP 地址说明，IP 包所经由的下一个 IP 地址。

（5）本条静态路由加入 IP 核心路由表的优先级，针对同一目的地可能存在不同下一跳的若干条路由，这些不同的路由可能是由不同的路由协议发现的，也可以是配置静态路由时被指定的。优先级高、数值小的路由总是先被加入到核心路由表中去。在 R2501 路由器中，静态路由的默认优先级是 60，RIP 的优先级是 100，OSPF 的优先级是 10，IP 接口上直接相连的路由优先级最高，总是 0。用户可以配置多条到同一目的地但优先级不同的路由，这些路由按照优先级的顺序，有唯一的一条被加入到核心路由表中供 IP 分发。

报文决策用静态路由还可以有如下几个属性：

（1）静态路由是可达路由，正常的路由都属于这种情况，即 IP 报文按照目的地标示的路由被送往下一跳，这是静态路由最自然的用法。

（2）静态路由标示目的地不可达，当路由到某一目的地的参数具有 reject 属性时，任何到达该目的地的 IP 报文被通知目的地不可达。

（3）静态路由标示目的地为黑洞，当路由到某一目的地的参数具有 blackhole 属性时，任何到达该目的地的 IP 报文将被丢弃。

属性（2）和属性（3）可以用来控制本路由器可达目的地的范围，辅助网络错误诊断。

2. RIP 动态路由

RIP 是路由信息协议（Routing Information Protocol）的缩写，采用距离向量算法，是当今应用最为广泛的内部网关协议。默认情况下，RIP 使用一种非常简单的度量制度。距离就是通往目的站点所需经过的链路数，取值为 1～15，数值 16 表示无穷大。RIP 进程使用 UDP 的 520 端口来发送和接收 RIP 分组，RIP 分组每隔 30s 以广播的形式发送一次，为了防止出现"广播风暴"，其后续的分组将随机延时后发送。在 RIP 中，如果一个路由在 180s 内未被刷新，则相应的距离就被设定成无穷大，并从路由表中删除该表项。RIP 分组分为两种——请求分组和相应分组。

RIP-1 的提出较早，其中有许多缺陷。为了改善 RIP-1 的不足，在 RFC1388 中提出了改进的 RIP-2，并在 RFC 1723 和 RFC 2453 中进行了修订。RIP-2 定义了一套有效的改进方案，新的 RIP-2 支持子网路由选择、CIDR 和组播，并提供了验证机制。

随着 OSPF 和 IS-IS 的出现，许多人认为 RIP 已经过时了，但事实上 RIP 也有它自己的优点。对于小型网络，RIP 就所占带宽而言开销小，易于配置、管理和实现，因此 RIP 还在大量使用中。RIP 也有明显的不足，即当有多个网络时会出现环路问题。为了解决环路问题，IETF 提出了分割范围方法，即路由器不可以通过它得知的路由接口去宣告路由。分割范围解决了两个路由器之间的路由环路问题，但不能防止 3 个或多个路由器形成路由环路。触发更新是解决环路问题的另一方法，它要求路由器在链路发生变化时立即传输它的路由表，这加速了网络的聚合，但容易产生广播泛滥。总之，环路问题的解决需要消耗一定的时间和带宽。若采用 RIP 协议，其网络内部所经过的链路数不能超过 15，这使得 RIP 协议不适用于大型网络。

3. OSPF 协议

为了克服 RIP 协议的缺陷，1988 年 RFC 成立了 OSPF 工作组，开始着手 OSPF 的研究与制定。1998 年 4 月，在 RFC 2328 中，OSPF 协议第 2 版（OSPFv2）以标准形式出现。OSPF 全称为开放式最短路径优先协议（Open Shortest-Path First），OSPF 中的 O 表示 OSPF 标准是对公共开放的，而不是封闭的专有路由方案。OSPF 采用链路状态协议算法，每个路由器维护一个相同的链路状态数据库，保存整个 AS 的拓扑结构（AS 不划分情况下）。一旦每个路由器有了完整的链路状态数据库，该路由器就可以自己为根，构造最短路径树，然后再根据最短路径构造路由表。对于大型的网络，为了进一步减少路由协议通信流量，利于管理和计算，OSPF 将整个 AS 划分为若干个区域，区域内的路由器维护一个相同的链路状态数据库，保存该区域的拓扑结构。OSPF 路由器相互间交换信息，但交换的信息不是路由，而是链路状态。OSPF 定义了 5 种分组：Hello 分组用于建立和维护连接；数据库描述分组初始化路由器的网络拓扑数据库；当发现数据库中的某部分信息已经过时后，路由器发送链路状态请求分组，请求邻站提供更新信息；路由器使用链路状态更新分组来主动扩散自己的链路状态数据库，或对链路状态请求分组进行响应；由于 OSPF 直接运行在 IP 层，协议本身要提供确认机制，所以链路状态应答分组是对链路状态更新分组进行确认。

相对于其他协议，OSPF 有许多优点。OSPF 支持各种不同的鉴别机制（如简单口令验证、MD5 加密验证等），并且允许各个系统或区域采用互不相同的鉴别机制；提供负载均衡功能，如果计算出到某个目的站有若干条费用相同的路由，OSPF 路由器会把通信流量均匀地分配给这几条路由，沿这几条路由把该分组发送出去；在一个自治系统内可划分出若干个区域，每个区域根据自己的拓扑结构计算最短路径，这样能减小 OSPF 路由实现的工作量；OSPF 属于动态的自适应协议，对于网络的拓扑结构变化可以迅速地做出反应，进行相应的调整，提供短的收敛期，使路由表尽快稳定化，而且与其他路由协议相比，OSPF 在对网络拓扑变化的处理过程中仅需要最少的通信流量；OSPF 提供点到多点接口，支持 CIDR（无类型域间路由）地址。OSPF 的不足之处就是协议本身庞大复杂，实现起来比 RIP 困难。

4．BGP 协议

RFC1771 对 BGP 的最新版本 BGP-4 进行了详尽的介绍。BGP 被用于在 AS 之间实现网络可达信息的交换，整个交换过程要求建立在可靠的传输连接基础上。这样做有许多优点，BGP 可以将所有的差错控制功能交给传输协议来处理，而其本身就变得简单多了。BGP 使用 TCP 作为其传输协议，默认端口号为 179。与 EGP 相比，BGP 有许多不同之处，最重要的不同就是其采用路径向量的概念和对 CIDR 技术的支持，路径向量中记录了路由所经路径上所有 AS 的列表，这样可以有效地检测并避免复杂拓扑结构中可能出现的环路问题；对 CIDR 的支持减少了路由表项，从而加快了选路的速度，也减少了路由器间所要交换的路由信息。另外，BGP 一旦与其他的 BGP 路由器建立对等关系，其仅在最初的初始化过程中交换整个路由表，此后只有当自身路由表发生改变时，BGP 才会产生更新报文发送给其他路由器，且该报文中仅包含那些发生改变的路由，这样不但减小了路由器的计算量，而且节省了 BGP 所占带宽。

BGP 有 4 种分组类型：打开分组用来建立连接；更新分组用来通告可达路由和撤消无效路由；周期性地发送存活分组，可以确保连接的有效性；当检测到一个差错时，则发送通告分组。

5．IGRP 协议

内部网关路由协议（IGRP：Interior Gateway Routing Protocol）是一种在自治系统（AS：autonomous system）中提供路由选择功能的路由协议。在 20 世纪 80 年代中期，最常用的内部路由协议是路由信息协议（RIP）。尽管 RIP 对于实现小型或中型同机种互联网络的路由选择是非常有用的，但是随着网络的不断发展，其受到的限制也越加明显。思科路由器的实用性和 IGRP 的强大功能，使得众多小型互联网络组织采用 IGRP 取代了 RIP。早在 20 世纪 90 年代，思科就推出了增强的 IGRP，进一步提高了 IGRP 的操作效率。

IGRP 是一种距离向量（Distance Vector）内部网关协议（IGP）。距离向量路由选择协议采用数学上的距离标准计算路径大小，该标准就是距离向量。距离向量路由选择协议通常与链路状态路由选择协议（Link-State Routing Protocol）相对，主要在于距离向量路由选择协议是对互联网中的所有节点发送本地连接信息。

为了具有更大的灵活性，IGRP 支持多路径路由选择服务。在循环（Round Robin）方式下，两条同等带宽线路能运行单通信流，如果其中一根线路传输失败，系统会自动切换到另一根线路上。多路径可以是具有不同标准，但仍然奏效的多路径线路。例如，一条线路比另一条线路优先 3 倍（即标准低 3 级），那么就意味着这条路径可以使用 3 次，只有符合某特定最佳路径范围或在差量范围之内的路径才可以用作多路径。差量（Variance）是网络管理员可以设定的另一个值。

6．EIGRP 协议

增强的内部网关路由选择协议（EIGRP，Enhanced Interior Gateway Routing Protocol）是增强版的 IGRP 协议。IGRP 是思科提供的一种用于 TCP/IP 和 OSI 因特网服务的内部网关路由选择协议，它被视为是一种内部网关协议。而作为域内路由选择的一种外部网关协议，它还没有得到普遍的应用。

Enhanced IGRP 与其他路由选择协议之间的主要区别包括：收敛宽速（Fast Convergence）、支持变长子网掩码（Subnet Mask）、局部更新和多网络层协议。执行 Enhanced IGRP 的路由器存储了其所有的相邻路由表，以便于它能快速选择路径（Alternate Routes）。如果没有合适的路径，Enhanced IGRP 查询其邻居以获取所需路径，直到找到合适路径，Enhanced IGRP 查询才会终止，否则会一直持续下去。

EIGRP 协议对所有的 EIGRP 路由进行任意掩码长度的路由聚合，从而减少路由信息传输，节省带宽。另外，EIGRP 协议可以通过配置，在任意接口的位边界路由器上支持路由聚合。

Enhanced IGRP 不作周期性更新，当路径度量标准改变时，Enhanced IGRP 只发送局部更新（Partial Updates）信息。局部更新信息的传输自动受到限制，从而使得只有那些需要信息的路由器才会更新。基于以上这两种性能，Enhanced IGRP 损耗的带宽比 IGRP 少得多。

20.2 Ubuntu Linux 路由基本操作

在小型网络中，可以将 Linux 主机作为一台路由器来使用，当然，要求路由器至少有两个以上的网络适配器。本节介绍 Ubuntu Linux 下常用的路由配置命令。

20.2.1 查看当前路由信息

一般来说，路由至少有两个以上的网络接口，如果一台 Linux 主机作为路由器，则其至少有两个以上的网卡设备。在 Ubuntu Linux 操作系统下，网卡设备的主要配置信息为 /etc/network/interfaces，各个网卡设备的信息都可以在该文件内配置。

在该文件中，除了本地回环用 lo 表示外，其他每一个网卡设备都用 eth（n）表示，n 就表示第 n 块网卡设备。具有多个网卡的配置文件内容如下所示：

```
jacky@jacky-desktop:~$ cat /etc/network/interfaces
auto lo
iface lo inet loopback              //本地回环

iface eth0 inet dhcp                //第1块网卡（动态获取IP）
address 192.168.1.21                //IP地址
netmask 255.255.255.0               //子网掩码
gateway 192.168.1.1                 //网关

auto eth0                           //自动启动

iface eth1 inet static              //第2块网卡（静态获取IP）
address 192.168.44.128
netmask 255.255.255.0
gateway 192.168.44.1

#auto eth1
```

如果当前网络设备启动，默认情况下系统会自动添加几条路由信息，用以表示当前与本机直接连接的网络情况。在 Linux 下，可以使用 route 命令查看当前主机路由信息：

```
jacky@jacky-desktop:~$ route
内核 IP 路由表
目标            网关            子网掩码         标志  跃点  引用  使用 接口
192.168.126.0   *               255.255.255.0    U     0     0     0 eth0
default         192.168.126.2   0.0.0.0          UG    100   0     0 eth0
```

（1）目标（Destination）和子网掩码（Genmask）。分别表示目的网络号和子网掩码，从而构成一个完整的网络。

（2）网关（Gateway）。上述网络是通过哪个网关连接出去的，如果显示 0.0.0.0，表示该路由是直接由本机传送，也可以通过局域网络的 MAC 直接传输。如果显示具体 IP 地址，则表示该路由需要经过路由器转发。

（3）标志（Flags）。以下标志分别代表不同的意义。
- U（route is up）：该路由已经被启动。
- H（target is a host）：目标是一部主机（IP 地址），而不是一个网段。
- G（use gateway）：需要通过外部的主机（gateway）来转递封包。
- R（reinstate route for dynamic routing）：使用动态路由时，恢复路由信息的标识。
- D（dynamically installed by daemon or redirect）：已经由服务或转 port 功能设定为动态路由。
- M（modified from routing daemon or redirect）：路由已经被修改了。
- !（reject route）：这个路由不会被接受。

（4）接口（Iface）。这是路由传递封包的接口，即网络接口。

20.2.2 添加路由操作

本小节介绍在 Ubuntu Linux 操作系统下添加路由的基本操作。

（1）查看当前路由情况：

```
jacky@jacky-desktop:~$ route                //查看路由情况
内核 IP 路由表
目标            网关            子网掩码         标志 跃点 引用 使用 接口
192.168.126.0   *               255.255.255.0    U    0    0    0 eth0
default         192.168.126.2   0.0.0.0          UG   100  0    0 eth0
```

（2）添加路由，添加命令为"route add"，格式如下：

```
route add 网络号 子网掩码 gw 转发地址 dev 设备号
```

添加一条到 192.168.126.0/24 网段的路由，其转发地址为 192.168.126.1，设备号为 eth0：

```
jacky@jacky-desktop:~$ sudo route add -net 192.168.126.0 netmask 255.255.255.0 gw 192.168.126.1 dev eth0
jacky@jacky-desktop:~$ route                //查看增加路由后的信息
内核 IP 路由表
目标            网关            子网掩码         标志 跃点 引用 使用 接口
192.168.126.0   192.168.126.1   255.255.255.0    UG   0    0    0 eth0
192.168.126.0   *               255.255.255.0    U    0    0    0 eth0
default         192.168.126.2   0.0.0.0          UG   100  0    0 eth0
```

20.2.3 删除路由操作

删除路由操作过程如下。

（1）查看当前可用路由信息：

```
jacky@jacky-desktop:~$ route                //查看路由信息
内核 IP 路由表
目标            网关            子网掩码         标志 跃点 引用 使用 接口
192.168.126.0   192.168.126.1   255.255.255.0    UG   0    0    0 eth0
192.168.126.0   *               255.255.255.0    U    0    0    0 eth0
default         192.168.126.2   0.0.0.0          UG   100  0    0 eth0
```

（2）删除路由，删除命令为"route del"，格式如下：

```
route del 网络号 子网掩码 [gw 转发地址 dev 设备号]
```

删除一条到 192.168.126.0/24 网段的路由，其转发地址为 192.168.126.1，设备号为 eth0：

```
jacky@jacky-desktop:~$ sudo route del -net 192.168.126.0 netmask 255.255.255.0 gw 192.168.126.1 dev eth0
jacky@jacky-desktop:~$ route           //查看删除后的路由信息
内核 IP 路由表
目标             网关              子网掩码         标志 跃点  引用 使用 接口
192.168.126.0    *                 255.255.255.0    U    0     0    0    eth0
default          192.168.126.2     0.0.0.0          UG   100   0    0    eth0
```

20.2.4 添加默认网关操作

默认网关是指在没有匹配的路由记录时，转发相应数据包的网络设备信息。添加默认网关的过程如下。

（1）查看当前是否有添加默认网关记录：

```
jacky@jacky-desktop:~$ route
内核 IP 路由表
目标             网关              子网掩码         标志 跃点  引用 使用 接口
192.168.126.0    *                 255.255.255.0    U    0     0    0    eth0
```

（2）如果没有记录，则使用"route add default gw"命令添加。例如找不到当前某一个数据包的转发地址时，则可直接发送到 192.168.126.2 上，代码如下：

```
jacky@jacky-desktop:~$ sudo route add default gw 192.168.126.2
jacky@jacky-desktop:~$ route           //查看操作后的路由信息
内核 IP 路由表
目标             网关              子网掩码         标志 跃点  引用 使用 接口
192.168.126.0    *                 255.255.255.0    U    0     0    0    eth0
default          192.168.126.2     0.0.0.0          UG   0     0    0    eth0   //默认网关
```

20.2.5 删除默认网关操作

（1）查看当前网络路由情况：

```
jacky@jacky-desktop:~$ route           //查看路由信息
内核 IP 路由表
目标             网关              子网掩码         标志 跃点  引用 使用 接口
192.168.126.0    *                 255.255.255.0    U    0     0    0    eth0
default          192.168.126.2     0.0.0.0          UG   0     0    0    eth0   //默认网关
```

（2）使用命令"route del default gw"删除默认网关：

```
jacky@jacky-desktop:~$ sudo route del default gw 192.168.126.2
jacky@jacky-desktop:~$ route           //查看删除后的路由信息
内核 IP 路由表
目标             网关              子网掩码         标志 跃点  引用 使用 接口
192.168.126.0    *                 255.255.255.0    U    0     0    0    eth0
```

20.2.6 启动路由数据转发操作

添加了路由路径后，Linux 主机并不马上进行数据包转发，只有允许当前主机进行数据包转发时才转发数据。以下是两个转发的具体方法。

1．动态设置

使用这一命令可以启动数据包转发功能，但重新启动需要再次使用此命令：

```
jacky@jacky-desktop:~$ cat /proc/sys/net/ipv4/ip_forward       //查看当前状态，关于数据包
                                                                 转发功能
0
jacky@jacky-desktop:~$ sudo su root            //切换到 root 用户，因为只有 root 用户才对
```

```
                                                           //该文件有写入的权限
root@jacky-desktop:/home/jacky# whoami
root
root@jacky-desktop:/home/jacky# echo "1">/proc/sys/net/ipv4/ip_forward   //设置为1,启
                                                                         //动数据转发
root@jacky-desktop:/home/jacky# cat /proc/sys/net/ipv4/ip_forward //查看是否设置成功
1
```

2．修改配置文件

路由数据包配置文件为/etc/sysctl.conf，可以通过命令修改，也可以直接编辑该文件。使用命令如下：

```
jacky@jacky-desktop:~$ sudo sysctl -w net.ipv4.ip_forward=1         //设置
net.ipv4.ip_forward = 1
jacky@jacky-desktop:~$ sudo sysctl net.ipv4.ip_forward              //查看是否设置成功
net.ipv4.ip_forward = 1
```

另外还可以直接设置此文件，只需要修改"**net.ipv4.ip_forward**"行为"**1**"即可。此文件内容如下：

```
jacky@jacky-desktop:~$ sudo vim /etc/sysctl.conf
……
# Functions previously found in netbase
#
# Comment the next two lines to disable Spoof protection (reverse-path filter)
# Turn on Source Address Verification in all interfaces to
# prevent some spoofing attacks
net.ipv4.conf.default.rp_filter=1                   //将此项设置为1
net.ipv4.conf.all.rp_filter=1                       //将此项设置为1

# Uncomment the next line to enable TCP/IP SYN cookies
# This disables TCP Window Scaling (http://lkml.org/lkml/2008/2/5/167)
#net.ipv4.tcp_syncookies=1

# Uncomment the next line to enable packet forwarding for IPv4
net.ipv4.ip_forward=1                               //将此项设置为1
……
```

20.2.7 添加永久路由信息

使用前面介绍的命令添加的路由信息，在系统重新启动时便不复存在。如果要添加永久的静态路由路径，则可直接编辑文件，设置永久路由。操作过程如下：

（1）查看当前路由情况：

```
jacky@jacky-desktop:~$ route
内核 IP 路由表
目标             网关             子网掩码         标志    跃点    引用    使用 接口
192.168.126.0    *                255.255.255.0    U       0       0       0 eth0
default          192.168.126.2    0.0.0.0          UG      100     0       0 eth0
```

（2）修改配置文件**/etc/network/interfaces**（与其他发行版不同），添加路由信息。添加了路由信息的示例如下所示：

```
jacky@jacky-desktop:~$ sudo vim /etc/network/interfaces
//在文件末尾添加以下路由信息
route add -net 192.168.126.0 netmask 255.255.255.0 gw 192.168.126.1 dev eth0
```

在配置文件中添加路由信息的语法与 shell 命令的语法一致，添加完成保存即可。

（3）重新启动网络，应用规则：

```
jacky@jacky-desktop:~$ sudo /etc/init.d/networking restart
 * Reconfiguring network interfaces...                                    [OK]
```

（4）查看新的路由情况：

```
jacky@jacky-desktop:~$ route
内核 IP 路由表
目标              网关              子网掩码          标志  跃点  引用  使用 接口
192.168.126.0   192.168.126.1   255.255.255.0   U     0     0     0   eth0
192.168.126.0   *               255.255.0.0     U     1000  0     0   eth0
default         192.168.126.1   0.0.0.0         UG    100   0     0   eth0
```

20.2.8　添加永久默认网关

默认网关也存在同样的问题，即重新启动系统后手工添加的路径不再存在。添加过程如下。

（1）查看当前路由情况，假设当前无默认网关：

```
jacky@jacky-desktop:~$ route
内核 IP 路由表
目标              网关              子网掩码          标志  跃点  引用  使用 接口
192.168.126.0   *               255.255.255.0   U     0     0     0   eth0
default         *               0.0.0.0         UG    100   0     0   eth0
```

（2）修改文件/etc/network/interfaces，添加默认网关：

```
jacky@jacky-desktop:~$ sudo vim /etc/network/interfaces
auto eth0
iface eth0 inet dhcp
netmask 255.255.255.0      //子网掩码
gateway 192.168.126.2      //默认网关
```

（3）查看是否添加成功：

```
jacky@jacky-desktop:~$ route
内核 IP 路由表
目标              网关              子网掩码          标志  跃点  引用  使用 接口
192.168.126.0   *               255.255.255.0   U     0     0     0   eth0
default         192.168.126.2   0.0.0.0         UG    100   0     0   eth0
```

20.3　静态路由配置实例

本节用一个具体的实例，介绍如何启动 Ubuntu Linux 路由转发功能。如果增加 Ubuntu Linux 路由表中的路由路径，可使两个不同的网络连接成功。

20.3.1　网络模型

此静态路由配置网络模型如图 20-2 所示。使用 Ubuntu Linux 12.04 主机为路由设备，必须有两组网卡设备，分别连接着网络 192.168.132.0/24 和 192.168.0.0/24 两个网段，通过配置 Ubuntu Linux 服务器使两个网段连接成功。

1．Ubuntu Linux 服务器信息

当前 Linux 主机的网络适配器参数设置如下，请不要设置网关信息：

```
jacky@jacky-desktop:~$ cat /etc/network/interfaces
auto eth0                                //第1块网卡
iface eth0 inet static
address 192.168.132.128
netmask 255.255.255.0

auto eth1
iface eth1 inet static                   //第2块网卡
```

```
address 192.168.0.228
netmask 255.255.255.0
```

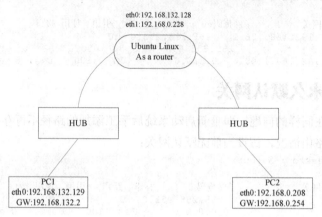

图 20-2　网络模型

当前主机的路由信息如下：

```
jacky@jacky-desktop:~$ route
内核 IP 路由表
目标            网关              子网掩码          标志  跃点   引用  使用 接口
192.168.132.0   *                 255.255.255.0     U     0      0     0 eth0
192.168.0.0     *                 255.255.255.0     U     0      0     0 eth1
```

当前路由信息显示以下内容：

```
192.168.132.0   *                 255.255.255.0     U     0      0     0 eth0
```

表示 192.168.132.0/24 网段路由到 eth0 上。

路由信息显示以下内容：

```
192.168.0.0     *                 255.255.255.0     U     0      0     0 eth1
```

表示 192.168.0.0/24 网段路由到 eth1 上。

2．PC1 配置及基本情况

该机器安装有 RedHat Linux 操作系统，基本网络配置信息如下：

```
[root@localhost ~]# ifconfig
eth0      Link encap:Ethernet  HWaddr 00:0C:29:70:F4:14
          inet addr:192.168.132.129  Bcast:192.168.132.255  Mask:255.255.255.0
          inet6 addr: fe80::20c:29ff:fe70:f414/64 Scope:Link
          UP BROADCAST RUNNING MULTICAST  MTU:1500  Metric:1
          RX packets:2330 errors:0 dropped:0 overruns:0 frame:0
          TX packets:1622 errors:0 dropped:0 overruns:0 carrier:0
          collisions:0 txqueuelen:0
          RX bytes:227787 (222.4 KiB)  TX bytes:197475 (192.8 KiB)
```

测试与网关是否连接成功：

```
[root@localhost sysconfig]# ping 192.168.132.2
PING 192.168.132.2 (192.168.132.2) 56(84) bytes of data.
64 bytes from 192.168.132.2: icmp_seq=1 ttl=128 time=0.075 ms
64 bytes from 192.168.132.2: icmp_seq=2 ttl=128 time=0.310 ms
64 bytes from 192.168.132.2: icmp_seq=3 ttl=128 time=0.346 ms
64 bytes from 192.168.132.2: icmp_seq=4 ttl=128 time=0.277 ms

--- 192.168.132.2 ping statistics ---
4 packets transmitted, 4 received, 0% packet loss, time 2999ms       //成功
rtt min/avg/max/mdev = 0.075/0.252/0.346/0.105 ms
```

测试与 Ubuntu Linux 主机是否连接成功：

```
[root@localhost sysconfig]# ping 192.168.132.128
```

```
PING 192.168.132.128 (192.168.132.128) 56(84) bytes of data.
64 bytes from 192.168.132.128: icmp_seq=1 ttl=64 time=0.849 ms
64 bytes from 192.168.132.128: icmp_seq=2 ttl=64 time=0.400 ms
64 bytes from 192.168.132.128: icmp_seq=3 ttl=64 time=0.390 ms
64 bytes from 192.168.132.128: icmp_seq=4 ttl=64 time=0.292 ms

--- 192.168.132.128 ping statistics ---
4 packets transmitted, 4 received, 0% packet loss, time 3000ms        //成功
rtt min/avg/max/mdev = 0.292/0.482/0.849/0.217 ms
```

测试与另一台主机 PC2 是否连接成功：

```
[root@localhost sysconfig]# ping 192.168.0.208
PING 192.168.0.208 (192.168.0.208) 56(84) bytes of data.

--- 192.168.0.208 ping statistics ---
4 packets transmitted, 0 received, 100% packet loss, time 1999ms      //失败
```

3．PC2 配置及基本情况

该主机安装 Windows 操作系统，基本网络信息如下：

```
C:\>ipconfig                                                 //查看本机网络配置信息

Windows IP Configuration

Ethernet adapter 本地连接：

        Connection-specific DNS Suffix  . :
        IP Address. . . . . . . . . . . . : 192.168.0.208    //IP 地址
        Subnet Mask . . . . . . . . . . . : 255.255.255.0    //子网掩码
        Default Gateway . . . . . . . . . : 192.168.0.254    //默认网关
```

测试与网关是否连接成功：

```
C:\>ping 192.168.0.254

Pinging 192.168.0.254 with 32 bytes of data:

Reply from 192.168.0.254: bytes=32 time<1ms TTL=255
Reply from 192.168.0.254: bytes=32 time<1ms TTL=255
Reply from 192.168.0.254: bytes=32 time<1ms TTL=255
Reply from 192.168.0.254: bytes=32 time<1ms TTL=255

Ping statistics for 192.168.0.254:
    Packets: Sent = 4, Received = 4, Lost = 0 (0% loss),              //成功
Approximate round trip times in milli-seconds:
    Minimum = 0ms, Maximum = 0ms, Average = 0ms
```

测试与 Ubuntu Linux 服务器是否连接成功：

```
C:\>ping 192.168.132.128

Pinging 192.168.132.128 with 32 bytes of data:

Reply from 192.168.132.128: bytes=32 time<1ms TTL=64
Reply from 192.168.132.128: bytes=32 time<1ms TTL=64
Reply from 192.168.132.128: bytes=32 time<1ms TTL=64
Reply from 192.168.132.128: bytes=32 time<1ms TTL=64

Ping statistics for 192.168.132.128:
    Packets: Sent = 4, Received = 4, Lost = 0 (0% loss),              //成功
Approximate round trip times in milli-seconds:
    Minimum = 0ms, Maximum = 0ms, Average = 0ms
```

测试与另一台主机 PC1 是否连接成功：

```
C:\>ping 192.168.132.129

Pinging 192.168.132.129 with 32 bytes of data:
```

```
Request timed out.
Request timed out.
Request timed out.
Request timed out.

Ping statistics for 192.168.132.129:
    Packets: Sent = 4, Received = 0, Lost = 4 (100% loss),              //无路由策略，失败
```

20.3.2 配置及测试过程

1．配置过程

首先使用命令方式配置联通两个网络。需要注意的是，使用此方法将在系统重新启动时删除所有的配置信息。

（1）添加路由信息。

添加到 192.168.132.0/24 网段的静态路由信息如下：

```
jacky@jacky-desktop:~$ sudo route add -net 192.168.132.0 netmask 255.255.255.0 gw 192.168.132.2 dev eth0
```

添加到 192.168.0.0/24 网段的静态路由信息如下：

```
jacky@jacky-desktop:~$ sudo route add -net 192.168.0.0 netmask 255.255.255.0 gw 192.168.0.254 dev eth1
```

查看当前网络路由情况：

```
jacky@jacky-desktop:~$ route
内核 IP 路由表
目标              网关              子网掩码          标志    跃点    引用    使用    接口
192.168.132.0    192.168.132.2    255.255.255.0    U       0       0       0       eth0
192.168.132.0    192.168.0.254    255.255.255.0    U       0       0       0       eth0
192.168.0.0      *                255.255.255.0    U       0       0       0       eth1
192.168.0.0      *                255.255.255.0    U       0       0       0       eth1
```

（2）启动路由转发功能：

```
jacky@jacky-desktop:~$ sudo su root                 //切换到root用户，因为只有root用户才对该文件有写入的权限
root@jacky-desktop:/home/jacky# whoami
root
root@jacky-desktop:/home/jacky# echo "1">/proc/sys/net/ipv4/ip_forward   //设置为1，启动数据转发
root@jacky-desktop:/home/jacky# cat /proc/sys/net/ipv4/ip_forward  //查看是否设置成功
1
```

完成以上配置，即可进行测试。重新启动系统后，系统路由配置信息会全部丢失。

2．永久配置过程

为了使系统重新启动后仍然保存已进行的设置，需要修改配置文件，配置过程如下。

（1）添加路由信息。

修改配置文件/etc/network/interfaces，添加路由信息。添加了路由信息的示例如下所示。

```
jacky@jacky-desktop:~$ sudo vim /etc/network/interfaces
//在文件末尾添加以下路由信息
route add -net 192.168.132.0 netmask 255.255.255.0 gw 192.168.132.2 dev eth0
route add -net 192.168.0.0 netmask 255.255.255.0 gw 192.168.0.254 dev eth1
```

（2）启动路由转发功能。

编辑路由数据包配置文件/etc/sysctl.conf，只需要修改"net.ipv4.ip_forward"行为"1"即可。

此文件内容如下：

```
jacky@jacky-desktop:~$ sudo vim /etc/sysctl.conf
......
# Functions previously found in netbase
```

```
#
# Comment the next two lines to disable Spoof protection (reverse-path filter)
# Turn on Source Address Verification in all interfaces to
# prevent some spoofing attacks
net.ipv4.conf.default.rp_filter=1                           //将此项设置为1
net.ipv4.conf.all.rp_filter=1                               //将此项设置为1

# Uncomment the next line to enable TCP/IP SYN cookies
# This disables TCP Window Scaling (http://lkml.org/lkml/2008/2/5/167)
#net.ipv4.tcp_syncookies=1

# Uncomment the next line to enable packet forwarding for IPv4
net.ipv4.ip_forward=1                                       //将此项设置为1
......
```

（3）重新启动网络：

```
jacky@jacky-desktop:~$ sudo /etc/init.d/networking restart
 * Reconfiguring network interfaces...                      [ OK ]
```

3．测试

在 PC1 上测试与另一台主机 PC2 的连接情况：

```
[root@localhost sysconfig]# ping 192.168.0.208
PING 192.168.0.208 (192.168.0.208) 56(84) bytes of data.
64 bytes from 192.168.0.208: icmp_seq=1 ttl=128 time=0.758 ms
64 bytes from 192.168.0.208: icmp_seq=2 ttl=128 time=1.25 ms
64 bytes from 192.168.0.208: icmp_seq=3 ttl=128 time=1.65 ms
64 bytes from 192.168.0.208: icmp_seq=4 ttl=128 time=0.428 ms

--- 192.168.0.208 ping statistics ---
4 packets transmitted, 4 received, 0% packet loss, time 3990ms     //成功
rtt min/avg/max/mdev = 0.428/1.102/1.654/0.449 ms
```

在 PC2 上测试与另一台主机 PC1 的连接情况：

```
C:\>ping 192.168.132.129

Pinging 192.168.132.129 with 32 bytes of data:

Reply from 192.168.132.129: bytes=32 time<1ms TTL=64
Reply from 192.168.132.129: bytes=32 time<1ms TTL=64
Reply from 192.168.132.129: bytes=32 time<1ms TTL=64
Reply from 192.168.132.129: bytes=32 time<1ms TTL=64

Ping statistics for 192.168.132.129:
    Packets: Sent = 4, Received = 4, Lost = 0 (0% loss),           //成功
Approximate round trip times in milli-seconds:
    Minimum = 0ms, Maximum = 0ms, Average = 0ms
```

20.4 课后练习

1. 简述路由的基本概念及原理。
2. 简述常用路由协议和可路由协议的区别与联系。
3. 简述各种常用路由策略的特点。
4. 掌握 Ubuntu Linux 中的路由添加、删除操作。
5. 掌握 Ubuntu Linux 中的默认网关添加、删除操作。
6. 熟悉配置文件/etc/network/interfaces 和/etc/sysctl.conf 的配置方式和策略。
7. 在自己的 Ubuntu Linux 操作系统中配置静态路由信息，实现跨网段网络的互相访问。